Ein Grundrecht auf Umweltschutz in Europa?

Kölner Schriften zu Recht und Staat

Herausgegeben von
Prof. Dr. Hartmut Schiedermair und
Prof. Dr. Bernhard Kempen

Band 31

PETER LANG
Frankfurt am Main · Berlin · Bern · Bruxelles · New York · Oxford · Wien

Erika Elisabeth Orth

Ein Grundrecht auf Umweltschutz in Europa?

Eine rechtsdogmatische Einordnung des Art. 37 GRC

PETER LANG
Europäischer Verlag der Wissenschaften

Bibliografische Information der Deutschen Nationalbibliothek
Die Deutsche Nationalbibliothek verzeichnet diese Publikation in der Deutschen Nationalbibliografie; detaillierte bibliografische Daten sind im Internet über <http://www.d-nb.de> abrufbar.

Zugl.: Köln, Univ., Diss., 2006

Umschlagabbildung:
Historisches Universitätssigel der Universität zu Köln.

D 38
ISSN 1433-0253
ISBN 3-631-55847-3
US-ISBN 0-8204-8734-1

www.peterlang.de

Meinen Eltern

Vorwort

Die vorliegende Arbeit wurde im Sommersemester 2006 von der Juristischen Fakultät der Universität zu Köln als Dissertation angenommen. Mein Dank gilt Herrn Prof. Dr. Schiedermair und Prof. Dr. Kempen für die Aufnahme in die Reihe Kölner Schriften zu Recht und Staat.

Besonders danken möchte ich meinem Doktorvater, Herrn Prof. Dr. Kempen, der mich während der Promotionszeit als Wissenschaftliche Hilfskraft im Institut für Völkerrecht förderte und den Verlauf meiner Dissertation mit großem Interesse begleitete. Die guten Arbeitsbedingungen, die mir gewährte wissenschaftliche Freiheit und die angenehme Atmosphäre im Institut lassen mich diese Zeit in positiver Erinnerung behalten.

Für die freundliche Erstellung des Zweitgutachtens bin ich Herrn Prof. Dr. von Danwitz zu Dank verpflichtet. Mein Dank gebührt auch Herrn Dr. Rest, der mich von Anfang an in meinem Interesse für das internationale Umweltrecht bestärkte, sowie meinen ehemaligen Kollegen Frau Dr. Yvonne Dorf, Herrn Dr. Jochen Herbst und Herrn Dr. Andreas Funke für ihre Diskussionsbereitschaft und wertvolle wissenschaftliche Anregungen, wobei ich letztgenanntem insbesondere auch für die kritische Durchsicht meiner Arbeit danke.

Ich danke meinen Eltern, Herrn Prof. Dr. Walter Orth und Elisabeth Orth-Hegedüs, für ihre Unterstützung meines akademischen Werdegangs. Von ganzem Herzen danke ich meiner Mutter für ihre Positivität, die mir – nicht nur während der Erstellung dieser Dissertation – viel Kraft gab.

Köln, im August 2006

Erika Elisabeth Orth

Inhaltsübersicht

Inhaltsverzeichnis XIII

Abkürzungsverzeichnis XXI

Literaturverzeichnis XXXIII

Einführung 1

1. Kapitel

Die Problematik eines Individualrechts auf Umweltschutz im Hinblick auf Art. 37 GRC 7

A. Zur Entwicklung der normativen Absicherung des Umweltschutzes auf internationaler und europäischer Ebene 7

I. Objektiv-rechtliche oder subjektiv-rechtliche Ausgestaltung des Umweltschutzes? 12

II. Anerkennung eines Individualrechts auf Umweltschutz auf europäischer Ebene? 42

B. Erforderlichkeit und Praktikabilität eines Individualrechts? 51

2. Kapitel

Die Konstitutionalisierung des Umweltschutzes in der „Charta der Grundrechte der Europäischen Union“ 59

A. Entstehungsgeschichte, Zielsetzung und rechtliche Bedeutung der Charta 59

I. Historischer Hintergrund 59

II. Zur Entstehungsgeschichte der Grundrechtecharta 63

III. Erforderlichkeit einer Kodifikation der Gemeinschaftsgrundrechte im Hinblick auf den bestehenden europäischen Grundrechtsschutz? 70

IV. Rechtliche Bedeutung und Zukunftsperspektive der Charta 79

B. Die Normierung des Umweltschutzes in Art. 37 GRC vor dem Hintergrund des geltenden Umweltgemeinschaftsrechts 83

I. Der Umweltschutz in der Systematik der Grundrechtecharta 83

II. Die Stellung des Umweltschutzes im Gemeinschaftsrecht 89

III. Diskussion im Konvent zur Normierung des Umweltschutzes 108

3. KAPITEL

ANALYSE DES RECHTSCHARAKTERS UND DER MATERIELLEN UND PROZEDURALEN GEWÄHRLEISTUNGSINHALTE DES ART. 37 GRC 115

A. Möglichkeiten und Grenzen eines Rekurses auf eine europäische Grundrechtsdogmatik 115

I. Grundstrukturen einer europäischen Grundrechtsdogmatik 117

II. Grenzen einer europäischen Grundrechtsdogmatik? 127

B. Auslegungsmethodik zur Interpretation der Charta 127

I. Anwendbare Interpretationsmethodik angesichts der neuartigen Rechtsqualität der Chartanormen? 127

II. Zur Anwendbarkeit völker- und europarechtlicher Auslegungsregeln 128

C. Normative Vorgaben der Artt. 51 ff. GRC 137

I. Bestimmung des Anwendungsbereichs und Verbot der Ausweitung bestehender Kompetenzen durch Art. 51 GRC 137

II. Tragweite und Auslegung der Charta-Rechte gemäß Art. 52 GRC 142

III. Die Schutzniveausicherungsklausel des Art. 53 GRC 147

IV. Verbot des Missbrauchs der Charta-Rechte gemäß Art. 54 GRC 148

D. Rechtsdogmatische Einordnung des Art. 37 GRC 149

I. Grammatikalische Auslegung 150

II. Systematische Auslegung 167

III. Teleologische Auslegung 261

IV. Historische Auslegung 264

E. Gesamtergebnis zu Rechtsqualität und Inhalten des Art. 37 GRC 265

4. KAPITEL

JUSTIZIABILITÄT UND RECHTICHES POTENTIAL DES ART. 37 GRC 271

A. Durchsetzbarkeit der in der Charta verankerten Gewährleistungen 271

I. Fehlen eines chartaspezifischen Rechtsbehelfs 271

II. Erfordernis einer Europäischen Verfassungsbeschwerde? 272

B. Justiziabilität und dynamische Interpretation des Art. 37 GRC 276

I. Teilsubjektivierung des Art. 37 GRC in Kombination mit einer individualschützenden Norm 277

II. Potential und Dynamik der Norm 278

C. Ausblick 281

Inhaltsverzeichnis

EINFÜHRUNG 1

1. KAPITEL

DIE PROBLEMATIK EINES INDIVIDUALRECHTS AUF UMWELTSCHUTZ IM HINBLICK AUF ART. 37 GRC 7

A. Zur Entwicklung der normativen Absicherung des Umweltschutzes auf internationaler und europäischer Ebene 7

I. Objektiv-rechtliche oder subjektiv-rechtliche Ausgestaltung des Umweltschutzes? 12

1. Überblick über die internationale Diskussion zu einem Recht auf gesunde Umwelt 15

a) Prinzip 1 der Deklaration von Stockholm als Ausgangspunkt der Diskussion 16

b) Zur rechtspolitischen Diskussion über eine individualrechtliche Ausgestaltung des Umweltschutzes auf europäischer Ebene 18

aa) Vorbemerkung 18

bb) Ansätze zur Positivierung eines Individualrechts auf europäischer Ebene 18

c) Terminologische und definitorische Schwierigkeiten 23

d) Anthropozentrik oder Ökozentrik? 26

e) Grundzüge der rechtlichen Problematik eines Rechts auf Umweltschutz 29

2. Variationsmöglichkeiten zur rechtlichen Ausgestaltung des Umweltschutzes 34

a) Prinzip, Zielbestimmung, Grund- oder Menschenrecht? 35

b) Rechtsdogmatische Ansätze zur Etablierung eines Menschenrechts auf Umweltschutz 37

aa) Umweltschutz als Drittgenerationenrecht? 38

bb) Prinzip der „Intergenerational Equity“ 39

cc) Recht auf Umweltschutz als Element des Prinzips „Common Heritage of Mankind“ 41

II. Anerkennung eines Individualrechts auf Umweltschutz auf europäischer Ebene? 42

1. Völkerrechtliche Ebene 42

a) Internationale Menschenrechtspakte 42

b) Umweltvölkerrecht 44

2. Europäische Ebene 46

a) Europäische Sozialcharta 46

b) Europäische Menschenrechtskonvention 47

c) Gemeinschaftsrecht 48

3. Nationale Ebenen der mitgliedstaatlichen Verfassungsordnungen 49

4. Zwischenergebnis 50

B. Erforderlichkeit und Praktikabilität eines Individualrechts? 51

2. KAPITEL

DIE KONSTITUTIONALISIERUNG DES UMWELTSCHUTZES IN DER „CHARTA DER GRUNDRECHTE DER EUROPÄISCHEN UNION“ 59

A. Entstehungsgeschichte, Zielsetzung und rechtliche Bedeutung der Charta 59

I. Historischer Hintergrund 59

1. Initiativen zur Kodifizierung der Gemeinschaftsgrundrechte 59

2. Beitritt der Europäischen Gemeinschaft zur EMRK? 62

II. Zur Entstehungsgeschichte der Grundrechtecharta 63

1. Das Mandat des Europäischen Rates von Köln 63

2. Erarbeitung der Charta durch den „Grundrechte"-Konvent 64

3. Proklamation der Charta in Nizza am 7. Dezember 2000 66

4. Inkorporierung der Charta in den „Vertrag über eine Verfassung für Europa" 67

III. Erforderlichkeit einer Kodifikation der Gemeinschaftsgrundrechte im Hinblick auf den bestehenden europäischen Grundrechtsschutz? 70

1. Grundrechtsschutz auf Gemeinschaftsebene durch die Rechtsprechung des EuGH 70

2. Kritik an der grundrechtlichen Judikatur des EuGH 72

3. Zielsetzung der Grundrechtecharta in rechtlicher und rechtspolitischer Hinsicht 75

IV. Rechtliche Bedeutung und Zukunftsperspektive der Charta 79

1. Rechtlicher Status der Charta 79

2. Die Charta in der Parallelität der Grundrechtsordnungen 80

B. Die Normierung des Umweltschutzes in Art. 37 GRC vor dem Hintergrund des geltenden Umweltgemeinschaftsrechts 83

I. Der Umweltschutz in der Systematik der Grundrechtecharta 83

1. Inhalt und Struktur der Charta 83

2. Diskussion zur Verankerung sozialer Rechte in der Charta 85

a) Vorgaben des Europäischen Rates von Köln 85

b) Zur Diskussion im „Grundrechte"-Konvent 86

II. Die Stellung des Umweltschutzes im Gemeinschaftsrecht 89

1. Entwicklung des Umweltschutzgedankens im Gemeinschaftsrecht 89

2. Primärrechtliche Bezugspunkte des Art. 37 GRC und ihre Rechtswirkungen 91

a) Vorbemerkung 91

b) Art. 2 EU und Art. 2 EG 91

c) Die umweltschützende Querschnittsklausel des Art. 6 EG 93

d) Rechtsgrundlagen und Prinzipien der Umweltschutzpolitik in den Artt. 174 ff. EG 97

3. Rang des Umweltschutzes im Gemeinschaftsrecht 106

III. Diskussion im Konvent zur Normierung des Umweltschutzes 108

1. Divergierende Positionen zur rechtlichen Ausgestaltung des Umweltschutzartikels 108

2. Verlauf und Ergebnis des Normierungsprozesses 110

3. KAPITEL

ANALYSE DES RECHTSCHARAKTERS UND DER MATERIELLEN UND PROZEDURALEN GEWÄHRLEISTUNGSINHALTE DES ART. 37 GRC 115

A. Möglichkeiten und Grenzen eines Rekurses auf eine europäische Grundrechtsdogmatik 115

I. Grundstrukturen einer europäischen Grundrechtsdogmatik 117

1. Erforderlichkeit einer originär europäischen Grundrechtsdogmatik? 118

2. Zum Rechtsbegriff des Grundrechts auf Gemeinschaftsebene 119

a) Formale Definition der Grundrechte 119

b) Positive oder negative Grundrechtsdefinition? 120

c) Definition der Grundrechte anhand objektiver Kriterien 121

3. Funktionen der Gemeinschaftsgrundrechte 122

a) Subjektive Grundrechtsfunktionen 122

aa) Abwehrfunktion 122

bb) Leistungsfunktion 123

(1) Schutzpflichten 123

(2) Teilhaberechte und Leistungsrechte im engeren Sinne 124

cc) Gewährung verfahrens- und bürgerrechtlicher Garantien 124

b) Objektive Grundrechtsfunktionen 125

4. Struktur der Gemeinschaftsgrundrechte 125

5. Grundrechtskollisionen 126

II. Grenzen einer europäischen Grundrechtsdogmatik? 127

B. Auslegungsmethodik zur Interpretation der Charta 127

I. Anwendbare Interpretationsmethodik angesichts der neuartigen Rechtsqualität der Chartanormen? 127

II. Zur Anwendbarkeit völker- und europarechtlicher Auslegungsregeln 128

1. Traditionelle völkerrechtliche Auslegungsmethodik 129

2. Besonderheiten bei der Auslegung von Gemeinschaftsrecht 131

3. Modifizierte Anwendbarkeit der Auslegungsregeln der Artt. 31 ff. WVK bei der Interpretation der Grundrechtecharta? 134

C. Normative Vorgaben der Artt. 51 ff. GRC 137

I. Bestimmung des Anwendungsbereichs und Verbot der Ausweitung bestehender Kompetenzen durch Art. 51 GRC 137

1. Grundrechtsberechtigte und -verpflichtete 137

2. Parallelität von Kompetenzen und Grundrechtsschutz? 140

II. Tragweite und Auslegung der Charta-Rechte gemäß Art. 52 GRC 142

1. Die „Anpassungs"-Regel des Art. 52 Abs. 2 GRC 142

2. Die „Traditions"-Regel des Art. 52 Abs. 4 GRC 144

3. Präzisierung des Rechtsgehalts der Charta-„Grundsätze" durch Art. 52 Abs. 5 GRC 144

4. Die „Erläuterungs"-Regel des Art. 52 Abs. 7 GRC 146

III. Die Schutzniveausicherungsklausel des Art. 53 GRC 147

IV. Verbot des Missbrauchs der Charta-Rechte gemäß Art. 54 GRC 148

D. Rechtsdogmatische Einordnung des Art. 37 GRC 149

I. Grammatikalische Auslegung 150

1. Terminologie der Gewährleistungen in der Charta und in ihrem Kontext 150

a) Terminologie der Präambel und der „Allgemeinen Bestimmungen" der Charta 150

aa) „Grundrechte" 151

bb) „Rechte, Freiheiten und Grundsätze" 152

cc) Modellfunktion der Typologie der Grundrechte der französischen und der spanischen Verfassung 152

b) Formulierung der einzelnen Gewährleistungen in der Grundrechtecharta 154

2. Wortlaut des Art. 37 GRC 155

a) „müssen (...) einbezogen und (...) sichergestellt werden" 156

b) Interpretation der Begriffe „hohes Schutzniveau" und „Verbesserung der Umweltqualität" 160

c) Grundsatz der nachhaltigen Entwicklung 164

II. Systematische Auslegung 167

1. Systematische Stellung des Art. 37 GRC in der Charta und im Gesamtgefüge des Verfassungsvertrags 168

a) Positionierung des Umweltschutzes als soziales Recht unter dem Titel „Solidarität" 168

aa) Zur Grundproblematik der rechtlichen Ausgestaltung sozialer Rechte 169

bb) Kategorien sozialer Rechte in der Grundrechtecharta 170

b) Art. 37 GRC in einer Gesamtschau mit den umweltrelevanten Gewährleistungen der Charta und des Verfassungsvertrages 173

2. Interpretation im Lichte der Präambel 175

a) Gemeinsame Verfassungstraditionen der Mitgliedstaaten im Hinblick auf die verfassungsrechtliche Verankerung des Umweltschutzes 180

aa) Überblick über die Konstitutionalisierung des Umweltschutzes in den Verfassungsordnungen der 25 Mitgliedstaaten 181

bb) Vertiefte rechtsvergleichende Analyse vier repräsentativer mitgliedstaatlicher Verfassungsordnungen aus der Perspektive des Umweltschutzes 196

(1) Umweltschutz in der Normensystematik des Grundgesetzes 198

(2) Umweltschutz in der Normensystematik der französischen Verfassung 208

(3) Umweltschutz in der Normensystematik der spanischen Verfassung 220

(4) Umweltschutz in der Normensystematik der ungarischen Verfassung 229

cc) Evaluation des Verfassungsvergleichs im Wege der gemeinschaftsrechtsspezifischen Methodik wertender Rechtsvergleichung 241

b) Gemeinsame internationale Verpflichtungen der Mitgliedstaaten zum Schutz der Umwelt 247

c) Rechtsprechung des EuGH und des EGMR als Auslegungsdirektive 251

aa) Analyse der umweltbezogenen Judikatur des EGMR 251

bb) Analyse der umweltrechtlichen Judikatur des EuGH 255

III. Teleologische Auslegung 262

IV. Historische Auslegung 264

E. Gesamtergebnis zu Rechtsqualität und Inhalten des Art. 37 GRC 266

4. KAPITEL

JUSTIZIABILITÄT UND RECHTICHES POTENTIAL DES ART. 37 GRC 271

A. Durchsetzbarkeit der in der Charta verankerten Gewährleistungen 271

I. Fehlen eines chartaspezifischen Rechtsbehelfs 271

II. Erfordernis einer Europäischen Verfassungsbeschwerde? 272

B. Justiziabilität und dynamische Interpretation des Art. 37 GRC 276

I. Teilsubjektivierung des Art. 37 GRC in Kombination mit einer individualschützenden Norm 277

II. Potential und Dynamik der Norm 278

1. Umweltschützende Teilgewährleistungen klassischer Grundrechte 279

2. Möglichkeit einer subjektiv-rechtlichen Interpretation? 279

C. Ausblick 281

ABKÜRZUNGSVERZEICHNIS

a.	auch
a. A.	anderer Ansicht
ABH	Az Alkotmánybíróság Határozatai (Amtliche Entscheidungssammlung des Ungarischen Verfassungsgerichts)
ABl.	Amtsblatt
Abs.	Absatz
a.D.	außer Dienst
a.E.	am Ende
a.F.	alte Fassung
AJDA	Actualité juridique de droit administratif
AJIL	American Journal of International Law
AJPIL	American Journal of Public International Law
Alt.	Alternative
AN	Assemblée Nationale
AöR	Archiv des Öffentlichen Rechts
a.o.	and others
Anm.	Anmerkung
Art.	Artikel
AVR	Archiv des Völkerrechts
Bd./ Bde.	Band/ Bände

BGBl.	Bundesgesetzblatt
BOE	Boletín Oficial del Estado
BRD	Bundesrepublik Deutschland
BT-Drs.	Drucksache des Deutschen Bundestages
Bull.	Bulletin
BVerfG	Bundesverfassungsgericht
BVerfGE	Entscheidungen des Bundesverfassungsgerichts (amtliche Sammlung)
BVerwGE	Entscheidungen des Bundesverwaltungsgerichts (amtliche Sammlung)
BVG	Bundes-Verfassungsgesetz (Österreich)
BYIL	British Yearbook of International Law
bzw.	beziehungsweise
CCC	Cahiers du Conseil Constitutionnel
CEDE	Conseil Européen de Droit de l'Environnement
CHARTE	Dokument des Europäischen Grundrechte-Konvents
CMLR	Common Market Law Review
CONVENT	Dokument des Europäischen Verfassungs-Konvents
DC	Décisions du Conseil Constitutionnel concernant la conformité à la Constitution (articles 54 et 61 de la Constitution)
DenvJILP	Denver Journal of International Law and Policy
ders.	derselbe

d.h.	das heißt
dies.	dieselbe(n)
Doc.	Document
DOK	Dokument
DÖV	Die Öffentliche Verwaltung
DRiZ	Deutsche Richterzeitung
dt.	deutsch
DVBl.	Deutsches Verwaltungsblatt
EA	Europa-Archiv
EC	European Community
ECHR	European Convention on Human Rights
ECJ	European Court of Justice
ed(s)./éd.(s)	edition/ editor(s), édition/ éditrice/ éditeur(s), editore/editori
EEA	Einheitliche Europäische Akte
EG	Europäische Gemeinschaft(en)
EGMR	Europäischer Gerichtshof für Menschenrechte
EG(V)	Vertrag zur Gründung der Europäischen Gemeinschaft
EHRLR	European Human Rights Law Review
ELNI	Environmental Law Network International
ELR	European Law Review
EMRK	Europäische Konvention zum Schutze der Menschenrechte und Grundfreiheiten

endg.	endgültig
EP	Europäisches Parlament
EPL	Environmental Policy and Law
EPIL	Encyclopedia of Public International Law
ESC	Europäische Sozialcharta
etc.	et cetera
EU	Europäische Union
EUDUR	Handbuch des europäischen und deutschen Umweltrechts
EuG	Europäisches Gericht erster Instanz
EuGH	Gerichtshof der Europäischen Gemeinschaften
EuGRZ	Europäische Grundrechte-Zeitschrift
EuR	Europarecht
EU(V)	Vertrag über die Europäische Union
EuZW	Europäische Zeitschrift für Wirtschaftsrecht
EWG	Europäische Wirtschaftsgemeinschaft
EWGV	Vertrag zur Gründung der Europäischen Wirtschaftsgemeinschaft
EWR	Europäischer Wirtschaftsraum
f.	folgende(r) (Seite/ Paragraph etc.)
ff.	folgende (Seiten/ Paragraphen etc.)
FAZ	Frankfurter Allgemeine Zeitung
Fn.	Fußnote

FS	Festschrift
GA	Generalanwalt
GeorgetownIELR	Georgetown International Environmental Law Review
GG	Grundgesetz für die Bundesrepublik Deutschland
ggfs.	gegebenenfalls
GRC	Charta der Grundrechte der Europäische Union
GrK	Große Kammer (EGMR)
GV	Generalversammlung der Vereinten Nationen
GYIL	German Yearbook of International Law
HarvELR	Harvard Environmental Law Review
HarvHRY	Harvard Human Rights Yearbook
HbStR	Handbuch des Staatsrechts der Bundesrepublik Deutschland
HdUR	Handbuch des Umweltrechts
HGR	Handbuch der Grundrechte in Deutschland und Europa
Hrsg.	Herausgeber(in)
Hs.	Halbsatz
ICLQ	International and Comparative Law Quarterly
ICEF	International Court of the Environment Foundation
i.d.F.	in der Fassung
IGH	Internationaler Gerichtshof
IGH-Statut	Statut des Internationalen Gerichtshofs

ILM	International Legal Materials
ILO	International Labour Organization
IPBPR	Internationaler Pakt über bürgerliche und politische Rechte
IPWSKR	Internationaler Pakt über wirtschaftliche, soziale und kulturelle Rechte
i.S.v./d.	im Sinne von/des/der
IUCN	International Union for the Conservation of Nature
i.V.m.	in Verbindung mit
JA	Juristische Arbeitsblätter
JEEPL	Journal for European Environmental & Planning Law
J.O.	Journal Officiel de la République Française
JöR	Jahrbuch des öffentlichen Rechts der Gegenwart
JuS	Juristische Schulung
JZ	Juristenzeitung
Kap.	Kapitel
KJ	Kritische Justiz
KOM	Dokument der Europäischen Kommission
LdR	Lexikon des Rechts
LGDJ	Librairie générale de droit et de jurisprudence
lit.	littera

MqJICEL	Macquarie Journal of International and Comparative Environmental Law
m.w.N.	mit weiteren Nachweisen
NdsVBl.	Niedersächsische Verwaltungsblätter
n.F.	neue Fassung/ neue Folge
NGO	Non Governmental Organization
NILR	Netherlands International Law Review
NJ	Neue Justiz
NJW	Neue Juristische Wochenschrift
n°/No.	numéro/ number
Nr.	Nummer
NuR	Natur und Recht (Zeitschrift)
NWVBl.	Nordrheinwestfälische Verwaltungsblätter
NVwZ	Neue Zeitschrift für Verwaltungsrecht
NYIL	Netherlands Yearbook of International Law
o.	oben
OECD	Organization for Economic Co-operation and Development
ÖJZ	Österreichische Juristenzeitung
para.	Paragraph

P.F.R.L.R.	Principes fondamentaux reconnus par les lois de la République
RabelsZ	Rabels Zeitschrift für internationales und ausländisches Privatrecht
Rdn.	Randnummer
RDP	Revue de Droit Public
REDE	Revue Européenne de Droit de l´Environnement
Reports	Reports of Judgements and Decisions/ Recueil des arrêts et décisions/ Sammlung der Urteile und Entscheidungen des Europäischen Gerichtshofs für Menschenrechte
Res.	Resolution
REV	Revised Document
RGDIP	Revue Générale de Droit International Public
RIAA	Reports of International Arbitral Awards
RIW	Recht der internationalen Wirtschaft
RJE	Revue Juridique de l´Environnement
RL	Richtlinie
Rs.	Rechtssache
Rspr.	Rechtsprechung
RTDE	Revue Trimesterielle de Droit Européen
RUDH	Revue Universelle des Droits de l´Homme

S.	Satz, Seite
s.a.	siehe auch
SaskLR	Saskatchewan Law Review
SEK	Dokument der Europäischen Kommission
Slg.	Amtliche Sammlung der Rechtsprechung des Europäischen Gerichtshofs
s.o.	siehe oben
sog.	sogenannte(r)
StanfILJ	Stanford International Law Journal
st. Rspr.	ständige Rechtsprechung
Teilbd.	Teilband
Tz.	Textziffer
ThürVBl.	Thüringer Verwaltungsblätter
u.a.	und andere/ unter anderem
Uabs.	Unterabsatz
UK	United Kingdom
UN	United Nations
UNCED	United Nations Conference on Environment and Development
UN Doc.	United Nations-Document
UNECE	United Nations Economic Commission for Europe

UNEP	United Nations Environment Programme
UNESCO	United Nations Educational, Scientific and Cultural Organization
UPR	Umweltrecht und -praxis
USA	United States of America
v.	von/vom
VaELJ	Vanderbilt Environmental Law Journal
Verf	Verfassung
VerfVertrag	Vertrag über eine Verfassung von Europa
VerwArch	Verwaltungsarchiv
VfGHSlg.	Entscheidungen des Österreichischen Verfassungsgerichtshofes (amtliche Sammlung)
vgl.	vergleiche
VN	Vereinte Nationen (Zeitschrift)
Vol.	Volume
Vorbem.	Vorbemerkung
VSSR	Vierteljahresschrift für Sozialrecht
VVDStRL	Veröffentlichungen der Vereinigung der Deutschen Staatsrechtslehrer
WCED	World Commission on Environment and Development
WHI	Walter-Hallstein-Institut (Berlin)

WHO	World Health Organization
WRV	Weimarer Reichsverfassung
WSSD	World Summit on Sustainable Development (Johannesburg, 2002)
WVK	Wiener Vertragsrechtskonvention (Wiener Übereinkommen über das Recht der Verträge)
YaleJIL	Yale Journal of International Law
YIEL	Yale Journal of International Environmental Law
ZaöRV	Zeitschrift für ausländisches öffentliches Recht und Völkerrecht
z.B.	zum Beispiel
ZG	Zeitschrift für Gesetzgebung
Ziff.	Ziffer
zit.	zitiert
ZLW	Zeitschrift für Luft- und Weltraumrecht
ZSE	Zeitschrift für Staats- und Europawissenschaften
ZUR	Zeitschrift für Umweltrecht
ZRP	Zeitschrift für Rechtspolitik

Literaturverzeichnis

Adomeit, Klaus/ Frühbeck, Guillermo — Einführung in das spanische Recht, 2. Auflage, München 2001

Alber, Siegbert — Die Selbstbindung der europäische Organe an die Europäische Charta der Grundrechte, EuGRZ 2001, S. 349-353

Ders./Widmaier, Ulrich — Die EU-Charta der Grundrechte und ihre Auswirkungen auf die Rechtsprechung, Zu den Beziehungen zwischen EuGH und EGMR, EuGRZ 2000, S. 497-510

Albin, Silke/Bär, Stefanie — Nationale Alleingänge nach dem Vertrag von Amsterdam. Der neue Art. 95 EGV: Fortschritt oder Rückschritt für den Umweltschutz?, NuR 1999, S. 185-192

Alexy, Robert — Theorie der Grundrechte, 2. Auflage, Frankfurt a. M. 1994

Alston, Philip — A Third Generation of Solidarity Rights: Progressive Development or Obfuscation of International Human Rights Law?, NILR 24 (1982), S. 307-322

Ders. — Making Space for New Human Rights: The Case of the Right to Development, HarvHRY 1 (1988), S. 1-38

Anweiler, Jochen — Die Auslegungsmethoden des Gerichtshofs der Europäischen Gemeinschaften, Frankfurt a. M., Berlin u.a. 1997

Appel, Ivo — Europas Sorge um die Vorsorge. Zur Mitteilung der Europäischen Kommission über die Anwendbarkeit des Vorsorgeprinzips, NVwZ 2001, S. 395-398

Arnold, Rainer	Ausgestaltung und Begrenzung von Grundrechten im französischen Verfassungsrecht, JöR n.F. 38 (1989), S. 197-216
Arbeitskreis für Umweltrecht (Berichterstatter: Heinhard Steiger)	Das Recht auf eine menschenwürdige Umwelt. Vorschlag eines Zusatzprotokolls zur Europäischen Menschenrechtskonvention, Beiträge zur Umweltgestaltung/Bd. A 13, Berlin 1973
Baer, Susanne	Grundrechtecharta ante portas, ZRP 2000, S. 361-364
Barriga, Stefan	Die Entstehung der Charta der Grundrechte der Europäischen Union – Eine Analyse der Arbeiten im Konvent und kompetenzrechtlicher Fragen –, Baden-Baden 2003
Basedow, Jürgen	Zielkonflikte und Zielhierarchien im Vertrag über die Europäische Gemeinschaft, in: Due, Ole/ Lutter, Marcus/ Schwarze, Jürgen [Hrsg.], Festschrift für Ulrich Everling/ Bd. I, S. 49-68, Baden-Baden 1995
Battis, Ulrich	Vereinheitlichung des Umweltrechts im europäischen Binnenmarkt?, NuR 1989, S. 365-369
Bauer, Steffen	Verfassungsrechtlicher Grundrechtsschutz in Frankreich, Baden-Baden 1998
Becker, Ulrich	Die Berücksichtigung des Staatsziels Umweltschutz beim Gesetzesvollzug, DVBl. 1995, S. 713-722
Benda, Ernst	Verfassungsrechtliche Aspekte des Umweltschutzes, UPR 1982, S. 241-247

BERGMANN, SUSANNE Der Schutz der Umwelt im französischen Recht. Eine Darstellung von Grundstrukturen privatrechtlichen, verwaltungsrechtlichen und strafrechtlichen Umweltschutzes unter Berücksichtigung der Rechtsverfolgungschancen Privater, Berlin 1996

BERNHARDT, RUDOLF Artikel „Interpretation in International Law, in: ders. [ed.], EPIL, Vol. II (1995), S. 1416-1421, Amsterdam/Lausanne/New York

BERNSDORFF, NORBERT Soziale Grundrechte in der Charta der Grundrechte der Europäischen Union. Diskussionsstand und Konzept, VSSR 2001, S. 1-5

DERS./BOROWSKY, MARTIN Die Charta der Grundrechte der Europäischen Union. Handreichungen und Sitzungsprotokolle, Baden-Baden 2002

DIES. [HRSG.] Der Grundrechtekonvent. Unveröffentlichte Arbeitsdokumente, Bd. I u. II, Hannover 2003

BEUTLER, BENGT Die Erklärung des Europäischen Parlaments über Grundrechte und Grundfreiheiten vom 12. April 1989, EuGRZ 1989, S. 185-189

BEYER, PETER The Environment in the Future European Constitution, JEEPL 2004, S. 143-151

BEYERLIN, ULRICH Umweltvölkerrecht, München 2000

DERS. Staatliche Souveränität und internationale Umweltschutzkooperation. Gedanken zur Entwicklung des Umweltvölkerrechts, in: ders./ Bothe, Michael u.a.[Hrsg.], Recht zwischen Umbruch und Bewahrung, Festschrift für Rudolf Bernhardt, S. 937-949, Berlin u.a. 1995

BIFULCO, RAFFAELE/ CARTABIA, MARTA/ CELOTTO, ALFONSO [ED.]	L'Europa dei Diritti. Commento alla Carta dei diritti fondamentali dell'Unione Europea, Bologna 2001
BIRNIE, PATRICIA W./ BOYLE, ALAN E.	International Law and the Environment, 2nd edition, Oxford 2002
BLECKMANN, ALBERT	Zu den Auslegungsmethoden des Europäischen Gerichtshofs, NJW 1982, S. 1177-1182
DERS.	Die Rechtsquellen des Europäischen Gemeinschaftsrechts, NVwZ 1993, S. 824-828
DERS.	Theorie der Grundrechte der Europäischen Gemeinschaften und der nationalen Rechtsordnungen, insbesondere des Grundgesetzes: Diskrepanz und Vergleich, in: Ress, Georg [Hrsg.], Vorträge, Reden und Berichte aus dem Europa-Institut/ Nr. 188, Saarbrücken 1989
BOCK, BETTINA	Umweltschutz im Spiegel von Verfassungsrecht und Verfassungspolitik, Berlin 1990
BÖCKENFÖRDE, ERNST-WOLFGANG	Recht, Staat und Freiheit – Studien zur Rechtsphilosophie, Staatstheorie und Verfassungsgeschichte –, Frankfurt a. M. 1991
BOGDANDY, ARMIN VON	Grundrechtsgemeinschaft als Integrationsziel? – Grundrechte und das Wesen der Europäischen Union –, JZ 2001, S. 157-171
BOROWSKY, MARTIN	Wertegemeinschaft Europa, DRiZ 2001, S. 275-287
BOSSELMANN, KLAUS	Die Natur im Umweltrecht. Plädoyer für ein ökologisches Umweltrecht, NuR 1987, S. 1-6
DERS.	Ökologische Grundrechte – Zum Verhältnis zwischen individueller Freiheit und Natur –, Baden-Baden 1998

BOTHE, MICHAEL	Das Recht auf Umwelt – zwei Schritte vorwärts, einen zurück, in: Kiss, Alexandre C./ Burhenne-Guilmin, Françoise [Hrsg.], Ein Recht für die Umwelt, Festschrift für Wolfgang E. Burhenne, S. 49-56, Gland/Cambridge 1994
DERS.	Die Entwicklung des Umweltvölkerrechts 1972/2002, in: Dolde, Klaus-Peter [Hrsg.], Umweltrecht im Wandel, S. 51-70, Berlin 2001
DERS./ KLEIN, ECKART	Das Recht auf eine gesunde Umwelt, ZaöRV 34 (1974), S. 351-371
BRADY, KATY	New Convention on Access to Information and Public Participation in Environmental Matters, EPL 28 (1998), S. 69-75
BRAIBANT, GUY	La Charte des droits fondamentaux de l'Union Européenne. Témoignage et commentaires de Guy Braibant, Paris 2001
BRANDL, ERNST/ BUNGERT, HARTWIG	Constitutional Entrenchment of Environmental Protection: A Comparative Analysis of Experiences Abroad, HarvELR 16 (1992), S. 1-100
BREIER, SIEGFRIED	Die Bedeutung der umweltrechtlichen Querschnittsklausel des Art. 130 r Abs. 2 Satz 2 EWG-Vertrag für die Verwirklichung des europäischen Binnenmarktes, NuR 1992, S. 174-181
DERS.	Umweltschutz in der Europäischen Gemeinschaft – Eine Bestandsaufnahme nach Maastricht –, NuR 1993, S. 457-467
BREUER, RÜDIGER	Der Ausbau des Individualschutzes gegen Umweltbelastungen als Aufgabe des öffentlichen Rechts, DVBl. 1986, S. 849-859

DERS. Die Fortentwicklung des Wasserrechts auf europäischer und deutscher Ebene, DVBl. 1997, S. 1211-1231

DERS. Europäisierung des Wasserrechts, NuR 2000, S. 541-549

BRÖNNEKE, TOBIAS Vom Nutzen einer einklagbaren Verfassungsnorm. Zugleich eine partielle Kritik der Schutznormtheorie, ZUR 1993, S. 153-158

DERS. Umweltverfassungsrecht: Der Schutz der natürlichen Lebensgrundlagen im Grundgesetz sowie in den Landesverfassungen Brandenburgs, Niedersachsens und Sachsens, Baden-Baden 1999

BROHM, WINFRIED Soziale Grundrechte und Staatszielbestimmungen in der Verfassung, JZ 1994, S. 213-220

BROWN WEISS, EDITH Our Rights and Obligations to Future Generations for the Environment, AJIL 1990, S. 198-207

DIES. Intergenerational equity: A legal framework for global environmental change, in: dies. [ed.], Environmental Change and International Law: New Challenges and Dimensions, S. 385-412, Tokyo 1992

BRUNNÉE, JUTTA "Common Interest" – Echoes from an Empty Shell? Some Thoughts on Common Interest and International Environmental Law, ZaöRV 49 (1989), S. 791-808

BRUNNER, GEORG Die Problematik der sozialen Grundrechte, Tübingen 1971

DERS. Die Verfassungsordnung, in: ders. [Hrsg.]: Ungarn auf dem Weg zur Demokratie, S. 42-86, Bonn 1993

DERS./ SÓLYOM, LÁSZLÓ Verfassungsgerichtsbarkeit in Ungarn. Analysen und Entscheidungssammlung 1990-1993, Baden-Baden 1995

DIES. Constitutional judiciary in a new democracy: the Hungarian Constitutional Court, Michigan 2003

BUCK, CARSTEN Über die Auslegungsmethoden des Gerichtshofs der Europäischen Gemeinschaft, Frankfurt a. M./Berlin u.a. 1998

BULLINGER, MARTIN Fragen der Auslegung einer Verfassung, JZ 2004, S. 209-214

BURCA, GRAINNE DE The drafting of the European Union Charter of fundamental rights, ELR 2001, S. 126-138

BURGI, MARTIN Das Schutz- und Ursprungsprinzip im europäischen Umweltrecht, NuR 1995, S. 11-15

BUSSE, CHRISTIAN Die völkerrechtliche Einordnung der Europäischen Union, Köln/Berlin u.a. 1999

DERS. Eine kritische Würdigung der Präambel der Europäischen Grundrechtecharta, EuGRZ 2002, S. 559-576

BUTT, MARC ERIC/ KÜBERT, JULIA/ SCHULTZ, ANNE CHRISTIANE Soziale Grundrechte in Europa, Arbeitsdokument des Europäischen Parlaments (SOCI 104 DE), Brüssel 2000

BYRNE, RAYMOND/ MCCUTCHEON, J. PAUL The Irish Legal System, 4. Auflage, Dublin 2001

CALLAHAN, DANIEL What obligations do we have to future generations?, in: Partridge, Ernest [ed.]: Responsibilities to Future Generations. Environmental Ethics, S. 73-85, New York 1980

CALLEWAERT, JOHAN — Die EMRK und die EU-Grundrechtecharta. Bestandsaufnahme einer Harmonisierung auf halbem Weg, EuGRZ 2003, S. 198-206

CALLIESS, CHRISTIAN — Die neue Querschnittsklausel des Art. 6 (ex 3 c) EGV als Instrument zur Umsetzung des Grundsatzes der nachhaltigen Entwicklung, DVBl. 1998, S. 559-568

DERS. — Subsidiaritäts- und Solidaritätsprinzip in der Europäischen Union. Vorgaben für die Anwendung von Art. 5 (ex-Art. 3 b) EGV nach dem Vertrag von Amsterdam, 2. Auflage, Baden-Baden 1999

DERS. — Ansätze zur Subjektivierung von Gemeinwohlbelangen im Völkerrecht – Das Beispiel des Umweltschutzes –, ZUR 2000, S. 246-257

DERS. — Rechtsstaat und Umweltstaat – Zugleich ein Beitrag zur Grundrechtsdogmatik im Rahmen mehrpoliger Verfassungsrechtsverhältnisse –, Tübingen 2001

DERS. — Die Charta der Grundrechte der Europäischen Union – Fragen der Konzeption, Kompetenz und Verbindlichkeit, EuZW 2001, S. 261-268

DERS. — Die Europäische Grundrechts-Charta, in: Ehlers, Dirk [Hrsg.], Europäische Grundrechte und Grundfreiheiten, § 19, S. 447-466, Berlin 2003

DERS./ RUFFERT, MATTHIAS [HRSG.] — Kommentar des Vertrages über die Europäische Union und des Vertrages zur Gründung der Europäischen Gemeinschaft – EUV/EGV – 2. Auflage, Neuwied/Kriftel 2002 (zit.: Bearbeiter, in ders./Ruffert, EUV/EGV)

CANÇADO TRINDADE, ANTONIO AUGUSTO Human Rights and the Environment, in: Symonides, Janusz [ed.]: New Dimensions and Challenges for Human Rights, S. 117-153, New Delhi 2003

CAPITANT, DAVID À propos de la protection des droits économiques et sociaux en France, in: Presses Universitaires de Strasbourg [éd.]: Les droits individuels et le juge an Europe, Mélanges en l'honneur de Michel Fromont, S. 127-145, Strasbourg 2001

CARINHAS DE ANDRADE, ISABEL Access to Justice in Environmental Matters: The Portuguese Actio Popularis – Law and Practice, elni-Review 1/2004, S. 11-16

CASPAR, JOHANNES Nationale Grundrechtsgarantien und sekundäres Gemeinschaftsrecht, DÖV 2000, S. 349-361

DERS. Europäisches und nationales Umweltverfassungsrecht, in: Koch, Hans-Joachim [Hrsg.], Umweltrecht, § 2, S. 41-76, Neuwied/Kriftel 2002

CHRISTENSEN, RALPH/ MÜLLER, FRIEDRICH Mehrsprachigkeit oder das eine Recht in vielen Sprachen, in: Müller, Friedrich/ Burr, Isolde (Hrsg.), Rechtssprache Europas. Reflexion der Praxis von Sprache und Mehrsprachigkeit im supranationalen Recht, S. 9-21, Berlin 2004

CHRISTOPOULOU, IOLI/ LONG, TONY Conserving the Environmental Acquis: An Assessment of the European Convention, elni-Review 1/2004, S. 1-7

CHRYSSOGONOS, KOSTAS Die umfassende griechische Verfassungsänderung von 2001, JöR n.F. 50 (2002), S. 433-472

CLASSEN, CLAUS DIETER Die Ableitung von Schutzpflichten des Gesetzgebers aus Freiheitsrechten – ein Vergleich von deutschem und französischem Verfassungsrecht sowie der Europäischen Menschenrechtskonvention, JöR n.F. 36 (1987), S. 29-48

COFFEY, CLARE The EU Charter on Fundamental Rights – The Place of the Environment, in: Feus, Kim [ed.]: The EU Charter of Fundamental Rights, S. 129-145, London 2000

CONSEIL EUROPEEN DU DROIT DE L´ENVIRONNEMENT (CEDE) Le Droit à l´Environnement – Un Droit Fondamental dans l´Union Européenne –, Funchal 2001

COOK, KATE Environmental Rights as Human Rights?, EHRLR 2002, S. 196-215

CREMER, WOLFRAM Der Rechtsschutz des Einzelnen gegen Sekundärrechtsakte der Union gemäß Art. III-270 Abs. 4 Konventsentwurf des Vertrags über eine Verfassung für Europa, EuGRZ 2004, S. 577-583

CRUZ VILLALÓN, PEDRO Grundgesetz und deutsche Verfassungsrechtsprechung im Spiegel ausländischer Verfassungsentwicklung. Landesbericht Spanien, in: Starck, Christian [Hrsg.], Grundgesetz und deutsche Verfassungsrechtsprechung im Spiegel ausländischer Verfassungsentwicklung, Baden-Baden 1990

DERS. Die Bewältigung der Arbeitsbelastung durch das spanische Verfassungsgericht, EuGRZ 2003, S. 154-159

DANWITZ, THOMAS VON Die Garantie des effektiven Rechtsschutzes im Recht der Europäischen Gemeinschaft, NJW 1993, S. 1108-1116

DERS. Aarhus-Konvention: Umweltinformation, Öffentlichkeitsbeteiligung, Zugang zu den Gerichten, NVwZ 2004, S. 272-282

DERS. Richtungsentscheidungen des Verfassungsvertrags für die Europäische Union – Versuch einer ersten Bewertung, ZG 2005, S. 1-15

DÄNZER-VANOTTI, WOLFGANG Der Europäische Gerichtshof zwischen Rechtsprechung und Rechtsetzung, in: Due, Ole/ Lutter, Marcus/ Schwarze, Jürgen [Hrsg.], Festschrift für Ulrich Everling (Bd. I), S. 205-221, Baden-Baden 1995

DASHWOOD, ALAN/ DUTHEIL DE LA ROCHERE, JACQUELINE a.o. [ED.] The EU Charter of Fundamental Rights still under discussion, Editorial Comments, CMLR 38 (2001), S. 1-6

DEJEANT-PONS, MAGUELONNE L´insertion du droit de l´homme à l´environnement dans les systèmes régionaux de protection de droit de l´homme, RUDH 1991, S. 461-470

DIES./ PALLEMAERTS, MARC Droits de l´homme et environnement – Recueil d´instruments et autres textes internationaux concernant les droits individuels et collectifs en matière d´environnement dans le cadre international et européen – Editions du Conseil de l´Europe, Strasbourg 2002

DELAUNAY, BENEDICTE De la loi du 17 juillet 1978 en matière de l´environnement, AJDA n° 25/2003, S. 1316-1324

DELLMANN, HANSJÖRG Zur Problematik eines „Grundrechts auf menschenwürdige Umwelt", DÖV 1975, S. 588-592

DE OTTO Y PARDO, IGNACIO Die Regelung der Ausübung der Grundrechte. Die Garantie ihres Wesensgehalts in Art. 53 Abs. 1 der Verfassung, in: López Pina, Antonio [Hrsg.], Spanisches Verfassungsrecht, S. 309-354, Heidelberg 1993

DESGAGNÉ, RICHARD — Integrating environmental values into the European Convention on Human Rights, AJIL 89 (1995), S. 263-294

DEUTSCHER BUNDESTAG [HRSG.] — Die Charta der Grundrechte der Europäischen Union, Zur Sache 1/2001, Berlin 2001

DEUTSCHER BUNDESTAG [HRSG.] — Der Weg zum EU-Verfassungskonvent, Zur Sache 5/2002, Berlin 2002

DEVÈS, CLAUDE — Der französische Conseil constitutionnel und die soziale Republik, DÖV 1989, S. 249-258

DICKE, KLAUS — Mensch, Umwelt und Natur: Zur Prinzipienbildung des Umweltschutzes im Rahmen der Vereinten Nationen, VN 1985, S. 59-62

DIETLEIN, JOHANNES — Die Lehre von den grundrechtlichen Schutzpflichten, Berlin 1992

DI FABIO, UDO — Eine europäische Charta, JZ 2000, S. 737-743

DIX, WOLFGANG — Grundrechtecharta und Konvent – auf neuen Wegen zur Reform der EU?, Integration 2001, S. 34-38

DOEHRING, KARL — Völkerrecht, 2. Auflage, Heidelberg 2004

DORF, YVONNE — Zur Auslegung der Grundrechtecharta, JZ 2005, S. 126-132

DREIER, HORST [HRSG.] — Grundgesetz-Kommentar, Bd. I (Präambel, Art. 1-19), 2. Auflage, Tübingen 2004 und Bd. II (Artt. 20-82 GG), Tübingen 1998 (zit.: Bearbeiter, in: Dreier, GG I/II)

DRÖGE, CORDULA — Positive Verpflichtungen der Staaten in der Europäischen Menschenrechtskonvention, Berlin u.a. 2003

Dutheil de la Rochere, Jacqueline	The EU and the individual: Fundamental Rights in the Draft Constitutional Treaty, CMLR 41 (2004), S. 345-354
Dyke, Brennan van	A proposal to introduce the right to a healthy environment into the European Convention regime, VaELJ 1994, S. 323-364
Eckersley, Robyn	Environmentalism and Political Theory, New York 1992
Ehlers, Dirk	Die Grundrechte der Europäischen Gemeinschaft – Allgemeine Lehren, in: ders. [Hrsg.], Europäische Grundrechte und Grundfreiheiten, § 13, S. 319-338, Berlin 2003
Eickmeier, Sylvia	Eine europäische Charta der Grundrechte. Bericht über das gemeinsame Forum des Bundesministeriums der Justiz und der Vertretung der Europäischen Kommission in Deutschland, DVBl. 1999, S. 1026-1029
Eleftheriadis, Pavlos Z.	The Future of Environmental Rights in the European Union, in: Alston, Philip [ed.], The EU and Human Rights, S. 529-549, Oxford/New Nork 1999
Engel, Christoph	Europäisches Umweltrecht aus der Vogelperspektive, DVBl. 1999, S. 1069-1077
Engels, Markus	Sozialer Schutz – unter Berücksichtigung der Diskussion im Konvent, in: Bundesministerium für Arbeit und Sozialordnung/ Max-Planck-Institut für ausländisches und internationales Sozialrecht/ Akademie Diözese Rottenburg Stuttgart [Hrsg.], Soziale Grundrechte in der Europäischen Union, S. 247-253, Baden-Baden 2000/2001
Epiney, Astrid	Umweltrechtliche Querschnittsklausel und freier Warenverkehr: Die Einbeziehung umweltpolitischer Belange über die Beschränkung

der Grundfreiheit,
NuR 1995, S. 497-504

DIES. Umweltrecht in der Europäischen Union. Primärrechtliche Grundlagen. Gemeinschaftliches Sekundärrecht, Köln 1997

DIES. Gemeinschaftsrecht und Verbandsklage, NVwZ 1999, S. 485-495

DIES. Zu den Anforderungen der Aarhus-Konvention an das europäische Gemeinschaftsrecht, ZUR 2003, S. 176-184

DIES. Neuere Rechtsprechung des EuGH in den Bereichen institutionelles Recht, allgemeines Verwaltungsrecht, Grundfreiheiten, Umwelt- und Gleichstellungsrecht, NVwZ 2004, S. 555-566 und S.1067-1078

DIES./ FURRER, ANDREAS Umweltschutz nach Maastricht – Ein Europa der drei Geschwindigkeiten? –, EuR 1992, S. 369-408

EPPING, VOLKER Die Verfassung Europas?, JZ 2003, S. 821-831

ERIKSEN, ERIK ODDVAR Why a Constitutionalised Bill of Rights, in: ders./ Fossum, John Erik/ Menéndez, Agustín José [ed.], The Chartering of Europe. The European Charter of Fundamental Rights and its Constitutional Implications, S. 48-70, Baden-Baden 2003

ERMACORA, FLORIAN Report on individual constitutional rights to environmental protection in Austria, Internet-Publikation der Avosetta Group/2001 (http://www-user.uni-bremen.de/~avosetta/-ermaconstrights.html)

DERS. The Incorporation of Human/Fundamental Rights in the Environmental Policy of the EU. Is there or should there be a "right" to a clean environment?,

Internet-Publikation der Avosetta Group (October 2002) (http://www-user.uni-bremen.de/~avosetta/contributions0202.html)

EUROPÄISCHER RAT FÜR UMWELTRECHT Individualrecht oder Verpflichtung des Staates? – Internationales Kolloquium über das Recht auf menschenwürdige Umwelt –, Beiträge zur Umweltgestaltung/ Bd. A 41, Berlin 1976

EUROPÄISCHE UMWELTAGENTUR Die Umwelt in Europa: Der Zweite Lagebericht, Amt für amtliche Veröffentlichungen der Europäischen Gemeinschaften [Hrsg.], Luxemburg 1998

DIES. Die Umwelt in Europa: Der Dritte Lagebericht, Amt für amtliche Veröffentlichungen der Europäischen Gemeinschaften [Hrsg.], Luxemburg 2003

EVERLING, ULRICH Durchführung und Umsetzung des Europäischen Gemeinschaftsrechts im Bereich des Umweltschutzes unter Berücksichtigung der Rechtsprechung des EuGH, NVwZ 1993, S. 209-216

DERS. Richterliche Rechtsfortbildung in der Europäischen Gemeinschaft, JZ 2000, S. 217-227

DERS. Durch die Grundrechtecharta zurück zu Solange I?, Gastkommentar, EuZW 2003, S. 225

FERNANDEZ, TOMAS R. L´environnement dans la constitution espagnole et dans la doctrine du tribunal constitutionnel, RJE 1984, S. 179-195

FODOR, LASZLO A környzetvédelem megjelenesése Európa alkotmányaiban (Ausprägung des Umwelt-schutzes in den Verfassungen Europas), Sectio Juridica et Politica 2002, S. 373-400

DERS. Umweltrecht vor dem Beitritt Ungarns zur Europäischen Gemeinschaft, Osteuropa-Recht 2003, S. 568-578

DERS./ ORTH, ERIKA ELISABETH Umweltschutz in der ungarischen Verfassung, Osteuropa-Recht 2005, S. 1-16

FRANCK, CHRISTIAN Traité et constitution: limites de l´analogie, in: Magnette, Paul [éd.], La constitution de l´Europe, S. 31-40, 2ième édition, Brüssel 2002

FRANK, GÖTZ Vom Umweltschutz zum Mitweltrecht, DVBl. 1989, S. 693-699

FRENZ, WALTER Europäisches Umweltrecht, München 1997

DERS. Grundfreiheiten und Grundrechte, EuR 2002, S. 603-618

FROWEIN, JOCHEN ABRAHAM Das Staatengemeinschaftsinteresse – Probleme bei der Formulierung und Durchsetzung, in: Hailbronner, Kay/ Ress, Georg/ Stein, Torsten [Hrsg.], Staat und Völkerrechtsordnung, Festschrift für Karl Doehring, S. 219-228, Heidelberg/Berlin/New York u.a. 1989

FÜHR, MARTIN Ökologische Grundpflichten als verfassungsrechtliche Dimension. Vom Grundrechts-individualismus zur Verantwortungsgemeinschaft zwischen Bürger und Staat?, NuR 1998, S. 6-14

DERS./ GEBERS, BETTY/ ORMOND, MICHEL/ ROLLER, GERD Access to Justice. Legal Standing for Environmental Associations in the European Community, ELNI-Newsletter 1/94, S. 3-9

GARCÍA DE ENTERRÍA, EDUARDO Der normative Wert der spanischen Verfassung, in: López Pina, Antonio [Hrsg.], Spanisches Verfassungsrecht, S. 63-91, Heidelberg 1993

GEIGER, HANSJÖRG Die Schaffung einer Grundrechtscharta für die Europäische Union: Eine deutsche Initiative, in: Heusel, Wolfgang [Hrsg.], Grundrechtecharta und Verfassungsentwicklung in der EU, S. 17-21, Köln 2002

GEIGER, RUDOLF Vertrag über die Europäische Union und Vertrag zur Gründung der Europäischen Gemeinschaft, Kommentar, 4. Auflage, München 2004

GELLERMANN, MARTIN Herzmuschelfischerei im Lichte des Art. 6 FFH-Richtlinie – Anmerkungen zum Urteil des EuGH vom 7.9.2004 –, NuR 2004, S. 769-773

GERSDORF, HUBERTUS Funktionen der Gemeinschaftsgrundrechte im Lichte des Solange II- Beschlusses des Bundesverfassungs-gerichts, AöR 119 (1994), S. 400-426

GIBSON, NORALEE The Right to a Clean Environment, SaskLR 54 (1990), S. 5-17

GORMLEY, W. PAUL Human Rights and Environment: The Need for International Co-operation, Leyden 1976

DERS. The Legal Obligation of the International Community to Guarantee a Pure and Decent Environment: The Expansion of Human Rights Norms, GeorgetownIELR 3 (1990), S. 85-116

GRABENWARTER, CHRISTOPH Die Charta der Grundrechte für die Europäische Union, DVBl. 2001, S. 1-13

DERS. Die Menschenrechtskonvention und Grundrechte-Charta in der europäischen Verfassungs-entwicklung, in: Cremer, Hans-Joachim/ Giegerich, Thomas/ Richter, Dagmar/ Zimmermann, Andreas [Hrsg.], Tradition und Weltoffenheit des Rechts, Festschrift für Helmut Steinberger, S. 1129-1152, Berlin/Heidelberg/New York u.a. 2002

Ders.	Auf dem Weg in die Grundrechtsgemeinschaft?, EuGRZ 2004, S. 563-570
Ders.	Europäische Menschenrechtskonvention, 2. Auflage, München 2005
Grabitz, Eberhard/ Hilf, Meinhard [Hrsg.]	Das Recht der Europäischen Union. Vertrag über die Europäische Union, Vertrag zur Gründung der Europäischen Gemeinschaft, Loseblattsammlung/ Bde. I und II, Stand: 2005, München (zit.: Bearbeiter, in: Grabitz/ Hilf, EU-/EG-Vertrag)
Graf Vitzthum, Wolfgang [Hrsg.]	Völkerrecht, 2. Auflage, Berlin/New York 2001 (zit.: Verfasser, in: Graf Vitzthum, Völkerrecht)
Grassi, Stefano	Seminar of the European Group of Environmental Law, Internet-Publikation der Avosetta Group/2001, S. 1-7 (http://www-user.uni-bremen.de/~avosetta/grassisecpap .html)
Grewe, Constanze	Die Grundrechte und ihre richterliche Kontrolle in Frankreich, EuGRZ 2002, S. 209-212
Groeben, Hans von der/ Schwarze, Jürgen [Hrsg.]	Vertrag über die Europäische Union und Vertrag über die Gründung der Europäischen Gemeinschaft Kommentar, 6. Auflage, Band I (Art. 1-53 EUV/ Art. 1-80 EGV), Baden-Baden 2003, Band III (Art. 98-188 EGV), Baden-Baden 2003 (zit.: Beabeiter, in: v. d. Groeben/Schwarze, EUV/EGV)
Gündisch, Jürgen	Grundrechte und Rechtsschutz, in: Bleckmann, Albert/ Dieringer, Jürgen/ Hufeld, Ulrich [Hrsg.], Eine Verfassung für Europa, S. 271-288, Tübingen 2004
Gündling, Lothar	Artikel „Amoco Cadiz Incident“, in: Bernhardt, Rudolf [ed.], EPIL, Vol. I (1992), S. 153-155, Amsterdam/London/New York

GUIMEZANES, NICOLE Introduction au droit français, Baden-Baden 1995

HÄBERLE, PETER Gemeineuropäisches Verfassungsrecht, EuGRZ 1991, S. 261-274

DERS. Die Herausforderung des europäischen Juristen vor den Aufgaben unserer Verfassungs-Zukunft: 16 Entwürfe auf dem Prüfstand, DÖV 2003, S. 429-443

DERS. Europäische Verfassungslehre, 3. Auflage, Baden-Baden 2005

HÄFNER, GERALD/ STRAWE, CHRISTOPH/ ZUEGG, ROBERT In der Auseinandersetzung um eine Charta der Grundrechte der Europäischen Union, ZRP 2000, S. 365-368

HÄUßLING, EVA M. K. Soziale Grundrechte in der portugiesischen Verfassung von 1976. Verfassung und soziale Wirklichkeit, Baden-Baden 1997

HAIGH, NIGEL/ KRAEMER, ANDREAS R. "Sustainable Development" in den Verträgen der Europäischen Union, ZUR 1996, S. 239-242

HALADYJ, ANNA Umweltrecht in Polen – unter besonderer Berücksichtigung des Grundsatzes der nachhaltigen Entwicklung –, NuR 2004, S. 292-295

HANSMANN, KLAUS Schwierigkeiten bei der Umsetzung und Durchführung des europäischen Umweltrechts, NVwZ 1995, S. 320-325

HARTWIG, MATTHIAS Landesbericht Italien, in: Frowein, Jochen Abraham [Hrsg.], Die Kontrolldichte bei der gerichtlichen Überprüfung von Handlungen der Verwaltung, S. 59-72, Berlin/Heidelberg u.a. 1993

HATTENBERGER, DORIS Der Umweltschutz als Staatsaufgabe – Möglichkeiten und Grenzen einer verfassungsrechtlichen Verankerung des Umweltschutzes –, Wien/New York 1993

HECTOR, PASCAL — Die Charta der Grundrechte der Europäischen Union, in: Bröhmer, Jürgen [Hrsg.], Der Grundrechtsschutz in Europa, S. 180-204, Baden-Baden 2002

HEINZ, KARL ECKHART — Staatsziel Umweltschutz in rechtstheoretischer und verfassungsrechtlicher Sicht, NuR 1994, S. 1-8

HEINTZEN, MARKUS — Gemeineuropäisches Verfassungsrecht in der Europäischen Union, EuR 1997, S. 1-16

HENKE, JÖRG — EuGH und Umweltschutz. Die Auswirkungen der Rechtsprechung des Gerichtshofs der Europäischen Gemeinschaften auf das Umweltschutzrecht in Europa, München 1992

HENNEKE, HANS-GÜNTER — Der Schutz der natürlichen Lebensgrundlagen in Art. 20 a GG – Inhalt und Wirkung einer ausbalancierten Staatszielbestimmung, NuR 1995, S. 325-335

HERDEGEN, MATTHIAS — Europarecht, 6. Auflage, München 2004

HESSE, KONRAD — Grundzüge des Verfassungsrechts der Bundesepublik Deutschland, 20. Auflage, Heidelberg 1995

HILF, MEINHARD — Die gemeinsame Grundrechtserklärung des Europäischen Parlaments, des Rates und der Kommission vom 5. April 1977, EuGRZ 1977, S. 158-161

HIRSCH, GÜNTER — EG: Kein Staat, aber eine Verfassung?, Kommentar, NJW 2000, S. 46-47

DERS. Soziale Grundrechte in der Europäischen Grundrechtscharta, in: Blank, Michael [Hrsg.]: Soziale Grundrechte in der Europäischen Grundechtscharta, S. 11-23, Frankfurt a. M. 2002

DERS. Die Aufnahme der Grundrechtscharta in den Verfassungsvertrag, in: Schwarze, Jürgen [Hrsg.], Der Verfassungsentwurf des Europäischen Konvents. Verfassungsrechtliche Grundstrukturen und wirtschaftsverfassungsrechtliches Konzept, S. 111-125, Baden-Baden 2004

HOBE, STEPHAN Menschenrecht auf Umweltschutz?, ZUR 1994, S. 15-19

DERS. Grundstrukturen des internationalen Umweltrechts, JA 1997, S. 160-166

DERS. Bedingungen, Verfahren und Chancen europäischer Verfassunggebung: zur Arbeit des Brüsseler Verfassungskonvents, EuR 2003, S. 1-16

DERS. Europarecht, 2. Auflage, Köln/Berlin u.a. 2004

DERS./ GIESECKE, CHRISTIAN Zur Vereinbarkeit von nächtlichem Fluglärm mit Art. 8 EMRK, ZLW 2003, S. 501-512

HOFFERT, URSULA Europarecht und nationale Umweltpolitik. Nationale Abweichungsmöglichkeiten von der gemeinschaftlichen Rechtsangleichung und Ausnahmen vom Grundsatz des freien Warenverkehrs am Beispiel des Umweltschutzrechts, Wien/New York 1993

HOFFMANN-RIEM, WOLFGANG Vom Staatsziel Umweltschutz zum Gesellschaftsziel Umweltschutz, Die Verwaltung 1995, S. 425-448

DERS. Kohärenz der Anwendung europäischer und nationaler Grundrechte, EuGRZ 2002, S. 473-483

Hoffmeister, Frank	Die Europäische Menschenrechtskonvention als Grundrechtsverfassung und ihre Bedeutung in Deutschland, Der Staat 40 (2001), S. 349-381
Hohmann, Harald	Ergebnisse des Erdgipfels von Rio, NVwZ 1993, S. 311-319
Horstig, Barbara von	Die Europäische Gemeinschaft als Partei internationaler Umweltschutzabkommen, Bonn 1997
Hübner, Ulrich/ Constantinesco, Vlad	Einführung in das französische Recht, 4. Auflage, München 2001
Hydén, Hakan/ Gillberg, Minna	Environmental Protection as a Fundamental Right in Sweden, Internet-Publikation der Avosetta Group/2001 (http://www-user.uni-bremen.de/~avosetta/hydenconstrights.html)
Ibler, Martin	Der Grundrechtsschutz in der spanischen Verfassung am Beispiel des Eigentums, JZ 1999, S. 287-294
Ihering, Rudolf von	Der Kampf ums Recht, Wien 1874
Iliopoulos-Strangas, Julia	Grundrechtsschutz in Griechenland, JöR n.F. 32 (1983), S. 395-442
Institut für Europäische Umweltpolitik [Hrsg.]	Europäische Konferenz über Umwelt und Menschenrechte (Straßburg, 19.-20.01.1979), 4 Bde., Bonn 1979
Interparlamentarische Arbeitsgemeinschaft der Bundesrepublik Deutschland [Hrsg.]	Prioritäten für internationale Maßnahmen. Bericht über die 1. Internationale Parlamentarierkonferenz zu Umweltfragen, Beiträge zur Umweltgestaltung Bd. A 2, Berlin 1971
Ipsen, Hans Peter	Über das Grundgesetz, Hamburg 1950

IPSEN, KNUT [HRSG.] Völkerrecht, 5. Auflage, München 2004 (zit.: Verfasser, in: Ipsen, Völkerrecht)

ISENSEE, JOSEF Verfassung ohne soziale Grundrechte, Der Staat 19 (1980), S. 367-384

DERS. Das Grundrecht als Abwehrrecht und staatliche Schutzpflicht, in: ders./Kirchhof, Paul [Hrsg.], HbStR Bd. V: Allgemeine Grundrechtslehren, § 111, S. 143-241, Heidelberg 1992

JACQUE, JEAN-PAUL La Protection du droit à l´environnement au niveau européen ou régional, in: Kromarek, Pascale [éd.], Environnement et droits de l´homme, S. 65-76, Paris (UNESCO) 1987

JADOT, BENOIT La réforme de l´Etat belge et les difficultés d´avènement d´un droit de l´environnement, RJE 1987, S. 305-318

JAECKEL, LIV Schutzpflichten im deutschen und europäischen Recht. Eine Untersuchung der deutschen Grundrechte, der Menschenrechte und Grundfreiheiten der EMRK sowie der Grundrechte und Grundfreiheiten der Europäischen Gemeinschaft, Baden-Baden 2001

JAHNS-BÖHM, JUTTA/ BREIER, SIEGFRIED Die umweltrechtliche Querschnittsklausel des Art. 130 r Abs. 1 S. 2 EWGV, EuZW 1992, S. 49-55

JARASS, HANS D./ PIEROTH, BODO Grundgesetz für die Bundesrepublik Deutschland, Kommentar, 7. Auflage, München 2004

JELLINEK, GEORG System der subjektiven öffentlichen Rechte, 2. Auflage, Tübingen 1905

JÖHR, WALTER A. Bedrohte Umwelt – die Nationalökonomie vor neuen Aufgaben, in: Walterskirchen, Martin von [Hrsg.], Umweltschutz und Nationalökonomie, S. 41-125, Frauenfeld (Schweiz), Stuttgart 1972

KAHL, WILHELM — Umweltprinzip und Gemeinschaftsrecht. Eine Untersuchung zur Rechtsidee des „bestmöglichen Umweltschutzes" im EWG-Vertrag, Heidelberg 1993

DERS. — Der EuGH als Motor des Europäischen Umweltschutzes?, ThürVBl. 1994, S. 225-231

KARAKOSTAS, IOANNIS — Rechtsmittel zum Schutz der Umweltgüter im griechischen Recht, NuR 1993, S. 467-474

KARPEN, ULRICH — Zu einem Grundrecht auf Umweltschutz, in: Thieme, Werner [Hrsg.], Umweltschutz im Recht, S. 9-24, Berlin 1988

KENNTNER, MARKUS — Die Schrankenbestimmungen der EU-Grundrechtecharta. Grundrechte ohne Schutzwirkung?, ZRP 2000, S. 423-425

KEWENIG, WILHELM A. — Common Heritage of Mankind – Politischer Slogan oder völkerrechtlicher Schlüsselbegriff?, in: Münch, Ingo von [Hrsg.], Staatsrecht – Völkerrecht – Europarecht, Festschrift für Hans-Jürgen Schlochauer zum 75. Geburtstag, S. 385-406, Berlin/New York 1981

KIMBER, CLIONA J. M./ EKARDT, FELIX — Zugang zu Umweltinformationen in Großbritannien und Deutschland. Eine rechtsvergleichende und empirische Untersuchung, NuR 1999, S. 262-268

KIMMINICH, OTTO — Umweltschutz. Prüfstein der Rechtsstaatlichkeit, Linz 1987

DERS./ LERSNER, HEINRICH FREIHERR VON/ STORM, PETER-CHRISTOPH [HRSG.] — Handwörterbuch des Umweltrechts (HdUR), Bde. I und II, 2. Auflage, Berlin 1994 (zit.: Verfasser, Artikel, in: Kimminich/v. Lersner/Storm, HdUR)

Kind, Martin — Umweltschutz durch Verfassungsrecht. Aspekte des österreichischen Umweltverfassungsrechts mit Anmerkungen zur deutschen Rechtslage, Wien/New York 1994

Kingreen, Thorsten — Theorie und Dogmatik der Grundrechte im europäischen Verfassungsrecht, EuGRZ 2004, S. 570-576

Kirchhof, Paul — Verfassungsrechtlicher Schutz und internationaler Schutz der Menschenrechte: Konkurrenz oder Ergänzung?, EuGRZ 1994, S. 16-44

Kiss, Alexandre Charles — Peut-on définir le droit de l´homme à l´environnement?, RJE 1976, S. 15-18

Ders. — Définition et nature juridique d´un droit de l´homme à l´environnement, in: Kromarek Pascale [éd.], Environnement et droits de l´homme, S. 13-28, Paris (UNESCO) 1987

Ders. — Le droit à la conservation de l´environnement, RUDH 1990, S. 445-448

Ders. — An introductory note on a human right to environment, in: Brown Weiss, Edith [ed.], Environmental Change and International Law: New Challenges and Dimensions, S. 199-243, Tokyo 1992

Ders. — Does the European charter of fundamental rights and freedoms guarantee a right to environment?, in: International Court of the Environment Foundation (ICEF) [ed.], The Role of the Judiciary in the Implementation and Enforcement of Environment Law – Symposium on Environmental Law for Judges. Italian Council of the Judiciary –, S. 207-231, Rom 2003

DERS./ SHELTON, DINAH Manual of European Environmental Law, 2nd edition, Cambridge 1997

DIES. International Environmental Law, 3rd edition, New York 2004

KLEIN, EBERHARD Recht auf Umweltschutz als völkerrechtliches Individualgrundrecht?, in: Schwarze, Jürgen/ Graf Vitzthum, Wolfgang [Hrsg.]: Grundrechtsschutz im nationalen und internationalen Recht, Festschrift für Werner von Simson zum 75. Geburtstag, S. 251-262, Baden-Baden 1983

KLEIN, ECKART Universeller Menschenrechtsschutz – Realität oder Utopie?, EuGRZ 1999, S.109-115

KLEIN, HANS HUGO Ein Grundrecht auf saubere Umwelt?, in: Schneider, Hans/ Götz, Volkmar [Hrsg.]: Im Dienst an Recht und Staat. Festschrift für Werner Weber zum 70. Geburtstag, S. 654-667, Berlin 1974

DERS. Die grundrechtliche Schutzpflicht, DVBl. 1994, S. 489-497

KLEY-STRULLER, ANDREAS Der Schutz der Umwelt durch die Europäische Menschenrechtskonvention, EuGRZ 1995, S. 507-518

KLOEPFER, MICHAEL Zum Grundrecht auf Umweltschutz: Vortrag gehalten vor der Berliner Juristischen Gesellschaft am 18. Januar 1987, Berlin/New York 1979

DERS. Umweltschutz als Verfassungsrecht: Zum neuen Art. 20 a GG, DVBl. 1996, S. 73-80

DERS. Die europäische Herausforderung – Spannungslagen zwischen deutschem und europäischem Umweltrecht, NVwZ 2002, S. 645-657

Ders. Rechte für die Umwelt, für Tiere und für Denkmäler?, in: Recht und Um-Welt. Essays in Honour of Gerd Winter, Ludwig Krämer [Hrsg.], S. 51-64, Groningen 2003

Ders. Umweltrecht, 3. Auflage, München 2004

Ders./ Mast, Ekkehart Zum Umweltrecht in Frankreich, RIW 1992, S. 5-12

Dies. Das Umweltrecht des Auslandes, Berlin 1995

Knöll, Ralf Die Diskussion um die Grundrechtscharta der Europäischen Union aus dem Blickwinkel der deutschen Länder, NJW 2000, S. 1845-1848

Ders. Die Charta der Grundrechte der Europäischen Union. Inhalte, Bewertung und Ausblick, NVwZ 2001, S. 392-394

Koenig, Christian EU-Grundrechtscharta – ein neuer supranationaler Kompetenztitel?, EuZW 2000, S. 417

Kokott, Juliane Der Grundrechtsschutz im europäischen Gemeinschaftsrecht, AöR 121 (1996), S. 599-637

Koppen, Ida J./ Ladeur, Karl-Heinz Environmental Rights, in: Cassese, Antonio/ Clapham, Andrew/ Weiler, Joseph H.H. [ed.], Human Rights and the European Community – The Substantive Law (Vol. III), S. 1-50, Baden-Baden 1991

Kotulla, Michael Verfassungsrechtliche Aspekte im Zusammenhang mit der Einführung eines Umweltgrundrechtes in das Grundgesetz, KJ 2000, S. 22-34

Ders. Die Steuerungswirkung des europäischen Umweltschutzrechts für das nationale Recht, EuR 2001, S. 522-541

KRAACK, MICHAEL/ PEHLE, HEINRICH/ ZIMMERMANN-STEINHART, PETRA Umweltintegration in der Europäischen Union, Baden-Baden 2001

KRÄMER, LUDWIG The Single European Act and environmental protection: reflection on several new provisions in Community law, CMLR 24 (1987), S. 659-688

DERS. Grundrecht auf Umwelt und Gemeinschaftsrecht, EuGRZ 1988, S. 285-294

DERS. Das Verursacherprinzip im Gemeinschaftsrecht, EuGRZ 1989, S. 353-361

DERS. EC-Environmental Law, London 2000

DERS. Die Rechtsprechung des Gerichtshofs der Europäischen Gemeinschaften zum Umweltrecht 1992 bis 1994, EuGRZ 1995, S. 45-53

DERS. Defizite im Vollzug des EG-Umweltrechts und ihre Ursachen, in: Lübbe-Wolff, Gertrude [Hrsg.], Der Vollzug des europäischen Umweltrechts, S. 7-35, Berlin 1996

DERS. Das „hohe" Schutzniveau für die Umwelt im EGV. Industrielle Norm oder politische Vorgabe?, ZUR 1997, S. 303-308

DERS. Die Rechtsprechung der EG-Gerichte zum Umweltrecht 1998 und 1999, EuGRZ 2000, S. 265-281

DERS. Europäisches Umweltrecht in der Rechtsprechung des EuGH: dargestellt anhand von 50 Urteilen, Wien 2002

DERS. Die Rechtsprechung der EG-Gerichte zum Umweltrecht 2000 und 2001, EuGRZ 2002, S. 483-498

DERS.	Droit de l'environnement et société ouverte – le monde, l'Europe et les juristes, EPL 33 (2003), S. 81-87
KROMAREK, PASCALE	Quel droit à l'environnement? Historique et développements, in: dies. [éd.], Environnement et droits de l'homme, S. 113-150, Paris (UNESCO) 1987
KRÜGER, HANS CHRISTIAN/ POLAKIEWICZ, JÖRG	Vorschläge für ein kohärentes System des Menschenrechtsschutzes in Europa. Europäische Menschenrechtskonvention und EU-Grundrechtecharta, EuGRZ 2001, S. 92-105
KÜHLING, JÜRGEN	Grundrechte, in: Bogdandy, Armin von [Hrsg.], Europäisches Verfassungsrecht. Theoretische und dogmatische Grundzüge, S. 583-630, Berlin/Heidelberg u.a. 2003
KÜHLING, JÜRGEN	Grundrechte, in: Bogdandy, Armin von [Hrsg.], Europäisches Verfassungsrecht. Theoretische und dogmatische Grundzüge, S. 583-630, Berlin/Heidelberg u.a. 2003
KÜPPER, HERBERT	Die Kodifizierung des ungarischen Umweltrechts im Hinblick auf den EU-Beitritt, in: Geistlinger, Michael [Hrsg.], Umweltrecht in Mittel- und Osteuropa im internationalen Kontext. Festgabe für Henn-Jüri Uibopuu zum 75. Geburtstag, Osteuropaforschung/ Bd. 46, S. 331-401, Berlin 2004
LAGONI, RAINER	Umweltvölkerrecht, in: Thieme, Werner [Hrsg.], Umweltschutz im Recht, S. 233-249, Berlin 1988
LANGERFELDT, MICHAEL	Das sechste Umweltaktionsprogramm der Europäischen Gemeinschaft. Hoffnung auf zehn Jahre aktiven Umweltschutz in Europa?, NuR 2003, S. 339-342

LAPPE, THOMAS MICHAEL Grenzüberschreitender Umweltschutz – Das Modell der Nordischen Umweltschutz-konvention im Vergleich mit dem deutschen Umweltrecht, NuR 1993, S. 213-217

LAWSON, EDWARD H. Encyclopedia of Human Rights, 2nd edition, Washington/London 1996

LEINEN, JO/ SCHÖNLAU, JUSTUS Die Erarbeitung der EU-Grundrechtecharta im Konvent: Nützliche Erfahrungen für die Zukunft Europas, Integration 2001, S. 26-33

LENZ, CARL OTTO Die Rechtsprechung des Europäischen Gerichtshofs auf dem Gebiet des Umweltschutzes, in: Rengeling, Hans-Werner [Hrsg.], Umweltschutz und andere Politiken der Gemeinschaft/ Bd. I, Köln/Berlin u.a. 1993

DERS. Der europäische Grundrechtsstandard in der Rechtsprechung des Europäischen Gerichtshofs, EuGRZ 1993, S. 585-589

DERS. Ein Grundrechtskatalog für die Europäische Gemeinschaft?, NJW 1997, S. 3289-3290

LIMBACH, JUTTA Die Kooperation der Gerichte in der zukünftigen europäischen Grundrechtsarchitektur, EuGRZ 2000, S. 417-420

LINDNER, JOSEF FRANZ EG-Grundrechtscharta und gemeinschaftlicher Kompetenzvorbehalt, DÖV 2000, S. 543-550

LÓPEZ PINA, ANTONIO Die Entstehung der Verfassung, in: ders. [Hrsg.], Spanisches Verfassungsrecht, S. 19-46, Heidelberg 1993

LORD GOLDSMITH, Q. C. A Charter of Rights, Freedoms and Principles, CMLR 2001, S. 201-1216

Losch, Bernhard/ Radau, Wiltrud Christine — Die soziale Verfassungsaufgabe der Europäischen Union, NVwZ 2003, S. 1440-1446

Louis, Jean-Victor — Les projets de constitution dans l´histoire de la construction européenne, in: Magnette, Paul [éd.], La constitution de l´Europe, S. 41-57, 2ième édition, Brüssel 2002

Lübbe-Wolff, Gertrude — Vollzugsprobleme der Umweltverwaltung, NuR 1993, S. 217-229

Lücke, Jörg — Das Recht des einzelnen auf Umweltschutz als ein internationales Menschenrecht, AVR 16 (1974/75), S. 387-396

Ders. — Das Grundrecht des einzelnen gegenüber dem Staat auf Umweltschutz, DÖV 1976, S. 289-296

Ders. — Soziale Grundrechte als Staatszielbestimmungen und Gesetzgebungsaufträge, AöR 107 (1978), S. 5-60

Ders. — Universales Verfassungsrecht, Völkerrecht und Schutz der Umwelt, AVR 35 (1997), S.1-28

Magiera, Siegfried — Die Grundrechtecharta der Europäischen Union, DÖV 2000, S. 1017-1026

Makarewicz, Andrzej — La protection internationale du droit à l´environnement, in: Kromarek, Pascale [éd.], Environnement et droits de l´homme, S. 77-90, Paris (UNESCO) 1987

Maljean-Dubois, Sandrine — La convention européenne des droits del´homme et le droit à l´information, RGDIP 1998, S. 995-1021

MANGOLDT, HERMANN VON/ KLEIN, FRIEDRICH/ STARCK, CHRISTIAN [HRSG.]	Das Bonner Grundgesetz, Kommentar, Band 2: Artikel 20 bis 78, 4. Auflage, München 2000 (zit.: Bearbeiter, in: v. Mangoldt/Klein/Starck, GG II)
MARAUHN, THILO/ OELLERS-FRAHM, KATHRIN	Atomwaffen, Völkerrecht und die internationale Gerichtsbarkeit. Anmerkungen zur Spruchpraxis internationaler Organe hinsichtlich der völkerrechtichen Zulässigkeit von Atomwaffentests, der Drohung mit oder des Einsatzes von Atomwaffen, EuGRZ 1997, S. 221-225
MARKO, JOSEPH	Der Umweltschutz als Staatsziel, ÖJZ 1986, S. 289-297
MARTINEZ SORIA, JOSE	Die Garantie des Rechtsschutzes gegen die öffentliche Gewalt in Spanien, Berlin 1997
MASING, JOHANNES	Die Mobilisierung des Bürgers für die Durchsetzung des Rechts. Europäische Impulse für eine Revision der Lehre vom subjektiv-öffentlichen Recht, Berlin 1997
MATHIEU, BERTRAND	La Constitution et l´environnement. Observations sur la portée normative de la Charte de l´environnement, Cahiers du Conseil Constitutionnel n°15, 2003 (http://www.conseil-constitutionnel.fr/cahiers/ccc15/ccc15somm.htm)
DERS./ VERPEAUX, MICHEL	Contentieux Constitutionnel des Droits Fondamentaux, Paris (L.G.D.J.) 2002
MAUNZ, THEODOR/ DÜRIG, GÜNTER [HRSG.]	Grundgesetz, Kommentar, Bd. III (Artt. 17-27), Stand: Februar 2005, München (zit.: Bearbeiter, in: Maunz/Dürig, GG)
MAUS, WOLFGANG	Individualrecht oder Staatsziel – Zum Grundrecht auf Umweltschutz –, JA 1979, S. 287-292

MAYER, FRANZ C.	La Charte européenne des droits fondamentaux et la Constitution européenne, RTDE 39 (2003), S. 175-196
MCGOLDRICK, DOMINIC	Sustainable Development an Human Rights: An Integrated Conception,ICLQ 45 (1996), S. 796-818
MENENDEZ, AGUSTIN JOSE	Rights to Solidarity. Balancing Solidarity and Economic Freedoms, in: Eriksen, Erik Oddvar/ Fossum, John Erik/ Menéndez, Agustín José [ed.], The Chartering of Europe. The European Charter of Fundamental Rights and its Constitutional Implications, S. 179-197, Baden-Baden 2003
MERINO-BLANCO, ELENA	The Spanish Legal System, London 1996
MEYER, JÜRGEN [HRSG.]	Kommentar zur Charta der Grundrechte der Europäischen Union, 2. Auflage, Baden-Baden 2006 (zit.: Bearbeiter, in: Meyer, GRC-Kommentar)
DERS./HÖLSCHEIDT, SVEN	Die Europäische Verfassung des Europäischen Konvents, EuZW 2003, S. 613-621
DIES.	Wie der Konvent Europa verfasst hat, ZSE 2003, S. 336-346
MEYER, PETER	Die Grundsätze der Auslegung im Europäischen Gemeinschaftsrecht, JURA 1994, S. 455-458
MEYER-LADEWIG, JENS	EMRK. Konvention zum Schutz der Menschenrechte und Grundfreiheiten, Handkommentar, Baden-Baden 2003
MINCKE, WOLFGANG	Einführung in das niederländische Recht, München 2002

Mittmann, Patrick Die Rechtsfortbildung durch den Gerichtshof der Europäischen Gemeinschaften und die Rechtsstellung der Mitgliedstaaten der Europäischen Union, Frankfurt a.M. 2000

Moreno, Angel-Manuel The Right to Environmental Protection in the Spanish Constitutional System, Internet-Publikation der Avosetta-Group/ 2001 (http://www-user.uni-bremen.de/~avosetta/morconstright.html)

Müller, Friedrich/ Christensen, Ralph Juristische Methodik, Band II: Europarecht, Berlin 2003

Münch, Ingo von/ Kunig, Philip [Hrsg.] Grundgesetz-Kommentar, Bd. II (Artt. 20-89), 5. Auflage, München 2001 (zit.: Bearbeiter, in: v. Münch/Kunig, GGK II)

Mularoni, Antonella The Right to a Safe Environment in the Case law of the European Court of Human Rights, in: International Court of the Environment Foundation (ICEF) [ed.], The Role of the Judiciary in the Implementation and Enforcement of Environment Law – Symposium on Environmental Law for Judges. Italian Council of the Judiciary –, S. 312-320, Rom 2003

Murswiek, Dietrich Umweltschutz – Staatszielbestimmung oder Grundsatznorm?, ZRP 1988, S. 14-20

Ders. Grundrechte als Teilhaberechte, soziale Grundrechte, in: Isensee, Josef/ Kirchhof, Paul [Hrsg.], HbStR Bd. V: Allgemeine Grundrechtslehren, § 112, S. 243-289, Heidelberg 1992

Ders. Staatsziel Umweltschutz (Art. 20 a GG) – Bedeutung für die Rechtsetzung und Rechtsanwendung, NVwZ 1996, S. 222-230

DERS. "Nachhaltigkeit" – Probleme der rechtlichen Umsetzung eines umweltpolitischen Leitbildes, NuR 2002, S. 641-648

NETTESHEIM, MARTIN Die Charta der Grundrechte der Europäischen Union: Eine verfassungstheoretische Kritik, Integration 2002, S. 35-48

NICKEL, JAMES W. The Human Right to a Safe Environment: Philosophical Perspectives on Its Scope and Justification, YaleJIL 18 (1993), S. 281-295

NICOLAYSEN, GERT Europarecht I – Die europäische Intergrationsverfassung –, 2. Auflage, Baden-Baden 2002

NIESTEDT, MARIAN Das Integrationsprinzip nach Art. 6 EGV: Grundsätze und Organisation der Berücksichtigung umweltpolitischer Belange in anderen Politiken, WHI-Paper 5/99 (http://www.whi-berlin.de)

NOWAK, CARSTEN Die Grundfreiheiten des EG-Vertrags und der Umweltschutz – Grund-freiheitliche Schrankensystematik im Lichte der EG-Umweltverfassung, VerwArch 93 (2002), S. 368-393

OPPERMANN, THOMAS Europarecht, 2. Auflage, München 1999

DERS. Eine Verfassung für die Europäische Union, DVBl. 2003, S. 1234-1246

DERS. Europäischer Verfassungskonvent und Regierungskonferenz 2002-2004, DVBl. 2004, S. 1264-1271

OSSENBÜHL, FRITZ Umweltschutz und Gemeinwohl in der Rechtsordnung, in: Bitburger Gespräche (Jahrbuch 1983), S. 5-23, München 1983

OVEY, CLARE/ WHITE, ROBIN — The European Convention on Human Rights, 3rd edition, Oxford 2002

PACHE, ECKHARD — Die europäische Grundrechtscharta – ein Rückschritt für den Grundrechtsschutz in Europa?, EuR 2001, S. 475-494

DERS. — Eine Verfassung für Europa – Krönung oder Kollaps der europäischen Integration?, EuR 2002, S. 767-784

PAGH, PETER — Reports on individual constitutional rights to environmental protection – Denmark, Internet-Publikation der Avosetta Group/2001 (http://www-user.uni-bremen.de/~avosetta/paghenv.html)

PALMER, GEOFFREY — New Ways to Make International Environmental Law, AJIL 86 (1992), S. 259-283

PAREJO ALFONSO, LUCIANO — Die Entwicklung des Öffentlichen Rechts – Umweltschutz und Umweltrecht in Spanien –, DVBl. 1992, S. 1272-1283

PATHAK, R. S. — The human rights system as a conceptual framework for international law, in: Brown Weiss, Edith [ed.], Environmental Change and International Law, S. 205-243, Tokyo 1992

PERNICE, INGOLF — Gestaltung und Vollzug des Umweltrechts im europäischen Binnenmarkt. Europäische Impulse und Zwänge für das deutsche Umweltrecht, NVwZ 1990, S. 414-426

DERS. — Europäische Union als Umweltunion?, EuZW 1995, S. 385

DERS. — Eine Grundrechte-Charta für die Europäische Union, DVBl. 2000, S. 847-859

Ders. Europäische Grundrechte-Charta und Konventsverfahren. Zehn Thesen zum Prozess der europäischen Verfassung nach Nizza, Integration 2001, S. 194-207

Ders. The Charter of Fundamental Rights in the Constitution of the European Union, WHI-Paper 14/02, Online-Publikation des Walter Hallstein-Instituts für Europäisches Verfassungsrecht/ Humboldt-Universität zu Berlin (2002) (http://www.whi-berlin.de/pernice-fundamental-rights.htm)

Ders. Verfassung der Europäischen Union, WHI-Paper 3/03, Online-Publikation des Walter Hallstein-Instituts für Europäisches Verfassungsrecht/ Humboldt-Universität zu Berlin (2003) (www.whi-berlin.de/verfassung-1.htm)

Ders. Nach dem Gipfel von Brüssel: Ist die „Verfassung für Europa" gescheitert?, WHI-Paper 2/04, Online-Publikation des Walter Hallstein-Instituts für Europäisches Verfassungsrecht/ Humboldt-Universität zu Berlin (2004) (www.whi-berlin.de/verfassungsgipfel.htm)

Ders. Eine umweltgerechte Kompetenzordnung – Europarechtliche Perspektive –, WHI-Paper 5/04, Online-Publikation des Walter Hallstein-Instituts für Europäisches Verfassungsrecht/ Humboldt-Universität zu Berlin (2004) (www.whi-berlin.de/foederalismus-umwelt.htm)

Petersmann, Hans The Right to Development in the United Nations. An Opportunity for Strengthening Popular Participation in Development, in: Jekewitz, Jürgen/ Klein, Karl Heinz/ Kühne, Jörg Detlef/ Petersmann, Hans/ Wolfrum, Rüdiger [Hrsg.]: Des Menschen Recht zwischen Freiheit und Verantwortung. Festschrift für Karl Josef

Partsch zum 75. Geburtstag, S. 125-140, Berlin 1989

PETTITI, LOUIS-EDMOND/ DECAUX, EMMANUEL/ IMBERT, PIERRE-HENRI — La Convention Européenne des Droits de l'Homme. Commentaire article par article, 2ième édition, Paris 1999

PFEIFFER, THOMAS — Keine Beschwerde gegen EuGH-Vorlagen?, NJW 1994, S. 1996-2002

PHILIP, LOÏC — La protection des droits fondamentaux en France, JöR n.F. 38 (1989), S. 119-136

PHILIPPI, NINA — Die Charta der Grundrechte der Europäischen Union. Entstehung, Inhalt und Konsequenzen für den Grundrechtsschutz in Europa, Baden-Baden 2002

PICKER, RUDOLF — Charta der Grundrechte der Europäischen Union, Kurz-Kommentar, Recht – Politik – Zeitgeschichte – Europa, Starnberg 2001

PIETSCH, JÖRG — Die Grundrechtecharta im Verfassungskonvent, ZRP 2003, S. 1-4

PITSCHAS, RAINER — Europäische Grundrechte-Charta und soziale Grundrechte, VSSR 2000, S. 207-220

POIARES MADURO, MIGUEL — Striking the Elusive Balance Between Economic Freedom and Social Rights in the EU, in: Alston, Philip [ed.], The EU and Human Rights, S. 449-472, Oxford/New Nork 1999

POSTIGLIONE, AMEDEO — La politique italienne en matière de droit de l'environnement, in: Kiss, Alexandre/ Burhenne, Françoise [Hrsg.]: Ein Recht für die Umwelt. Festschrift für Wolfgang E. Burhenne, S. 209-221, Gland/Cambridge 1994

PRATS-CANUT, JOSE MIGUEL Artikel „Spanien“, in: Grabitz, Eberhard/ Hrbek, Rudolf/ Molsberger, Josef [Hrsg.], Grundrechte in Europa und in den USA/ Bd. I: Strukturen nationaler Systeme, S. 651-714, Kehl am Rhein/Straßburg/Arlington 1986

PREUß, ULRICH Grundrechte in der Europäischen Union, KJ 1998, S. 1-29

PRIEUR, MICHEL La Constitution et l´environnement. Vers un droit de l´environnement renouvelé, Cahiers du Conseil constitutionnel n° 15, 2003 (http://www.conseil-constitu-tionnel.fr/cahiers/ccc15/ccc15somm.htm)

DERS. La Charte, l´environnement et la Constitution, AJDA n° 8, 2003, S. 353

DERS. Droit de l´environnement, 5ième édition, Paris 2004

QUASDORF, PETER Dogmatik der Grundrechte der Europäischen Union, Frankfurt a.M. 2001

RANDELZHOFER, ALBRECHT Umweltschutz im Völkerrecht. Grundstrukturen und Prinzipien, JURA 1992, S. 1-8

RAUSCHNING, DIETER Ein internationales Menschenrecht auf Schutz der Umwelt?, in: Schneider Hans/ Götz, Volkmar [Hrsg.], Im Dienst an Recht und Staat. Festschrift für Werner Weber zum 70. Geburtstag, S. 719-734, Berlin 1974

DERS./ HOPPE, WERNER Staatsaufgabe Umweltschutz, VVDStRL 38 (1980), S. 167-205 sowie S. 211-310, Berlin/New York 1980

REDGWELL, CATHERINE Life, the Universe and Everything: A Critique of Anthropocentric Rights, in: Boyle, Alan E./ Anderson, Michael [ed.], Human Rights Approaches to Environmental Protection, S. 71-89, Oxford 1996

REHBINDER, ECKHART Nachhaltigkeit als Prinzip des Umweltrechts: konzeptionelle Fragen, S. 721-743, in: Dolde, Klaus Peter [Hrsg.], Umweltrecht im Wandel, Berlin 2001

DERS. Das deutsche Umweltrecht auf dem Weg zur Nachhaltigkeit, NVwZ 2002, S. 657-666

RENGELING, HANS-WERNER Die Entwicklung verwaltungsrechtlicher Grundsätze durch den Gerichtshof der Europäischen Gemeinschaften, EuR 1984, S. 331-360

DERS. Grundrechtsschutz in der Europäischen Gemeinschaft. Bestandsaufnahme und Analyse der Rechtsprechung des Europäischen Gerichtshofs zum Schutz der Grundrechte als allgemeine Rechtsgrundsätze, München 1993

DERS. Zum Umweltverfassungsrecht in der Europäischen Union – Überlegungen zur „Europäischen Umweltunion“, in: Ipsen, Jörn/ Rengeling, Hans-Werner/ Mössner, Jörg Manfred/ Weber, Albrecht [Hrsg.], Verfassungsrecht im Wandel. Festschrift zum 180jährigen Bestehen der Carl Heymanns KG, S. 469-483, Köln u.a. 1995

DERS. Brauchen wir die Verfassungsbeschwerde auf Gemeinschaftsebene?, in: Due, Ole/ Lutter, Marcus/ Schwarze, Jürgen [Hrsg.], Festschrift für Ulrich Everling (Bd. II), S. 1187-1212, Baden-Baden 1995

Ders./Szczekalla, Peter Grundrechte in der Europäischen Union. Charta der Grundrechte und allgemeine Rechtsgrundsätze, Köln u.a. 2004

Rest, Alfred The Sandoz Conflagration and the Rhine Pollution: Liability Issues, GYIL 30 (1987), S. 160-176

Ders. Ecological Damage in Public International Law, EPL 22 (1992), S. 31-41

Ders. Need for an International Court for the Environment? Underdeveloped Legal Protection for the Individual in Transnational Litigation, EPL 24 (1994), S. 173-187

Ders. The OPOSA-Decision: Implementing the Principles of Intergenerational Equity and Responsibility, EPL 24 (1994), S. 314-320

Ders. Die rechtliche Umsetzung der Rio-Vorgaben in der Staatenpraxis, AVR 34 (1996), S. 145-167

Ders. Europäischer Menschenrechtsschutz als Katalysator für ein verbessertes Umweltrecht, NuR 1997, S. 209-215

Ders. Artikel „Internationaler Umweltschutz", in: Luchterhand Ergänzbares Lexikon des Rechts, Gruppe 4/1070 (Stand: November 2000), Neuwied/Kriftel

Ders. Enhanced Implementation of International Environmental Treaties by Judiciary – Access to Justice in International Environmental Law for Individuals and NGOs: Efficacious Enforcement by the Permanent Court of Arbitration, MqJICEL Vol. I (2004), S. 1-28

Riedel, Eibe Menschenrechte in der dritten Dimension, EuGRZ 1989, S. 9-21

DERS. Paradigmenwechsel im internationalen Umweltrecht, in: Stober, Rolf [Hrsg.], Recht und Recht. Festschrift für Gerd Roellecke zum 70. Geburtstag, S. 245-279, Stuttgart/Berlin/Köln 1997

RITGEN, KLAUS Grundrechtsschutz in der Europäischen Union, ZRP 2000, S. 371-375

RIZ, ROLAND/ HAPPACHER BREZINKA, ESTHER Grundzüge des Italienischen Verfassungsrechts, Innsbruck 2003

RODRÍGUEZ IGLESIAS, GIL CARLOS Zur "Verfassung" der Europäischen Gemeinschaft, EuGRZ 1996, S. 125-131

RUFFERT, MATTHIAS Subjektive Rechte im Umweltrecht der Europäischen Gemeinschaft: unter besonderer Berücksichtigung ihrer prozessualen Durchsetzung, Heidelberg 1996

DERS. Das Umweltvölkerrecht im Spiegel der Erklärung von Rio und der Agenda 21, ZUR 1993, S. 208-214

DERS. Schlüsselfragen der Europäischen Verfassung der Zukunft. Grundrechte – Institutionen – Kompetenzen – Ratifizierung, EuR 2004, S. 165-2001

RUNGE, TOBIAS Zehn Jahre Informationsmanagement für Europa. Die Tätigkeit der Europäischen Umweltagentur, DVBl. 2005, S. 542-551

SACH, KARSTEN/ SIMM, MARION Kontrolle der Durchführung und der Beachtung von Gemeinschaftsrecht, in: Rengeling, Hans-Werner [Hrsg.], Handbuch zum europäischen und deutschen Umweltrecht (EUDUR) – Eine systematische Darstellung des europäischen Umweltrechts mit seinen Auswirkungen auf das deutsche Recht und mit rechtspolitischen

Perspektiven – Bd. I: Allgemeines Umweltrecht, § 44, S. 1607-1657, Köln u.a. 2003

SACHS, MICHAEL [HRSG.] Grundgesetz, Kommentar, 3. Auflage, München 2003 (zit.: Bearbeiter, in: Sachs, GG)

SANDS, PHILIPPE Principles of International Environmental Law, 2nd edition, Cambridge 2003

DERS. International law in the field of sustainable development, BYIL 65 (1994), S. 303-381

SANTER, JAQUES Überlegungen zur Bedeutung der Europäischen Charta der Grundrechte, in: Heusel, Wolfgang [Hrsg.], Grundrechtecharta und Verfassungsentwicklung in der EU, S. 13-15, Köln 2002

SAVOIE, ERIC Artikel „Frankreich", in: Grabitz, Eberhard Hrbek, Rudolf/ Molsberger, Josef [Hrsg.], Grundrechte in Europa und in den USA/ Bd. I: Strukturen nationaler Systeme, S. 203-256, Kehl am Rhein/Straßburg/Arlington 1986

SCHENDEL, ANDREAS Umweltinformationsrichtlinie und Umweltinformationsgesetz sowie allgemeine Umweltinformation, in: Rengeling, Hans-Werner [Hrsg.], Handbuch zum europäischen und deutschen Umweltrecht (EUDUR) – Eine systematische Darstellung des europäischen Umweltrechts mit seinen Auswirkungen auf das deutsche Recht und mit rechtspolitischen Perspektiven –, Bd. I: Allgemeines Umweltrecht, § 39, S. 1391-1435, Köln u.a. 2003

SCHEUING, DIETER H. Umweltschutz auf der Grundlage der Europäischen Akte, EuR 1989, S.152-192

DERS. Die Einheitliche Europäische Akte als Grundlage umweltrechtlicher Aktivitäten der Europäischen Gemeinschaft, in: Behrens, Peter/ Koch, Hans-Joachim [Hrsg.], Umweltschutz in der Europäischen Gemeinschaft – Spannungsfelder zwischen nationalem Recht und europäischen Gemeinschaftsrecht –, S. 46-74, Baden-Baden 1991

DERS. Europäisches Umweltverfassungsrecht im Spiegel der Rechtsprechung des EuGH, in: Dolde, Klaus-Peter [Hrsg.], Umweltrecht im Wandel, S. 129-170, Berlin 2001

DERS. Das Europäische Umweltverfassungsrecht als Maßstab gerichtlicher Kontrolle. Eine Analyse der Rechtsprechung des EuGH, EuR 2002, S. 619-659

SCHEUNER, ULRICH Solidarität unter den Nationen als Grundsatz in der gegenwärtigen internationalen Gemeinschaft, in: Delbrück, Jost/ Ipsen, Knut/ Rauschning, Dieter [Hrsg.], Recht im Dienst des Friedens, Festschrift für Eberhard Menzel zum 65. Geburtstag, S. 251-277, Berlin 1976

SCHEYLI, MARTIN Aarhus-Konvention über Informationszugang, Öffentlichkeitsbeteiligung und Rechtsschutz in Umweltfragen, AVR 38 (2000), S. 217-252

SCHILLING, THEODOR Bestand und allgemeine Lehren der bürgerschützenden allgemeinen Rechtsgrundsätze des Gemeinschaftsrechts, EuGRZ 2000, S. 3-43

SCHMIDT, CARMEN Grundlagen des Umweltrechts in Estland, in: Geistlinger, Michael [Hrsg.], Umweltrecht in Mittel- und Osteuropa im internationalen Kontext. Festgabe für Henn-Jüri Uibopuu zum 75. Geburtstag, Osteuropaforschung/ Bd. 46, S. 467-513, Berlin 2004

Schmidt-Preuß, Matthias	Die Entwicklung des deutschen Umweltrechts als verfassungsgeleitete Umsetzung der Maßgaben supra- und internationaler Umweltpolitik, JZ 2000, S. 581-591
Schmidt-Radefeldt, Roman	Urteilsanmerkung zu EGMR, Guerra u.a. / Italien (Urteil vom 19.02.1998 (GrK), EuGRZ 1999, S. 192-193
Ders.	Ökologische Menschenrechte. Ökologische Menschenrechtsinterpretation der EMRK und ihre Bedeutung für die umweltschützenden Grundrechte des Grundgesetzes, Baden-Baden 2000
Schmitz, Thomas	Die EU-Grundrechtscharta aus grundrechtsdogmatischer und grundrechtstheoretischer Sicht, JZ 2001, S. 833-843
Schönlau, Justus/ Leinen, Jo	Die Erarbeitung der EU-Grundrechtecharta im Konvent: Nützliche Erfahrungen für die Zukunft Europas, Integration 2001, S. 26-33
Schmuck, Otto	Die Ausarbeitung der Europäischen Grundrechtscharta als Element der Verfassungsentwicklung, Integration 2000, S. 48-56
Schroeder, Werner	Das Gemeinschaftsrechtssystem – Eine Untersuchung zu den rechtsdogmatischen, rechtstheoretischen und verfassungsrechtlichen Grundlagen des Systemdenkens im Europäischen Gemeinschaftsrecht –, Tübingen 2002
Ders.	Die Sicherung eines hohen Schutzniveaus für Gesundheits-, Umwelt- und Verbraucherschutz im europäischen Binnenmarkt, DVBl. 2002, S. 213-221
Ders.	Die Auslegung des EU-Rechts, JuS 2004, S. 180-186

SCHRÖDER, MEINHARD — Sustainable Development – Ausgleich zwischen Umwelt und Entwicklung als Gestaltungsaufgabe der Staaten, AVR 34 (1996), S. 251-275

DERS. — Aktuelle Entwicklungen im Europäischen Umweltrecht – unter besonderer Berücksichtigung des Vertrages von Amsterdam, NuR 1998, S. 1-6

DERS. — Wirkungen der Grundrechtscharta in der europäischen Rechtsordnung, JZ 2002, S. 849-854

DERS. — Umweltschutz als Gemeinschaftsziel und Grundsätze des Umweltschutzes, in: Rengeling, Hans-Werner (Hrsg.), Handbuch zum europäischen und deutschen Umweltrecht (EUDUR) – Eine systematische Darstellung des europäischen Umweltrechts mit seinen Auswirkungen auf das deutsche Recht und mit rechtspolitischen Perspektiven –, Bd. I: Allgemeines Umweltrecht, § 9, S. 181-221, 2. Auflage, Köln/Berlin u.a. 2003

DERS. — Postulate und Konzepte zur Durchsetzbarkeit und Durchsetzung der EG-Umweltpolitik, NVwZ 2006, S. 389-395

SCHWARZE, JÜRGEN [HRSG.] — EU-Kommentar, Baden-Baden 2000 (zit.: Bearbeiter, in: Schwarze, EU-Kommentar)

DERS. — Der Rechtsschutz Privater vor dem Europäischen Gerichtshof: Grundlagen, Entwicklungen und Perspektiven des Individualrechtsschutzes im Gemeinschaftsrecht, DVBl. 2002, S. 1297-1315

SCHWEITZER, MICHAEL/ HUMMER, WALDEMAR — Europarecht. Das Recht der Europäischen Union – Das Recht der Europäischen Gemeinschaften (EGKS, EG, EAG) – mit Schwerpunkt EG, 5. Auflage, Neuwied/Kriftel/Berlin 1996

SEIDEL, MARTIN Pro futuro: Kraft Gemeinschaftsrechts Vorrang des höheren einzelstaatlichen Grundrechtsschutzes?, Gastkommentar, EuZW 2003, S. 97

SHEATE, WILLIAM R. Changing Conceptions and Potential for Conflict in Environmental Assessment – Environmental Integration and Sustainable Development, EPL 33 (2003), S. 219-230

SHELTON, DINAH Human Rights, Environmental Rights and the Right to the Environment, StanfJIL 28 (1991), S. 103-138

DIES. Human Rights and the Environment: Jurisprudence of Human Rights Bodies, EPL 32 (2002), S. 158-167

DIES. Environmental Rights in Multilateral Treaties adopted between 1991 and 2001, EPL 32 (2002), S. 70-78

SIMONS, DAVID Bestand und Bedeutung der Grundrechte in den Niederlanden, EuGRZ 1978, S. 450-458

SLYNN, GORDON The use of subsequent practice as an aid to interpreation by the Court of Justice of the European Communities, in Bieber, Roland/ Ress, Georg [Hrsg.], Die Dynamik des Europäischen Gemeinschaftsrechts, S. 137-145, Baden-Baden 1987

SMETS, HENRI Les Européens n´ont-ils pas Droit à l'Environnement?, EPL 30 (2000), S. 258

DERS. Une charte des droits fondamentaux sans droit à l´environnement, REDE 2001, S. 383-417

SOELL, HERMANN Umweltschutz, ein Grundrecht?, NuR 1985, S. 205-213

Ders. Überlegungen zum europäischen Umweltrecht, NuR 1990, S. 155-161

Sohn, Louis B. The Stockholm Declaration on the Human Environment, HarvILR 14 (1973), S. 423-515

Sólyom, Lászlo Anmerkungen zur Rezeption auf dem Gebiet der wirtschaftlichen und sozialen Rechte aus ungarischer Sicht, in: Frowein, Jochen Abraham/ Marauhn, Thilo [Hrsg.], Grundfragen der Verfassungsgerichtsbarkeit in Mittel- und Osteuropa, S. 213-227, Berlin/Heidelberg u.a. 1998

Ders. Az alkotmánybíráskodás kezdetei Magyarországon (Anfangszeit der Verfassungsgerichtsbarkeit in Ungarn), Budapest 2001

Sommermann, Karl-Peter Der Schutz der Grundrechte in Spanien nach der Verfassung von 1978. Ursprünge, Dogmatik, Praxis, Berlin 1984

Ders. Staatsziel „Europäische Union". Zur normativen Reichweite des Art. 23 Abs. 1 Satz 1 GG n.F., DÖV 1994, S. 393-399

Ders. Staatsziele und Staatszielbestimmungen, Tübingen 1997

Ders. Die Bedeutung der Rechtsvergleichung für die Fortentwicklung des Staats- und Verwaltungsrechts in Europa, DÖV 1999, S. 1017-1029

Sonnenberger, Hans Jürgen/ Autexier, Christian Einführung in das französische Recht, 3. Auflage, Heidelberg 2000

Spies, Axel Verfassungsrechtliche Normenkontrolle in Frankreich: der Conseil constitutionnel, NVwZ 1989, S. 1040-1045

STANSFIELD, ROBERT H. Artikel "The Torrey Canyon", in: Bernhardt, Rudolf [ed.], EPIL Vol. IV (2000), S. 867-868, Amsterdam/London/New York

STARCK, CHRISTIAN Eine Verfassung für das Vereinigte Königreich?, AöR 119 (1994), S. 627-641

DERS. Rechtsvergleichung im öffentlichen Recht, JZ 1997, S. 1021-1030

STARKE, J. G. The Stockholm Conference of 1972 on the Human Environment, in: Institut für Völkerrecht und ausländisches öffentliches Recht der Universität zu Köln [Hrsg.], Festschrift für Hermann Jahrreiß zum 80. Geburtstag, S. 253-269, Köln/Berlin/Bonn/München 1974

STEIGER, HEINHARD Mensch und Umwelt. Zur Frage der Einführung eines Umweltgrundrechts, Beiträge zur Umweltgestaltung/ Bd. A 32, Berlin 1975

STEIN, PAUL L. Judges Active in Promoting Environmental Law Capacity Building, EPL 33 (2003), S. 56-58

STEIN, TORSTEN "Gut gemeint ..." – Bemerkungen zur Charta der Grundrechte der Europäischen Union, in: Cremer, Hans-Joachim/ Giegerich, Thomas/ Richter, Dagmar/ Zimmermann, Andreas [Hrsg.], Tradition und Weltoffenheit des Rechts, Festschrift für Helmut Steinberger, S. 1425-1436, Berlin/Heidelberg/New York u.a. 2002

DERS./ BUTTLAR, CHRISTIAN Völkerrecht, 11. Auflage, Köln/Berlin u.a. 2005

STEINBERG, RUDOLF Verfassungsrechtlicher Umweltschutz durch Grundrechte und Staatszielbestimmung, NJW 1996, S. 1985-1994

Stern, Klaus

Das Staatsrecht der Bundesrepublik Deutschland,

Bd. I: Grundbegriffe und Grundlagen des Staatsrechts, Strukturprinzipien der Verfassung, 2. Auflage, München 1984;

Bd. III: Allgemeine Lehren der Grundrechte,

1. Teilbd.: Grundlagen und Geschichte,

nationaler und internationaler Grundrechtskonstitutionalismus, juristische Bedeutung der Grundrechte, Grundrechtsberechtigte, Grundrechtsverpflichtete, München 1988;

2. Teilbd.: Grundrechtstatbestand, Grundrechtsbeeinträchtigungen und Grundrechtsbegrenzungen, Grundrechtsverluste und Grundpflichten, Schutz der Grundrechte, Grundrechtskonkurrenzen, Grundrechtssystem, München 1994

Ders.

Zur Aufnahme eines Umweltschutzstaatszieles in das Grundgesetz, NWVBl. 1988, S. 1-7

Ders.

Idee und Elemente eines Systems der Grundrechte, in: Isensee, Josef/ Kirchhof, Paul [Hrsg.], HbStR Bd. V: Allgemeine Grundrechtslehren, § 109, S. 45-100, Heidelberg 1992

Ders.

Die Idee der Menschen- und Grundrechte, in: Merten, Detlev/ Papier, Hans-Jürgen [Hrsg.], Handbuch der Grundrechte in Deutschland und Europa, Bd. I: Entwicklung und Grundlagen, § 1, S. 3-48, Heidelberg 2004 (zit.: Stern, Die Idee der Menschen- und Grundrechte, in: HGR I, § 1)

STERZEL, DIETER Staatsziele und soziale Grundrechte. Zur Steuerungsfunktion eines Staatszieles Umwelt und sozialer Grundrechte, ZRP 1993, S. 13-17

STOBER, ROLF Umweltschutzprinzip und Umweltgrundrecht, JZ 1988, S. 426-430

STONE, CHRISTOPHER D. Umwelt vor Gericht. Die Eigenrechte der Natur (Should trees have standing?), München 1987

STREINZ, RUDOLF Bundesverfassungsgerichtlicher Grundrechtsschutz und Europäisches Gemeinschaftsrecht. Die Überprüfung grundrechtsbeschränkender deutscher Begründungs- und Vollzugsakte von Europäischem Gemeinschaftsrecht durch das Bundesverfassungsgericht, Baden-Baden 1989

DERS. Europarecht, 6. Auflage, Heidelberg 2003

DERS. [HRSG.] Kommentar zum EGV/EUV – Vertrag über die Europäische Union und Vertrag zur Gründung der Europäischen Gemeinschaft –, München 2003 (zit.: Bearbeiter, in: Streinz, EUV/EGV)

SUETENS, LOUIS-PAUL Environnement et Droits de l´Homme, EPL 10 (1983), S. 137-140

DERS. Le Droit à la protection d´un environnement sain (Article 23 de la Constitution belge), in: Prieur, Michel/ Lambrecht, Claude [éd.], Les hommes et l´environnement. Quels droits pour le vingt-et-unième siècle? Etudes en hommage à Alexandre Kiss, S. 489-498, Paris 1998

SZCZEKALLA, PETER Grundfreiheitliche Schutzpflichten – eine „neue“ Funktion der Grundfreiheiten des Gemeinschaftsrechts, DVBl. 1998, S. 219-224

DERS. Grundrechte für Europa – Die Europäische Union nach Nizza. Zugleich ein Bericht über die Konferenz in Wien vom 18.-19.12.2000, DVBl. 2001, S. 345-352

DERS. Allgemeine Rechtsgrundsätze, in: Rengeling, Hans-Werner [Hrsg.], Handbuch zum europäischen und deutschen Umweltrecht (EUDUR) – Eine systematische Darstellung des europäischen Umweltrechts mit seinen Auswirkungen auf das deutsche Recht und mit rechtspolitischen Perspektiven –, Bd. I: Allgemeines Umweltrecht, § 11, S. 294-337, 2. Auflage, Köln u.a. 2003

DERS. Grundrechte, in: Rengeling, Hans-Werner [Hrsg.], Handbuch zum europäischen und deutschen Umweltrecht (EUDUR) – Eine systematische Darstellung des europäischen Umweltrechts mit seinen Auswirkungen auf das deutsche Recht und mit rechtspolitischen Perspektiven –, Bd. I: Allgemeines Umweltrecht, § 12, S. 338-413, 2. Auflage, Köln u.a. 2003

TAPPERT, WILLI Eine Charta der Grundrechte für die EU, DRiZ 2000, S. 204-207

TAYLOR, PRUDENCE E. From Environmental to Ecological Human Rights: A New Dynamic in International Law?, GeorgetownIELR 10 (1998), S. 309-397

DIES. International Human Rights and the Environment, in: Bosselmann, Klaus [Hrsg.], Ökologische Grundrechte, S. 234-332, Baden-Baden 1998

TESAURO, GUISEPPE Some Thoughts on the Charter of Fundamen-tal Rights of the EU, in: Miccù, Roberto/ Pernice, Ingolf [eds.], The European Constitution in the Making, S. 127-134, Baden-Baden 2004

Tettinger, Peter J. Die Charta der Grundrechte der Europäischen Union, NJW 2001, S. 1010-1015

ders./Stern, Klaus [Hrsg.] Kölner Gemeinschaftskommentar zur Europäischen Grundrechte-Charta, 1. Auflage, München 2006 (zit.: Bearbeiter, in: Tettinger/Stern, Kölner Gemeinschaftskommentar zur Europäischen Grundrechte-Charta)

Thomashausen, André Der Freiheitsbegriff, die Grundrechte und der Grundrechtsschutz in der neuen portugiesischen Verfassung vom 2. April 1976, EuGRZ 1981, S. 1-14

Ders. Artikel „Portugal“, in: Grabitz, Eberhard/ Hrbek, Rudolf/ Molsberger, Josef [Hrsg.]: Grundrechte in Europa und in den USA/ Bd. I: Strukturen nationaler Systeme, S. 591-650, Kehl am Rhein/Straßburg/Arlington 1986

Thorme, Melissa Establishing Environment as a Human Right, DenJILP Vol. 19 (1991), S. 301-342

Thym, Daniel Umweltschutz in den Verfassungen der EU-Mitgliedstaaten, NuR 2000, S. 557-564

Tietmann, Karl Situation der Umwelt in der Europäischen Union, in: Rengeling, Hans-Werner [Hrsg.], Handbuch zum europäischen und deutschen Umweltrecht (EUDUR) – Eine systematische Darstellung des europäischen Umweltrechts mit seinen Auswirkungen auf das deutsche Recht und mit rechtspolitischen Perspektiven –, Bd. I: Allgemeines Umweltrecht, § 2, S. 13-28, 2. Auflage, Köln u.a. 2003

Tillich, Stanislaw Nicht mehr und nicht weniger. Die Charta der Grundrechte soll die Rechte des Bürgers gegenüber der EU benennen, F.A.Z. Nr. 223 vom 25.09.2000

TREVIRANUS, HANS DIETRICH — Artikel „Preamble“, in: Bernhardt, Rudolf [ed.], EPIL Vol. III (1997), S. 1097-1098, Amsterdam/Lausanne/New York

TRIEBEL, MATTHIAS — Die Rechtswirkungen der Grundrechtecharta, NJ 2002, S. 232-234

UMBACH, DIETER C. — Die Grundrechte der neuen spanischen Verfassung, EuGRZ 1979, S. 229-235

UNITED NATIONS ENVIRONMENT PROGRAMME (UNEP) — Global Environmental Outlook 3. Past, present and future perspectives, London 2002

UNTERMAIER, JEAN — Droit de l'homme à l'environnement et libertés publiques – Droit individuel ou collectif, droit pour l'individu ou obligation pour l'état?, RJE 1978, S. 329-377

VERDROSS, ALFRED/ SIMMA, BRUNO — Universelles Völkerrecht: Theorie und Praxis, 3. Auflage, Berlin 1984

VERSCHUUREN, JONATHAN — The Constitutional Right to Protection of the Environment in the Netherlands, AJPIL 46 (1993), S. 67-77

DERS. — Principles of Environmental Law. The Ideal of Sustainable Development and the Role of International, European and National Environmental Law, Baden-Baden 2003

DERS. — Restructuring Environmental Legislation in the Netherlands, elni-Review 2/2004, S. 34-37

WAECHTER, KAY — Umweltschutz als Staatsziel, NuR 1996, S. 321-327

WAITE, ANDREW-J. — Constitutional Rights to the Environment in the United Kingdom, RJE 1994, S. 353-361

Walter, Christian	Geschichte und Entwicklung der Europäischen Grundrechte und Grundfreiheiten, in: Ehlers, Dirk [Hrsg.], Europäische Grundrechte und Grundfreiheiten, § 1, S. 1-19, Berlin 2003
Wasilewski, Andrzej	Umweltschutzrecht im polnischen Rechtssystem, NuR 1998, S. 291-293
Weber, Albrecht	Die Europäische Grundrechtscharta – auf dem Weg zu einer europäischen Verfassung, NJW 2000, S. 537-54
Ders.	Charta der Grundrechte der Europäischen Union, München 2002
Ders.	Einheit und Vielfalt der europäischen Grundrechtsordnung(en) – Zur Inkorporation der Grundrechtscharta in einen europäischen Verfassungsvertrag –, DVBl. 2003, S. 220-227
Weber, Werner	Die verfassungsrechtlichen Grenzen sozialstaatlicher Forderungen, Der Staat 4 (1965), S. 409-439
Wegener, Bernhard W.	Rechte des Einzelnen. Die Interessentenklage im europäischen Umweltrecht, Baden-Baden 1998
Ders.	Keine Klagebefugnis für Greenpeace und 18 andere, Urteilsanmerkung zu EuGH, Rs. C-321/95 P, Urteil vom 2. April 1998 (Greenpeace), ZUR 1998, S. 131-136
Wendel, Mattias	Die Auslegung der Verfassung für Europa – Interpretationsgrundsätze und die Bedeutung der Erläuterungen des Konventspräsidiums nach Art. II-112 Abs. 7 VVE, WHI-Paper 2/05, Online-Publikation des Walter Hallstein-Instituts für Europäisches Verfassungsrecht/ Humboldt-Universität zu Berlin (2005) (http://www.rewi.hu-

berlin.de/WHI/deutsch/ papers/WHI-Paper_4-05.pdf)

WICKE, LUTZ Umweltökonomie, in: Rengeling, Hans-Werner [Hrsg.], Handbuch zum europäischen und deutschen Umweltrecht (EUDUR) – Eine systematische Darstellung des europäischen Umweltrechts mit seinen Auswirkungen auf das deutsche Recht und mit rechtspolitischen Perspektiven –, Bd. I: Allgemeines Umweltrecht, § 5, S. 54-75, 2. Auflage, Köln u.a. 2003

WIDMAIER, ULRICH/ ALBER, SIEGBERT Die EU-Charta der Grundrechte und ihre Auswirkungen auf die Rechtsprechung, Zu den Beziehungen zwischen EuGH und EGMR, EuGRZ 2000, S. 497-510

WIEGAND, BODO Bestmöglicher Umweltschutz als Aufgabe der Europäischen Gemeinschaften, DVBl. 1993, S. 533-543

WOEHRLING, JEAN-MARIE Rechtsschutz im Umweltrecht in Frankreich, NVwZ 1999, S. 502-506

DERS. Umweltschutz und Umweltrecht in Frankreich, DVBl. 1992, S. 884-892

WOLFRUM, RÜDIGER The Principle of the Common Heritage of Mankind, ZaöRV 43 (1983), S. 312-337

WORLD COMMISSION ON ENVIRONMENT AND DEVELOPMENT (WCED) Our Common Future, Oxford u.a. 1987

ZEHETNER, FRANZ Tschernobyl – zur völkerrechtlichen Problematik grenzüberschreitender technisch-industrieller Umweltkatastrophen, UPR 1986, S. 201-205

ZILS, HANS-PETER Die Wertigkeit des Umweltschutzes in Beziehung zu anderen Aufgaben der Europäischen

Gemeinschaft – Untersuchung zur Anwendung der Querschnittsklausel Art. 130r Abs. 2 Satz 2 EWGV im Gemeinschaftsrecht –, Heidelberg 1994

ZULEEG, MANFRED Vorbehaltene Kompetenzen der Mitgliedstaaten der Europäischen Gemeinschaft auf dem Gebiet des Umweltschutzes, NVwZ 1987, S. 280-286

DERS. Umweltschutz in der Rechtsprechung des Europäischen Gerichtshofs, NJW 1993, S. 31-38

DERS. Die Europäische Gemeinschaft als Rechtsgemeinschaft, NJW 1994, S. 545-549

DERS. Zum Verhältnis nationaler und europäischer Grundrechte. Funktionen einer EU-Charta der Grundrechte, EuGRZ 2000, S. 511-517

ZWEIGERT, KONRAD Der Einfluß des europäischen Gemeinschaftsrechts auf die Rechtsordnungen der Mitgliedstaaten, RabelsZ 28 (1964), S. 601-643

DERS./ KÖTZ, HEIN Einführung in die Rechtsvergleichung, Bd. I: Grundlagen, 3. Auflage, Tübingen 1996

"Man has the fundamental right to freedom, equality and conditions of life in an environment of a quality that permits a life of dignity and well-being, and he bears the solemn responsibility to protect and improve the environment for present and future generations."

Stockholm Declaration on the Human Environment
United Nations Conference on the Human Environment, Stockholm, 1972

Einführung

Nachdem der Europäische Gerichtshof das Primärrecht in der Vergangenheit bereits früh als „Verfassungsurkunde der Gemeinschaft"[1] bezeichnet hatte, wurde die Entwicklung des – ursprünglich ausschließlich wirtschaftsliberalisierend ausgerichteten – Gemeinschaftsrechts hin zu einer Werte- und Rechtsgemeinschaft am 18. Juli 2003 durch die Fertigstellung des *Vertrags über eine Verfassung für Europa*[2] in Rom eindrucksvoll unterstrichen. In diesen Verfassungsvertrag wurde die am 7. Dezember 2000 in Nizza verabschiedete *Charta der Grundrechte der Europäischen Union*[3] als Teil II aufgenommen, in deren Artikel 37 der Umweltschutz als fundamentale gemeinschaftsrechtliche Gewährleistung positiviert wurde. Nachdem die Staats- und Regierungschefs der 25 EU-Mitgliedstaaten und der drei Kandidatenländer den Verfassungsvertrag am 29. Oktober 2004 in Rom unterzeichneten, schien ein neuer Höhepunkt in der Geschichte der europäischen Integration kurz vor seiner Verwirklichung zu stehen. Im Hinblick auf den negativen Ausgang der Referenden zur Ratifikation des Verfassungsvertrags in Frankreich und in den Niederlanden im Sommer 2005 und das gegenwärtig ungewisse Schicksal des Verfassungsvertrages sei an die-

[1] EuGH, Rs. 294/83, Parti Ecologiste „Les Verts" / Europäisches Parlament, Slg. 1986, I-1339, 1365, Tz. 23.

[2] Vertrag über eine Verfassung für Europa, ABl. EU 2004 C 310, S. 1 ff. Zu der Besonderheit dieses europäischen Verfassungsbegriffs FRANCK, Traité et constitution: les limites de l'analogie, in: MAGNETTE, La constitution de l'Europe, S. 31 ff.

[3] Charta der Grundrechte der Europäischen Union, ABl. EG 2000 C 364, S. 1 ff.

ser Stelle angemerkt, dass die Annahme dieses Vertragswerks durch die Staats- und Regierungschefs – auch im Falle einer nie eintretenden Rechtsverbindlichkeit – eine historisch höchst bedeutsame Momentaufnahme europäischer Rechtsüberzeugung darstellt. Hervorgehoben sei auch, dass gerade die Grundrechtecharta als integraler Bestandteil des Verfassungsvertrages im Rahmen des Ratifikationsprozesses keinen Kritikpunkt darstellte und das gemeinsame Wertefundament der Europäischen Union auch weiterhin nach außen sichtbar dokumentiert. Die vor dem Verfassungsvertrag verfasste Grundrechtecharta wurde bereits in der Vergangenheit von verschiedenen Gemeinschaftsorganen und auch seitens des EGMR in Bezug genommen und wird auch zukünftig als (zunächst) nicht rechtsverbindliches Dokument für die europäische Rechtspraxis von maßgeblicher Bedeutung sein. Vor diesem Hintergrund erscheint – ungeachtet der gegenwärtig ausgerufenen Krise der Europäischen Union – eine Auseinandersetzung mit der dogmatischen Struktur der Grundrechtecharta lohnenswert und auch erforderlich.

Der nunmehr in der *Charta der Grundrechte der Europäischen Union* konstitutionalisierte Umweltschutz ist bereits seit mehreren Jahrzehnten als Gemeinschaftsziel anerkannt und hat im Jahre 1986 durch die Einheitliche Europäische Akte eine eigenständige primärrechtliche Regelung erfahren[4]. Über seine Funktion als Gemeinschaftszielbestimmung hinaus ist der Umweltschutz mittlerweile den konstitutionellen *Grundwerten* von Europa zuzuordnen[5] und verpflichtet damit die Europäische Union als supranationale Verantwortungsgemeinschaft, die Mitgliedstaaten und auch das Individuum. Die Verankerung des Umweltschutzes in einer Charta europäischer Grundrechte, welche mit dem expliziten Ziel der Rechtsverbindlichkeit erstellt wurde[6], spiegelt damit den uneingeschränkten mitgliedstaatlichen Konsens zur Anerkennung und Würdigung der hohen rechtspolitischen Bedeutung des Umweltschutzes auf Gemeinschafts-

---

4 Dazu SCHEUING, Die Einheitliche Europäische Akte als Grundlage umweltrechtlicher Aktivitäten der Europäischen Gemeinschaft, in: BEHRENS/KOCH, Umweltschutz in der EG, S. 46 ff.

5 Vgl. HÄBERLE, Europäische Verfassungslehre, S. 535.

6 Die ehrgeizige Zielsetzung war, den Entwurf so auszuarbeiten, als ob er in die Verträge eingefügt werden müsse, vgl. die Mitteilungen der Kommission „Zur Grundrechtscharta der Europäischen Union“ vom 13.09.2000 (KOM (2000) 559 endg., S. 3) sowie „Zum Status der Grundrechtecharta der Europäischen Union“, vom 11.10.2000 (KOM (2000), 644 endg., S. 4). Vgl. dazu auch MAGIERA, Die Grundrechtecharta der Europäischen Union, DÖV 2000, S. 1017 (1019 f.). Zur Kontroverse hinsichtlich der Zielsetzung der Rechtsverbindlichkeit vgl. jedoch auch DE BÚRCA, The drafting of the European Union Charter of fundamental rights, ELR 2001, S. 126 (128 ff.).

ebene wider. Auch wenn die Aufnahme einer Umweltschutz-Gewährleistung von Anfang an befürwortet wurde, war der Normierungsprozess im Grundrechte-Konvent von einer heftigen Kontroverse hinsichtlich der rechtlichen Ausgestaltung des Umweltschutzes geprägt. Sollte der Umweltschutz – auch angesichts seiner fundamentalen Bedeutung für den Schutz der Menschenrechte – explizit als Individualgrundrecht ausgestaltet werden oder sollte die Umwelt mittels einer objektiv-rechtlichen Formulierung ausschließlich um ihrer selbst willen geschützt werden?

Konsensgetragen war schließlich eine objektiv-rechtliche Formulierung, die eine unübersehbare textliche Nähe zu dem bisher geltenden Umweltverfassungsrecht[7] aufweist[8] und gleichzeitig an den Umweltschutznormen mitgliedstaatlicher Verfassungen orientiert ist. Vor diesem Hintergrund stellt sich die Frage, ob die Aufnahme des Umweltschutzes in den Grundrechtsteil des *Vertrages über eine Verfassung für Europa* zu einer stärkeren Gewichtung umweltschützender Belange und zu einer Effektuierung des Umweltgemeinschaftsrechts insgesamt beitragen kann. Im Hinblick auf das Spannungsverhältnis von Ökonomie und Ökologie sei angemerkt, dass die Interessen des Umweltschutzes einerseits und der Wirtschaftsförderung andererseits keinesfalls einen unüberwindbaren antithetischen Zielkonflikt bilden[9]. Vielmehr tragen der schonende Umgang mit der Umwelt und den natürlichen Ressourcen nicht nur zu einer erhöhten Lebensqualität bei, sondern sichern bei langfristiger Betrachtung die ökologische Existenzgrundlage einer intakten Gesellschaft und Volkswirtschaft[10].

Angesichts der alarmierenden Umweltprobleme der Gegenwart und der damit verbundenen Dringlichkeit einer höheren Effizienz des Umweltschutzes auf Gemeinschaftsebene wird sich die vorliegende Arbeit der Frage widmen, inwieweit die Konstitutionalisierung des Umweltschutzes in Art. 37 GRC aus europäischer Sicht einen positiven Beitrag zu der globalen Aufgabe eines verbesserten Umweltschutzniveaus leisten kann. Für die Beantwortung dieser Frage ist eine Analyse des Rechtscharakters sowie des Gewährleistungsinhalts

---

7 Als maßgeblich sind insofern die Artt. 2, 6 und 174 EG anzusehen.

8 Art. 37 GRC (=Art. II-97 VerfVertrag): „Ein hohes Umweltschutzniveau und die Verbesserung der Umweltqualität müssen in die Politik der Union einbezogen und nach dem Grundsatz der nachhaltigen Entwicklung sichergestellt werden".

9 BENDA, Verfassungsrechtliche Aspekte des Umweltschutzes, UPR 1982, S. 241.

10 Siehe dazu JÖHR, Bedrohte Umwelt – die Nationalökonomie vor neuen Aufgaben, in: V. WALTERSKIRCHEN, Umweltschutz und Wirtschaftswachstum, S. 72 ff. Nicht übersehen werden darf zudem, dass Umweltschäden als negativer Wohlstandsindikator bei der Wohlstandsbemessung zu berücksichtigen sind. Vgl. dazu WICKE, Umweltökonomie, in: RENGELING, EUDUR/ Bd. I, § 5, Rdn. 5 ff.

und -potentials des Art. 37 GRC von zentraler Bedeutung. Von besonderem Interesse wird – nicht zuletzt angesichts der Positionierung des Art. 37 GRC in einer Charta europäischer Grundrechte – sein, ob aus der Norm individualrechtliche Gewährleistungen hergeleitet werden können.

Stets mit Blick auf das Ziel der rechtsdogmatischen Einordnung des Art. 37 GRC wird die vorliegende Arbeit auch die Thematik der Konstitutionalisierung eines Grund- bzw. Menschenrechts auf Umweltschutz auf internationaler und europäischer Ebene in ihrem historischen, rechtsethischen und rechtspolitischen Kontext beleuchten und in dieser Hinsicht über eine rechtsdogmatische Einordnung der Charta-Gewährleistung „Umweltschutz" deutlich hinausgehen.

Im Hinblick auf die Analyse des Rechtscharakters der neuen Charta-Gewährleistung wird im ersten Kapitel dieser Arbeit zunächst die grundlegende Problematik der normativen Ausgestaltung des Umweltschutzes unter besonderer Berücksichtigung der Konzeption eines Menschenrechts auf Umweltschutz dargestellt. Hieran anknüpfend wird untersucht, ob – und gegebenenfalls in welchem Umfang – auf internationaler, europäischer und mitgliedstaatlicher Ebene zum gegenwärtigen Zeitpunkt von der Geltung eines Individualrechts auf Umweltschutz gesprochen werden kann.

Vor diesem Hintergrund widmet sich das zweite Kapitel anschließend der Konstitutionalisierung des Umweltschutzes in der europäischen Grundrechtecharta, wobei deren Entstehungsgeschichte, Zielsetzung und rechtliche Bedeutung sowie der Normierungsprozess des Art. 37 GRC detailliert nachvollzogen und analysiert werden.

Auf diesem rechtlichen und historischen Fundament aufbauend wird im dritten Kapitel untersucht, ob und auf welche Weise die Gewährleistung des Art. 37 GRC in das existente gemeinschaftsrechtliche Normengefüge eingeordnet werden kann. Auch wenn auf ein bestehendes – insbesondere dogmatisch präzise strukturiertes – europäisches „Gemeinschafts- bzw. Unionsverfassungsrecht" nicht zurückgegriffen werden kann, erscheint eine Darstellung der Grundzüge der bisher entwickelten europäischen Grundrechtsdogmatik im Hinblick auf das Untersuchungsziel unerlässlich. Die Grundlinien einer bisher nur in Ansätzen vorhandenen originär europäischen Grundrechtsdogmatik sind für die Charta von fundamentaler Bedeutung, da die in ihr positivierten Gewährleistungen im Kontext des Gemeischaftsrechtssystems zu interpretieren und anzuwenden sind, sich insbesondere auch in dessen Systematik und dogmatische Strukturen einfügen lassen müssen.

Angesichts der neuen Rechtsqualität der Charta-Normen und nur begrenzt aussagekräftiger chartaspezifischer Auslegungsvorgaben in den Artt. 51 ff. GRC stellt sich weiterhin die wichtige Vorfrage, welche Auslegungsmethodik für die

Interpretation der Grundrechtecharta zugrunde zu legen ist. Als erklärter Schwerpunkt der Arbeit erfolgt anschließend eine rechtsdogmatische Einordnung der Umweltschutznorm im Wege einer grammatischen, systematischen, teleologischen und historischen Auslegung. Da sich die Grundrechtecharta als Substrat der mitgliedstaatlichen Grundrechtstraditionen darstellt, wird dem Verfassungsvergleich – präzisiert bzw. modifiziert durch die gemeinschaftsrechtsspezifische Methodik wertender Rechtsvergleichung – im Rahmen der systematischen Interpretation ein besonderes Gewicht zukommen. Zunächst wird demnach in einem Gesamtüberblick die Garantie des Umweltschutzes in den Verfassungen der 25 Mitgliedstaaten analytisch dokumentiert und dogmatisch eingeordnet. Anschließend wird die konstitutionelle Absicherung des Umweltschutzes im Wege eines vertieften Verfassungsvergleichs in den – für die Interpretation der Grundrechtecharta als repräsentativ und interessant zu bewertenden – Verfassungsordnungen Deutschlands, Frankreichs, Spaniens und Ungarns im Hinblick auf ihre dogmatische Struktur, ihren Gewährleistungsinhalt und ihre Effizienz untersucht und evaluiert. Für die Bestimmung von Rechtscharakter und Gewährleistungsinhalt des Art. 37 GRC in materieller und prozeduraler Hinsicht fruchtbar gemacht werden weiterhin für die Europäische Union verbindliche umweltvölkerechtliche Verpflichtungen sowie die Judikatur des Europäischen Gerichtshofs und des Europäischen Gerichts 1. Instanz sowie des Europäischen Gerichtshofes für Menschenrechte.

In einem abschließenden vierten Kapitel werden – auch im Rekurs auf die Evaluation des Verfassungsvergleichs – zukunftsorientierte Überlegungen zur Justiziabilität des Art. 37 GRC anzustellen sein. Stets zu berücksichtigen ist bei der Analyse der Charta-Gewährleistungen, dass sich die Grundrechtecharta als ein Ergebnis wechselseitiger Rezeption von Gemeinschaftsprimärrecht und mitgliedstaatlichem Verfassungsrecht darstellt und demzufolge als dynamisches Instrument anzusehen ist. Auch und gerade angesichts der keinesfalls eindeutigen Rechtsqualität des Art. 37 GRC stellt sich im Hinblick auf die Charta-Gewährleistung „Umweltschutz" die Frage nach dem rechtlichen Potential und der Dynamik der Norm.

1. Kapitel

Die Problematik eines Individualrechts auf Umweltschutz im Hinblick auf Art. 37 GRC

A. Zur Entwicklung der normativen Absicherung des Umweltschutzes auf internationaler und europäischer Ebene

Angesichts des alarmierenden Zustands der Umwelt und der Endlichkeit der natürlichen Ressourcen stellen der Umweltschutz und dessen umfassende rechtliche Regelung und Implementierung eine der wesentlichen globalen Herausforderungen unserer Zeit dar. Kennzeichnend für die gegenwärtige ökologische Krise als „Signum des 21. Jahrhunderts"[11] sind einerseits eine fortschreitende Zerstörung der Natur und andererseits ein mangelnder Respekt gegenüber dem Umweltrecht[12].

Seit dem internationalen Schiedsspruch im Rechtsstreit „Trail Smelter"[13] im Jahre 1941, der das Prinzip der beschränkten territorialen Souveränität und Integrität im Umweltvölkerrecht prägte[14], wird die Problematik grenzüberschreitender Umweltverschmutzung rechtlich erfasst. Die inter- und transnationale Dimension des Umweltschutzes wurde wenig später sowohl auf rechtspolitischer Ebene – bereits zu dieser Zeit nicht nur hinsichtlich der Aspekte der Nutzung

---

[11] BOSSELMANN, Ökologische Grundrechte: Zum Verhältnis zwischen individueller Freiheit und Natur, S. 12. In diesem Sinne ebenfalls TAYLOR, From Environmental to Ecological Human Rights: A New Dynamic in International Law?, GeorgetownIELR 10 (1998), S. 309 (394).

[12] STEIN, Judges Active in Promoting Environmental Law Capacity Building, EPL 33 (2003), S. 56.

[13] UNRIAA Vol. 3 (1949), S. 1903 ff. (1911 ff.; 1938 ff. (1965)). In dieser grundlegenden Entscheidung stellte ein amerikanisch-kanadisches Schiedsgericht fest, dass kein Staat das Recht habe, sein Gebiet in der Weise zu nutzen, dass Schäden in dem und an dem Gebiet eines anderen Staates entstehen, sofern diese Folgeschäden erheblich und auch nachweisbar sind. Dieser Grundsatz ist heute völkergewohnheitsrechtlich anerkannt und erfasst keinesfalls nur Luftemissionen, sondern schädliche Emissionen jeder Art, sofern diese nicht als unerheblich und üblich zu betrachten sind. Vgl. zu der Entscheidung MADDERS, The Trail Smelter Arbitration, in: BERNHARDT, EPIL/ Vol. IV (2000), S. 900 ff.

[14] BEYERLIN, Umweltvölkerrecht, § 2 Rdn. 10; RANDELZHOFER, Umweltschutz im Völkerrecht, JURA 1992, S. 1 (4) m.w.N.

und Erhaltung der natürlichen Ressourcen, sondern auch hinsichtlich des Schutzes vor Verschmutzung[15] – als auch auf gesellschaftspolitischer Ebene[16] erkannt.

Angesichts eines wachsenden Bewusstseins hinsichtlich der Endlichkeit der zur Verfügung stehenden Ressourcen und der Gefahr der Irreversibilität von Umweltschäden befassten sich die Vereinten Nationen seit Anfang der siebziger Jahre mit der Thematik des Umweltschutzes. Ein internationaler Konsens hinsichtlich der Notwendigkeit eines globalen Umweltschutzes manifestierte sich im Jahre 1972 im Rahmen der Konferenz der Vereinten Nationen in Stockholm[17], die zu einer Präsenz des Themas Umweltschutz auf internationaler und nationaler Ebene führte[18]. Aufmerksamkeit verdient insbesondere der Umstand, dass die abschließenden Dokumente der Konferenz[19] bereits die Interdependenzen zwischen Umwelt und Entwicklung bezeichneten. Die Konferenz von Stockholm offenbarte die neue Herausforderung für das Völkerrecht, als Steuerungsinstrument für das Verhalten der Staaten zugunsten eines effizienten globalen Umweltschutzes Einfluss zu nehmen[20]. Trotz der seit Stockholm erziel-

---

15 *United Nations Scientific Conference on the Conservation and Utilisation of Resources*, Lake Success (1949); *International Convention for the Prevention of Pollution of the Sea by Oil*, London (1954); *Geneva Convention on Fishing and Conservation of the Living Resources of the High Seas* (1958); *The Antarctic Treaty*, Washington (1959); *United Nations Conference on New Sources of Energy*, Rom (1961); *European Conference on Water Pollution Problems/ UNECE*, Genf (1961); *Intergouvernemental Conference on the Scientific Basis for the Rational Use and Conservation of the Resources of the Biosphere/ UNESCO*, Paris (1968).

16 Vgl. GARY, Les Racines du Ciel (1956); CARSON, The Silent Spring (1962); HARDIN, The Tragedy of the Commons (1968).

17 *United Nations Conference on the Human Environment* vom 05.-16.06.1972 (Report of the United Nations Conference of the Human Environment, Stockholm, 5-16 June/ UN Doc. A/CONF.48/14/Rev.1). Den „Anstoß" zur Konferenz gab die Resolution 2398 (XXIII) der GV vom 03.12.1968, in der der Umweltschutz als internationale Gemeinschaftsaufgabe anerkannt wurde, die eine ständige internationale Zusammenarbeit erfordert. Zur Konferenz ausführlich STARKE, The Stockholm Conference of 1972 on the Human Environment, FS Jahrreiß, S. 253 ff.

18 UNEP, Global Environment Outlook 3, Integrating Environment and Development: 1972-2002, S. 4.

19 Verabschiedet wurden die *Stockholm Declaration on the Human Environment* (abgedruckt in: KISS/SHELTON, International Environmental Law, Appendix A, S. 385 ff.), ein Aktionsplan mit 109 Empfehlungen sowie eine Resolution zu institutionellen und finanziellen Maßnahmen. Zur Deklaration ausführlich SOHN, The Stockholm Declaration on the Human Environment, HarvILJ 14 (1973), S. 423 ff.

20 BOTHE, Die Entwicklung des Umweltvölkerrechts 1972/2002, in: DOLDE, Umweltrecht im Wandel, S. 51 (52).

ten Fortschritte sowohl hinsichtlich der Begrenzung bisher entstandener Umweltschäden als auch hinsichtlich der Verbesserung der Umweltqualität[21] darf nicht verkannt werden, dass das Anliegen des Umweltschutzes gegenwärtig noch am Rande der sozio-ökonomischen Entwicklung positioniert ist[22].

Weltweit sind weiterhin ein Verlust der Artenvielfalt, eine Bedrohung der natürlichen Meeresressourcen durch Überfischung, eine Ausweitung der Desertifikation, evidente nachteilige Konsequenzen globaler Klimaveränderungen, ein Anstieg von Naturkatastrophen größeren Ausmaßes und eine zunehmende Verschmutzung der Luft, des Wassers und der Meere zu verzeichnen[23].

Innerhalb Europas hat sich in den vergangenen Jahrzehnten der Zustand von Küsten- und Meeresgebieten deutlich verschlechtert, insbesondere in Süd- und Westeuropa sowie an der Mittelmeerküste[24]. Im Zuge des Wirtschaftswachstums und der Industrialisierung führte die urbane Entwicklung und die Verkehrsinfrastruktur in vielen Gegenden zur Bodenversiegelung und der Zersplitterung von Habitaten.

Die Entwicklung eines öffentlichen Bewusstseins einer gemeinsamen europäischen Verantwortung für die Umwelt[25] ist nicht zuletzt auf folgenschwere und medienwirksame Umweltskandale im europäischen Raum – hervorgehoben seien insbesondere die Katastrophen von Seveso[26], Sandoz[27] und Bophal, die

---

21 Erwähnt sei an dieser Stelle, dass im Anschluss an die Konferenz von Stockholm das *United Nations Environmental Program* (UNEP) geschaffen wurde, welches sich als Organ der UN-Generalversammlung mehrfach selbst am Normerzeugungsprozess im internationalen Umweltrecht beteiligt und sich bislang als sehr bedeutsame Institution des internationalen Umweltschutzes erwiesen hat.

22 UNEP, Global Environment Outlook 3, Synthesis, S. XX.

23 Vgl. Para. 13 der *Johannesburg Declaration on Sustainable Development* vom 04.09.2002 (UN Doc. A/Conf.199/L.6 Rev. 2 and Corr. 1), abgedruckt in: EPL 32 (2002), S. 234.

24 Vgl. UNEP, Global Environment Outlook 3, Synthesis, S. XXI. Einen Überblick über die aktuelle Umweltsituation in der Europäischen Union gibt TIETMANN, Situation der Umwelt in der Europäischen Union, in: RENGELING, EUDUR/ Bd. I, § 2, Rdn. 11 ff.

25 Hierzu KRÄMER, Europäisches Umweltrecht in der Rechtsprechung des EuGH, S. 25.

26 Vgl. auch die hierzu ergangene Richtlinie 88/610/EWG des Rates vom 24.11.1988 (ABl. EG L 336, S. 14) zur Änderung der Richtlinie 82/501/EWG über die Gefahren schwerer Unfälle bei bestimmten Industrietätigkeiten – sog. Seveso-Richtlinie (ABl. EG 1982 L 230, S. 1) –, die nunmehr eine „aktive" Information der betroffenen Öffentlichkeit über die Risiken einer Anlage fordert.

27 Dazu REST, The Sandoz Conflagration and the Rhine Pollution, GYIL 30 (1987), S. 160 ff.

Unfälle der Tanker TORREY CANYON[28], AMOCO CADIZ[29], HAVEN, ERIKA und PRESTIGE sowie das Reaktorunglück von Tschernobyl[30] – zurückzuführen. Die Erkenntnis, dass Umweltprobleme nicht an Staatsgrenzen enden und Umweltbelastungen häufig grenzüberschreitenden Charakter aufweisen[31], stärkte das europäische Umweltrecht durch den gemeinschaftlichen Konsens, dass ein hohes Umweltschutzniveau auf Gemeinschaftsebene im Interesse aller Mitgliedstaaten liegt. Auch aufgrund der durch den hohen Grad der Industrialisierung hervorgerufenen summativen Umweltschäden[32] ist ein europaweit koordinierter Umweltschutz von hoher Bedeutung, da das Zusammenwirken grenzüberschreitender Umweltbeeinträchtigungen auf nationaler Ebene allein nicht bewältigt werden kann[33] und eine Kooperation der Mitgliedstaaten in der Umweltschutzpolitik zwingend erfordert. Nicht übersehen werden darf in diesem Zusammenhang auch die ökologische Dimension des Binnenmarkts, da die Setzung und Durchsetzung gemeinschaftsrechtlicher Umweltstandards Voraussetzung für die Funktionsfähigkeit des gemeinsamen Binnenmarkts ist[34].

---

28 Dazu STANSFIELD, The Torrey Canyon, in: BERNHARDT, EPIL/ Vol. IV (2000), S. 867 f. Als Reaktion auf die Katastrophe wurde 1969 das Internationale Abkommen über Maßnahmen auf Hoher See bei Ölverschmutzungsunfällen (BGBl. 1975 II, S. 137/ Protokoll von 1973, BGBl. 1985 II, S. 593) geschaffen und die diesbezügliche zivilrechtliche Haftung geregelt (BGBl. 1975 II, S. 301, 305).

29 Dazu GÜNDLING, The Amoco Cadiz Incident, in: BERNHARDT, EPIL/ Vol. I (1992), S. 153 ff.

30 Dazu ZEHETNER, Tschernobyl – zur völkerrechtlichen Problematik grenzüberschreitender technisch-industrieller Umweltkatastrophen –, UPR 1986, S. 201 ff. Als Konsequenz der Katastrophe von Tschernobyl wurden innerhalb weniger Monate die von der International Atomic Energy Agency (IAEA) erarbeiteten multilateralen Verträge „Übereinkommen über frühzeitige Benachrichtigung bei kerntechnischen Unfällen" (BGBl. 1989 II, S. 435) sowie „Übereinkommen über Hilfeleistung bei kerntechnischen Unfällen oder radiologischen Notfällen" (BGBl. 1989 II, S. 441) unterzeichnet.

31 Als eines der bekanntesten Beispiele für die transnationale Dimension des Umweltschutzes sei nur der Schutz der Ozonschicht genannt, welcher von einem Staat allein niemals bewältigt werden könnte.

32 CASPAR, Europäisches und nationales Umweltverfassungsrecht, in: KOCH, Umweltrecht, § 2, Rdn. 8.

33 Für das Beispiel des Treibhauseffekts LÜCKE, Universales Verfassungsrecht, Völkerrecht und Schutz der Umwelt, AVR 35 (1997), S. 1 (9 f., 12).

34 Vgl. dazu CALLIESS, Subsidiaritäts- und Solidaritätsprinzip in der Europäischen Union, S. 199 ff., auch unter Hinweis auf die Gefahr des „Umweltdumpings".

Auf Initiative des Europäischen Gipfels von Paris[35] legen seit 1972 Umweltpolitische Aktionsprogramme der Gemeinschaft zeitlich begrenzte Leitlinien für die europäische Umweltgesetzgebung fest. Nach dem 1993 verabschiedeten fünften Umweltaktionsprogramm „Für eine dauerhafte und umweltgerechte Entwicklung“[36] wurde am 22. Juli 2002 das von der Kommission erarbeitete sechste Aktionsprogramm „Umwelt 2010: Die Zukunft liegt in unserer Hand“ beschlossen[37]. Als sektorale Prioritäten für die gemeinschaftliche Umweltpolitik legt das Programm den Klimawandel, den Schutz von Natur und biologischer Vielfalt, Umwelt, Gesundheit und Lebensqualität sowie der natürlichen Ressourcen und die Abfallpolitik fest. In seiner Funktion als Grundlage für die Umweltdimension der europäischen Strategie für eine nachhaltige Entwicklung nennt das Programm als primäre Zielvorgaben die Minimierung des mitgliedstaatlichen Umsetzungsdefizits von Umweltgemeinschaftsrecht sowie eine umfassendere Integration des Umweltschutzes in wirtschafts- und sozialpolitische Maßnahmen.

Die internationale und europäische Umweltschutzpolitik ist seit der Konferenz der Vereinten Nationen über Umwelt und Entwicklung[38] im Jahre 1992 durch das Prinzip der nachhaltigen Entwicklung[39] geprägt, welches 2002 durch

---

35 Im Anschluss an den Europäischen Gipfel von Paris vom 19.-21.10.1972 wurden eine unabhängige Verwaltungseinheit für Umweltfragen und Verbraucherschutz bei der Kommission, ein Ausschuss für Umweltfragen, Volksgesundheit und Verbraucherschutz beim Europäischen Parlament und eine Arbeitsgruppe des Rates geschaffen, vgl. hierzu KRÄMER, Grundrecht auf Umwelt und Gemeinschaftsrecht, EuGRZ 1988, S. 285 (287).

36 Beschluss Nr. 2179/98/EG des Europäischen Parlaments und des Rates vom 24.09.1998 (ABl. EG 1998 L 275, S. 1).

37 Beschluss Nr. 1600/2002/EG des Europäischen Parlaments und des Rates vom 22.07.2002 (ABl. EG 2002 L 242, S. 1). Vgl. auch die Evaluierung des Programms von LANGERFELDT, Das Sechste Umweltaktionsprogramm der Europäischen Gemeinschaft. Hoffnung auf zehn Jahre aktiven Umweltschutz in Europa?, NuR 2003, S. 339 ff.

38 *United Nations Conference on Environment and Development* (UNCED) vom 03.-14.06.1992 in Rio de Janeiro. Zur Konferenz ausführlich UNCED, Rio Conference on Environment and Development, EPL 22 (1992), S. 204 ff. Die *Rio Declaration on Environment and Development* (UN Doc. A/CONF.151/5/Rev.1) ist abgedruckt in: EPL 22 (1992), S. 268 ff. Weitere Resultate der Konferenz waren die Wald-Grundsatzerklärung, die Agenda 21, die Klimakonvention sowie die Konvention über biologische Vielfalt.

39 Den Begriff „sustainable development“ prägte die *World Commission on Environment and Development* (BRUNDTLAND-Kommission) in ihrem am 04.08.1987 veröffentlichten Bericht „Our Common Future“ (UN Doc. A/42/427), mit dem das Gremium wegweisende Impulse für die programmatische Ausrichtung der Konferenz von Rio de Janeiro setzte.

den Umweltgipfel von Johannesburg[40] nachdrücklich bestätigt wurde. Grundlage dieses Prinzips ist die Anerkennung globaler Menschheitsanliegen und eine damit einhergehende Relativierung der Staatensouveränität, so dass insofern von einem Paradigmenwechsel im internationalen Umweltrecht gesprochen werden kann[41].

Auch wenn in den vergangenen Jahrzehnten angesichts der Vielzahl multi- und bilateraler Umweltschutzabkommen und umweltrechtlicher Gesetzgebungs- und Vollzugsmaßnahmen auf nationaler Ebene positive Tendenzen im Umweltschutz zu verzeichnen sind, so ist – in Anbetracht des erheblichen Umsetzungs- und Vollzugsdefizits gerade im Umweltrecht[42] – zur Erhaltung einer lebenswerten Umwelt auch für nachfolgende Generationen eine drastische Erhöhung des Umweltschutzniveaus erforderlich[43].

I. Objektiv-rechtliche oder subjektiv-rechtliche Ausgestaltung des Umweltschutzes?

Als Folge der zunehmenden Sensibilisierung für Umweltbelange ist mittlerweile auf internationaler und europäischer Ebene ein beträchtliches Netzwerk von sowohl utilitaristisch als auch ökologisch ausgerichteten Umweltschutznormen unterschiedlicher rechtlicher Verbindlichkeit geschaffen worden[44].

Neben der objektiv-rechtlichen Abstützung fand auch die individualrechtliche Flankierung des Umweltschutzes Berücksichtigung, wobei jedoch der

---

40 *World Summit on Sustainable Development* (WSSD) vom 26.08.-04.09.2002 in Johannesburg. Die Ergebnisse zusammenfassend: Report of the World Summit on Sustainable Development (UN Doc. A/Conf.199/20).

41 So RIEDEL, Paradigmenwechsel im internationalen Umweltrecht, FS Roellecke, S. 245 (261, 266, 273). Zurückhaltender REST, Die rechtliche Umsetzung der Rio-Vorgaben in der Staatenpraxis, AVR 34 (1996), S. 145 (167); BEYERLIN, Umweltvölkerrecht, § 4 Rdn. 48; DERS., Staatliche Souveränität und internationale Umweltschutzkooperation. Gedanken zur Entwicklung des Umweltvölkerrechts, FS Bernhardt, S. 937 (941).

42 Zum Vollzugsdefizit auf europäischer Ebene KRÄMER, Defizite im Vollzug des EG-Umweltrechts und ihre Ursachen, in: LÜBBE-WOLF, Der Vollzug des Europäischen Umweltrechts, S. 7 ff. Grundlegend zu den Ursachen des Vollzugsdefizits LÜBBE-WOLF, Vollzugsprobleme der Umweltverwaltung, NuR 1993, S. 217 (228).

43 Siehe auch *United Nations Millennium Declaration*, Resolution 55/2 der GV vom 18. September 2000 (UN Doc. A./Res./55/2). Auszüge der Deklaration sind abgedruckt in: EPL 30 (2000), S. 263 ff.

44 Vgl. bereits die 33 Bde. umfassende Dokumentation von SIMMA/RÜSTER: International Protection of the Environment. Treaties and Documents (1970 ff.).

Frage des Individualschutzes auf internationaler Ebene mit Zurückhaltung begegnet wurde[45].

Im Hinblick auf das Spannungsverhältnis zwischen staatlicher Souveränität und der Internationalisierung des Umweltschutzes[46] wurde in der Erklärung von Stockholm erstmals versucht, eine Balance zwischen dem Recht des souveränen Staats zur Nutzung eigener Ressourcen auf der Grundlage nationaler Umweltpolitik und dem Verbot der grenzüberschreitenden Umweltschädigung herzustellen[47].

Sobald ein Anliegen des internationalen öffentlichen Interesses – wie das Umweltvölkerrecht[48] – unter Einschränkung des Aspektes des Staatensouveränität zentrale Bedeutung gewinnt, stellt sich die Frage nach einer wirksamen Durchsetzung des Rechts. In dem am internationalen Gemeinwohl ausgerichteten System des Umweltvölkerrechts sind die effektive Kontrolle der Implementierung und Beachtung des Rechts sowie das Fehlen wirksamer Sanktionsmechanismen als grundlegende Problemstellungen bekannt[49]. Insbesondere besteht im Umweltvölkerrecht keine Möglichkeit einer Reziprozität der Sanktionen wie in bilateralen Abkommen[50], so dass eine – ergänzende – Impulsgebung außerhalb der Staatengemeinschaft nachdenkenswert erscheint.

---

45 Vgl. den Überblick bei KISS/SHELTON, International Environmental Law, S. 21 ff.; siehe auch KLEIN, Recht auf Umweltschutz als völkerrechtliches Individualgrundrecht?, FS v. Simson, S. 251 (256).

46 Vgl. auch DICKE, Mensch, Umwelt und Natur, VN 1985, S. 59.

47 Prinzip 21 der Erklärung von Stockholm (siehe Anm. 17): "States have (...) the sovereign right to exploit their own resources pursuant to their own environmental policies, and the responsibility to ensure that activities within their jurisdiction or control do not cause damage to the environment of other States or of areas beyond the limits of national jurisdiction."

48 Siehe zum Umweltschutz als Staatengemeinschaftsinteresse BRUNNÉE, "Common Interest" – Echoes from an Empty Shell? Some Thoughts on Common Interest and International Environmental Law, ZaöRV 49 (1989), S. 791 (792 ff., 800 ff.); vgl. auch KISS/SHELTON, International Environmental Law, S. 21, die das "common interest of humanity" als den Ursprung des Umweltvölkerrechts bezeichnen.

49 Aus diesem Grunde ist bereits im Vorfeld des Umweltgipfels von Rio de Janeiro die Schaffung eines zentralen Umweltgesetzgebungsorgans, eines Umweltsicherheitsrats und eines Umweltgerichtshofs der Vereinten Nationen gefordert worden. Vgl. hierzu PALMER, New Ways to Make International Environmental Law, AJIL 86 (1992), S. 259 ff. (278 ff.), der insbesondere die Errichtung einer "International Environmental Organization" nach dem Vorbild der ILO befürwortet. Speziell zum Erfordernis eines internationalen Umweltgerichtshofs REST, Need for an International Court for the Environment? – Underdeveloped Legal Protection for the Individual in Transnational Litigation –, EPL 24 (1994), S. 173 ff.

50 Vgl. KISS/SHELTON, International Environmental Law, S. 20.

Die Problematik, ob im Bereich des Umweltschutzes außerhalb eines objektiv-rechtlichen Regelungsinstrumentariums auch individuelle Rechte vermittelt werden sollen und können, gehört zu den grundlegenden Fragestellungen des nationalen und internationalen Umweltrechts[51]. Als Reaktion auf das wachsende und geschärfte Umweltbewusstsein der Bevölkerung wurde seit den siebziger Jahren die Einräumung individueller, durchsetzbarer Rechtspositionen erwogen, um Schutz gegenüber den Gefährdungen und Belastungen der Umwelt zu vermitteln. Verwirklichen lässt sich ein entsprechender subjektiver Ansatz einerseits durch den Versuch, einzelne bereits verankerte grundrechtliche Gewährleistungen als subjektive Umweltschutzgarantien nutzbar zu machen, andererseits durch die Konstituierung eines selbständigen Individualrechts auf Umweltschutz. Dieser Konzeption wurde – und wird weiterhin[52] – entgegengehalten, dass ein auf subjektive Interessen abstellendes Grundrecht die Umweltschutzproblematik nur unzureichend erfassen könne. Demzufolge wird vertreten, dass sich die eigentliche Aufgabe der Umweltpolitik darin erschöpfen soll, konkrete Gefährdungen für die Umwelt rechtzeitig zu erkennen, ökonomisch tragbare Lösungsansätze zu entwickeln und diese durchzusetzen[53]. Gerade die nicht zu ignorierenden Kontroll- und Durchsetzungsschwierigkeiten im Umweltvölkerrecht fordern jedoch zu Überlegungen auf, ob ein international anerkanntes Individualrecht auf eine gesunde Umwelt positive Auswirkungen auf das Umweltschutzniveau haben könnte[54].

Eine weitere Schwierigkeit einer rein objektiv-rechtlichen Regelung des Umweltschutzes ist darin zu sehen, dass auch der jeweilige Hoheitsträger Interessent von wirtschaftlicher, jedoch gleichzeitig umweltgefährdender Aktivität sein kann und Umweltbeeinträchtigungen somit mittelbar auch von hoheitlicher Seite ausgehen können. Bei entsprechender Interessenlage kann die neutrale

---

[51] Zum Modell des subjektiven und des objektiven Ansatzes im Verfassungsrecht HATTENBERGER, Umweltschutz als Staatsaufgabe, S. 36 ff.; umfassend zur internationalen Diskussion vgl. das Tagungsprotokoll zum internationalen Kolloquium über ein Recht auf eine menschenwürdige Umwelt vom 23.-25.06.1975 in Bonn: EUROPÄISCHER RAT FÜR UMWELTRECHT, Individualrecht oder Verpflichtung des Staates?, Beiträge zur Umweltgestaltung, Bd. A 41 (1976).

[52] Dazu REDGWELL, Life, the Universe and Everything: A Critique of Anthropocentric Rights, in: BOYLE/ANDERSON, Human Rights Approaches to Environmental Protection, S. 71 ff.

[53] Vgl. SOELL, Umweltschutz, ein Grundrecht?, NuR 1985, S. 205 (212).

[54] Appelliert wird in diesem Zusammenhang an die Rolle eines "world conscience", vgl. KISS/SHELTON, International Environmental Law, S. 21.

Aufgabe des Umweltschutzes nur noch in begrenztem Umfang wahrgenommen werden[55].

Auf nationaler Ebene ist die Bedeutung einer – kompensatorischen – Subjektivierung von Gemeinwohlbelangen bei Überforderung des für Gemeinwohlbelange primär zuständigen Staates[56] bekannt[57]. Parallel hierzu sind im Völkerrecht, wo die Staatengemeinschaft im internationalen öffentlichen Interesse handelt, Tendenzen zu beobachten, im Zuge einer Neubestimmung der Rolle des Individuums angesichts der allgemein gestiegenen Bedeutung des Menschenrechtsschutzes die Rechte des Einzelnen zu stärken.

1. Überblick über die internationale Diskussion zu einem Recht auf gesunde Umwelt

Bereits im Jahre 1968 wurde im Rahmen der UNESCO-Konferenz über die Biosphäre in Paris[58] die Ergänzung der Allgemeinen Menschenrechtsdeklaration der Vereinten Nationen um ein Recht auf Schutz vor Gefährdung und Beeinträchtigung durch schädliche Umwelteinwirkungen erwogen. Diese Initiative wurde 1971 durch eine einstimmige Empfehlung der Internationalen Parlamentarierkonferenz zu Umweltfragen bestätigt[59].

Als Reaktion auf die Stockholmer Konferenz war schließlich seit 1972 eine gesetzgeberische Initiative seitens vieler Staaten zu beobachten, so dass der Umweltschutz vielerorts Aufnahme in die nationalen Verfassungen sowohl in Gestalt eines Grundrechts als auch als Staatszielbestimmung fand[60].

---

55 Zu entsprechenden Bedenken siehe CALLIESS, Ansätze zur Subjektivierung von Gemeinwohlbelangen im Völkerrecht. Das Beispiel des Umweltschutzes, ZUR 2000, S. 246 (247); HATTENBERGER, Umweltschutz als Staatsaufgabe, S. 4 f.

56 Hierzu BÖCKENFÖRDE, Recht, Staat und Freiheit, S. 219. Zur Begründung siehe ferner HATTENBERGER, Umweltschutz als Staatsaufgabe, S. 12 ff.; ebenfalls RAUSCHNING/HOPPE, Staatsaufgabe Umweltschutz, VVDStRL 38 (1980), S. 167 ff., 211 ff.

57 Vgl. CALLIESS, ZUR 2000, S. 246.

58 Vgl. Anm. 15.

59 Internationale Parlamentarierkonferenz vom 02.-04.06.1971 in Bonn, vgl. INTERPARLAMENTARISCHE ARBEITSGEMEINSCHAFT DER BUNDESREPUBLIK DEUTSCHLAND: Prioritäten für internationale Maßnahmen. Bericht über die 1. Internationale Parlamentarierkonferenz zu Umweltfragen, Beiträge zur Umweltgestaltung/ Bd. A 2 (1971), S. 137.

60 Zu einem Überblick über die Rechtslage in den Staatsverfassungen der Welt vgl. den Abschlussbericht der Sonderberichterstatterin KSENTINI für die UN-Menschenrechtskommission „Human Rights and the Environment“ vom 26.07.1994 (UN Doc. E/CN.4/Sub.2/1994/9) S. 87 ff. Vgl. auch die detaillierte Aufzählung bei LÜCKE, Universales Verfassungsrecht, Völkerrecht und Schutz der Umwelt, AVR 35 (1997), S. 1 (5 f.).

Auch in der internationalen Umweltpolitik wurde verschiedentlich versucht, ein Menschenrecht auf Umweltschutz zu festzuschreiben[61]. Im Zuge dieses Normsetzungsprozesses entwickelte sich eine umfassende, international[62] und national[63] geführte Diskussion über die Konstituierung eines Rechts auf gesunde Umwelt.

a) Prinzip 1 der Erklärung von Stockholm als Ausgangspunkt der Diskussion

Die Stockholmer Prinzipienerklärung von 1972 verdeutlichte erstmals die enge Verknüpfung von gesellschaftspolitischen Umweltbelangen und individualrechtlich beanspruchtem Umweltschutz[64]. Das erste Prinzip der – nicht rechtsverbindlichen[65] – Erklärung, welche aufgrund ihrer Rechtsqualität als „soft law" bzw. „pré-droit"[66] zumindest politisch von richtungsweisender Bedeutung

---

61 So der Formulierungsvorschlag der BRUNDTLAND-Kommission: „All human beings have the fundamental right to an environment adequate for their health and well-being." in: "Our Common Future" (Anm. 39), erschienen unter dem gleichen Titel bei Oxford University Press (1987), Annex 1, S. 348. Vgl. weiterhin die Fassung in der Resolution 45/94 der GV vom 14.12.1990.

62 Vgl. GORMLEY, Human Rights and the Environment: The Need for International Cooperation; KISS, Défintion et nature juridique d'un droit de l'homme à l'environnement, in: KROMAREK, Environnement et droits de l'homme, S. 13 ff.; DERS., Le droit à la conservation de l'environnement, RUDH 1990, S. 445 ff.; DERS., An introductory note on a human right to the environment, in: BROWN WEISS, Environmental Change and International Law, S. 199 ff.; PATHAK, The human rights system as a conceptual framework for international law, ebd., S. 205 (219); SHELTON, Human Rights, Environmental Rights and the Right to the Environment, StanfJIL 1991, S. 103 ff. Weitere Nachweise unter dem Stichwort „Human Rights and the Environment", bei LAWSON, Encyclopedia of Human Rights, S. 435 ff. (439). Zur neueren Entwicklung vgl. den KSENTINI-Report (Anm. 60) sowie die hierin enthaltene „Declaration of Principles on Human Rights and the Environment", abgedruckt bei: BOYLE/ANDERSON, Human Rights Approaches to Environmental Protection, S. 65 ff.

63 Für die Bundesrepublik vgl. KLOEPFER, Zum Grundrecht auf Umweltschutz; LÜCKE, Das Grundrecht des einzelnen gegenüber dem Staat auf Umweltschutz, DÖV 1976, S. 289 ff.; KARPEN, Zu einem Grundrecht auf Umweltschutz, in: THIEME, Umweltschutz im Recht, S. 9 ff. Siehe auch zur Rechtsvergleichung Schweiz/USA BOTHE/KLEIN, Das Recht auf eine gesunde Umwelt, ZaöRV 34 (1974), S. 351 ff.; in Bezug auf Umweltgrundrechte in der Europäischen Union kommentarartig SZCZEKALLA, Grundrechte, in: RENGELING, EUDUR/ Bd. I, § 12 Rdn. 66 m.w.N.

64 Vgl. SCHMIDT-RADEFELDT, Ökologische Menschenrechte, S. 33; ebenfalls KISS/SHELTON, Manual of European Environmental Law, S. 84 ff.

65 RANDELZHOFER, JURA 1992, S. 1 (2); ausführlich STARKE, FS Jahrreiß, S. 253 ff.

66 CALLIESS, ZUR 2000, S. 246 (248).

ist, kann sowohl als philosophische als auch als juristische Herausforderung zur Ausarbeitung eines Menschen- oder Grundrechts auf gesunde Umwelt[67] und damit als Ausgangspunkt der Diskussion angesehen werden:

“Man has the fundamental right to freedom, equality and adequate conditions of life, in an environment of a quality that permits a life of dignity and well-being, and he bears a solemn responsibility to protect and improve the environment for present and future generations”[68].

Unter Bezugnahme auf den Menschen als zentrales Schutzobjekt verdeutlicht das die Erklärung eröffnende Prinzip den anthropozentrischen Ansatz dieser ersten internationalen, von der Staatengemeinschaft getragenen Äußerung zum Umweltschutz. Ein explizites Recht auf eine gesunde Umwelt kann dem zitierten Grundsatz jedoch nicht entnommen werden[69]. Vielmehr wird das Recht auf Freiheit, Gleichheit und angemessene Lebensumstände bestätigt, wobei eine intakte Umwelt als Mittel zur Verwirklichung der genannten Rechte angesehen wird[70]. Dass eine unmittelbare Berechtigung des Individuums nicht intendiert war, lässt sich auch angesichts der – im Vergleich zu den in Menschenrechtspakten gewählten Formulierungen „everyone, all, every human being“ – unverbindlicheren Wortwahl „man“ bzw. „Menschheit“ erkennen[71].

---

67 Vgl. MAKAREWICZ, La protection internationale du droit à l'environnement, in: KROMAREK, Environnement et droits de l'homme, S. 77 (81).

68 Die Menschheit hat ein fundamentales Recht auf Freiheit, Gleichheit und angemessene Lebensbedingungen in einer Umwelt, die so beschaffen ist, dass sie ein Leben in Würde und Wohlergehen ermöglicht. Sie hat die feierliche Pflicht, die Umwelt für diese und die nachfolgenden Generationen zu erhalten und zu verbessern.

69 Nur vereinzelt wird in dieser Formulierung die Anerkennung eines Rechts gesehen, gleichzeitig jedoch dessen ungenaue Fassung kritisiert, vgl. SOHN, HarvILJ 14 (1973), S. 455.

70 Siehe KISS/SHELTON, International Environmental Law, S. 22.

71 Vgl. KLEIN, FS v. Simson, S. 251 (254); SCHMIDT-RADEFELDT, Ökologische Menschenrechte, S. 35 m.w.N.

b) Zur rechtspolitischen Diskussion über die individualrechtliche Ausgestaltung des Umweltschutzes auf europäischer Ebene

aa) Vorbemerkung

Als autonome, sogenannte supranationale Rechtsordnung[72] lässt sich das Gemeinschaftsrecht nicht nur von den Rechtsordnungen der Mitgliedstaaten, sondern auch vom traditionellen Völkerrecht abgrenzen. Ungeachtet seiner Regelungsautonomie bleibt der völkerrechtliche Ursprung des Gemeinschaftsrechts jedoch bestehen[73].

Ermöglicht wurde die völkerrechtliche Diskussion eines Menschenrechts auf Umweltschutz durch die nach 1945 einsetzende Entwicklung des internationalen Menschenrechtsschutzes. Die partielle Anerkennung der Rechtssubjektivität des Menschen durch die Kodifikation der klassischen Freiheits- und Gleichheitsrechte in völkerrechtlichen Erklärungen und Verträgen führte zu einer Durchbrechung der „Mediatisierung" des Menschen im Völkerrecht[74] und stellte eine grundlegende Neuerung in der Struktur des klassischen Völkerrechts dar. Als Menschenrechtskonventionen von maßgeblicher Bedeutung sind auf universaler Ebene die Allgemeine Erklärung der Menschenrechte von 1984, der Internationale Pakt über bürgerliche und politische Rechte (IPBPR) sowie der damit in Zusammenhang stehende Internationale Pakt über wirtschaftliche, soziale und kulturelle Rechte (IPWSKR) von 1966 hervorzuheben, während auf regionaler Ebene für Europa diese Rolle der Europäischen Menschenrechtskonvention (EMRK) von 1950 zukommt.

bb) Ansätze zur Positivierung eines Individualrechts auf europäischer Ebene

Im Jahre 1970 wurde innerhalb der vom Europarat organisierten europäischen Konferenz zum Schutz der Natur in Straßburg die Verankerung eines Menschenrechts auf gesunde Umwelt in einem Zusatzprotokoll zur EMRK

---

[72] Zur Supranationalität HERDEGEN, Europarecht, § 6 Rdn. 79.

[73] Das Verhältnis zwischen europäischem Gemeinschaftsrecht und traditionellem Völkerrecht kann durch die Begriffe des Vorrangs und der „direct applicability" charakterisiert werden, vgl. CALLIESS, ZUR 2000, S. 246 (251) m.w.N.

[74] Zu diesem Gesichtspunkt GORMLEY, Human Rights and the Environment: The Need for International Co-operation, S. 48 ff.; KLEIN, FS v. Simson, S. 251.

angeregt[75] und in der Folgezeit auf drei internationalen Tagungen in Bonn[76], Straßburg[77] und Salzburg[78], diskutiert. In dem im Jahre 1973 vorgelegten und als „STEIGER-Projekt"[79] bekannt gewordenen Entwurf eines Zusatzprotokolls zur EMRK wurde in Artikel 1 unter Anknüpfung an den Schutz der Gesundheit eine explizit individualrechtliche Gewährleistung auf Umweltschutz formuliert, welche jedoch durch einen unmittelbar nachfolgenden Schrankenvorbehalt wirtschaftlicher Erwägungen erheblich relativiert wurde[80]. Auch wenn der Schutz

---

75 Auf Initiative der „Beratenden Versammlung des Europarates" wurde durch die Resolution 683 vom 23.10.1972 ein Expertenkomitee zur juristischen Ausarbeitung eines Rechts auf gesunde Umwelt in Gestalt eines Menschenrechts eingesetzt. Ein Jahr später konnten auf der Umweltministerkonferenz des Europarates in Wien der dt. Innenminister STEIGER und der Arbeitskreis für Umweltrecht einen Entwurf eines entsprechenden Zusatzprotokolls zur EMRK präsentieren (Das Recht auf eine menschenwürdige Umwelt. Vorschlag eines Zusatzprotokolls zur Europäischen Menschenrechtskonvention, Beiträge zur Umweltgestaltung/ Bd. A 13 (1973)). Vgl. hierzu DEJEANT-PONS, L'insertion du droit de l'homme à l'environnement dans les systèmes régionaux de protection des droits de l'homme, RUDH 1991, S. 461 (465).

76 Vgl. das Tagungsprotokoll zum internationalen Kolloquium über ein Recht auf eine menschenwürdige Umwelt vom 23.-25.06.1975 in Bonn: EUROPÄISCHER RAT FÜR UMWELTRECHT, Individualrecht oder Verpflichtung des Staates?, Beiträge zur Umweltgestaltung/ Bd. A 41 (1976).

77 *Europäische Konferenz über Umwelt und Menschenrechte* in Straßburg vom 19.-20.01.1979, bei der als Hauptthemen die allgemeinen Prinzipien des Umweltrechts europäischer Staaten und Grundprinzipien des europäischen Umweltrechts, die Konsequenzen eines rechtlichen Anspruchs auf eine gesunde Umwelt für dessen Definition, Reichweite und Grenzen der Menschenrechte sowie das Recht auf eine ausbalancierte und gesunde Umwelt als Menschenrecht und dessen Verwirklichung auf nationaler, europäischer und internationaler Ebene erörtert wurden. Zu den Berichten und Ergebnissen der Konferenz: INSTITUT FÜR EUROPÄISCHE UMWELTPOLITIK, Europäische Konferenz über Umwelt und Menschenrechte, 1979.

78 *2. Europäische Konferenz über Umwelt und Menschenrechte* vom 02.-03.12.1980 in Salzburg unter dem Thema „Verwirklichung des Rechts auf Schutz der Umwelt: Information und Bürgerbeteiligung", in deren abschließender Erklärung folgendes Recht statuiert wurde: „Toute personne a un droit à un environnement sain, favorable à son épanouissement et écologiquement équilibré", abgedruckt in: KROMAREK, Environnement et droits de l'homme, Annexe III, S. 176 ff.

79 Vgl. Anm. 75.

80 Art. 1 (Recht auf Gesundheit): „(1) Niemand darf durch nachteilige Veränderungen der natürlichen Lebensgrundlagen in seiner Gesundheit verletzt oder unzumutbar gefährdet oder in seinem Wohlbefinden unzumutbar beeinträchtigt werden. (2) Eine Beeinträchtigung des Wohlbefindens kann auch zumutbar sein, wenn diese zur Erhaltung und Entwicklung der wirtschaftlichen Grundlagen des Gemeinwesens erforderlich und die Beeinträchtigung durch andere Maßnahmen nicht abzuwenden ist." Die Fassung des Artikel 2 (Schutz gegenüber Privaten) sollte dem Individuum einen Anspruch auf Untersuchung einer Umwelt-

der Umwelt immer wieder Thema auf den Ministerkonferenzen war, wurde der Entwurf dieses Menschenrechts auf Umweltschutz niemals in die EMRK aufgenommen. Ursachen hierfür waren vorrangig die weitreichenden Folgen, die ein solches Klagerecht nach sich ziehen würde, sowie die Überlastung der Konventionsorgane und auch die Aufnahme neuer Mitgliedstaaten[81]. Die weiterhin bestehende Aktualität dieser Thematik wurde jüngst unter Beweis gestellt, als erneut – möglicherweise motiviert durch die Arbeiten an der Grundrechtecharta – innerhalb der Diskussion einer Revision der EMRK deren Ergänzung um Recht auf Schutz vor Umweltschäden gefordert wurde[82].

Einen wichtigen Wendepunkt in der europäischen Umweltpolitik stellte die Aufnahme des Umweltschutzes in das Primärrecht durch die Einheitliche Europäische Akte im Februar 1986[83] dar, jedoch wurde hinsichtlich der neu eingefügten Artt. 130r ff. EWGV explizit festgestellt, dass sie kein Umweltgrundrecht enthielten[84].

Als weitere Impulse zur Konstituierung eines Individualrechts auf gesunde Umwelt sind die Überlegungen zu einer Ergänzung der Europäischen Sozialcharta[85] wie auch die Formulierung eines entsprechenden Rechts in der Europäischen Charta über Umwelt und Gesundheit[86] im Jahre 1989 zu nennen.

---

beeinträchtigung im Sinne des Artikel 1 und auf Information hinsichtlich präventiver Maßnahmen verleihen: „(1) Jedermann hat das Recht, von den zuständigen Organen Überprüfung und unter den Voraussetzungen des Art. 1 Abhilfe zu verlangen, wenn nachteilige Veränderungen der natürlichen Lebensgrundlagen innerhalb seines Lebensbereichs durch das Handeln anderer eintreten können. (2) Dem Antragsteller ist binnen einer angemessenen Frist eine begründete Mitteilung zu machen, ob und wie gegebenfalls Maßnahmen zur Abwehr der nachteiligen Veränderungen getroffen werden."

81 Siehe auch CALLIESS, ZUR 2000, S. 246 (253).

82 In ihrem Antrag zu einer "Revision or preparation of an additional protocol to the European Convention on Human Rights to adapt it to current needs" (Parliamentary Assembly, Doc. 8728 v. 17.04.2000) forderten BEHRENDT u.a. die Aufnahme eines „right to protection against environmental damage". Vgl. ebenfalls den 1994 erschienen Beitrag von DYKE, A proposal to introduce the right to a healthy environment into the European Convention regime, VaELJ 1994, S. 323 ff.

83 ABl. EWG 1987 L 169, S. 1; vgl. hierzu KRÄMER, The Single European Act and environment protection: reflection on several new provisions in Community law, CMLR 24 (1987), S. 659 ff.

84 Vgl. EVERLING, in: WEIDENFELD, Der Schutz der Grundrechte in der Europäischen Gemeinschaft, S. 73 (78).

85 Auf Vorschlag eines unabhängigen Expertenkomitees sollte der erste Teil der Charta wie folgt ergänzt werden: „Toute personne a droit à des conditions d'existence satisfaisantes dans un environnement qui ne mette pas en péril sa santé". Vgl. hierzu DEJEANT-PONS, L'insertion du droit de l'homme à l'environnement dans les systèmes régionaux de protection des droits de l'homme, RUHD 1991, S. 461 (465); JACQUE, La protection du droit de

Aufmerksamkeit verdient auch die Initiative Internationaler Organisationen, die eine Anerkennung eines Menschenrechts auf Umweltschutz unterstützten[87] und gleichzeitig das Recht des Einzelnen auf eine Umwelt, die allgemeine Gesundheit und Wohlbefinden gewährleistet, sowie die Verantwortung zum Schutz und zur Bewahrung derselben für gegenwärtige und zukünftige Generationen, bestätigten[88]. Seitens des Europarates wurde im Jahre 1990 erneut zur Ausarbeitung einer Charta und Konvention zum Schutz der Umwelt und nachhaltiger Entwicklung aufgerufen, in deren Präambel ebenfalls ein Individualrecht formuliert wurde[89].

Für die europäische Umweltpolitik richtungsweisend war die Formulierung des sogenannten „Environmental Imperative“[90] durch den Europäischen Rat von Dublin in seiner Sitzung vom 25.-26. Juni 1990, auch wenn dies nur eine rechtlich unverbindliche, politische Erklärung darstellte, der noch nicht die Qualität

---

l'environnement au niveau européen ou régional, in: KROMAREK, Environnement et droits de l'homme, S. 65 (71 ff.).

[86] Die *European Charter on Environment and Health* wurde am 07./08.12.1989 in Frankfurt a.M. im Rahmen der *Ersten Europäischen Konferenz über Umwelt und Gesundheit* durch die Umwelt- und Gesundheitsminister der europäischen Mitglieder der WHO und die Europäische Kommission verabschiedet. Unter “Entitlements and Responsibilities” wird statuiert: 1. “Every individual ist entitled to

- an environment conductive to the highest attainable level of health and well-being;
- information and consultation on the state of the environment, and on plans, decisions and activities likely to affect both the environment and health;
- participation in the decision-making process.“

[87] Das *OECD Environment Committee* betonte insbesondere, dass sich eine Vielzahl von Staaten bei verschiedensten Anlässen für die Anerkennung eines Menschenrechts auf intakte Umwelt ausgesprochen haben (Responsibility and Liability of States in Relation to Transfrontier Pollution/ First Report, EPL 13 (1984), S. 122 ff.).

[88] Vgl. exemplarisch den *Draft UNECE Charter on Environmental Rights and Obligations*, erarbeitet vom 29.-31.10.1990 in Oslo.

[89] “Toute personne a le droit fondamental à un environnement sain et à des conditions de vie propres à lui assurer un bon état de santé, le bien-être et le plein épanouissement de sa personnalité”, Empfehlung der Parlamentarischen Versammlung des Europarats 1130 (1990), vgl. hierzu DEJEANT-PONS, RUDH 1991, S. 461 (466).

[90] Der „Environmental Imperative” enthält folgenden Formulierung: „Ein höherer Kenntnisstand in Bezug auf Umweltfragen sowie ein besseres Verständnis dieser Probleme werden es der Gemeinschaft und ihren Mitgliedstaaten erleichtern, wirksame Maßnahmen zum Schutze der Umwelt zu ergreifen. Diese Maßnahmen müssen darauf abzielen, *den Bürgern das Recht auf eine saubere und gesunde Umwelt zu garantieren* (...).“ (Hervorhebung durch die Verfasserin)/ Schlussfolgerungen des Europäischen Rates von Dublin, Anlage II, abgedruckt in: EA 45 (1990), S. D 407 (D 410).

als „soft-law“ zugesprochen werden konnte[91]. In Anlehnung an den „Environmental Imperative“ wurde im Vorfeld des Vertrags von Maastricht im Jahre 1992 über die Festschreibung eines Umweltgrundrechts verhandelt. Der Entwurf der Kommission sah eine Ausweitung der Rechte aus der Unionsbürgerschaft um ein Umweltgrundrecht folgenden Wortlauts vor: „Jeder Unionsbürger hat das Recht auf eine gesunde Umwelt und ist verpflichtet, zum Schutz der Umwelt beizutragen. Zu diesem Zweck hat er das Recht auf Information und gegebenenfalls auf Anhörung“[92].

Auch in der vom Europäischen Parlament am 10.02.1994 angenommenen „Entschließung zur Verfassung der Europäischen Union“ ist ein Umweltgrundrecht enthalten. Die Umweltschutznorm des in Titel VII des Verfassungsentwurfs enthaltenen Grundrechtskatalogs wurde in Artikel 7 vielversprechend formuliert: „21. Recht auf Achtung der Umwelt: Jeder hat das Recht auf Schutz und Erhaltung seiner natürlichen Umwelt.“[93].

Seitens der in Brüssel vertretenen Dachverbände der Umweltorganisationen wurde weiterhin vorgeschlagen, sowohl den Art. 174 Abs. 1 EG um eine individualrechtliche Gewährleistung zu ergänzen[94] als auch – im Hinblick auf den Amsterdamer Vertrag von 1999 – die ergänzende Formulierung zu Art. 2 EG um die Formulierung „(...) to promote sustainable development throughout the Community, to secure its inhabitants the right to a clean and healthy environment (...)“ zu erweitern, wobei letzterer Vorschlag auch seitens der Kommission gestützt wurde[95]. In Erwägung gezogen wurde auch, die in den Artt. 17 ff. EG geregelte Unionsbürgerschaft um folgenden Artikel zu ergänzen: „Every citizen of the Union shall have the right to a clean and healthy environment, access to

---

[91] Vgl. CALLIESS, ZUR 2000, S. 246 (253).

[92] Dok. SEK (91) 500 endg. vom 15.05.1991, S. 5 (Art. X 7). Zur fehlenden Umsetzung dieses Vorschlags KAHL, Umweltprinzip und Gemeinschaftsrecht, S. 90.

[93] ABl. EG 1994 C 61, S. 155 ff. (168).

[94] Vorschlag zur Ergänzung des Art. 174 Abs. 1 EG (vormals Art. 130r Abs. 1) um die Formulierung „to guarantee citizens the right to a clean and healthy environment“, vgl. EUROPEAN ENVIRONMENTAL BUREAU (EEB), FRIENDS OF THE EARTH-EUROPE (CEAT), WWF-EUROPE, Greening the Treaty, Brüssel, November 1990, S. 11, zitiert nach CALLIESS, ZUR 2000, S. 246 (253).

[95] Siehe EUROPÄISCHE KOMMISSION, Stellungnahme im Hinblick auf die Regierungskonferenz, in: Agence Europe vom 08.03.1996; EUROPEAN ENVIRONMENTAL BUREAU (EEB), FRIENDS OF THE EARTH-EUROPE (CEAT), WWF-EUROPE, Greening the Treaty II: Sustainable Development in a Democratic Union, Brüssel, Mai 1995, S. 11, zitiert nach CALLIESS, ZUR 2000, S. 246 (254).

the decision-making process, information, and justice as a part of a general right to human development“[96].

Erwähnenswert ist schließlich die individualrechtliche Fassung des Artikel 1 der am 25.06.1998 unterzeichneten, für das europäische Umweltrecht äußerst bedeutsamen Århus-Konvention des UNECE[97], wobei der inhaltliche Schwerpunkt der Konvention jedoch – insofern in Übereinstimmung mit Prinzip 10 der Rio-Deklaration[98] – in der Formulierung konkreter prozeduraler Rechte liegt.

Auch wenn bislang weder auf der Ebene der EMRK noch im Primärrecht ein explizites Individualrecht auf gesunde Umwelt aufgenommen wurde, reflektieren die seit den siebziger Jahren unternommenen Positivierungsversuche den Diskussions- und Regelungsbedarf der individualrechtlichen Komponente des Umweltschutzes, wobei diese Thematik angesichts der globalen Umweltprobleme und der damit verbundenen Beeinträchtigungen keinesfalls an Aktualität verloren hat.

c) Terminologische und definitorische Schwierigkeiten

Prägendendes Merkmal der Diskussion eines Rechts auf Umwelt ist die Schwierigkeit einer inhaltlichen und damit auch terminologischen Präzisierung der Rechtsposition. Ausgangspunkt ist die Unbestimmtheit des Begriffes der „Umwelt"[99], der aufgrund seiner Weite und Komplexität eine Vielzahl von Interpretationsmöglichkeiten eröffnet und insofern der Konkretisierung bedarf[100]. Sowohl die Vereinten Nationen als auch die Europäischen Gemeinschaften haben sich aus diesem Grunde des Versuchs einer offiziellen Definition enthalten.

---

96 Greening the Treaty II: Sustainable Development in a Democratic Union, S. 12.

97 *Convention on Access to Information, Public Participation in Decision-Making Processes, and Access to the Courts in Environmental Matters* (UN Doc. ECE/CEP/43, Text abgedruckt in: 38 ILM 517 (1999)), siehe zum Entstehungsprozess DÉJEANT-PONS/PALLEMAERTS, Droits de l'homme et environnement, S. 14 f. sowie zu einer inhaltlichen Analyse BRADY, New Convention on Access to Information and Public Participation in Environment Matters, EPL 28 (1998), S. 69 ff. Art. 1 der Konvention statuiert: "(...) the right of every person of present and future generations to live in an environment adequate to his or her health and well-being (...)".

98 Vgl. Anm. 38.

99 Hierzu BRANDL/BUNGERT, Constitutional Entrenchment of Environmental Protection, HarvELR 16 (1992), S. 1 (88 f.); KAHL, Umweltprinzip und Gemeinschaftsrecht, S. 90; LAGONI, in: THIEME, Umweltschutz im Recht, S. 233 (240).

100 Vgl. hierzu KISS, Peut-on définir le droit de l'homme à l'environnement?, RJE 1976, S. 15 ff.

Auch der Stockholmer Erklärung, nach deren Formulierung die Umwelt des Menschen aus der natürlichen und der von ihm geschaffenen Umwelt besteht[101], kommt insofern nur eine begrenzt klarstellende Wirkung zu. In internationalen Umweltschutzabkommen wird regelmäßig einem medialen Ansatz gefolgt, indem das geographische Anwendungsgebiet und die für einen gefährdeten Umweltbereich zu ergreifenden präventiven Maßnahmen benannt werden, der übergreifende Rechtsbegriff „Umwelt" jedoch nicht allgemeingültig definiert wird. Aus europäischer Sicht bietet die Richtlinie über die Umweltverträglichkeitsprüfung[102] einen sehr weiten Begriff, der Mensch, Fauna und Flora, Boden, Wasser, Luft, Klima und Landschaft, die Wechselwirkungen zwischen den drei erstgenannten und den letztgenannten Faktoren sowie Sachgüter und kulturelles Erbe erfasst[103]. Ähnlich umfassend definiert wurde der Begriff der Umwelt in der Europarats-Konvention über die zivilrechtliche Haftung für Schäden aus umweltgefährdenden Tätigkeiten vom 21. Juni 1993[104].

Erwähnt sei an dieser Stelle, dass in Art. 37 GRC eine mögliche Eingrenzung des weiten Umweltbegriffs durch die Reduktion auf die „natürliche Umwelt" bzw. die „natürlichen Lebensgrundlagen", wie sie in zahlreichen Normen[105] erfolgt ist, nicht vorgenommen wurde[106].

Es überrascht vor diesem Hintergrund nicht, dass im umfassenden Schrifttum zu der Diskussion eines Rechts auf gesunde Umwelt bzw. Umweltschutz und auch in der legislativen Umsetzung in den Grundrechtskatalogen einzelner europäischer Staaten[107] eine uneinheitliche Terminologie hinsichtlich der fraglichen Rechtsposition zu beobachten ist. Die Ansätze zur inhaltlichen Konkretisierung mit Hilfe verschiedener ökologischer Attribute reichen von dem Recht auf eine

---

101 Vgl. Prinzip 1 der *Stockholm Declaration on the Human Environment* (Anm. 17).

102 Richtlinie des Rates über die Umweltverträglichkeitsprüfung bei bestimmten öffentlichen und privaten Projekten (85/337/EWG), verabschiedet am 27.06.1985, ABl. EG L 175, S. 40.

103 HATTENBERGER, Umweltschutz als Staatsaufgabe, S. 28; vgl. hierzu auch DEMPFLE/MÜGGENBORG, Die „Umwelt", ein Rechtsbegriff?, NuR 1987, S. 301 (303 f.).

104 Art. 2 (para. 10): „Environment" includes: natural resources both abiotic and biotic, such as air, water, soil, fauna and flora and the interaction between the same factors; property which forms part of the cultural heritage; and the characteristic aspects of the landscape. Der Text der Konvention ist abgedruckt in: 32 ILM 1228 (1993).

105 Exemplarisch sei hier Art. 20a GG genannt.

106 Außer der Biosphäre sind damit auch die soziale und die gegenständliche Umwelt vom Schutzbereich der Norm erfasst.

107 Vgl. in diesem Kapitel unter A.II.3. sowie ausführlich für alle 25 Mitgliedstaaten im 3. Kapitel, D.II.2.a)aa).

„gesunde“, „intakte“, „menschenwürdige“[108], „saubere“ oder auch „unschädliche“[109] Umwelt über das Recht auf Umweltschutz[110] und das Recht auf Bewahrung[111] bis hin zu einer Reduzierung der Rechtsposition auf die Trias von Information, politischer Partizipation und gerichtlichem Rechtsschutz[112].

Auch zahlreiche Versuche einer materiell-rechtlichen Definition[113] konnten die Bedenken inhaltlicher Unbestimmtheit nicht überzeugend ausräumen. Die Unbestimmtheit möglicher materieller Inhalte wird als wesentliches Strukturproblem eines solchen Grund- oder Menschenrechts angesehen[114] und wird in der Diskussion immer wieder gegen die Verankerung einer entsprechenden individualrechtlichen Gewährleistung vorgebracht. Mit der mangelnden Bestimmtheit einher geht das Problem nicht gewährleisteter bzw. erschwerter Justiziabilität des Begriffes „Umwelt“[115]. Die Schwierigkeiten, Inhalt und

---

108 STEIGER, Mensch und Umwelt. Zur Frage der Einführung eines Umweltgrundrechts, Beiträge zur Umweltgestaltung/ Bd. A 32 (1975), S. 21 ff.

109 LÜCKE, DÖV 1976, S. 289 (292).

110 Zu der Vielfalt der Begrifflichkeiten vgl. auch REST, Europäischer Menschenrechtsschutz als Katalysator für ein verbessertes Umweltrecht, NuR 1997, S. 209.

111 So KISS, in: KROMAREK, Environnement et droits de l'homme, S. 13 ff. (25), wobei Bewahrung die Aspekte Schutz und Verbesserung impliziert. Siehe ebenfalls KISS/SHELTON, International Environmental Law, S. 25.

112 Diese Konzeption wird insbesondere aus Effektivitätsgesichtspunkten befürwortet, vgl. BIRNIE/BOYLE, International Law and the Environment, S. 261 ff. In diesem Sinne ist auch Prinzip 10 der Rio-Deklaration formuliert: „Environmental issues are best handled with the participation of all concerned citizens, at the relevant level. At the national level, each individual shall have appropriate access to information concerning the environment that is held by public authorities, including information on hazardous materials and activities in their communities, and the opportunity to participate in decision-making processes. States shall facilitate and encourage public awareness and participation by making information widely available. Effective access to judicial and administrative proceedings, including redress and remedy, shall be provided.”

113 Siehe stellvertretend für viele die von PRIEUR zitierten Definitionen der französischsprachigen Literatur (DERS., Droit de l'environnement, Rdn. 71). Zur materiell-rechtlichen Reichweite eines Individualrechts vgl. weiterhin DÉJEANT-PONS/PALLEMAERTS, Droits de l'homme et environnement, S. 17 ff. sowie die nach dem KSENTINI-Report (Anm. 60) in der *Declaration of Principles on Human Rights and the Environment* aufgestellten Komponenten, abgedruckt bei BIRNIE/BOYLE, International Law and the Environment, S. 255.

114 Siehe auch JACQUE, La protection du droit à l'environnement au niveau européen ou régional, in: KROMAREK, Environnement et droits de l'homme, S. 65 (75 f.); PELLOUX, Vrais et faux droits de l'homme – problèmes de définition et de classification, RDP 1981, S. 53 (60); ebenfalls STERN, Zur Aufnahme einer Staatszielbestimmung in das Grundgesetz, NWVBl. 1988, S. 1 (5); LÜCKE, DÖV 1976, S. 289 (291).

115 KLEIN, FS v. Simson, S. 251.

Reichweite sowie Anspruchsberechtigte und -verpflichtete eines Individualrechts auf gesunde Umwelt zu bestimmen, sind nicht von der Hand zu weisen. Zumindest auf zentrale Fragen betreffend den Inhalt und die Reichweite des Rechts, z.B. welche Umweltqualität garantiert[116] und ab wann nicht mehr von einer „intakten" Umwelt gesprochen werden kann[117], könnte durch die Einführung umweltrechtlicher Standards sowohl auf nationaler als auch auf internationaler Ebene[118] eine Antwort gegeben werden.

Die dargelegten Schwierigkeiten können jedoch nicht als unüberwindbares Hindernis für die Anerkennung und Anwendung eines Individualrechts auf gesunde Umwelt angesehen werden[119]. Sowohl im Bereich der Grund- und Menschenrechte und insbesondere der wirtschaftlichen, kulturellen und sozialen Rechte[120], denen ein Individualrecht auf Umwelt zugeordnet wird[121], ist jede Gewährleistung zu einem variierenden Grad unbestimmt[122].

d) Anthropozentrik oder Ökozentrik?

Im Rahmen der Überlegungen zu einer individualrechtlichen Ausgestaltung des Umweltschutzes kann die grundsätzliche, teilweise ideologische Züge aufweisende Kontroverse über dessen Schutzrichtung nicht außer Betracht gelassen werden. Der anthropozentrischen Konzeption, welche die Umwelt um des Menschen willen schützen will, steht die Auffassung des ökozentrischen Umweltschutzes gegenüber, welche die Umwelt als Wert an sich versteht und – in der

---

116 McGOLDRICK, Sustainable Development and Human Rights: An Integrated Conception, ICLQ 45 (1996), S. 796 (811).

117 Vgl. KRÄMER, EuGRZ 1988, S. 285 (286); ebenfalls BIRNIE/BOYLE, International Law and the Environment, S. 254.

118 Hierzu SHELTON, StanfJIL 1991, S. 103 (135 f.); vgl. auch NICKEL, The Human Right to a Safe Environment, YaleJIL 18 (1993), S. 281 (285).

119 BIRNIE/BOYLE, International Law and the Environment, S. 257; LÜCKE, DÖV 1976, S. 289 (291). Zu den Nachteilen eines Umweltgrundrechts siehe KLOEPFER, Zum Grundrecht auf Umweltschutz, S. 35.

120 S.a. KISS/SHELTON, International Environmental Law, S. 23.

121 Vgl. KRÄMER, EuGRZ 1988, S. 285 (286); RUFFERT, Subjektive Rechte im Umweltrecht der Europäischen Gemeinschaft, S. 20; KARPEN, in: THIEME, Umweltschutz im Recht, S. 18.

122 Vgl. KOPPEN/LADEUR, Environmental Rights, in: CASSESE/CLAPHAM/WEILER, Human Rights and the European Community/ Vol. III, S. 1 (16); RUFFERT, Subjektive Rechte im Umweltrecht der Europäischen Gemeinschaft, S. 22.

Variante der holistischen Umweltethik[123] – auch eigene Rechte der Natur[124] annimmt. Während der anthropozentrische Umweltschutz auf die natürlichen Lebensgrundlagen des Menschen ausgerichtet ist und den Menschen in den Mittelpunkt stellt, ist dieser aus der ökozentrischen Perspektive nur als ein Teil des ökologischen Systems anzusehen. Von hervorgehobener Bedeutung ist nach dem ökozentrischen Weltverständnis die Notwendigkeit der Aufrechterhaltung einer Balance zwischen allen Lebensprozessen und der Schutz dieses Gleichgewichts[125].

Das noch junge Rechtsgebiet des Umweltvölkerrechts wurde in seinen Anfängen während der Konferenz von Stockholm eindeutig durch den anthropozentrischen Ansatz geprägt, welcher sich in der abschließenden Deklaration manifestierte. Die Würde des Menschen wurde zum zentralen Anliegen der Umweltpolitik erklärt, so dass gleichzeitig von der Anerkennung eines intrinsischen Werts der Natur an sich Abstand genommen wurde[126]. Auch wenn von einem grundlegenden Wandel in der Ausrichtung des internationalen Umweltschutzes nicht gesprochen werden kann, rückte in der Folgezeit die Natur selbst zunehmend in das Zentrum der Umweltpolitik. So war bei den Debatten um die 1982 verabschiedete Weltcharta für die Natur[127] von einem „Vertrag zwischen Mensch und Natur“ die Rede[128] – eine Vorstellung, welche die Personalisierung der Natur voraussetzt – und die Präambel betonte die Einzigartigkeit jeder Form von Leben, unabhängig von seinem Wert für die Menschheit[129].

Dem internationalen Umweltrecht der Gegenwart liegt weder ein einheitlich anthropozentrischer noch ein ökozentrischer Ansatz zugrunde, jedoch kann insbesondere im Artenschutz ein Wertewandel von der ursprünglichen Motivation der Erhaltung vom Aussterben bedrohter Tierarten zu einem Schutz der Lebens-

---

123 Vgl. REST, Internationaler Umweltschutz, LdR, 4/1070.

124 Auch im Mittelalter durchaus geläufige Vorstellungen, die der Natur Rechtsfähigkeit zusprechen, fanden in der Literatur zeitweilig wieder Beachtung, vgl. STONE, Umwelt vor Gericht. Eigenrechte der Natur; BOSSELMANN, Die Natur im Umweltrecht. Plädoyer für ein ökologisches Umweltrecht, NuR 1987, S. 1 (3 ff.). Für eine Ausweitung der altruistischen Verbandsklage FRANK, Vom Umweltschutz zum Mitweltrecht, DVBl. 1989, S. 693 (696 ff.).

125 RIEDEL, FS Roellecke, S. 245 (247).

126 Siehe DICKE, VN 1985, S. 59 (62).

127 Resolution 37/7 der GV vom 28.10.1982, abgedruckt in: VN 1983, S. 29 ff.

128 Hierzu SKUPNIK, Ermahnung ohne Adressaten. Die Weltcharta für die Natur, VN 1983, S. 12 (14).

129 “Every form of life is unique, warranting respect regardless of its worth to man, and, to accord other organisms such recognition, man must be guided by a moral code of action (…)”.

qualität individueller Lebewesen aufgrund des ihnen zustehenden Respekts beobachtet werden[130].

Dem vorliegend zu untersuchenden Art. 37 GRC liegt – in Anlehnung an die Positionierung der Menschenwürde an der Spitze der Grundrechtecharta – ein anthropozentrischer Ansatz zugrunde, welcher insbesondere auch in der Bezugnahme auf künftige Generationen als durch den Schutz der Umwelt Begünstigte zum Ausdruck kommt.

Der anthropozentrische Ansatz zur rechtlichen Erfassung des Umweltschutzes erfährt indes – gerade auch in seiner individualrechtlichen Ausprägung – grundlegende Kritik. So wird gefordert, dass das Kollektivgut Umwelt allein durch objektiv-rechtliche Verpflichtungen, umweltrechtliche Standards und deren effizienten Vollzug zu schützen sei[131]. Erforderlich sei insbesondere nicht eine Extension des Schutzes der „Menschenrechte" auf „nichtmenschliches Leben", sondern ein Bewusstseinswechsel dahingehend, dass dieses nicht mehr auf seinen Status einer menschlichen Ressource begrenzt wird[132]. Ohne vertiefend auf die komplexe Fragestellung zur Verleihung von Rechten an Tiere und die Natur[133] eingehen zu wollen, lässt sich hierzu zunächst anmerken, dass ein umweltrechtlicher Individualschutz nach hier vertretener Auffassung jedenfalls nur als Ergänzung zu den – nicht anthropozentrisch orientierten – Regelwerken des Umweltschutzes gesehen werden kann, in dieser Funktion jedoch eine unterstützende positive Wirkung auch für den Umweltschutz in seiner Gesamtheit darstellen könnte[134].

Gegenüber der verbreiteten Vorstellung, ein ökozentrisch orientierter Umweltschutz garantiere einen umfassenderen Schutz, da er nicht nach dem Nutzen für den Menschen frage, sondern die Natur vorbehaltlos schütze, seien hier Zweifel geäußert. So stellt sich bereits die Frage, inwieweit Menschen überhaupt in ihrem Erkenntnisvermögen vom anthropozentrischen Standpunkt abstrahieren

---

130 Vgl. REDGWELL, in: BOYLE/ANDERSON, Human Rights Approaches to Environmental Protection, S. 71 (72), die hierin eine abgeschwächte Form der Anthropozentrik erkennt.

131 Siehe MCGOLDRICK, ICLQ 45 (1996), S. 796 (811).

132 Vgl. dazu ECKERSLEY, Environmentalism and Political Theory, S. 58 f. m.w.N., der in diesem Sinne formuliert: "Nonhuman nature knows no human ethics, it simply *is*.", ebd., S. 59. Gegen einen Gegensatz von anthropozentrischer Gesetzesorientierung und der Anerkennung von Rechten der Natur und der Tiere wendet sich überzeugend KLOEPFER, Rechte für die Umwelt, für Tiere und für Denkmäler?, in: KRÄMER, Recht und Um-Welt, S. 51 (61).

133 Hierzu ausführlich REDGWELL, in: BOYLE/ANDERSON, Human Rights Approaches to Environmental Protection, S. 71 (75 f.).; KLOEPFER, in: KRÄMER, Recht und Um-Welt, S. 51 ff.

134 In diesem Sinne auch NICKEL, YaleJIL 18 (1993), S. 281 (283).

und ihr Denken rein ökozentrisch ausrichten können[135]. Zudem scheinen anthropozentrische und ökozentrische Motivation oft nur schwer trennbar. Auch umweltschützenden Maßnahmen, welche nicht unmittelbar auf den Nutzen für die Menschheit abzielen, kann ein zumindest mittelbarer Vorteil für zukünftige Generationen nicht abgesprochen werden, so dass auch die anthropozentrische Sichtweise ein entsprechendes Schutzregime legitimieren könnte[136]. Gleichzeitig kommen auch Schutzregime mit der übergeordneten Schutzrichtung zugunsten des Menschen der Umwelt als solcher zugute[137]. Im Hinblick auf die Implementierungs- und Vollzugsschwierigkeiten im Umweltrecht kann es zudem für die Unterstützung von Umweltschutzmaßnahmen nur von Vorteil sein, wenn deren Nutzen (auch) für den Menschen plausibel gemacht werden kann[138]. Bei genauerer Betrachtung der Komplexität des Naturhaushalts verliert der theoretische Gegensatz von anthropozentrischem und ökozentrischem Umweltschutz demnach an praktischer Bedeutung[139].

e) Grundzüge der rechtlichen Problematik eines Rechts auf Umweltschutz

Die individualrechtliche Ausgestaltung des Umweltschutzes findet in Teilen der internationalen Umweltrechtswissenschaft uneingeschränkte Unterstützung, wobei die völkerrechtliche Anerkennung eines Individualrechts auf gesunde Umwelt in Form eines Grund- oder Menschenrechts bereits zugrundegelegt[140] und von der Entwicklung eines der bedeutungsvollsten Menschenrechte des 21. Jahrhunderts gesprochen wird[141]. Für die Verankerung eines entsprechenden In-

---

135 So wird eine anthropozentrische Prägung jeden menschlichen Handelns als schlicht unvermeidbar angesehen, vgl. REDGWELL, in: BOYLE/ANDERSON, Human Rights Approaches to Environmental Protection, S. 71 f.

136 Hierzu KLOEPFER, Umweltrecht, § 1 Rdn. 21 m.w.N.

137 Vgl. LAGONI, Umweltvölkerrecht, in: THIEME, Umweltschutz im Recht, S. 233 (242).

138 Vgl. FRANK, DVBl. 1989, S. 693 (696), sieht in dem Vollzugsdefizit insbesondere auch ein „Rechtsträgerdefizit". Vgl. auch KIMMINICH, Umweltschutz, Prüfstein der Rechtsstaatlichkeit, S. 114.

139 So wird von einem „künstlichen Gegensatz" (LAGONI, in: THIEME, Umweltschutz im Recht, S. 233 (242)), von einem „Scheinproblem" (KLOEPFER, Umweltrecht, § 1, Rdn. 22), oder auch von „theoretischer Spielerei", (HATTENBERGER, Umweltschutz als Staatsaufgabe, S. 32) gesprochen.

140 Siehe nur PATHAK („The right to a healthful environment constitutes a jurisprudential reality."), in: BROWN WEISS, Environmental Change and International Law, S. 205 (219); weiterhin KISS, in: KROMAREK, Environnement et droits de l'homme, S. 13 (28).

141 So DEJEANT-PONS, L'insertion du droit de l'homme à l'environnement dans les systèmes régionaux de protection de droit de l'homme, RUDH 1991, S. 461.

dividualrechts spricht – neben dessen symbolischem Wert und Appellcharakter[142] – insbesondere die mit dieser rechtspolitischen Entscheidung einhergehende rechtlich relevante Aufwertung der Komponenten Umweltschutz und Umweltqualität in der Abwägung mit anderen Zielbestimmungen und Menschen- oder Grundrechten[143]. Auch wenn das Postulat eines Grundrechts auf gesunde Umwelt bzw. Umweltschutz auf dessen Verständnis als eine Ausdrucksform der Würde des Menschen gestützt wird[144], darf nicht übersehen werden, dass bei einer prozedural ausgestalteten Individualrechtsposition[145] auch Maßnahmen zugunsten der Umwelt ohne unmittelbaren menschlichen Nutzen eingeklagt werden könnten und damit auch der Kritik gegenüber einer rein anthropozentrischen Perspektive begegnet werden könnte[146]. Aus gesellschaftspolitischer Sicht könnten positive Auswirkungen eines umweltschützenden Individualrechts in einer Stärkung des Umweltbewusstseins sowie in einer Assimilierung und Integration der Umweltbewegung zu erwarten sein[147]. Im Hinblick auf die Interessen zukünftiger Generationen und ihre Möglichkeit zur Verwirklichung zukünftiger Rechte wird auch die zeitliche Dimension eines Rechts auf gesunde Umwelt hervorgehoben[148], welches mittelbar auch der Sicherung zukünftiger Rechtspositionen dient. Begründet wird der Wert der Anerkennung eines Individualrechts des Weiteren mit der Interdependenz zwischen dem Recht auf Umwelt und der Realisierung anderer Grund- und Menschenrechte. Ein individuelles Recht auf Umweltschutz könnte eine ergänzende und verstärkende Funktion bei der Implementierung anderer fundamentaler Individualrechte übernehmen[149]. Grundgedanke ist hierbei, dass die Garantie eines umweltschützen-

---

142 THORME, Establishing environment as a human right, DenJILP 1991, S. 301.

143 BIRNIE/BOYLE, International Law and the Environment, S. 255; vgl. auch SHELTON, Human Rights, Environmental Rights, and the Right to the Environment, StanfJIL 1991, S. 103 (111).

144 Vgl. KISS/SHELTON, International Environmental Law, S. 22. Vgl. auch Prinzip 1 der Stockholmer Erklärung (Anm. 17).

145 Angeregt und ausführlich diskutiert wurde eine prozedurale Ausgestaltung erstmals von KISS, Définition et nature juridique d'un droit de l'homme à l'environnement, in: KROMAREK, Environnement et droits de l'homme, S. 13 ff. (24 f.).

146 Siehe auch BIRNIE/BOYLE, International Law and the Environment, S. 264. Insbesondere steht der Anerkennung eines intrinsischen Wertes der Natur die Annahme einer gewissen Verbundenheit von Menschenrechten und Umweltschutz nicht entgegen, in diesem Sinne auch DÉJEANT-PONS/PALLEMAERTS, Droits de l'homme et l'environnement, S. 19.

147 Vgl. BENDA, UPR 1982, S. 241 (244).

148 Vgl. KISS/SHELTON, International Environmental Law, S. 22.

149 Illustriert am Beispiel der möglichen Ausbalancierung eines ökonomischen Ungleichgewichts bei KISS/SHELTON, International Environmental Law, S. 22. Siehe auch DÉJEANT-

den Individualrechts primär nicht auf die Abwehr hoheitlicher Eingriffe gerichtet ist, sondern aktives Handeln seitens des Hoheitsträgers erfordert[150]. Aus dieser Konzeption wird die besondere Struktur des grundrechtlichen Schutzes gegen Umweltbeeinträchtigungen ersichtlich: Über die Abwehrfunktion hinaus kommt insbesondere die Grundrechtsfunktion der Leistung – und zu einem geringeren Grad auch die des Schutzes – zum Tragen[151]. Verwirklicht wird die grundrechtrechtliche Gewährleistung innerhalb des dreiseitigen Verhältnisses von Hoheitsträger, Umweltbelastetem und (durch die Erfordernisse des Umweltschutzes belastetem) Grundrechtsträger[152].

Als Argument mit der möglicherweise größten Überzeugungskraft und Praxisnähe für die Festschreibung eines Umweltgrundrechts ist die Minimierung des gerade auf europäischer Ebene „doppelt begründeten"[153] Vollzugsdefizits im Umweltbereich zu nennen[154]. Nach dem Prinzip der „control-by-participation"[155] ist die Einbeziehung der Öffentlichkeit in den Vollzugsprozess und die damit einhergehende Gewährung individueller Rechtspositionen von wesentlicher

---

PONS, RUDH 2000, S. 461 (467); BIRNIE/BOYLE, International Law and the Environment, S. 255; PATHAK, in: BROWN WEISS, Environmental Change and International Law, S. 205 (210 ff.).

150 Siehe RUFFERT, Subjektive Rechte im Umweltrecht der Europäischen Gemeinschaft, S. 20.

151 In diesem Sinne RUFFERT, ebd., S. 21.

152 Zu Schwierigkeiten aufgrund der Komplexität dieses dreiseitigen Verhältnisses vgl. KOPPEN/LADEUR, in: CASSESE/CLAPHAM/WEILER, Human Rights and the European Community/ Vol. III, S. 1 (6 ff.). Zur Mehrdimensionalität eines Umweltgrundrechts vgl. auch ALEXY, Theorie der Grundrechte, S. 403 f.

153 So die Formulierung von RUFFERT, Subjektive Rechte im Umweltrecht der Europäischen Gemeinschaft, S. 5 ff.

154 So KRÄMER, EuGRZ 1988, S. 285 (291). Zu den Ursachen KLOEPFER, Die europäische Herausforderung – Spannungslagen zwischen deutschem und europäischen Umweltrecht, NVwZ 2002, S. 645 (647 ff.). Zur Notwendigkeit der Neuordnung der Umweltschutzkompetenzen in der BRD im Zuge der Föderalismusreform vgl. PERNICE, Eine umweltgerechte Kompetenzordnung. Europarechtliche Perspektive, WHI-Paper 5/04, S. 2 ff. Aktuell zur Notwendigkeit einer Verbesserung des umweltvölkerrechtlichen Rechtsschutzes angesichts der unzureichenden Umsetzung internationaler umweltrechtlicher Verpflichtungen REST, Enhanced Implementation of International Environmental Treaties by Judiciary – Access to Justice in International Environmental Law fo Indivdiuals and NGOs: Efficacious Enforcement by the Permanent Court of Arbitration, MqJICEL 2004, S. 1 ff.

155 BRANDL/BUNGERT, HarvELR 16 (1992), S. 1 (87 f.); vgl. auch RUFFERT, Subjektive Rechte im Umweltrecht der Europäischen Gemeinschaft, S. 32 f., 42 m.w.N.

Bedeutung für eine auf Abbau des Vollzugsdefizits zielende Rechtsentwicklung[156].

Zu begrüßen wäre die Positivierung eines Umweltgrundrechts auch unter dem Gesichtspunkt einer Gleichstellung wirtschaftlicher und ökologischer (Grund)Rechte[157]. Durch die Einführung eines international anerkannten Individualrechts erhoffen sich dessen Befürworter insbesondere eine Intensivierung des Umweltschutzes auf nationaler Ebene, da eine entsprechende Norm in Verbindung mit international etablierten Mindeststandards[158] eine über die grenzüberschreitende Umweltschädigung des Nachbarstaates hinausgehende Kontrolle der gesamten nationalen Umweltpolitik legitimieren könnte. Gleichzeitig könnte die Garantie eines international anerkannten, einklagbaren Individualrechts einen umfassenderen Zugang zu internationalen Institutionen, eine Ausweitung des Rechtsschutzes auf nationaler Ebene sowie eine Beeinflussung innenpolitischer Entscheidungen zugunsten des Umweltschutzes[159] bewirken. Diese – aus der Perspektive des Umweltschutzes wünschenswerten – weitreichenden Auswirkungen auf die nationale Gesetzgebung stehen jedoch mit dem Vorbehalt der Staatensouveränität im Konflikt.

Von den Gegnern eines Umweltgrundrechts wird indes bereits dessen Rechtscharakter in Frage gestellt[160] und in diesem Zusammenhang vor dem exzessiven Gebrauch von „Rechten"[161] und der Gefahr einer uferlosen Ausweitung des Menschen- bzw. Grundrechtskatalogs gewarnt, da nicht alle Bedürf-

---

156 Hierzu grundlegend – und mit konkreten Vorschlägen zum Abbau des Vollzugsdefizits – PERNICE, Gestaltung und Vollzug des Umweltrechts im europäischen Binnenmarkt – Europäische Impulse und Zwänge für das deutsche Umweltrecht, NVwZ 1990, S. 414 (422 ff.); EVERLING, Durchführung und Umsetzung des Europäischen Gemeinschaftsrechts im Bereich des Umweltschutzes unter Berücksichtigung der Rechtsprechung des EuGH, NVwZ 1993, S. 209 (215). Deutlich für die Integrierung der Öffentlichkeit in den komplexen Prozess administrativer umweltrechtlicher und -politischer Entscheidungen sprechen sich auch KOPPEN/LADEUR, in: CASSESE/CLAPHAM/WEILER, Human Rights and the European Community/ Vol. III, S. 1 (12 f.), aus.

157 Siehe BRANDL/BUNGERT, HarvELR 16 (1992), S. 1 (87); KISS, RJE 1976, S. 15 (16); SZCZEKALLA, Grundrechte, in: RENGELING, EUDUR/ Bd. I, § 12, Rdn. 66 m.w.N.

158 Siehe TAYLOR, International Human Rights and the Environment, in: BOSSELMANN, Ökologische Grundrechte, S. 234 (274).

159 Siehe SHELTON, StanfJIL 28 (1991), S. 103 (107).

160 Vgl. GIBSON, The Right to a Clean Environment, SaskLR 54 (1990), S. 5 (12), anerkennt im Hinblick auf die Rechtsnatur des Umweltschutzes nur "(...) a universal concern, but not a universal concern linked to human dignity or humans alone."

161 NICKEL, YaleJIL 18 (1993), S. 281 (282 f.).

nisse als fundamentales Recht geschützt werden könnten[162]. Hinzu treten Bedenken, dass die Gewährung eines individuellen Umweltschutzrechts eine nicht tragbare Einschränkung bereits existierender Freiheits- und Menschenrechte darstellen könnte[163].

Neben der oben dargestellten Problematik[164] fehlender Bestimmtheit und Justiziabilität des Rechtsbegriffs „Umwelt“ wird weiterhin die Schwierigkeit einer dogmatischen Einordnung in herkömmliche Rechtskategorien sowie die mangelnde methodische und praktische Umsetzbarkeit hervorgehoben[165]. Als grundlegendes dogmatisches Problem wird die individualisierte Zuordnung kollektiver Umweltschutz- und damit Gemeinwohlinteressen angesehen, da die damit einhergehende Vermischung individueller Anliegen mit kollektiven Funktionselementen zu einer Relativierung des Grundrechtsverständnisses zwinge[166]. Auch die Methodik eines individualrechtlichen Ansatzes wird kritisch bewertet, da ein Recht auf Umwelt primär ökologische Staatsaufgaben umschreibe[167], die von dem betreffenden Hoheitsträger nur im Rahmen des Möglichen und durch eine Abwägung mit anderen, nicht weniger wichtigen Schutzgütern und -aufträgen erfüllt werden könnten. Die Nutzung der Umwelt als Kollektivgut müsse in einem ausbalancierten Prozess koordiniert werden, wobei die Garantie eines Individualrechts diesen Prozess nicht ersetzen könne[168]. Die Grundrechtsgewähr wird demnach nicht als Element des ökologischen Verfassungsauftrags gesehen, dessen Erfüllung in die Zuständigkeit des objektiven Verfassungsrechts, insbe-

---

162 Siehe GIBSON, SaskLR 54 (1990), S. 5 (8, 12). Zu den konstitutiven „Charakteristika” eines Menschenrechts vgl. auch NICKEL, YaleJIL 18 (1993), S. 281 (288 ff.), demzufolge Begünstigte, Verpflichtete sowie die entsprechenden Rechtspflichten klar definiert und legitimiert sein müssen.

163 Diesbezügliche Bedenken wurden im Rahmen der Diskussion der Straßburger Konferenz 1979 (*Europäische Konferenz über Umwelt und Menschenrechte*, vgl. Anm. 77, insbesondere Bde. 1, 3 und 4) zum Ausdruck gebracht, ohne endgültig entkräftet werden zu können; vgl. auch PELLOUX, RDP 1981, S. 53 (60).

164 Siehe in diesem Kapitel unter A.I.1.c).

165 Gesprochen wurde insofern von „Verfassungslyrik“, so OSSENBÜHL, Umweltschutz und Gemeinwohl in der Rechtsordnung, in: Bitburger Gespräche (Jahrbuch 1983), S. 13 m.w.N.

166 Siehe KIND, Umweltschutz durch Verfassungsrecht, S. 190.

167 Zu dieser Kritik siehe KARPEN, in: THIEME, Umweltschutz im Recht, S. 19.

168 Vgl. KOPPEN/LADEUR, in: CASSESE/CLAPHAM/WEILER, Human Rights and the European Community/ Vol. III, S. 1 (16). Als zentraler Einwand wird in diesem Zusammenhang auch die Gefahr einer Verschiebung der Verantwortung vom Gesetzgeber auf die Gerichte („gouvernement des juges“) geltend gemacht, vgl. insofern das Tagungsprotokoll des Internationalen Kolloquiums: Individualrecht oder Verpflichtung des Staates?, Beiträge zur Umweltgestaltung/ Bd. A 41, S. 78, 162.

sondere der Legislative, fällt[169]. Würden objektiv-rechtliche hoheitliche Aufgaben in Form eines sozialen Rechts formuliert, könnte sich dies negativ auf die deutlicher konturierten, unmittelbar durchsetzbaren Freiheitsrechten auswirken[170]. Durch die Aufnahme ineffektiver Grundrechte[171] stünde demzufolge eine Entwertung bestehender „klassischer" Grundrechte zu befürchten[172]. Skepsis wird von den Gegnern einer grundrechtlichen Verankerung des Umweltschutzes auch gegenüber dem Potential einer vollzugsverbessernden Wirkung[173] und dem tatsächlichen Mehrwert eines Individualrechts[174] geäußert.

Erwähnt sei abschließend die Befürchtung, dass durch die Konstitutionalisierung eines Umweltgrundrechts bei den Bürgern unerfüllbare Erwartungen geweckt werden könnte[175]. Zweifelhaft ist jedoch, ob eine solche Prognose nicht vorschnell eine Unterschätzung der Zivilgesellschaft zugrunde legt[176].

2. Variationsmöglichkeiten zur rechtlichen Ausgestaltung des Umweltschutzes

Die Vielfalt an Begriffen zur Erfassung des rechtlichen Gehalts des Umweltschutzgedankens offenbart, dass zwar ein grundlegender Konsens hinsichtlich der Notwendigkeit einer normativen Absicherung des Umweltschutzes[177], nicht jedoch hinsichtlich der Konzeption eines „Rechts auf Umweltschutz" besteht.

---

169 Vgl. KARPEN, in: THIEME, Umweltschutz im Recht, S. 19; ebenfalls SOELL, NuR 1985, S. 205 (211).

170 Siehe SOELL, NuR 1985, S. 205 (209 f.); BENDA, UPR 1982, S. 241 (244).

171 Vgl. KARPEN, in: THIEME, Umweltschutz im Recht, S. 20.

172 Vgl. hierzu die Darstellung der in der BRD geführten Diskussion bei RUFFERT, Subjektive Rechte im Umweltrecht der Europäischen Gemeinschaft, S. 32 f.; zur Frage der Erweiterung des Gemeinschaftsrechts um ein Umweltgrundrecht vgl. S. 42 ff.

173 Siehe dazu RUFFERT, Subjektive Rechte im Umweltrecht der Europäischen Gemeinschaft, S. 44.

174 Hierzu SZCZEKALLA, Grundrechte, in: RENGELING, EUDUR/ Bd. I, § 12, Rdn. 66; BIRNIE/BOYLE, International Law and the Environment, S. 251, 258 f.

175 BOCK, Umweltrecht im Spiegel von Verfassungsrecht und Verfassungspolitik, S. 237, 383; vgl. auch KOPPEN/LADEUR, in: CASSESE/CLAPHAM/WEILER, Human Rights and the European Community/ Vol. III, S. 1 (17); DELLMANN, Zur Problematik eines „Grundrechts auf menschenwürdige Umwelt", DÖV 1975, S. 588 (590).

176 In diesem Sinne ebenfalls SZCZEKALLA, Grundrechte, in: RENGELING, EUDUR/ Bd. I, § 12, Rdn. 66.

177 SCHMIDT-RADEFELDT sieht jedenfalls den Prinzipiencharakter des Umweltschutzes als gesichert an, vgl. DERS., Ökologische Menschenrechte, S. 43.

a) Prinzip, Zielbestimmung, Grund- oder Menschenrecht?

Bereits vor der Aufnahme des Umweltschutzes in das Primärrecht durch die Einheitliche Europäische Akte im Jahre 1986 wurde das Prinzip des bestmöglichen Umweltschutzes auf Gemeinschaftsebene als unmittelbar geltendes Recht qualifiziert[178].

Eine Positivierung des Umweltschutzgedankens erscheint sowohl in der objektiv-rechtlichen Konzeption einer Zielbestimmung als auch durch Verleihung einer individualrechtlichen Komponente in Gestalt eines Menschen- oder Grundrechts bzw. einer einfachgesetzlichen subjektiven Rechtsposition[179] möglich. Bei einer verfassungsrechtlichen Verankerung kommt eine normative Ausgestaltung des Umweltschutzes in der Form eines Grundrechts oder einer Zielbestimmung in Betracht[180]. Ziel der grundrechtlichen Konzeption ist die Begründung subjektiv-rechtlicher Ansprüche des Individuums, welche sowohl als reine Abwehransprüche als auch als Leistungsansprüche ausgestaltet sein können. Umsetzbar ist diese grundrechtliche Lösung sowohl durch eine Erweiterung des Grundrechtskatalogs um ein neues eigenständiges Grundrecht als auch durch die Ergänzung eines schon bestehenden Grundrechts um ein Recht auf eine gesunde und menschenwürdige Umwelt[181]. Von Bedeutung ist in diesem Zusammenhang ferner die Nutzbarmachung der in den existenten Grundrechten enthaltenen grundrechtlichen Teilgewähreistungen[182].

Auf Gemeinschaftsebene findet sich in den Artt. 2, 6, 174 EG eine objektiv-rechtliche Normierung des Umweltschutzes in Form einer rechtsverbindlichen

178 KAHL, Umweltprinzip und Gemeinschaftsrecht, S. 75. Vgl. auch STOBER, Umweltschutzprinzip und Umweltgrundrecht, JZ 1988, S. 426 (429), der eine entsprechende Feststellung für das deutsche Verfassungsrecht trifft.

179 Zum Begriff des subjektiven Rechts im Umweltgemeinschaftsrecht ausführlich RUFFERT, Subjektive Rechte im Umweltrecht der Europäischen Gemeinschaft, S. 10 ff.

180 Zu denkbaren „Zwischenformen", wie z.B. der Einführung einer Verbandsklage in Verbindung mit dem Staatsziel Umweltschutz, wodurch praktisch ein Grundrecht mit einer partiellen Grundrechtsfähigkeit konstituiert würde und die materiellen Umweltschutzgehalte, die ihren verfassungsrechtlichen Ausdruck in der Staatszielbestimmung fänden, so ebenfalls einklagbar würden, vgl. BRÖNNEKE, Vom Nutzen einer einklagbaren Verfassungsnorm, ZUR 1993, S. 153 (158).

181 Vgl. auch STEIGER, Mensch und Umwelt, Beiträge zur Umweltgestaltung/ Bd. A 32 (1975), S. 16 f. zu den in der verfassungspolitischen Diskussion der Bundesrepublik geäußerten Normierungsvorschlägen.

182 Hierzu ausführlich RUFFERT, Subjektive Rechte im Umweltrecht der Europäischen Gemeinschaft, S. 45 ff.; vgl. auch KOPPEN/LADEUR, in: CASSESE/CLAPHAM/WEILER, Human Rights and the European Community/ Vol. III, S. 1 (3 ff.).

Zielbestimmung[183] bzw. eines Rechtsgebots[184]. In den mitgliedstaatlichen Verfassungsordnungen ist der Umweltschutz sowohl als objektiv-rechtliche Gewährleistung[185] als auch in Form eines Individualrechts konstitutionalisiert, wobei neben einer Berechtigung des Individuums oft auch eine entsprechende Verpflichtung statuiert wird[186].

Aufgrund des hohen Rangs in der Normenhierarchie und des übergreifenden bzw. universellen Geltungsanspruchs von Grund- und Menschenrechten[187] wird der Möglichkeit einer entsprechenden rechtsqualitativen Aufwertung[188] des Umweltschutzes und einer möglichen völkerrechtlichen Fundierung im Folgenden besondere Aufmerksamkeit gewidmet.

---

183 HATJE, in: SCHWARZE, EU-Kommentar, Art. 2 EG, Rdn. 5.

184 JAHNS-BÖHM, in: SCHWARZE, EU-Kommentar, Art. 6 EG, Rdn. 22. Hinsichtlich der in Art. 2 und 6 EG enthaltenen grundsätzlichen Bestimmungen besteht dahingehend Einigkeit, dass sie ein rechtsverbindliches Gebot darstellen und insofern in ihrer Rechtsqualität über einen unverbindlichen Programmsatz hinausgehen, vgl. HATJE, in: SCHWARZE, EU-Kommentar, Art. 2 EG, Rdn. 2. Siehe zur Rechtsnatur des Art. 2 EG auch unten 2. Kapitel, B.II.2.b).

185 Exemplarisch genannt sei die Staatszielbestimmung des Art. 20 a GG: „Der Staat schützt auch in Verantwortung für die künftigen Generationen die natürlichen Lebensgrundlagen und die Tiere".

186 Vgl. insbesondere die Umweltgrundrechte in Art. 45 Abs. 1 der spanischen Verfassung („Alle haben das Recht, eine der Entfaltung der Persönlichkeit förderliche Umwelt zu genießen, sowie die Pflicht, sie zu erhalten.") und Art. 66 Abs. 1 der portugiesischen Verfassung („Jeder hat das Recht auf eine menschenwürdige, gesunde und ökologisch ausgewogene Umwelt, und ist verpflichtet für ihre Erhaltung Sorge zu tragen.").

187 Nach klassischem Verständnis werden fundamentale Rechte als „Menschenrechte" bezeichnet, sofern der nationalstaatliche Kontext verlassen wird, während auf innerstaatlicher Ebene der Terminus „Grundrecht" verwendet wird. Auf europäischer Ebene hat sich trotz der Supranationalität der unionalen Rechtsordnung sowohl im Schrifttum als auch in der Rechtsprechung des EuGH der Begriff des „Grundrechts" durchgesetzt. Das gleiche Begriffsverständnis wird – je nach rechtlichem Kontext (Gemeinschaftsrecht bzw. Völkerrecht) – hier zugrundegelegt. Differenziert zur Terminologie „Menschen- und Grundrechte" STERN, Die Idee der Menschen- und Grundrechte, in: HGR I, § 1, Rdn. 46 ff.

188 Zur politischen Bedeutung der Formulierung eines neuen Grund- bzw. Menschenrechts vgl. ALSTON, Making Space for New Human Rights: The Case of the Right to Development, HarvHRY 1 (1988), S. 1 (3): "(…) elevates [a specific goal] above the rank and file of competing societal goals, gives it a degree of immunity from challenge and generally endows it with an aura of timelessness, absoluteness and universal validity".

b) Rechtsdogmatische Ansätze zu einer Etablierung eines Menschenrechts auf Umweltschutz

Der internationale Schutz sowohl der Umwelt als auch der Menschenrechte sind Aspekte des "common interest of mankind“[189], so dass eine rechtliche Verknüpfung der beiden Schutzkonzeptionen – wie erstmals in der nicht rechtsverbindlichen Stockholmer Erklärung geschehen[190] – in Betracht zu ziehen ist[191]. Auf der Grundlage des klassischen Menschenrechtsverständnisses erscheint es konzeptionell nicht unmöglich, auch Umweltbedrohungen mit hoheitlichen Eingriffen gleichzusetzen, gegen die eine Rechtsschutzmöglichkeit besteht[192]. Zur rechtlichen Präzisierung eines Menschenrechts auf Umweltschutz wurde insbesondere der Begriff „Menschenrecht der dritten Generation“[193] herangezogen, weiterhin wurde der Aspekt der Solidarität betont[194].

Nicht übersehen werden darf jedoch, dass dem Menschenrechtsschutz als individualistische Konzeption das primär zwischenstaatlich konzipierte internationale Umweltrecht gegenüber steht. Zudem geht ein Recht auf Umwelt notwendigerweise über den Individualcharakter der klassischen Grund- und Menschenrechte hinaus, da die Umweltgüter Luft, Boden, Wasser oder die Natur insgesamt nicht dem Einzelnen gehören, die Umwelt vielmehr ein Kollektivgut darstellt[195]. Diese konzeptionellen Differenzen führten zu einer Umschreibung des Menschenrechts auf Umweltschutz als „mosaïque de mini-droits individuels et collectifs“[196] sowie zur Kreation neuer Modelle wie z.B. „umbrella concept“ oder „Dachrecht“[197].

Mit dem Ziel eines erhöhten umweltrechtlichen Individualschutzes – und damit eines insgesamt verbesserten Umweltschutzes – wurden zur Überwindung

---

189 KISS, in: BROWN WEISS, Environmental Change and International Law: New Challenges and Dimensions, S. 199; vgl. auch: PATHAK, ebd., S. 22; SCHMIDT-RADEFELDT, Ökologische Menschenrechte, S. 33.

190 Siehe Anm. 17; ferner DEJEANT-PONS/PALLEMAERTS, Droits de l'homme et environnement, S. 9.

191 Allgemein zu der Konnexität von Umwelt- und Menschenrechtsschutz SANDS, Principles of International Environmental Law, S. 35 ff., 294 ff.

192 Siehe HOBE, ZUR 1994, S. 15 (17).

193 SCHMIDT-RADEFELDT, Ökologische Menschenrechte, S. 43 (Fn. 74).

194 Siehe hierzu GORMLEY, The Legal Obligation of the International Community to Guarantee a Pure and Decent Environment: The Expansion of Human Rights Norms, GeorgetownIELR, Vol. 3 (1990), S. 85 (105 ff.).

195 KRÄMER, EuGRZ 1988, S. 285 (286).

196 SUETENS, Environnement et Droits de l'Homme, EPL 10 (1983), S. 137 (138).

197 Siehe RIEDEL, EuGRZ 1989, S. 9 (14).

der konzeptionellen Differenzen verschiedene rechtsdogmatische Ansätze entwickelt.

aa) Umweltschutz als Drittgenerationenrecht?

Erwägenswert erscheint zunächst eine Qualifizierung des Rechts auf gesunde Umwelt als Menschenrecht der dritten Generation bzw. dritten Dimension[198]. Da nach Auffassung der Vertreter der Lehre von den Drittgenerationenrechten der bisherige menschenrechtliche Ansatz zu einer Erfassung der komplexen Probleme der Gegenwart nicht ausreicht, wird zwischen Menschenrechten der ersten, zweiten und dritten Dimension unterschieden. Die erste Dimension der Menschenrechte umfasse demzufolge die klassischen staatsbürgerlichen und politischen Abwehrrechte als liberale Abwehrrechte (Freiheitsrechte) und regele einen staatlichem Zugriff entzogenen Freiheitsbereich des Einzelnen, während die zweite Dimension der wirtschaftlichen, sozialen und kulturellen Rechte als Reaktion auf die Forderung nach staatlicher Intervention zur rechtlichen Bewältigung und Gestaltung sozialer Aspekte anzusehen sei. Diese beiden Kategorien der Menschenrechte (allein) würden jedoch menschlichen Bedürfnissen und globalen Anliegen nicht hinreichend gerecht, so dass – aufbauend auf dem Prinzip der Solidarität[199] – eine dritte Generation bzw. Dimension der Menschenrechte geschaffen werden müsse, um dem Menschen sowohl als Individuum als auch als Mitglied der sozialen Gemeinschaft einen größtmöglichen Anspruch auf freie Entfaltung und Entwicklung seiner Persönlichkeit im Hinblick auf seine zur Wahrung der menschlichen Würde unverzichtbaren wirtschaftlichen, sozialen und kulturellen Bedürfnisse zu gewähren[200]. Den Menschenrechten der dritten Dimension, als deren Berechtigte Individuen und auch Gruppen, Völker

---

[198] Geprägt wurde der Terminus „Drittgenerationenrecht" durch KAREL VASAK und KÉBA M'BAYE. Siehe dazu RIEDEL, EuGRZ 1989, S. 9 (11 ff.), der stattdessen den Begriff „Drittdimensionsrechte" vorschlägt. Kritisch zu den entsprechenden Begrifflichkeiten STERN, Die Idee der Menschen- und Grundrechte, in: HGR I, § 1, Rdn. 60 f, 74 ff. Allgemein zu dieser umstrittenen Menschenrechtskategorie ALSTON, A Third Generation of Solidarity Rights: Progressive Development or Obfuscation of International Human Rights Law?, NILR 29 (1982), S. 307 (309 ff.); lesenswert ferner aus der Perspektive des Umweltschutzes TAYLOR, GeorgetownIELR 10 (1998), S. 309 (317 ff.).

[199] Hierzu ausführlich SCHEUNER, Solidarität unter den Nationen als Grundsatz in der gegenwärtigen internationalen Gemeinschaft, FS Menzel, S. 251 ff.

[200] HAQUANI, Le Droit au Développement: Fondement et Source, in: The Right to Development at the International Level, Hague Workshop 1979, 1980, S. 22 ff. (zitiert nach HOBE, ZUR 1994, S. 15 (17/ Fn. 32)).

und Staaten anzusehen sind[201], wird neben dem Recht auf Entwicklung insbesondere auch das Recht auf eine lebenswerte Umwelt zugeordnet[202].

Wesentliche Kritik erfährt dieser Ansatz vor allem dahingehend, dass eine derartige Extension der Menschenrechte zum Verlust der für ihre Durchsetzung erforderlichen Präzision führe[203]. Kritisch hinterfragt wird weiterhin, inwieweit Menschenrechten der dritten Generation gerade angesichts der intendierten Kumulation der Anspruchsinhaber ein spezifisch individualrechtlicher Charakter zuerkannt werden könne[204]. Auch wenn den Drittgenerationenrechten eine individualrechtliche Komponente nicht abgesprochen werden könne, sei insofern eher von einem politischen Konzept als von bereits verfestigtem Recht auszugehen[205]. Eine Modifizierung der individualistisch ausgerichteten Konzeption der Menschenrechte wird demzufolge mit der Begründung abgelehnt, dass ein Gewinn an Rechtssubstanz durch die Begründung von Drittgenerationenrechten nicht ersichtlich sei[206].

Der skizzierte Diskussionsstand lässt erkennen, dass ein Konsens zwar hinsichtlich der rechtspolitischen Notwendigkeit, nicht jedoch hinsichtlich der Rechtsqualität und der dogmatischen Begründung der Drittgenerationenrechte besteht[207].

bb) Prinzip der "Intergenerational Equity"

Nach der Konzeption der „Intergenerational Equity“ wird auf dem Fundament der Menschenrechte eine rechtliche Verantwortung der gegenwärtigen Generation zum Schutz und zur Erhaltung der Umwelt und ihrer natürlichen

---

201 Vgl. RIEDEL, Menschenrechte der dritten Dimension, EuGRZ 1989, S. 9 (20); SHELTON, StanfJIL 1991, S.103 (122 ff.) m.w.N.

202 Vgl. RIEDEL, EuGRZ 1989, S. 9 (13); ebenfalls HOBE, ZUR 1994, S, 15 (17). Dies trotz des entwicklungspolitischen Gehalts eines entsprechenden Menschenrechts verneinend RUFFERT, Subjektive Rechte im Umweltrecht der Europäischen Gemeinschaft, S. 21.

203 Zu dieser Argumentation kritisch ELEFTHERIADIS, The Future of Environmental Rights in the European Union, in: ALSTON, The EU and Human Rights, S. 529 (544).

204 Siehe HOBE, ZUR 1994, S. 15 (18); SCHMIDT-RADEFELDT, Ökologische Menschenrechte, S. 44 (Fn. 80); kritisch zur Qualifizierung als subjektive Rechte STERN, Die Idee der Menschen- und Grundrechte, in: HGR I, § 1, Rdn. 77.

205 S. HOBE, ZUR 1994, S. 15 (18); BEYERLIN, Umweltvölkerrecht, § 22, Rdn. 581; PETERSMANN, The Right to Development in the United Nations. An Opportunity for Strengthening Popular Participation in Development, FS Partsch, S. 125 (133).

206 HOBE, ZUR 1994, S. 15 (18).

207 Zum Diskussionsstand RIEDEL, EuGRZ 1989, S. 9 (17 ff.).

Ressourcen für künftige Generationen begründet[208]. Die gegenwärtige Generation ist zukünftigen Generationen gegenüber demnach fiduziarisch zur Erhaltung und zum Management dieses Erbes verpflichtet[209]. Auf diesem Prinzip basieren sogenannte planetarische Verpflichtungen und Rechte[210] zwischen den Generationen, so z.B. Verpflichtung, den Planeten in keiner schlechteren Verfassung an die nächste Generation weiterzugeben als die lebende Generation ihn selbst erhalten hat[211]. "Intergenerational planetary rights" können als Gruppenrechte angesehen werden, so dass Rechtsträger die Generation als Gesamtheit – unabhängig von der Identität und der Anzahl der Individuen der jeweiligen Generation – gegenüber anderen Generationen vertreten[212]. Zugleich weisen sie jedoch eine individualrechtliche Komponente auf, soweit sie von Individuen der gegenwärtigen Generation als rechtlich geschütztes Interesse geltend gemacht werden[213].

Trotz des dem Prinzip der Intergenerational Equity zugrunde liegenden humanistischen Ansatzes wird die Möglichkeit einer Verstärkung des individualbezogenen Menschenrechtsschutzes durch die dargestellte Konzeption mit Skepsis betrachtet. Da Rechte und Verpflichtungen in erster Linie zugunsten und gegenüber Gruppen in ihrer Gesamtheit bestehen[214], wird der Ansatz der Intergenerational Equity zur Begründung eines Menschenrechts auf gesunde Umwelt als nicht geeignet angesehen[215]. Festzuhalten ist, dass die Zugehörigkeit

---

208 Die Verantwortung der gegenwärtigen für zukünftige Generationen wurde erstmals 1972 in der Erklärung von Stockholm in der Präambel sowie im ersten und zweiten Prinzip betont und wurde in der Folgezeit in verschiedenen internationalen Abkommen verankert, vgl. insbesondere das Vorsorgeprinzip in Art. 3 der Rio-Deklaration: „The right to development must be fulfilled so as to equitably meet developmental and environmental needs of present and future generations."

209 BROWN WEISS, Our Rights and Obligations to Future Generations for the Environment, AJIL 1990, S. 198 (200).

210 DIES., ebd., S. 198 (202), vgl. auch die Diskussion zur wechselseitigen Beziehung zwischen Rechten und Pflichten (S. 203 f.); weiterhin DIES., Intergenerational equity: A legal framework for global environmental change, in: DIES., Environmental Change and International Law: New Challenges and Dimensions, S. 385 (405).

211 DIES., AJIL 1990, S. 198 (200); siehe auch CALLAHAN, What Obligations Do We Have to Future Generations?, in: PARTRIDGE, Responsibilities To Future Generations. Environmental Ethics, S. 73 ff.

212 Siehe BROWN WEISS, AJIL 1990, S. 198 (203).

213 DIES., Intergenerational equity: A legal framework for global environmental change, in: dies., Environmental Change and International Law: New Challenges and Dimensions, S. 385 (406).

214 DIES., ebd., S. 385 (407).

215 Siehe HOBE, ZUR 1994, S. 15 (18).

zu der gegenwärtigen Generation einen rechtlichen Anknüpfungspunkt für die Begünstigung von Individuen darstellt, nicht jedoch bereits ein originäres Individualrecht vermittelt.

cc) Recht auf Umweltschutz als Element des Prinzips des „Common Heritage of Mankind"?

Als weiterer möglicher Ansatzpunkt für die Begründung eines Menschenrechts auf Umweltschutz ist das von den Vereinten Nationen im Jahre 1967 im Rahmen der Dritten Seerechtskonferenz entwickelte Konzept des „Common Heritage of Mankind"[216] in Betracht zu ziehen, welches im Seerechtsübereinkommen von 1982, davor bereits auch im Mondvertrag von 1979 und zu einem geringeren Grad auch im Vertrag zum Schutz der Antarktis verankert wurde[217]. Als Teilelemente dieses Konzepts sind ein territorial- und ressourcenbezogenes Aneignungsverbot, die Forschungsfreiheit, die Wahrung des Friedens, die wirtschaftliche Ausbeutung der natürlichen Ressourcen und der Umweltschutz anzusehen[218]. Konsentiert ist hierbei der Schutz der Umwelt des Staatengemeinschaftsraums[219]. Im Hinblick auf eine Funktionalisierung dieses Konzepts ist jedoch festzuhalten, dass der Ansatzpunkt des gemeinsamen Erbes der Menschheit nicht originär individualrechtlich ist, sondern den Schutz des Staatengemeinschaftsinteresses zum Inhalt hat[220]. Mangels hinreichenden individualistischen Ansatzes kann auch die Konzeption des Common Heritage of Mankind nicht als alleiniges Fundament für ein Menschenrecht auf Umweltschutz dienen.

---

216 Zur Prägung des Begriffes durch den Malteser Botschafter der Vereinten Nationen PARDO vgl. KEWENIG, Common Heritage of Mankind – Politischer Slogan oder völkerrechtlicher Schlüsselbegriff?, FS Schlochauer, S. 385 (387 f.).

217 Siehe hierzu WOLFRUM, The Principle of the Common Heritage of Mankind, ZaöRV 43 (1983), S. 312 ff.

218 REST, Ecological Damage in Public International Law, EPL 1992, S. 31 (32 f.); KEWENIG, FS Schlochauer, S. 385 (388).

219 Vgl. KEWENIG, FS Schlochauer, S. 385 (391, 393) m.w.N.

220 Vgl. HOBE, ZUR 1994, S. 15 (18).

II. Anerkennung eines Individualrechts auf Umweltschutz auf europäischer Ebene?

Unter Berücksichtigung des völkerrechtlichen Ursprungs des Gemeinschaftsrechts ist sowohl eine Rezeption völkerrechtlicher Regelungsansätze als auch eine Beeinflussung gemeinschaftsrechtlicher Rechtsbildung durch völkerrechtliche Entwicklungen denkbar[221]. Neben dem Völker- und dem Gemeinschaftsprimärrecht werden aufgrund der ausdrücklichen Bezugnahme auf die EMRK und die Verfassungsüberlieferungen der Mitgliedstaaten in Art. 6 Abs. 2 EU auch diese Ebenen im Hinblick auf die Geltung eines Individualrechts auf Umweltschutz zu untersuchen sein.

1. Völkerrechtliche Ebene

Maßgebliche Rechtsquellen des Völkerrechts sind sowohl das Völkervertragsrecht als auch das ungeschriebene, von einer gewissen Kontinuität geprägte, von einer allgemeinen Rechtsüberzeugung getragene und sich in einer entsprechenden Praxis widerspiegelnde Völkergewohnheitsrecht. Völkerrechtlich abgestützt sein könnte ein Individualrecht auf Umweltschutz sowohl im Bereich des internationalen Menschenrechtsschutzes als auch im Umweltvölkerrecht.

a) Internationale Menschenrechtspakte

Verschiedentlich werden umweltgrundrechtliche Inhalte bereits im Wege einer weiten Interpretation in der Allgemeinen Erklärung der Menschenrechte vom 10.12.1948[222] und der darin angelegten Betonung des Schutzes von Leben und Gesundheit zur Wahrung der menschlichen Würde gesehen[223]. Unter Berücksichtigung des historischen Kontextes dieser nicht rechtsverbindlichen Er-

---

[221] Vgl. RUFFERT, Subjektive Rechte im Umweltrecht der Europäischen Gemeinschaft, S. 12, 18 f. Auch sofern die Gemeinschaft zu den Mitunterzeichnern einer „soft-law"-Erklärung gehört, resultiert hieraus jedoch noch keine rechtliche Bindung.

[222] Resolution 217 III (1948) der GV (UN Doc. A/ 810, 71 (1948)).

[223] Vgl. LÜCKE, Das Recht des einzelnen auf Umweltschutz als ein internationales Menschenrecht, AVR 16 (1974/75), S. 387 (392 ff.) unter Bezugnahme auf Artt. 3 und 25 der Erklärung.

klärung ist bei einer entsprechenden Herleitung jedoch Zurückhaltung geboten[224].

Auch dem Internationalen Pakt über bürgerliche und politische Rechte von 1966 (IPBPR), der nach herrschender Lehre im Gegensatz zu seinem Pendant, dem Internationalen Pakt über wirtschaftliche, soziale und kulturelle Rechte von 1966 (IPWSKR)[225], unmittelbar einklagbare Individualrechte begründet[226], kann ein explizites Individualrecht nicht entnommen werden. Möglich erscheint insofern allenfalls eine ökologische Interpretation des Art. 6 Abs. 1 IPBPR, der eine positive Schutzpflicht für das „angeborene Recht auf Leben" statuiert[227]. In den Artt. 11, 12 IPWKSR wird ein „angemessener Lebensstandard" bzw. ein Recht auf das jeweils „erreichbare Höchstmaß an körperlicher und geistiger Gesundheit" sowie die Verpflichtung der Vertragsstaaten zu Maßnahmen zur Verbesserung aller Aspekte der Umwelt- und Arbeitshygiene" positiviert. In dieser Garantie des Gesundheitschutzes in umweltrelevanten Zusammenhängen kann indes nicht die Anerkennung eines universellen Menschenrechts auf Umweltschutz gesehen werden[228]. Die Konvention über die Rechte des Kindes aus dem Jahre 1989[229] nimmt ausdrücklich auf die Verknüpfung von Umwelt und

---

224 In diesem Sinne auch KLEIN, Recht auf Umweltschutz als völkerrechtliches Individualgrundrecht?, FS v. Simson, S. 251 (252).

225 Der Pakt ist nicht self-executing und gewährt für den Einzelnen keine unmittelbar einklagbaren Rechte, jedoch werden die Staaten zur Umsetzung und näheren Ausgestaltung der verankerten Gewährleistungen verpflichtet, vgl. STERN, Die Idee der Menschen- und Grundrechte, in: HGR I, § 1, Rdn. 70.

226 Siehe BEYERLIN, Umweltvölkerrecht, § 22, Rdn. 580, der jedoch auch auf den Standpunkt des 1987 eingerichteten UN-Ausschusses für wirtschaftliche, soziale und kulturelle Rechte verweist, wonach einzelne Gewährleistungen des Sozialpaktes unmittelbar anwendbar seien. Siehe ferner CALLIESS, ZUR 2000, S. 246 (248).

227 Zu der diesbezüglich bisher zurückhaltenden Praxis des für die Einhaltung des IPBPR zuständigen UN-Menschenrechtsausschusses siehe SCHMIDT-RADEFELDT, Ökologische Menschenrechte, S. 49 ff. sowie KLEIN, Universeller Menschenrechtsschutz – Realität oder Utopie?, EuGRZ 1999, S.109 (112 f.).

228 So auch RUFFERT, Subjektive Rechte im Umweltrecht der Europäischen Gemeinschaft, S. 25. Im Hinblick auf den IPWSKR, der nach allgemeiner Auffassung „nur" Gesetzgebungsaufträge enthält, ist zudem zu berücksichtigen, dass dessen Verpflichtungen – im Unterschied zu denen des IPBPR, deren Einhaltung im Wege einer Staaten- und Individualbeschwerde durch den UN-Menschenrechtsausschuss kontrolliert wird – allein in Form von Staatenberichten implementiert werden, vgl. dazu TAYLOR, International Human Rights and the Environment, in: BOSSELMANN, Ökologische Grundrechte, S. 234 (245 ff.).

229 *United Nations Convention on the Rights of the Child*, Resolution 44/25 der GV vom 20.11.1989 (UN Doc. A/Res./44/25 vom 05.12.1989). Abgedruckt in: 28 ILM 1448 (1989).

Gesundheit Bezug[230], enthält jedoch kein explizites Individualrecht auf Umweltschutz[231]. Auch die *Convention Concerning Indigenous and Tribal Peoples*[232] der International Labour Organisation aus dem Jahre 1989 statuiert kein Individualrecht auf Umweltschutz, verpflichtet jedoch die Vertragsstaaten zu Schutzmaßnahmen zugunsten der Umwelt[233].

b) Umweltvölkerrecht

Wie bereits dargestellt, kann aus der Stockholmer *Declaration on the Human Environment*, die den Menschen zum eigentlichen Schutzobjekt umweltpolitischer Maßnahmen erklärt und gleichzeitig dessen verantwortlichen Umgang – insbesondere mit dem technischen Fortschritt – als Dreh- und Angelpunkt der künftigen Umweltentwicklung herausgestellt, kein rechtsverbindliches Individualrecht hergeleitet werden[234]. In der Weltnaturcharta der Vereinten Nationen von 1982[235] wurden unter Betonung des verfahrensrechtlichen Aspekts eines Umweltgrundrechts die Rechte auf Partizipation und auf Rechtsschutz explizit anerkannt[236], jedoch besitzt auch diese Erklärung keine Rechtsverbindlichkeit. Eine Kombination materieller[237] und prozeduraler Aspekte[238] findet sich in der –

---

230 Formulierung des Art. 24 Abs. 3 der Konvention: "State parties shall pursue full implementation of this right and, in particular, shall take appropriate measures: (...)

c) To combat disease and malnutrition (...) through the provision of (...) clean drinking water, (...) taking into consideration the dangers and risks of environmental pollution (...)".

231 Vgl. auch KISS/SHELTON, International Environmental Law, S. 28.

232 *Convention Concerning Indigenous an Tribal Peoples in Independent Countries*, angenommen von der Generalkonferenz am 27.06.1989. Der Text ist abgedruckt in: 28 ILM 1382 (1989).

233 Vgl. die Formulierung des Art. 4 Abs. 1 der Konvention: „Special measures shall be adopted as appropriate for safeguarding the persons, institutions, property, labour, cultures and environment of the peoples concerned."

234 Siehe auch RANDELZHOFER, JURA 1992, S. 1 (2).

235 Siehe Anm. 127.

236 Para. 23: „All persons, in accordance with their national legislation, shall have the opportunity to participate, individually or with others, in the formulation of decisions of direct concern to their environment, and shall have access to means of redress when their environment has suffered damage or degradation".

237 Prinzip 1 der Rio-Deklaration lautet: „Human beings are at the centre of concern for sustainable development. They are entitled to a healthy and productive life in harmony with nature." Der Text ist abgedruckt in: 31 ILM 874 (1992).

238 Zum Wortlaut der verfahrensrechtlichen Trias von Information, Partizipation und Rechtsschutz in Prinzip 10, vgl. Anm 112.

ebenfalls nicht rechtsverbindlichen[239] – Erklärung der Konferenz der Vereinten Nationen über Umwelt und Entwicklung von 1992[240], wobei die in Prinzip 1 der Rio-Deklaration gewählte Formulierung „human beings" – ebenso wie im Falle der Stockholmer Erklärung einer unmittelbar individualrechtlichen Interpretation entgegensteht[241]. Prinzip 10 der Deklaration, welches eine Deutung als menschenrechtliche Teilrechtsgewährleistung nahe legt[242], kann jedoch für die UNECE-Staaten als rechtspolitischer Ausgangspunkt zur Ausarbeitung der Århus-Konvention von 1998[243] angesehen werden, die auch von der Europäischen Gemeinschaft unterzeichnet wurde[244]. Ziel des UNECE-Abkommens von Århus ist es, Individuen den Zugang zu behördlichen Informationen, die Beteiligung an der behördlichen Entscheidungsfindung und den Zugang zu den Gerichten in allen Umweltangelegenheiten zu ermöglichen[245]. Das Übereinkommen selbst begründet keine prozeduralen Rechte, die als „self-executing" gelten können.

Nichtsdestotrotz ist die Århus-Konvention durch die Anerkennung und Konkretisierung individualrechtlicher Ansprüche auf behördliche Information, Beteiligung am staatlichen Entscheidungsprozess und Zugang zu den Gerichten im

---

239 Statt vieler HOBE, Grundstrukturen des internationalen Umweltrechts, JA 1997, S. 160 (162).

240 Vgl. Anm. 38.

241 Vgl. BEYERLIN, Umweltvölkerrecht, § 22, Rdn. 581; RUFFERT, Subjektive Rechte im Umweltrecht der Europäischen Gemeinschaft, S. 26.

242 Zu Prinzip 10 der Rio-Deklaration siehe Anm 112. Zur Interpretation BEYERLIN, Umweltvölkerrecht, § 22, Rdn. 581.

243 Vgl. Anm. 97. Einen wichtigen Vorläufer der Århus-Konvention stellte die Nordische Umweltschutzkonvention vom 19.02.1974 dar, die am 05.10.1976 in Kraft trat. Nach deren Artikel 3 wurde Staatsangehörigen der Vertragsstaaten ausdrücklich eine Klagebefugnis zur Abwehr von Umweltbeeinträchtigungen zuerkannt, die aus einem anderen Vertragsstaat herrühren. Neben dieser Verwirklichung des prozeduralen Grundrechtsaspekts wurde ein materielles individuelles Recht auf Umweltschutz jedoch nicht gewährt. Zur Konvention LAPPE, Grenzüberschreitender Umweltschutz – Das Modell der Nordischen Umweltschutzkonvention im Vergleich mit dem Deutschen Umweltrecht, NuR 1993, S. 213 ff.

244 Die Århus-Konvention ist am 31.10.2001 in Kraft getreten und wird auf Gemeinschaftsebene durch die Richtlinien 2003/35/EG und 2003/4/EG umgesetzt.

245 Die Konvention ist stark durch das Anliegen des europäischen Umweltrechts geprägt worden, den Bürger zur Durchsetzung des Umweltrechts zu mobilisieren und den Umweltschutz durch einen verbesserten Zugang zu Gericht zu effektuieren, vgl. V. DANWITZ, Aarhus-Konvention: Umweltinformation, Öffentlichkeitsbeteiligung, Zugang zu den Gerichten, NVwZ 2004, S. 272 (273) m.w.N. In Art. 3 der Konvention werden die Vertragsparteien dazu verpflichtet, alle notwendigen nationalen Vorkehrungen zu treffen, damit die „betroffene" Öffentlichkeit ohne jede Diskriminierung aufgrund der Staatsangehörigkeit, der Nationalität oder des Wohnsitzes die Trias der prozduralen Rechte wahrnehmen kann.

Hinblick auf den Ausbau und die Spezifizierung des individuellen Rechtsschutzes in den nationalen Umweltrechtsordnungen der Vertragsstaaten von richtungsweisender Bedeutung[246].

Eine Gesamtbetrachtung der internationalen Regelungen des Umweltvölkerrechts lässt eine prinzipielle völkervertragsrechtliche Verpflichtung der Staaten zum Schutz der Umwelt erkennen, die somit als konstitutionelles Gemeingut anzusehen ist[247]. Gleichwohl ist festzuhalten, dass die wesentlichen Konkretisierungsansätze für ein Umweltgrundrecht bislang in nicht rechtsverbindlichen völkerrechtlichen Erklärungen verankert sind und ein explizites, rechtlich verbindlich kodifiziertes Recht auf Umweltschutz im Völkerrecht nicht existiert[248].

Als Charakteristikum des Umweltvölkerrechts zeigt sich ein indirekter Schutz des Individuums, indem Staaten internationale Verpflichtungen auferlegt werden, die bei nationaler Umsetzung als „Rechtsreflex" *auch* dem Individuum zugute kommen.

2. Europäische Ebene

Auf europäischer Ebene finden sich in der Europäischen Sozialcharta, in der Europäischen Menschenrechtskonvention und im Gemeinschaftsrecht umweltrelevante Regelungen, so dass diese Vertragstexte im Hinblick auf die Anerkennung eines Individualrechts auf Umweltschutz zu untersuchen sind.

a) Europäische Sozialcharta

Die Europäische Sozialcharta vom 18.10.1961[249] enthält keine unmittelbar anwendbaren subjektiven Rechte, sondern für die Staaten lediglich objektive

---

246 Siehe auch BEYERLIN, Umweltvölkerrecht, § 22, Rdn. 593. Siehe zur Konvention ausführlich 3. Kapitel, D.II.2.b).

247 SCHMIDT-RADEFELDT, Ökologische Menschenrechte, S. 38.

248 Vgl. auch CALLIESS, ZUR 2000, S. 246 (248), mit dem zutreffenden Hinweis auf das diesbezügliche internationale völkerrechtliche Schrifttum, welches gemäß Art. 38 Abs. 1 lit. d) IGH-Statut als Erkenntnisquelle bei der Feststellung völkerrechtlicher Normen dient, wobei jedoch auch im Rahmen dieser weiterhin aktuellen Diskussion kein eindeutiger Konsens zugunsten eines Umweltgrund- bzw. -menschenrechts entstehen konnte. Als Ausnahme ist der kaum relevante Sonderfall der Abwehr vorsätzlicher, lebensbedrohlicher staatlicher Eingriffe zu nennen, vgl. KLEIN, FS v. Simson, S. 253 (259 f.) m.w.N.

249 Die 1996 unter Einbeziehung der Zusatzprotokolle von 1985, 1988 und 1991 erfolgte Neufassung ist am 01.07.1999 in Kraft getreten (Text abgedruckt in: 36 ILM 34 (1997), vgl. auch die ursprüngliche Fassung in BGBl. 1964 II, S. 1262).

Ziele sowie die zwischenstaatliche Verpflichtung zur Umsetzung der verankerten Gewährleistungen[250]. Soweit die Sozialcharta, z.B. in Art. 11 ESC, umweltbezogene Rechte enthält, ist zu berücksichtigen, dass sich auch diese Rechte – wie die Charta insgesamt – in erster Linie auf das Gebiet der Arbeitsbedingungen beziehen[251]; zudem kann insbesondere die inhaltlich abstrakt formulierte Verpflichtung des Art. 11 ESC mangels wirksamer verfahrensrechtlicher Schutzmechanismen in der Praxis kaum durchgesetzt werden[252].

b) Europäische Menschenrechtskonvention

Zwar enthält die EMRK einen Katalog von Rechten und Grundfreiheiten, die das Individuum als Rechtsträger ausweisen und als „self-executing"-Normen einklagbare Menschenrechte begründen, jedoch sind keine wirtschaftlichen und sozialen Rechte erfasst. Trotz des Fehlens eines speziellen Menschenrechts auf Umweltschutz[253] haben die Konventionsorgane in den vergangenen Jahren eine umfassende Spruchpraxis zum Schutz des Einzelnen vor schädlichen Umwelteinwirkungen entwickelt[254]. Der europäische Menschenrechtsschutz ist demzufolge in ökologischer Hinsicht auch ohne explizite individualrechtliche Gewährleistungen der EMRK aufgrund umweltschützender Interpretation bestehender menschenrechtlicher Gewährleistungen durch den EGMR als fortschrittlich zu bezeichnen.

Rechtsvergleichend ist anzumerken, dass sich in einem Zusatzprotokoll der Amerikanischen Menschenrechtskonvention[255] sowie in der Afrikanischen Men-

---

250 Siehe STERN, Die Idee der Menschen- und Grundrechte, in: HGR I, § 1, Rdn. 71; KIRCHHOF, Verfassungsrechtlicher Schutz und internationaler Schutz der Menschenrechte: Konkurrenz oder Ergänzung?, EuGRZ 1994, S. 16 (17).

251 Ein allgemeines Menschenrecht auf Umweltschutz auf dieser normativen Grundlage verneinend RAUSCHNING, Ein internationales Menschenrecht auf Schutz der Umwelt?, FS Weber, S. 721 (723); KLEIN, FS v. Simson, S. 253 (255).

252 S.a. BEYERLIN, Umweltvölkerrecht, § 22, Rdn. 584.

253 Zu den entsprechenden – auch in jüngster Vergangenheit unternommenen – Initiativen siehe unter A.I.1.b)bb) in diesem Kapitel.

254 Siehe hierzu die umfassende Analyse bei SCHMIDT-RADEFELDT, Ökologische Menschenrechte, S. 66 ff.; weiterhin DESGAGNÉ, Integrating Environmental Values into the European Convention on Human Rights, AJIL 89 (1995), S. 263 ff., sowie KLEY-STRULLER, Der Schutz der Umwelt durch die Europäische Menschenrechtskonvention, EuGRZ 1995, S. 507 ff.

255 Vgl. Art. 11 (Right to a healthy environment) des am 14.11.1988 in San Salvador unterzeichneten Zusatzprotokolls der Amerikanischen Menschenrechtskonvention (*American Convention on Human Rights*, abgedruckt in: 9 ILM 673 (1970), *Additional Protocol to the*

schenrechtskonvention[256] ausdrückliche menschenrechtliche Gewährleistungen des Umweltschutzes finden, die jedoch beide bislang keine praktische Wirkung entfalten konnten[257].

c) Gemeinschaftsrecht

Das Umweltverfassungsrecht der Europäischen Gemeinschaften enthält weder im Unionsvertrag noch in den Artt. 2, 6 sowie 174 ff. EG ein einklagbares subjektives Recht der Unionsbürger auf Umweltschutz[258] und weist auch keine unmittelbare individualschützende Komponente auf. Beachtenswert ist indes, dass aus der Vielzahl der bisher ergangenen Sekundärrechtsakte[259] – teilweise auch im Zusammenspiel mit einer entsprechenden „umweltfreundlichen" Judikatur des EuGH – wichtige individualrechtliche Begünstigungen abgeleitet werden können[260].

American Convention on Human Rights in the Area of Economic, Social and Cultural Rights, abgedruckt in: 28 ILM 156 (1989)): (1) "Everyone shall have the right to live in a healthy environment and to have access to basic public services. (…)."

256 Vgl. Art. 24 der Afrikanischen Menschenrechtskonvention (*Banjul Charter on Human and Peoples' Rights*, abgedruckt in: 21 ILM 58 (1982)), der jedoch kein Individualrecht, sondern nur eine Berechtigung des Kollektivs statuiert: „All peoples shall have the right to a general satisfactory environment favorable to their development."

257 S.a. BEYERLIN, Umweltvölkerrecht, § 22, Rdn. 582.

258 Diese Feststellung trifft auch GA COSMAS in seinen Schlussanträgen zu der Rs. C-321/95, *Stichting Greenpeace Council (Greenpeace International) u.a. / Kommission*, Slg. 1998, I-1651, (1653, Tz. 53). Siehe auch KAHL, in: STREINZ, EUV/EGV, Art. 174 EG, Rdn. 21.

259 Auch im umweltbezogenen Sekundärrecht existiert kein allgemeines und explizites Individualrecht auf Umweltschutz, jedoch sind Teilaspekte eines solchen Rechts vorhanden. Genannt sei hier insbesondere die Richtlinie 90/313/EWG des Rates vom 07.06.1990 über den freien Zugang zu Informationen über die Umwelt, ABl. EG 1990 L 158, S. 56, mittlerweile aktualisiert durch die Richtlinie 2003/4/EG des Europäischen Parlaments und des Rates vom 28. Januar 2003 über den Zugang der Öffentlichkeit zu Umweltinformationen und zur Aufhebung der Richtlinie 90/313/EWG des Rates (ABl. EG 2003 L 41, S. 26). Zur Herleitung individueller Rechte aus Richtlinien vgl. PERNICE, Gestaltung und Vollzug des Umweltrechts im europäischen Binnenmarkt – Europäische Impulse und Zwänge für das deutsche Umweltrecht, NVwZ 1990, S. 414 (424 ff.).

260 Ein anschauliches Beispiel bieten hierfür die Urteile des EuGH, Rs. C-361/88, *Kommission/Deutschland*, Slg. 1991, I-2567, Tz. 16, sowie Rs. C-58/89, *Kommission/ Deutschland*, Slg. 1991, I-4983, Tz. 14, wonach die Richtlinien über die Luft- und Wasserqualität dem Individuum vor den nationalen Gerichten der Mitgliedstaaten eine Rechtsschutzmöglichkeit garantieren.

Gerade auf Gemeinschaftsebene ist angesichts des evidenten Vollzugsdefizits die rechtspolitische Tendenz zu beobachten, den interessierten „Bürger als Wächter der Umwelt“[261] einzusetzen. Bereits durch das Fünfte Umweltaktionsprogramm „Towards Sustainability“[262] sollten alle Verantwortlichen in der Gemeinschaft im Rahmen des Prinzips gemeinsamer Verantwortung in die gemeinschaftliche Umweltpolitik eingebunden werden. Insofern zutreffend wird daher von einer – dem Subsidiaritätsprinzip entsprechenden – „Herabzonung der Überwachungsaufgabe“ auf die kleinste soziale Einheit, den betroffenen Bürger, gesprochen[263]. In der Praxis sehr bedeutsam ist die Möglichkeit für Unionsbürger und Umweltverbände, eine Umweltbeschwerde bei der Europäischen Kommission zu erheben, die oft Ausgangspunkt für ein Vertragsverletzungsverfahren nach Art. 226 EG ist[264]. Erwähnt sei an dieser Stelle auch die Institution des Europäischen Bürgerbeauftragten, der nach Feststellung von (umwelt)rechtlichen Missständen die jeweiligen Organe der Gemeinschaft befassen kann, dem jedoch kein eigenes Klagerecht zusteht (Artt. 21, 195 EG).

Festgehalten sei abschließend, dass auf Gemeinschaftsebene eine Tendenz zu einer generellen Stärkung der Rechte des einzelnen Bürgers zu beobachten ist[265].

3. Nationale Ebenen der mitgliedstaatlichen Verfassungsordnungen

In einer Vielzahl der mitgliedstaatlichen Verfassungen wird ein Umweltgrundrecht formuliert[266], jedoch zeigt die jeweilige Verfassungssystematik, jedenfalls aber die Verfassungswirklichkeit, dass es sich tatsächlich um eine ob-

---

261 CALLIESS, in: DERS./RUFFERT, EUV/EGV, Art. 175 EG, Rdn. 32.

262 ABl. EG 1993 C 138, S. 5 ff.

263 So CALLIESS, in: DERS./RUFFERT, EUV/EGV, Art. 175 EG, Rdn. 32.

264 Dazu insgesamt EPINEY, Umweltrecht in der Europäischen Union, S. 50 ff.; ebenfalls PERNICE, Gestaltung und Vollzug des Umweltrechts im europäischen Binnenmarkt, NVwZ 1993, S. 414 (423 f.).

265 Dazu grundlegend MASING, Die Mobilisierung des Bürgers für die Durchsetzung des Rechts – Europäische Impulse für eine Revision der Lehre vom subjektiven Recht, S. 19 ff.; weiterhin WEGENER, Rechte des Einzelnen – Die Interessentenklage im europäischen Umweltrecht, S. 25 ff.

266 Vgl. beispielweise die Formulierung des Art. 45 der spanischen Verfassung: „Alle haben das Recht, eine der Entfaltung der Persönlichkeit förderliche Umwelt zu genießen, sowie die Pflicht, sie zu erhalten“. Exemplarisch genannt sei ebenfalls die grundrechtliche Formulierung in Art. 18 der ungarischen Verfassung: „Die Republik Ungarn anerkennt und verwirklicht das Recht eines jeden auf eine gesunde Umwelt“. Eine umfassende Darstellung der Konstitutionalisierung des Umweltschutzes in den mitgliedstaatlichen Verfassungsordnungen erfolgt im 3. Kapitel unter D.II.2.a)aa).

jektiv-rechtliche staatliche Verpflichtung handelt. Da manche individualrechtliche Gewährleistungen noch sehr jung sind[267], sind deren Rechtswirkungen gegenwärtig noch unklar, so dass ihre Handhabung durch Legislative, Administrative und Judikative mit großer Aufmerksamkeit zu verfolgen sein wird. In den übrigen mitgliedstaatlichen Verfassungsordnungen hat der Umweltschutz eine explizite Ausgestaltung als Staatsziel erfahren[268], während in einigen wenigen Verfassungen – auch bedingt durch Besonderheiten der nationalen Verfassungsrechtstraditionen[269] – der Umweltschutz nicht konstitutionalisiert, jedoch umfassend einfachgesetzlich ausgestaltet ist[270].

4. Zwischenergebnis

Zum gegenwärtigen Zeitpunkt existiert weder auf internationaler noch auf europäischer Ebene ein rechtsverbindliches, einklagbares Menschen- oder Grundrecht auf Umweltschutz. Insbesondere materiell-rechtliche Normierungen einer entsprechenden Rechtsposition finden sich vor allem in politischen Absichtserklärungen, die sich als *soft law* oder *pré-droit* erst noch zu konkreten rechtlichen Regelungen verdichten müssen. Angesichts des Fehlens eines justiziablen Individualrechts lässt sich die Tendenz beobachten, rechtlichen Schutz über eine ökologische Interpretation anerkannter Menschenrechtsgewährleistungen zu begründen[271]. Insbesondere seit der Konferenz der Vereinten Nationen in Rio de Janeiro im Jahre 1992 ist im internationalen Umweltrecht

---

[267] Genannt seien hier insbesondere das im Rahmen einer Verfassungsänderung im Jahre 2001 in die Griechische Verfassung aufgenommene Individualrecht auf Umweltschutz sowie die 2004 bereits von den Kammern *Sénat* und *Assemblée Nationale* beschlossene Inkorporierung der – ebenfalls ein Umweltgrundrecht enthaltenden – „Charte de l'Environnement" in die französische Verfassung. Siehe hierzu ausführlich im 3. Kapitel unter C.II.2.a)aa) und bb).

[268] Exemplarisch genannt sei hier Art. 20 a GG. Siehe dazu ausführlich im 3. Kapitel unter D.II.2.a)bb)(1).

[269] So besitzt z.B. Großbritannien keine geschriebene Verfassung.

[270] Trotz Existenz eines Verfassungsdokuments nicht konstitutionell verankert ist der Umweltschutz in Dänemark, Luxemburg, Zypern und Irland.

[271] SCHMIDT-RADEFELDT, Ökologische Menschenrechte, S. 27; siehe auch TAYLOR, International Human Rights and the Environment, in: BOSSELMANN, Ökologische Grundrechte, S. 234 (266 ff.); MARAUHN/OELLERS-FRAHM, Atomwaffen, Völkerrecht und die internationale Gerichtsbarkeit, EuGRZ 1997, S. 221 (225). Zu diesem Erfordernis vgl. auch HOBE, ZUR 1994, S. 15 (19), der aufbauend auf der Grunderkenntnis aus dem *Trail Smelter*-Fall auch zu der Möglichkeit einer prozeduralen Abstützung einer über eine extensive Interpretation des bestehenden menschenrechtlichen Instrumentariums zu erreichenden individualrechtlichen Komponente Stellung nimmt.

weiterhin eine deutliche Tendenz zur Festschreibung und Anerkennung prozeduraler Rechte festzustellen[272]. Die verbindliche Formulierung von Verfahrensrechten kombiniert mit der Formulierung einer materiellen individualrechtlichen, jedoch zunächst unverbindlichen Gewährleistung – z.B. in der Präambel eines Vertragswerks – kann hierbei als Mittel zur Erreichung des Endziels eines materiellen Individualrechts angesehen werden[273].

Auf nationaler Ebene sind sowohl subjektiv-rechtlich als auch objektivrechtlich formulierte Gewährleistungen des Umweltschutzes konstitutionalisiert. Den Mitgliedstaaten steht es nach ihren insofern maßgeblichen nationalen Kompetenzordnungen frei, ihren Bürgern ein Umweltgrundrecht zu gewährleisten und damit über die gemeinschaftsrechtlichen Umweltschutz-Vorgaben hinauszugehen[274]. Gerade die jüngsten Verfassungsänderungen in Griechenland und Frankreich, die zur verfassungsrechtlichen Verankerung eines Individualrechts auf Umweltschutz führten, sowie eine diesen Entwicklungen korrespondierende Initiative zur Erweiterung der EMRK um ein solches Menschenrecht dokumentieren, dass die in den siebziger Jahren entfachte internationale Diskussion über die Anerkennung einer entsprechenden Rechtsposition keinesfalls als beendet angesehen werden kann[275], sondern vielmehr weiterhin Aktualität besitzt.

B. Erforderlichkeit und Praktikabilität eines Individualrechts?

Vor dem Hintergrund der dargestellten Diskussion sollen nun in einem Exkurs einige grundlegende – rechtspolitische und rechtsdogmatische – Aspekte hinsichtlich der Erforderlichkeit, Realisierbarkeit und Praktikabilität eines Individualrechts auf Umweltschutz auf Gemeinschaftsrechtsebene beleuchtet werden[276].

Als Argumente für die Notwendigkeit eines Umweltgrundrechts auf Gemeinschaftsebene sind in erster Linie die Bekämpfung des Vollzugsdefizits im euro-

---

272 Aktuellstes Beispiel hierfür ist die Århus-Konvention (Anm. 97). Zur Konzeption eines Menschenrechts auf Umweltschutz als prozedural ausgestaltetes Recht siehe DÉJEANT-PONS/PALLEMAERTS, Droits de l'homme et l'environnement, S. 21 ff.; weiterhin CALLIESS, ZUR 2000, S. 246.

273 So DEJEANT-PONS/PALLEMAERTS, Droits de l'homme et l'environnement, S. 16.

274 Vgl. KLOEPFER, NVwZ 2002, S. 645 (654).

275 So ebenfalls CALLIESS, ZUR 2000, S. 246 (253).

276 Zur Frage der Inkorporierung eines solchen Rechts in die Europäische Grundrechtecharta vgl. den Bericht des CONSEIL EUROPÉEN DU DROIT DE L'ENVIRONNEMENT, Le Droit à l'Environnement, Un Droit Fundamental dans l'Union Européenne, 2001. Allgemein KISS/SHELTON, Manual of European Environmental Law, S. 72 ff. (84 ff.).

päischen Umweltrecht, die Stärkung des öffentlichen Umweltbewusstseins und die damit verbundene Aktivierung der Bürger zur Verbesserung der tatsächlichen Situation der Umwelt[277] sowie die generelle Effektuierung der Umweltrechtsentwicklung durch die Gewährung grundrechtlicher Positionen zu nennen[278]. Positiv hervorzuheben ist insbesondere, dass durch ein Umweltgrundrecht die – nicht selten überforderte – staatliche bzw. hoheitliche Umweltschutzüberwachung durch eine von den unmittelbar Betroffenen selbst betriebene Kontrolle flankiert würde[279]. Auch könnte eine umfassende Rechtsposition in Ergänzung zu dem bisher vorherrschenden medialen Ansatz der oft kritisierten Zersplitterung und Lückenhaftigkeit des europäischen Umweltrechts[280] entgegenwirken. Insbesondere darf bei einer Betrachtung des existierenden Schutzes über umweltschützende Teilgewährleistungen nicht übersehen werden, dass diese auch bei extensiver Auslegung nur denjenigen Teilbereich der Umwelt erfassen, der als Existenzgrundlage des Menschen geschützt werden muss[281]. Der Arten- und der Tierschutz sowie weite Teile des Natur- und Landschaftsschutzes sind demnach nicht erfasst[282]. Insbesondere können Beeinträchtigungen der Umwelt auch nicht im Klagewege abgewehrt werden, wenn sie nicht zugleich unmittelbar individuelle Rechtsgüter betreffen[283].

---

277 Hervorzuheben ist in diesem Zusammenhang insbesondere auch der Aspekt der Umwelterziehung, vgl. dazu REST, From „Environmental Education" to „Education for Sustainable Development". The Shift of a Paradigm, EPL 32 (2002), S. 79 ff.

278 Siehe KRÄMER, EuGRZ 1988, S. 285 (291); GRABITZ/NETTESHEIM, in: GRABITZ/HILF, EU-/EG-Vertrag, Art. 130r EGV, Rdn. 13, die de lege ferenda ein dogmatisches und sachliches Bedürfnis für ein „Recht auf gesetzgeberisches Tätigwerden im Sinne eines Umweltschutzanspruchs" sehen.

279 In diesem Sinne KOTULLA, Verfassungsrechtliche Aspekte im Zusammenhang mit der Einführung eines Umweltgrundrechts in das Grundgesetz, KJ 2000, S. 22 (24). Naheliegend scheint bei der Verankerung eines Umweltgrundrechts die Einführung einer entsprechenden Grundpflicht, dazu näher FÜHR, Ökologische Grundpflichten als verfassungsrechtliche Dimension. Vom Grundrechtsindividualismus zur Verantwortungsgemeinschaft zwischen Bürger und Staat, NuR 1998, S. 6 ff.

280 Für den Bereich des Gewässerschutzes vgl. BREUER, Europäisierung des Wasserrechts, NuR 2000, S. 541 ff.; DERS., Die Fortentwicklung des Wasserrechts auf europäischer und deutscher Ebene, DVBl. 1997, S. 1211 ff.

281 In diesem Sinne SZCZEKALLA, Grundrechte, in: RENGELING, EUDUR/ Bd. I, § 12, Rdn. 39; RUFFERT, Subjektive Rechte im Umweltrecht der Europäischen Gemeinschaft, S. 50; DESGAGNÉ, AJIL 89 (1995), S. 263 (293 f.). Tendenziell positiver die Einschätzung von SCHMIDT-RADEFELDT, Ökologische Menschenrechte, S. 195 f.

282 CALLIESS, ZUR 2000, S. 246 (253).

283 Insbesondere die – durchaus „umweltfreundliche" – Rechtsprechung des EGMR im Bereich des Umweltschutzes zeigt, dass der Schutz der Umwelt nur dann justiziabel wird,

Hinsichtlich des Inhalts eines Grund- oder Menschenrechts auf Umweltschutz muss zwischen einer materiell-rechtlichen und einer prozeduralen Konzeption differenziert werden[284]. Bei einer materiell-rechtlichen Konzeption kommt zunächst eine Ausgestaltung als Abwehrrecht bezogen auf die Abwehr von Umweltschäden, -gefahren und -risiken im Sinne eines Eingriffsverbots in Betracht. Die schwierige Bestimmung des Schutzbereichs[285] ist eng verknüpft mit der Frage, inwieweit dem Einzelnen Rechte an kollektiven Umweltgütern wie Luft, Wasser und Landschaft eingeräumt werden können und sollen[286]. Von grundlegender Bedeutung ist in diesem Zusammenhang auch, ob es einen umweltschutzbezogenen Anspruch auf objektive Rechtmäßigkeit ohne Individualbeschwer geben kann[287]. Hingewiesen sei in diesem Kontext auf den Bereich der Umweltinformation, wo nach der gemeinschaftsrechtlichen Regelung zur Geltendmachung des Umweltinformationsanspruches durch natürliche oder juristische Personen der Nachweis eines eigenen Interesses nicht gefordert wird[288].

---

wenn Konventionsrechte durch Umwelteinflüsse unmittelbar gefährdet oder verletzt werden, dazu kritisch DESGAGNÉ, AJIL 89 (1995), S. 263 (293 f.); SCHMIDT-RADEFELDT, Ökologische Menschenrechte, S. 105 ff.

284 Vgl. auch KLOEPFER, Zum Grundrecht auf Umweltschutz, S. 14 ff.; BOCK, Umweltschutz im Spiegel von Verfassungsrecht und Verfassungspolitik, S. 228 ff.; BRÖNNEKE, ZUR 1993, S. 153 (154), kritisiert zu Recht, dass in der Diskussion um ein Umweltgrundrecht zu wenig auf „Abstufungen“ eingegangen wird.

285 Konkrete Vorschläge zur Konturierung des Schutzbereichs sowohl in sachlicher als auch in persönlicher Hinsicht finden sich bei KOTULLA, KJ 2000, S. 22 (27 f.).

286 Ein wichtiger Unterschied zwischen einem Individualrecht auf Umweltschutz und den klassischen liberalen Freiheitsrechten ist darin zu sehen, dass nicht Individualinteressen gegenüber dem die Allgemeinheit repräsentierenden Staat, sondern das Allgemeininteresse in einem bestimmten Umfang zum subjektiven Recht des Einzelnen erklärt wird. Vgl. BROHM, Soziale Grundrechte und Staatszielbestimmungen in der Verfassung, JZ 1994, S. 213 (216). Nicht vergessen werden darf zudem, dass das Umweltrecht seiner Funktion nach keinesfalls dem individuellen Interessenausgleich dienen soll, sondern dem Schutz der Umwelt *und* der Allgemeinheit, so dass der Einzelne primär als Teil der Allgemeinheit betroffen ist. Dazu BOSSELMANN, Die Natur im Umweltrecht. Plädoyer für ein ökologisches Umweltrecht, NuR 1987, S. 1.

287 Hierzu KLOEPFER, Zum Grundrecht auf Umweltschutz, S. 14 ff. Zur Frage der Individualisierbarkeit von Allgemeininteressen und der Schwierigkeit der Bestimmung der Rechtsbetroffenheit vgl. auch BROHM, JZ 1994, 213 (217).

288 Der durch die Vorgaben der Århus-Konvention erweiterte Informationsanspruch ist in Art. 3 der Richtlinie 2003/4/EG des Europäischen Parlaments und des Rates vom 28. Januar 2003 über den Zugang der Öffentlichkeit zu Umweltinformationen und zur Aufhebung der Richtlinie 90/313/EWG des Rates (ABl. EG 2003 L 41, S. 26) enthalten. Allerdings sieht Art. 4 der Richtlinie auch – die Informationsansprüche nicht unerheblich relativierende – Verweigerungsgründe vor.

Zweifellos hätte ein derartiger Anspruch das größtmögliche Potential zu einer effektiven Eindämmung des Vollzugsdefizits. Bei Anerkennung eines Grundrechts auf Umweltschutz-Rechtmäßigkeit droht jedoch die Gefahr der Konturenlosigkeit des Schutzbereichs sowie eine Lähmung der behördlichen Aktivität als Folge einer zu extensiven Kontrolle.

Im Zuge der Definition des persönlichen Schutzbereichs stellt sich auch die Frage, wer durch ein Umweltgrundrecht verpflichtet wird. Bei Verneinung einer Drittwirkung des Grundrechts auf Umweltschutz wirkt die abwehrrechtliche Konzeption unmittelbar nur gegenüber hoheitlichen, nicht gegenüber von Privaten verursachten Umweltbelastungen. Vor diesem Hintergrund wird eingewandt, dass selbst bei einer weiten Auslegung des Eingriffsbegriffs der Großteil aller Umweltbeeinträchtigungen vom Schutzbereich des Umweltgrundrechts ausgeschlossen und dessen Wirksamkeit daher sehr begrenzt wäre[289]. Eine Annahme der Drittwirkung eines Grundrechts auf Umweltschutz würde demgegenüber die Gewährleistung der Freiheitsrechte tangieren[290]. Zu berücksichtigen ist jedoch, dass viele unmittelbar von Privaten verursachte Umweltbeeinträchtigungen auf hoheitlichen Genehmigungen beruhen und sich demnach mittelbar als hoheitliche Schädigungen darstellen[291].

Bei Nichterforderlichkeit einer administrativen Zulassung hingegen könnte der unzulässige Umwelteingriff in der pflichtwidrigen Untätigkeit der Behörden zu sehen sein, so dass dem Einzelnen auch bei durch Private verursachten Umweltbelastungen unter Austausch des primären Konfliktgegners durchaus ein grundrechtlicher Schutz zustehen kann[292].

Angemerkt sei an dieser Stelle, dass die Praktikabilität der abwehrrechtlichen Konzeption eines Umweltgrundrechts nicht im Hinblick auf ihre allumfassende Regelungskraft, sondern im Hinblick auf ihre das Umweltrecht sinnvoll ergänzende Funktion untersucht wird[293]. Insbesondere kann eine ausschließlich sub-

---

289 Eine wirkliche Effektuierung der Rechtsposition des Individuums sei durch ein als Abwehrgrundrecht konzipiertes Umweltgrundrecht nicht zu erwarten, vgl. CALLIESS, ZUR 2000, S. 246 (254) m.w.N. Siehe jedoch auch aus der Perspektive des nationalen Rechts BREUER, Ausbau des Individualschutzes gegen Umweltbelastungen als Aufgabe des öffentlichen Rechts, DVBl. 1986, S. 849 ff.

290 Zu diesbezüglichen Bedenken vgl. BROHM, JZ 1994, S. 213 (217).

291 Siehe auch BRANDL/BUNGERT, HarvELR 16 (1992), S. 1 (88).

292 Vgl. KOTULLA, KJ 2000, S. 22 (29).

293 So konstatierte der EuGH bereits in seiner Grundsatzentscheidung *van Gend & Loos* (Rs. 26/62, Slg. 1963, I-1 (26)): „Die Wachsamkeit der an der Wahrung ihrer Rechte interessierten Einzelnen stellt eine wirksame Kontrolle dar, welche die durch die Kommission und die Mitgliedstaaten gemäß den Artt. 169 und 170 EWGV ausgeübte Kontrolle *ergänzt*." (Hervorhebung durch die Verfasserin).

jektiv-rechtliche Regelung nicht ausreichend sein, da es aufgrund des prinzipiellen Erfordernisses einer bereits eingetretenen Betroffenheit für effektiven Umweltschutz bereits zu spät sein kann, dieser somit zu einem wesentlichen Anteil durch präventives Tätigwerden gekennzeichnet ist[294].

Im Hinblick auf das in der Diskussion über ein Umweltgrundrecht immer wieder genannte Gegenargument einer unkontrollierbaren Klageflut ist festzuhalten, dass der Umfang einer solchen bewussten Ausweitung der Klagebefugnis im Umweltrecht maßgeblich von der konkreten Ausformulierung eines entsprechenden Umweltgrundrechts abhinge, d.h., ob nur ein Abwehrrecht gegenüber sich unmittelbar auf die eigene Gesundheit auswirkenden Umweltbeeinträchtigungen oder auch ein Recht auf eine durch entsprechende Umweltschutzstandards abzusichernde Lebensqualität statuiert würde[295].

Nachdenkenswert erscheint auf Gemeinschaftsebene weiterhin die Einführung einer umweltrechtlichen Verbandsklage[296] als zusätzliches Instrument de-

---

294 Kennzeichnend für das europäische Umweltrecht ist, dass die Rechtsordnung bereits gegen Risikoerhöhungen einschreitet, vgl. ENGEL, Europäisches Umweltrecht aus der Vogelperspektive, DVBl. 1999, S. 1069 (1070). Siehe weiterhin BOSSELMANN, NuR 1987, S. 1 ff.

295 Zur Konturierung des Eingriffsbegriffs im Kontext eines Umweltgrundrechts siehe KOTULLA, KJ 2000, S. 22 (29 f.). Angemerkt sei an dieser Stelle, dass der Schutz der Gesundheit vor Umweltbeeinträchtigungen und der Schutz der Umwelt nur scheinbar in einem Alternativitätsverhältnis zueinander stehen. Gerade im Bereich des gesundheits- und umweltrelevanten Lärmschutzes bei Flughäfen wird die enge Interdependenz zwischen Gesundheits- und Umweltschutz sowie die große inhaltliche Nähe zwischen einem Recht auf Umweltschutz und dem allgemeinen Schutz der Menschenrechte deutlich.

296 Dazu ausführlich und mit guter Argumentation EPINEY, Gemeinschaftsrecht und Verbandsklage, NVwZ 1999, S. 485 ff. (486, 488 ff.) – auch unter Hinweis auf die Möglichkeit einer umweltrechtlichen Verbandsklage in vielen europäischen Staaten. Die umweltrechtliche Verbandsklage hat sich insbesondere im französischen Verwaltungsrechtsschutz bewährt, vgl. WOEHRLING, Rechtschutz im Umweltrecht in Frankreich, NVwZ 1999, S. 502 (502 f.), der den „rationalisierenden und dämpfenden Effekt" großer und organisierter Umweltverbände auf den Zugang vor Gericht hervorhebt. Im Jahre 1992 wurde im Auftrag der Kommission von FÜHR/GEBERS/ORMOND/ROLLER eine Studie erstellt, in der ein konkreter Richtlinienvorschlag für eine gemeinschaftsrechtlich einzuführende Verbandsklage präsentiert wurde (vgl. den zusammenfassenden Aufsatz: Access to Justice. Legal Standing for Environmental Associations in the European Community, ELNI-Newsletter 1/94, S. 3 ff.). Zu der auf nationaler Ebene geführten Diskussion eines „kollektiven Umweltrechts", in dem gesellschaftliche Organisationsformen mit Rechtsträgerschaft Interessen des Kollektivs wahrnehmen und so die Wirkungsmöglichkeiten des Umweltschutzes verbessern sollen, vgl. BOSSELMANN, NuR 1987, S. 1 f. Eine Konsequenz dieser Konzeption wäre, dass die (altruistische) Verbandsklage über ihre ein durchgängig individualrechtlich ausgerichtetes Rechtsschutzsystem ergänzende Funktion hinaus zu einer systemkonformen Ausübung kollektiver Rechtsträgerschaft aufgewertet würde.

zentraler Durchsetzungskontrolle zur Kanalisierung allgemeiner Beschwerden durch Sachverständige, so dass pauschalen Klagen ohne reelle Erfolgsaussichten weitestgehend vermieden werden könnten[297]. Eine gemeinschaftsrechtliche Verbandsklage würde sich unproblematisch in das Konzept dezentraler Vollzugs- und Umsetzungskontrolle der Gemeinschaft einfügen[298] und könnte durch ein einklagbares Individualgrundrecht als Komplementärrecht effektiv ergänzt werden.

Voraussetzung eines als Leistungsrecht konzipierten Grundrechts auf Umweltschutz wäre, dass der Hoheitsträger in der Lage ist, über das Anspruchsobjekt zu verfügen. Da die meisten Umweltgüter trotz vielfältiger Nutzungsbeschränkungen noch immer sogenannte „freie Güter" sind, wäre ein Leistungsrecht demzufolge aus sich heraus kaum vorstellbar bzw. realisierbar und dogmatisch eher einem Staatsziel vergleichbar[299].

Vor dem Hintergrund der aufgezeigten Schwierigkeiten einer materiellrechtlichen Ausgestaltung[300] sei abschließend die prozedurale Konzeption eines sich aus den Komponenten des Rechts auf Information, des Rechts auf Partizipation und des Rechts auf Zugang zum Gericht zusammensetzenden Umweltgrundrechts[301] skizziert[302]. Die Bedeutung dieser prozeduralen Trias im Bereich des Umweltschutzes erklärt sich insbesondere durch den Umstand, dass ein effektiver Schutz der Umwelt angesichts der Irreversibilität von Umweltschäden nur durch präventive Maßnahmen erreicht werden kann. Aus einem prozeduralen Umweltgrundrecht können konkrete Verfahrensrechte abgeleitet werden, die es dem Betroffenen ermöglichen, seine Belange und Interessen im konkreten Fall zur Geltung zu bringen. Für den Gesetzgeber und die Verwaltung enthalten diese prozeduralen Vorgaben bestimmte Verfahrensstrukturierungs-

---

297 Der Gemeinschaft steht eine Kompetenz zu, die Mitgliedstaaten zur Anerkennung einer allgemeinen umweltrechtlichen Verbandsklage zu verpflichten, vgl. EPINEY, NVwZ 1999, S. 485 (491 f.).

298 Siehe EPINEY, NVwZ 1999, S. 485 (488). Der Europäische Gerichtshof äußerte sich zu einer Verbandsklage auf Gemeinschaftsebene bislang ablehnend, vgl. EuGH, Rs. C-321/95 P, *Stichting Greenpeace Council (Greenpeace International) u.a. / Kommission*, Slg. 1998, I-1651, Tz. 28 f. Siehe dazu auch die Urteilsanmerkung von WEGENER, Keine Klagebefugnis für Greenpeace und 18 andere, ZUR 1998, S. 131 ff.

299 So CALLIESS, ZUR 2000, S. 246 (254); vgl. auch Brohm, JZ 1994, S. 213 (217).

300 Vgl. jedoch auch KOTULLA, KJ 2000, S. 22 ff.

301 Siehe dazu auch RUFFERT, Subjektive Rechte im Umweltrecht der Europäischen Gemeinschaft, S. 23 f.; KRÄMER, EuGRZ 1988, S. 285 (291 f.) jeweils m.w.N.

302 Für diese Konzeption KAHL, in: STREINZ, EUV/EGV, Art. 174 EG, Rdn. 21; ebenfalls SUETENS, EPL 10 (1983), S. 137 (138).

gebote zur Absicherung der Rechtsposition des Einzelnen[303]. Ein prozedurales Umweltgrundrecht ist ansatzweise bereits im internationalen und auch im europäischen Umweltrecht etabliert[304].

Insbesondere unter Berücksichtigung der begrenzten Wirkkraft bestehender umweltschützender Teilgewährleistungen erscheint sowohl ein als materielles Abwehrrecht konzipiertes als auch ein prozedurales Umweltgrundrecht ergänzend zum primär objektiv-rechtlichen umweltrechtlichen Regelungsinstrumentarium sowohl für die unmittelbar Begünstigten als auch für den Umweltschutz als wünschenswert[305]. Skeptikern sei entgegengehalten, dass jedenfalls eine überzeugende Prognose möglicher negativer Auswirkungen eines einklagbaren Individualrechts bislang nicht dargelegt werden konnte[306].

Insbesondere dem Einwand einer unkontrollierbaren Prozessflut ist entgegenzuhalten, dass eine solche in der Verfassungswirklichkeit durch die Abwägung des Rechtsgutes Umweltschutz mit anderen Verfassungsgütern in ihren Erfolgsaussichten relativiert würde und demzufolge eine Selbstregulierung hinsichtlich der Anzahl der Klagen zu erwarten wäre. Insgesamt ist damit von einer positiven und zukunftsweisenden Beeinflussung der Entwicklung von Umweltrecht und -schutz durch eine grundrechtliche Verankerung auszugehen.

---

303 So z.B. innerhalb eines Genehmigungsverfahrens einer Anlage, vgl. CALLIESS, ZUR 2000, S. 246 (255).

304 Vgl. Prinzip 10 der Rio-Deklaration sowie Art. 1 der Århus-Konvention, in der keine unmittelbar wirksamen und anwendbaren Rechte des Einzelnen geschaffen werden, die Vertragsstaaten gemäß Art. 3 jedoch zur effektiven Umsetzung und Durchführung der Vorgaben der Konvention im Rahmen des nationalen Rechts verpflichtet werden. Entsprechende Ansatzpunkte enthält insofern auch die Entscheidung des EGMR vom 19.02.1998 im Fall *Guerra* (abgedruckt in: EuGRZ 1999, S. 188), wo der Gerichtshof aus dem nach seiner ständigen Rechtsprechung umweltrelevanten Menschenrecht aus Art. 8 EMRK einen Anspruch der Beschwerdeführer auf Umweltinformation herleitete. (siehe hierzu SCHMIDT-RADEFELDT, Ökologische Menschenrechte, S. 116 ff. und 148 ff.). Zur Möglichkeit der prozeduralen Subjektivierung von Umweltbelangen im internationalen Recht ausführlich CALLIESS, ZUR 2000, S. 246 (255 ff.).

305 Insbesondere würde die Normierung eines Individualrechts angesichts der bereits anerkannten Teilaspekte eines solchen Rechts keine grundlegende Neuerung darstellen, sondern zu einer Konzentration der einzelnen Teilgewährleistungen des Gemeinschaftsrechts führen. Gleichzeitig würde die Hauptverantwortung zur rechtlichen Ausgestaltung des Umweltschutzes von der Judikative wieder auf die Legislative rückübertragen. Zum rechtspolitischen Postulat eines verbesserten Individualschutzes gegen Umweltbelastungen siehe umfassend BREUER, DVBl. 1986, S. 849 ff.

306 Siehe dazu auch die kritische Auseinandersetzung mit der Perspektive eines „ausufernden Rechtsschutzes im Umweltrecht“ im nationalen Recht von BREUER, DVBl. 1986, S. 849 (850 f.).

2. Kapitel

Die Konstitutionalisierung des Umweltschutzes in der „Charta der Grundrechte der Europäischen Union“

A. Entstehungsgeschichte, Zielsetzung und rechtliche Bedeutung der Charta

I. Historischer Hintergrund

In einem historischen Rückblick bildet die Integration einer Charta europäischer Grundrechte in den *Vertrag über eine Verfassung für Europa* den vorläufigen Höhepunkt der entsprechenden langjährigen Bemühungen europäischer Organe, die Grundrechte im europäischen Gemeinschaftsrecht normativ zu verankern[307].

1. Initiativen zur Kodifizierung der Gemeinschaftsgrundrechte

Als Ausgangspunkt der Diskussion hinsichtlich einer Kodifizierung europäischer Grundrechte ist die potentielle Gefährdung des Grundrechtsschutzes auf Gemeinschaftsebene im Zuge der immer weiter fortschreitenden Integration anzusehen. Angesichts zunehmender Kompetenzen der Europäischen Gemeinschaften und einem dementsprechenden Zuwachs sekundärrechtlicher Regelungen wurde ein den nationalen Verfassungen adäquater Grundrechtsschutz vor den Handlungen der Gemeinschaftsorgane als unerlässlich erachtet[308]. Erste Forderungen nach einem europäischen Grundrechtskatalog wurden bereits seit den siebziger Jahren erhoben, u.a. durch die „Solange I“-Entscheidung des Bundesverfassungsgerichts im Jahre 1974[309].

---

[307] So auch WEBER, Charta der Grundrechte der Europäischen Union, S. 1.

[308] Siehe stellvertretend für viele KOKOTT, AöR 121 (1996), S. 599 (602).

[309] BVerfGE 37, S. 271 (280); dazu STUMPF, in: SCHWARZE, EU-Kommentar, Art. 6 EU, Rdn. 17 .

Dieser Forderung versuchten das Europäische Parlament, der Europäische Rat und die Kommission mit einer Gemeinsamen Erklärung zu den Grundrechten vom 5. April 1977[310] gerecht zu werden und nahmen dabei entsprechend der seit 1969 gefestigten Grundrechtsjudikatur des EuGH[311] auf die EMRK und die gemeinsamen Verfassungsüberlieferungen der Mitgliedstaaten als Rechtsquellen Bezug. Richtungsweisend war weiterhin die in Form einer Resolution des Europäischen Parlaments am 12. April 1989 verabschiedete „Erklärung der Grundrechte und Grundfreiheiten“, womit erstmals ein eng an die EMRK angelehnter Grundrechtskatalog ausformuliert wurde, der darüber hinaus auch soziale Rechte enthielt[312]. Neben einer Vielzahl „etablierter“ sozialer Rechte wurde in dieser Erklärung – zwar in rechtlich unverbindlicher Form – auch dem Umwelt- und dem Verbraucherschutz der Status eines sozialen Rechts zuerkannt[313]. Obwohl sie Bestandteil der Grundrechtserklärung ist, ist die Umweltschutznorm mangels Formulierung einer individualrechtlichen Berechtigung eher als Zielbestimmung denn als Grundrecht zu qualifizieren[314]. Als Grundrecht formuliert ist jedoch die entsprechende Passage in der Entschließung zu den verfassungsmäßigen Grundlagen der Europäischen Union vom 12. Dezember 1990[315]. Als Fortsetzung der Grundrechtserklärung von 1989 wurde vom Europäischen Parlament der Entwurf einer Grundrechtsdeklaration als Teil der Entschließung über das „Projekt einer gemeinsamen Verfassung“ vom 10. Februar 1994 vorgelegt[316]. Neben den traditionellen Abwehrrechten enthielt

---

310 ABl. EG 1977 C 103, S. 1. Dazu ausführlich HILF, Die gemeinsame Grundrechtserklärung des Europäischen Parlaments, des Rates und der Kommission vom 5. April 1977, EuGRZ 1977, S. 158 ff.; WEBER, Die Europäische Grundrechtscharta – auf dem Weg zu einer europäischen Verfassung, NJW 2000, S. 537.

311 Dazu PHILIPPI, Die Charta der Grundrechte der Europäischen Union, S. 47 ff.

312 EUROPÄISCHES PARLAMENT, Erklärung der Grundrechte und Grundfreiheiten vom 12.04.1989, ABl. EG 1989 C 120, S. 51, abgedruckt in: EuGRZ 1989, S. 204 ff.; vgl. dazu BEUTLER, Die Erklärung des Europäischen Parlaments über Grundrechte und Grundfreiheiten vom 12. April 1989, EuGRZ 1989, S. 185 ff.

313 In Artikel 24 der Erklärung ist der Umweltschutz als Gemeinschaftsziel verankert: „(1) Integrierender Bestandteil jeder Gemeinschaftspolitik ist die Erhaltung, der Schutz und die Verbesserung der Qualität der Umwelt (...) (2) Die Gemeinschaftsorgane sind gehalten, alle notwendigen Maßnahmen zur Verwirklichung dieser Ziele zu ergreifen.“ Wie bei allen „*Soft law*“-Instrumenten stand hinter der Verankerung dieser Rechte die Intention, als Interpretationshilfen bei bereits geltenden sozialen Rechten in der EU herangezogen zu werden und auf diese Weise die zukünftige Rechtsentwicklung zu beeinflussen.

314 So auch SCHEUING, in: BEHRENS/KOCH, Umweltschutz in der EG, S. 60 (Fn. 67).

315 Ziff. 14: „Die Union garantiert das Recht der Bürger auf eine gesunde und geschützte Umwelt.“, ABl. EG 1991 C 19, S. 65 (68).

316 ABl. EG 1994 C 61, S. 155.

dieser Entwurf auch kollektive soziale Rechte, das Recht auf Bildung und das Recht auf Zugang zu Informationen[317].

Während der Intergouvernementalen Konferenz im Vorfeld des Vertrages von Amsterdam wurde – anknüpfend an einen Beschluss des Europäischen Rates vom 15./16. Dezember 1995 – die Möglichkeit diskutiert, den Europäischen Verträgen einen Grundrechtskatalog voranzustellen[318]. Ein entsprechender politischer Konsens kam jedoch nicht zustande, so dass Amsterdam als „verpasste Chance“[319] für den europäischen Grundrechtsschutz angesehen werden kann.

Die auch in der Folgezeit weiterbestehende Aktualität und Relevanz der Schaffung einer Grundrechtecharta zeigte sich auch in dem sozial-politischen Aktionsprogramm 1998-2000 der Kommission, in dem die Fortführung der Diskussion über die Konstitutionalisierung der europäischen Grundrechte angekündigt wurde[320]. Zu diesem Zweck wurde eine Expertengruppe „Grundrechte“ unter dem Vorsitz von *Spiros Simitis* eingesetzt, die im Februar 1999 ihren Bericht „Die Grundrechte in der Europäischen Union verbürgen – es ist Zeit zum Handeln“ vorlegte[321].

Die deutsche Ratspräsidentschaft erklärte dann im ersten Halbjahr 1999 die Erarbeitung einer Charta europäischer Grundrechte zu einer Priorität ihrer Politik[322]. Das Bundesministerium der Justiz veranstaltete zum Thema „Eine

---

317 Vgl. SCHMUCK, Die Ausarbeitung der Europäischen Grundrechtscharta als Element der Verfassungsentwicklung, Integration 2000, S. 48 (52).

318 Vgl. Annex 15 der Schlussfolgerungen (Gruppe WESTENDORP), zitiert nach WEBER, Charta der Grundrechte der Europäischen Union, S. 2.

319 PHILIPPI, Die Charta der Grundrechte der Europäischen Union, S. 13. Bereits die Präambeln der Vertragsänderungen durch die Einheitliche Europäische Akte (EEA) vom 28.02.1986 und des am 07.02.1992 verabschiedeten Unionsvertrages verwiesen auf den demokratischen Legitimationszusammenhang und die erwähnten Quellen der Rechtsprechung. Eine ausdrückliche vertragliche Bezugnahme erfolgte erstmals in dem Unionsvertrag von Maastricht durch die in Art. 6 Abs. 2 EU (Art. F Abs. 2 EUV a.F.) festgelegte Verpflichtung der Union zur Achtung der Grundrechte. Siehe ebenfalls WEBER, Charta der Grundrechte der Europäischen Union, S. 2.

320 Siehe hierzu LINDNER, EG-Grundrechtscharta und gemeinschaftsrechtlicher Kompetenzvorbehalt. Probleme und Thesen, DÖV 2000, S. 543.

321 Bericht der SIMITIS-Kommission: Die Grundrechte in der Europäischen Union verbürgen – es ist Zeit zum Handeln, Brüssel, 1999 (im Internet abrufbar unter: www.europa.eu.int/comm/dgs/employment_social/publicat/fundamri/simitis_de.pdf); kritisch dazu LINDNER, DÖV 2000, S. 543 (544).

322 Dazu DE BÚRCA, ELR 2001, S. 126 (128 f.). In seiner Programmrede vom 12. Januar 1999 vor dem Europäischen Parlament zu den Zielen der deutschen EU-Ratspräsidentschaft schlug der damalige Außenminister JOSCHKA FISCHER vor, eine Charta europäischer Grund-

europäische Charta der Grundrechte“ am 27. April 1999 gemeinsam mit der Vertretung der Europäischen Kommission in Deutschland ein Forum, auf dem Experten über die mögliche Ausgestaltung eines Grundrechtkatalogs diskutierten[323] und damit wichtige Vorarbeit für den Gipfel von Köln leisteten[324].

2. Beitritt der Europäischen Gemeinschaft zur EMRK?

Neben den zahlreichen Initiativen zur Schaffung eines eigenständigen Grundrechtskatalogs wurde bereits früh die Möglichkeit eines Beitritts der Europäischen Gemeinschaft zur EMRK erwogen[325]. In seinem diesbezüglichen Gutachten 2/94 vertrat der EuGH die Auffassung, dass nach dem gegenwärtigen Stand des Gemeinschaftsrechts die Gemeinschaft nicht über die Zuständigkeit zu einem Beitritt zur EMRK verfüge[326]. Im Zuge der Erarbeitung der Grundrechtecharta hat die Frage des Beitritts der Europäischen Gemeinschaft zur EMRK erneut an Aktualität gewonnen[327]; dies gilt insbesondere unter dem Gesichtspunkt einer harmonischen Entwicklung der Rechtsprechung der beiden

---

rechte zu erarbeiten, um die Rechte der Bürger zu stärken sowie die Legitimität und Identität der EU zu festigen (Bulletin des Presse- und Informationsamtes der Bundesregierung vom 14.01.1999).

323 Siehe dazu EICKMEIER, Eine europäische Charta der Grundrechte. Bericht über das gemeinsame Forum des Bundesministeriums der Justiz und der Vertretung der Europäischen Kommission in Deutschland, DVBl. 1999, S. 1026 ff.

324 Siehe dazu auch KNÖLL, Die Diskussion um die Grundrechtscharta der Europäischen Union aus dem Blickwinkel der deutschen Länder, NJW 2000, S. 1845 ff.

325 Bereits im Jahre 1979 erwog die Europäische Kommission in einem Memorandum den Beitritt der Gemeinschaft zur EMRK, vgl. EuGRZ 1979, S. 330 ff. Auch das Europäische Parlament unterstützte die Beitrittsbestrebungen der Gemeinschaft, siehe die Entschließung vom 27.04.1979 (abgedruckt in: EuGRZ 1979, S. 257) sowie die spätere Entschließung vom 18.01.1994 (ABl. EG 1994 C 44, S. 32). Ein Überblick über die Diskussion über einen Beitritt der Gemeinschaft zur EMRK findet sich bei WALTER, Geschichte und Entwicklung der Europäischen Grundrechte und Grundfreiheiten, in: EHLERS, Europäische Grundrechte und Grundfreiheiten, § 1 III 3, Rdn. 28.

326 EuGH, Gutachten 2/94 vom 28.03.1996, Slg. 1996, I-1795 ff. (abgedruckt in: JZ 1996, S. 623 ff. m. Anm. RUFFERT, S. 624 ff.). Zu den darauffolgen Initiativen zur Schaffung einer entsprechenden primärrechtlichen Grundlage vgl. BARRIGA, Die Entstehung der Charta der Grundrechte der Europäischen Union, S. 19.

327 Siehe zu dieser Problematik auch GRABENWARTER, Die Menschenrechtskovention und Grundrechte-Charta in der europäischen Verfassungsentwicklung, FS Steinberger, S. 1129 (1145 ff.).

europäischen Gerichtshöfe in Menschenrechtsfragen[328]. Insbesondere eröffnet Art. I-9 Abs. 2 des Vertrags über ein Verfassung für Europa[329] nicht nur die Option eines Beitritts zur EMRK, sondern strebt diesen explizit an[330].

II. Zur Entstehungsgeschichte der Grundrechtecharta

Als eigentliche „Geburtsstunde“ der *Charta der Grundrechte der Europäischen Union* ist der 4. Juni 1999 anzusehen, als der Europäische Rat in Köln auf Initiative der deutschen Ratspräsidentschaft die Ausarbeitung eines Entwurfs einer Europäischen Grundrechtecharta durch ein eigens dafür einzusetzendes Gremium beschloss[331].

1. Das Mandat des Europäischen Rates von Köln

Nach der Formulierung des Europäischen Rates von Köln ist die Zielsetzung der Grundrechtecharta, „die überragende Bedeutung der Grundrechte und ihre Tragweite für die Unionsbürger sichtbar zu verankern“[332]. Inhaltlich richtete sich das Mandat auf die Erarbeitung einer Charta, in der – unter Zusammenfassung des „acquis communautaire“ des europäischen Grundrechtschutzes[333] – Freiheits-, Gleichheits- und Verfahrensgrundrechte in Anlehnung an die EMRK, die

328 Vgl. insbesondere den Abschlussbericht der Arbeitsgruppe II des Grundrechte-Konvents „Einbeziehung der Charta/ Beitritt zur EMRK“ (Dok. CONVENT 354/02 WG II 16 v. 22.10.2002, S. 11 ff. (12)); weiterhin WEBER, DVBl. 2003, S. 220 (225 ff.).

329 Im Folgenden: VerfVertrag.

330 Siehe auch EPPING, Die Verfassung Europas?, JZ 2003, S. 821 (826). Zur Frage eines Beitritts ebenfalls WEBER, DVBl. 2003, S. 220 (225 ff.); ALBER/WIDMAIER, Die EU-Charta der Grundrechte und ihre Auswirkungen auf die Rechtsprechung. Zu den Beziehungen zwischen EuGH und EGMR, EuGRZ 2000, S. 497 (505 ff.).

331 Europäischer Rat Köln, Beschluss vom 04.06.1999, abgedruckt in EuGRZ 1999, S. 364 f.; vgl. dazu GEIGER, Die Schaffung einer Grundrechtscharta für die europäische Union: Eine deutsche Initiative, in: HEUSEL, Grundrechtecharta und Verfassungsentwicklung in der EU, S. 17 ff.

332 Europäischer Rat Köln, Beschluss vom 04.06.1999, abgedruckt in: EuGRZ 1999, S. 364.

333 Siehe dazu die Mitteilung der Kommission zur Grundrechtscharta der Europäischen Union vom 13.09.2000 (KOM (2000) 559 endg., S. 3), wonach es nicht als Aufgabe des Konvents anzusehen sei, Neues und Innovatives zu schaffen, sondern (vielmehr) Vorhandenes offenkundig zu machen und zu bündeln.

gemeinsamen Verfassungsüberlieferungen der Mitgliedstaaten sowie an die Grundrechte der Unionsbürger enthalten sein sollten[334]. Gegenstand heftiger Diskussion war die Frage, ob auch wirtschaftliche und soziale Rechte in der Charta enthalten sein sollten. Insbesondere auf diese Kontroverse ist die anschließende vorsichtige Formulierung, bei der Ausarbeitung seien „wirtschaftliche und soziale Rechte zu berücksichtigen, wie sie in der Europäischen Sozialcharta und in der Gemeinschaftscharta der sozialen Grundrechte der Arbeitnehmer[335] enthalten sind“, zurückzuführen[336]. Die Aufnahme wirtschaftlicher und sozialer Rechte wurde weiterhin dahingehend eingeschränkt, dass diese nur insoweit zu berücksichtigen seien, als sie „nicht nur Ziele für das Handeln der Union begründen“[337].

2. Erarbeitung der Charta durch den Grundrechte-„Konvent“

Auf seiner Tagung in Tampere am 15./16. Oktober 1999 konkretisierte der Europäische Rat in Fortführung der Beschlüsse von Köln die Zusammensetzung des Gremiums zur Ausarbeitung der Charta und dessen weiteres Vorgehen[338]. Das Gremium, das sich später selbst als „Konvent“ bezeichnete[339], setzte sich gemäß dem Beschluss von Tampere aus 15 persönlichen Beauftragten der nationalen Regierungen, einem Mitglied der EU-Kommission, 16 Angehörigen des Europäischen Parlaments und 30 Vertretern der nationalen Parlamente zusammen[340]. Berufen wurden weiterhin zwei Beobachter des EuGH und des Europa-

334 Vgl. auch WEBER, Charta der Grundrechte der Europäischen Union, S. 2.

335 Amt für amtliche Veröffentlichungen der EU, Gemeinschaftscharta der sozialen Grundrechte der Arbeitnehmer, Luxemburg (1990).

336 Europäischer Rat Köln, Beschluss vom 04.06.1999, EuGRZ 1999, S. 364.

337 Ebd.

338 Vgl. Europäischer Rat, Tampere, Sondertagung am 15./16.10.1999, abgedruckt in: EuGRZ 1999, S. 365.

339 In den Schlussfolgerungen des EU-Gipfels von Tampere wurde die Bezeichnung „Gremium zur Ausarbeitung des Entwurfs einer EU-Charta der Grundrechte“ gewählt; auf seiner zweiten Sitzung am 02./03.02.2000 in Brüssel hatte sich das Grundrechtsgremium selbst mehrheitlich den Namen „Konvent“ gegeben.

340 Die gesetzgebenden Organe aus jedem Mitgliedstaat entsandten je zwei Vertreter, so dass auch föderale Strukturen berücksichtigt werden konnten. Zur Zusammensetzung des Konvents ausführlich BERNSDORFF/BOROWSKY, Protokolle, S. 46 ff.; vgl. auch ALBER/WIDMAIER, EuGRZ 2000, S. 497. Von deutscher Seite wurden von der Bundesregierung ROMAN HERZOG, vom Bundestag JÜRGEN MEYER und vom Bundesrat der Europaminister JÜRGEN GNAUCK benannt. Eine Auflistung der Mitglieder des Konvents findet sich bei BERNSDORFF/BOROWSKY, Protokolle, S. 94 ff.

rats, darunter einer des EGMR[341]. Die Zusammensetzung des Gremiums lässt die doppelte Legitimationsbasis der europäischen Integration deutlich werden, die einerseits den intergouvernementalen Charakter mit Vertretern der nationalen Parlamente sowie der Regierungen widerspiegelt, andererseits das Europäische Parlament einbezieht[342].

Am 17. Dezember 1999 trat der Konvent in Brüssel erstmals zusammen und wählte den ehemaligen Präsidenten des Bundesverfassungsgerichts und Bundespräsidenten a.D. *Roman Herzog* zu seinem Vorsitzenden[343]. Die verfahrensrechtliche Frage des Abstimmungsmodus wurde angesichts der weitgehenden Verfahrensautonomie[344] aus pragmatischen Erwägungen dahingehend gelöst, dass die Konsensregel anzuwenden sei, da ohnehin keine Einstimmigkeit erzielt werden könne[345].

---

341 Vgl. Europäischer Rat, Tampere, Sondertagung am 15./16.10.1999, abgedruckt in: EuGRZ 1999, S. 615.

342 Vgl. WEBER, Charta der Grundrechte der Europäischen Union, S. 3; ebenfalls PERNICE, Europäische Grundrechtscharta und Konventsverfahren. Zehn Thesen zum Prozess der europäischen Verfassung nach Nizza, Integration 2001, S. 194 f. Das sich in der nahezu paritätischen Zusammensetzung des Gremiums aus Vertretern der europäischen Organe und der nationalen Parlamente widerspiegelnde „duale Legitimationsverständnis“ wurde vom Bundesverfassungsgericht in seinem Maastricht-Urteil (BVerfGE 89, S. 155 (182)) ausdrücklich vertreten. Zur Arbeitsmethode des Grundrechte-Konvents siehe auch die Dokumentation des Dt. Bundestages, Die Charta der Grundrechte der Europäischen Union, S. 11 ff.

343 Außerdem wurde ein vierköpfiges Präsidium gewählt, dem neben ROMAN HERZOG noch jeweils ein Vertreter der nationalen Abgeordneten (GUNNAR JANSSON), der Europaparlamentarier (IÑIGO MENDES DE VIGO) und der nationalen Regierungen, vertreten durch den Staat mit dem Ratsvorsitz (PAAVO NIKULA, aufgrund des Rotationsprinzips zunächst durch PEDRO BACELAR DE VASCONCELOS, dann durch GUY BRAIBANT ersetzt), angehörten. Siehe auch DE BÚRCA, ELR 2001, S. 126 (133).

344 Angesichts der fehlenden Vorgaben durch den Europäischen Rat nahm der Konvent eine Art „Selbstorganisationsrecht“ für sich in Anspruch, ohne sich jedoch eine Verfahrens- oder Geschäftsordnung zu geben. Nicht angesprochen wurde vom Europäischen Rat die Frage einer Bindung der Delegierten an die Standpunkte ihrer Herkunftsgremien, so dass ein „imperatives Mandat“ jedenfalls nicht bestand, vgl. hierzu BERNSDORFF/BOROWSKY, Protokolle, S. 47. Auch wurde offen gelassen, ob und wann eine Aussprache über einzelne Artikel eröffnet werden sollte, wie Änderungsvorschläge zu vorgeschlagenen Artikeln behandelt werden sollten, ob über einzelne oder die Artikel insgesamt abgestimmt werden sollte oder ob ein Konsensverfahren genüge. Siehe dazu WEBER, Charta der Grundrechte der Europäischen Union, S. 4.

345 Vgl. die entsprechenden Ausführungen von VITORINO (Kommission) und dem Konventsvorsitzenden HERZOG, vgl. BERNSDORFF/BOROWSKY, Protokolle, S. 116, 131. Zur Arbeitsmethode des Konvents siehe LEINEN/SCHÖNLAU, Die Erarbeitung der EU-Grundrechtecharta im Konvent: Nützliche Erfahrungen für die Zukunft Europas, Integration 2001, S. 26 (29); ebenfalls *Bernsdorff/Borowsky*, Protokolle, S. 48. Den Vergleich zu den Regierungs-

Nach Vorgabe des Europäischen Rates sollte die Zivilgesellschaft in möglichst großem Umfang in die Arbeit an dem Charta-Entwurf und die damit verbundene Wertediskussion einbezogen werden, um einen europaweiten Diskurs zu ermöglichen[346]. Die so postulierte und verwirklichte Interaktion belebte insbesondere den Normierungsprozess der sozialen Rechte[347].

3. Proklamation der Charta in Nizza am 7. Dezember 2000

Nachdem der Europäischen Rat zum Abschluss der portugiesischen Ratspräsidentschaft in Santa Maria da Feira am 20. Juni 2000 den Konvent aufgefordert hatte, vor der ersten Tagung des Rates unter französischer Ratspräsidentschaft in Biarritz am 2. Oktober 2000 ein Entwurfsdokument vorzulegen, stimmte das Gremium nach einer Arbeitszeit von nur etwa neun Monaten am 2. Oktober 2000 dem Entwurf der Grundrechtecharta zu, der beim Gipfel in Biarritz am 13./14. Oktober 2000 vom Europäischen Rat gebilligt und schließlich am 7. Dezember 2000 nach Zustimmung aller betroffenen Vertreter und Organe feierlich unterzeichnet wurde[348].

Mit der Proklamation der Charta wurde offiziell anerkannt, dass die fortschreitende Integration einen klaren juristischen Rahmen braucht, der die unver-

---

konferenzen zieht DIX, Grundrechtecharta und Konvent – auf neuen Wegen zur Reform der EU?, Integration 2001, S. 34 (36 ff.).

346 Neben der Öffentlichkeit der Sitzungen wurden Anhörungen von Nichtregierungsorganisationen, Sachverständigen, Gewerkschaften, Kirchen und weiteren Interessenvertretungen auf nationaler und europäischer Ebene durchgeführt, weiterhin wurde den Bürgern die Möglichkeit der Beteiligung an der Diskussion via Internet eröffnet. Siehe dazu auch HÄFNER/STRAWE/ZUEGG, In der Auseinandersetzung um eine Charta der Grundrechte der Europäischen Union, ZRP 2000, S. 365 (365 f.).

347 So wurden auf der Sitzung des Konvents als Arbeitsgruppe am 27./28.04.2000 neben der gebotenen Anhörung von Vertretern der Gemeinschaftsorgane, des Wirtschafts- und Sozialausschusses der Regionen, des Europäischen Bürgerbeauftragten sowie der Anhörung des Vertreters des Europarats über 60 sich mit dem Schutz und der Förderung der Menschenrechte befassender Nichtregierungsorganisationen angehört, wobei insbesondere Vorschläge zur Verbindung mit den sozialen Rechten gemacht wurden.Vgl. dazu WEBER, Charta der Grundrechte der Europäischen Union, S. 4. Eine effektive Interaktion mit selbst gut organisierten Nichtregierungsorganisationen wurde jedoch durch den großen Zeitdruck, der auf dem Konvent lastete, erschwert. Siehe hierzu BERNSDORFF/BOROWSKY, Protokolle, S. 51.

348 Die Grundrechtecharta wurde am 18.12.2000 als nicht rechtsverbindlicher Text im ABl. EG 2000 C-364, S. 1 veröffentlicht.

äußerlichen Rechte des Einzelnen im neu entstehenden supranationalen Kontext schützt[349].

Trotz rechtlicher Unverbindlichkeit der Charta erklärten die Vertreter der Europäischen Kommission und des Europäischen Parlaments, dass ihre Organe diese im Wege einer Selbstbindung künftig zu beachten gedenken[350].

4. Inkorporierung der Charta in den „Vertrag über eine Verfassung für Europa“

Im Rahmen des Europäischen Rats von Laeken wurde am 14./15. Dezember 2001 der Auftrag zum Entwurf eines Vertrags über eine Verfassung für Europa erteilt und ein Verfassungskonvent zur Zukunft Europas konstituiert[351], dessen Vorsitzender *Giscard d'Estaing* die Teile I und II des Verfassungsentwurfs[352] dem Europäischen Rat auf seiner Tagung am 20. Juni 2003 in Thessaloniki präsentierte und am 18. Juli 2003 in Rom den endgültig fertiggestellten Entwurf des Vertrages über eine Verfassung für Europa dem Präsidenten des Europä-

---

349 Vgl. auch LEINEN/SCHÖNLAU, Integration 2001, S. 26.

350 Näher ALBER, Die Selbstbindung der europäischen Organe an die Europäische Charta der Grundrechte, EuGRZ 2001, S. 349 (350 ff.).

351 Mit der Erklärung von Laeken zur Zukunft der Europäischen Union vereinbarten die Staats- und Regierungschefs zur Vorbereitung der sich mit der Frage der Verfasstheit der Europäischen Union und einer damit im Zusammenhang stehenden grundlegenden Vertragsrevision befassenden Regierungskonferenz im Jahre 2004 die Einberufung eines Konvents, der mehrheitlich aus Parlamentariern sowohl der nationalen Parlamente (einschließlich derjenigen der damaligen Beitrittskandidaten) als auch des Europäischen Parlaments bestehen sollte. Hinsichtlich der Zusammensetzung sollte an die positiven Erfahrungen mit dem stark parlamentarisch geprägten Konventsverfahren zur Erarbeitung der Grundrechtecharta angeknüpft werden, vgl. hierzu LEINEN/SCHÖNLAU, Integration 2001, S. 26 ff. Der „Europäische Konvent“ unter Vorsitz des ehemaligen französischen Staatspräsidenten VALÉRY GISCARD D'ESTAING nahm am 28.02.2002 seine Arbeit auf. Zur Entstehung der Europäischen Verfassung insgesamt OPPERMANN, Europäischer Verfassungskonvent und Regierungskonferenz 2002-2004, DVBl. 2004, S. 1264 ff.; zu einem Überblick über die Verfassungsdiskussionen in den Jahren 1984 und 1994 siehe DT. BUNDESTAG, Der Weg zum EU-Verfassungskonvent, S. 24 ff.

352 Dok. CONVENT 820/03 vom 20.06.2003. Zu einem Gesamtüberblick über die bisherigen 16 Entwürfe für eine europäische Verfassung siehe HÄBERLE, Die Herausforderung des europäischen Juristen vor den Aufgaben unserer Verfassungs-Zukunft: 16 Entwürfe auf dem Prüfstand, DÖV 2003, S. 429 ff. Zu einer Kurzanalyse dieser Entwürfe siehe DERS., Europäische Verfassungslehre, S. 604 ff.; aus dem französischen Schrifttum LOUIS, Les projets de constitution dans l'histoire de la construction européenne, in: MAGNETTE, La constitution de l'Europe, S. 41 ff.

ischen Rates überreichte[353]. In dieser neuen „Verfassung“ gehen der Unions- und der EG-Vertrag auf, wobei die bisherige Säulenstruktur entfällt[354]. Eine wesentliche Errungenschaft des Konvents ist darin zu sehen, dass die Grundrechtecharta, deren Rechte, Freiheiten und Grundsätze in Art. I-9 VerfVertrag anerkannt werden, nahezu unverändert in diese neu geschaffene Verfassung für Europa als Teil II des insgesamt vier Teile umfassenden Verfassungsvertrags integriert wurde[355]. Die Platzierung der Charta als Teil II der Verfassung wird zum Teil als Strukturfehler der Verfassung kritisiert, der aus einem politischen Kompromiss zwischen zwei Extremvorstellungen resultierte[356]. Sowohl innerhalb[357] als auch außerhalb[358] des Konvents wurde vielfach gefordert, dass die Charta am Anfang der Verfassung positioniert werden sollte, was jedoch insbesondere wegen des Widerstands aus Großbritannien nicht erreicht werden konnte. In erster Linie auf Betreiben der britischen Delegierten sind einige Ergänzungen in den Text der Charta aufgenommen worden. So wurde in die Präambel der Satz eingefügt, dass die Charta von den Gerichten der Union und den Gerichten der Mitgliedstaaten „unter gebührender Berücksichtigung der Erläuterungen, die unter der Leitung des Präsidiums des Konvents zur Ausarbeitung der Charta formuliert und unter der Leitung des Präsidiums des Europäischen Konvents aktualisiert wurden“ ausgelegt wird[359].

---

353 ABl. EU 2003 C 169, S. 1 (Dok. CONVENT 850/03 vom 18.07.2003). Lesenswert hierzu RUFFERT, Schlüsselfragen der Europäischen Verfassung der Zukunft. Grundrechte – Institutionen – Kompetenzen – Ratifizierung, EuR 2004, S. 165 ff.

354 Zu Inhalt und Entstehung des Verfassungsdokuments MEYER/HÖLSCHEIDT, Die Europäische Verfassung des Europäischen Konvents, EuZW 2003, S. 613 ff.; vgl. auch die Mitteilung der Kommission betreffend den Verfassungsentwurf vom 17.09.2003/ KOM (2003) 548 endg.

355 Siehe MEYER/HÖLSCHEIDT, EuZW 2003, S. 613 (618). Die Charta wird auch als „Herzstück“ des Verfassungsvertrages angesehen, vgl. HIRSCH, Die Aufnahme der Grundrechtecharta in den Verfassungsvertrag, in: SCHWARZE, Der Verfassungsentwurf des Europäischen Konvents, S. 111 (112). Vgl. insgesamt zur Inkorporierung der Charta in den Verfassungsvertrag DUTHEIL DE LA ROCHÈRE, The EU and the individual: Fundamental rights in the Draft Constitutional Treaty, CMLR 41 (2004), S. 345 ff.; GRABENWARTER, Auf dem Weg in die Grundrechtsgemeinschaft?, EuGRZ 2004, S. 563 ff.; KINGREEN, Theorie und Dogmatik der Grundrechte im europäischen Verfassungsrecht, EuGRZ 2004, S. 570 ff.

356 Siehe MEYER/HÖLSCHEIDT, EuZW 2003, S. 613 (619).

357 Vgl. z.B. den Schlussbericht der Arbeitsgruppe II „Einbeziehung der Charta/ Beitritt zur EMRK“ (Dok. CONVENT 354/02 vom 22.10.2002, S. 3).

358 Vgl. z.B. BT-Drs. 14/9047 vom 15.05.2002 sowie 14/9500 vom 19.06.2002.

359 Der ursprünglich auf britische Bedenken zrückzuführende Einschub „(...) unter gebührender Berücksichtigung der Erläuterungen, die auf Veranlassung und in eigener Verantwortung des Präsidiums des Konvents zur Ausarbeitung (...)“ wurde zur Verdeutlichung,

Nachdem die Regierungskonferenz am 13. Dezember 2003 in Brüssel zur Entscheidung über die rechtliche Zukunft des Verfassungsentwurfs vorläufig gescheitert war[360], musste der ambitionierte Zeitplan, die Verfassung im Mai 2004 nach dem Beitritt der zehn mittel- und osteuropäischen Staaten, Maltas und Zyperns und noch vor den Europawahlen im Juni 2004 zu unterzeichnen[361], aufgegeben werden. Nicht zuletzt dank des Verhandlungsgeschicks der irischen Ratspräsidentschaft wurde auf der Regierungskonferenz in Brüssel am 17./18. Juni 2004 eine wiederum verbesserte Fassungs des Vertragsentwurfs[362] angenommen, welcher in letztverbindlicher Fassung am 29. Oktober 2004 in Rom – als Ort der Gründung der Europäischen Gemeinschaften im Jahre 1957 von herausragender historischer Bedeutung – seitens der 25 Mitgliedstaaten sowie seitens Rumänien, Bulgarien und der Türkei unterzeichnet wurde. Vorgesehen war, dass der Verfassungsvertrag am 1. November 2006, also ein Jahr nach der voraussichtlich zwei Jahre in Anspruch nehmenden Ratifizierung durch alle Mitgliedstaaten, nach den jeweiligen nationalen Vorschriften in Kraft treten sollte[363]. Gemäß der Regelung zur Rechtsnachfolge und rechtlichen Kontinuität in Art. IV-438 VerfVertrag gilt bis zu diesem Zeitpunkt der Vertrag von Nizza[364].

---

dass Erläuterungen sowohl seitens des Grundrechte-Konvents als auch seitens des Verfassungskonvents verfasst wurde, durch die oben zitierte Formulierung ersetzt. Die eigenen aktualisierten Erläuterungen des Präsidiums des Europäischen Verfassungskonvents (Dok. CONVENT 828/1/03 vom 18.07.2003) wurden in dem Bericht des Konventsvorsitzenden GISCARD D'ESTAING an den Präsidenten des Europäischen Rates (Dok. CONVENT 851/03 vom 18.07.2003 – im Internet abrufbar unter http://european-convention.eu.int/ doc _register.asp?lang=DE&Content=DOC) als ein „wichtiges Instrument zur Auslegung der Charta“ (ebd., S. 4) bezeichnet; vom HERZOG-Konvent wurden diese nicht diskutiert (Delegierter MEYER, Konventsplenum, 12.06.2003, zitiert nach MEYER/HÖL-SCHEIDT, EuZW 2003, S. 613 (618)).

360 Zu den Gründen des vorläufigen Scheiterns PERNICE, Nach dem Gipfel von Brüssel: Ist die „Verfassung für Europa“ gescheitert?, WHI-Paper 2/04, S. 2 ff.

361 Siehe die Erklärung von Rom des Vorsitzenden des Europäischen Verfassungskonvents, VALÉRY GISCARD D'ESTAING, vom 18.07.2003, Ziff. I (im Internet abrufbar unter http://european-convention.eu.int/docs/Treaty/Rome_DE.pdf.).

362 Dok. CIG 81/04 vom 16.06.2004. Unter der Verantwortung des Sekretariats der Regierungskonferenz wurden im Anschluss weitere vorläufige konsolidierte Fassungen ohne rechtliche Bindungswirkung veröffentlicht, vgl. Dok. CIG 86/04 vom 25.06.2004 sowie Dok. CIG 87/04 vom 06.08.2004.

363 Art. IV-447 Abs. 2 VerfVertrag i.V.m. Art. 48 Abs. 3 EU. Nach dem Scheitern der Referenden in Frankreich am 29. Mai 2005 und in den Niederlanden am 1. Juni 2005 kann eine Einhaltung dieses Zeitplanes jedoch kaum noch als realistisch angesehen werden.

364 Vertrag von Nizza, ABl. EG 2001 C 80, S. 1 ff.

III. Erforderlichkeit einer Kodifikation der Gemeinschaftsgrundrechte im Hinblick auf den bestehenden europäischen Grundrechtsschutz?

Im Hinblick auf die Notwendigkeit eines Grundrechtskataloges auf europäischer Ebene betonte der Europäische Rat in seinen Schlussfolgerungen[365] die Bedeutung der Wahrung der Grundrechte als ein „Gründungsprinzip der Europäischen Union" und insbesondere die legitimationsstärkende Wirkung ihrer Kodifizierung.

1. Grundrechtsschutz auf Gemeinschaftsebene durch die Rechtsprechung des EuGH

Die Geltung der gemeinschaftsrechtlichen Grundrechte ist auch ohne eine kodifizierte Grundrechtecharta unbestritten[366]. Die Rechtsprechung des EuGH gewährleistet seit mehr als drei Jahrzehnten Grundrechtsschutz gegen die supranationale Hoheitsgewalt der Europäischen Gemeinschaft[367]. Aufschlussreich für die dogmatische Begründung dieser Rechtsprechung sind die Ausführungen des Generalanwalts RÖMER in der Rechtssache *Stauder*. RÖMER schloss sich in seinen Schlussanträgen einer damals im Schrifttum vertretenen Einstufung der nationalen Grundrechte als Rechtserkenntnisquelle an, wonach „durch wertende Rechtsvergleichung gemeinsame Wertvorstellungen des nationalen Verfassungsrechts, insbesondere der nationalen Grundrechte, die als ungeschriebener Bestandteil des Gemeinschaftsrechts beachtet werden müssten, zu ermitteln seien"[368]. Auf der Ebene des Primärrechts fehlte für die sich in der Folgezeit

---

[365] Europäischer Rat Köln, Beschluss vom 4. Juni 1999, abgedruckt in: EuGRZ 1999, S. 364.

[366] Umfassend dazu RENGELING, Grundrechtsschutz in der EG.

[367] Obwohl seit Gründung der Europäischen Gemeinschaften über den Grundrechtsschutz in und vor der Gemeinschaft diskutiert wurde, nahm die Grundrechtsprechung des EuGH erst relativ spät – im Jahre 1969 – mit der Rechtssache *Stauder* (EuGH, Rs. 29/69, Slg. 1969, S. 419, Tz. 7) ihren Anfang. Im Falle *Stauder* erkannte der EuGH in einem obiter dictum erstmals an, dass der Einzelne sich gegenüber Akten der Gemeinschaft auf Grundrechte berufen könne. Damit erklärte sich der EuGH für zuständig, die Grundrechte zu schützen, die er im Wege wertender Rechtsvergleichung aus den Verfassungen der Mitgliedstaaten ableitete. Zu einem Überblick der Entwicklung des Grundrechtsschutzes auf Gemeinschaftsebene LENZ, Ein Grundrechtskatalog für die Europäische Gemeinschaft?, NJW 1997, S. 3289; KÜHLING, Grundrechte, in: V. BOGDANDY, Europäisches Verfassungsrecht, S. 583 (586 ff.).

[368] EuGH, Rs. 29/69, *Stauder*, Slg. 1969, S. 419 (427 f.). Zur dogmatischen Begründung der Gemeinschaftsgrundrechte WALTER, Geschichte und Entwicklung der Europäischen

entwickelnde Grundrechtsjudikatur lange Zeit eine ausdrückliche Rechtsgrundlage. Erst in der Präambel der Einheitlichen Europäischen Akte[369] erfolgte eine Bezugnahme auf die Achtung der in den Verfassungen und Gesetzen der Mitgliedstaaten sowie in der EMRK und der Europäischen Sozialcharta anerkannten Grundrechte. Seit 1993 findet die dogmatische Ableitung des Grundrechtschutzes durch die Rechtsprechung des EuGH eine teilweise Absicherung im primären Unionsrecht durch den im Rahmen des Maastrichter Vertrages[370] eingefügten Art. 6 Abs. 2 EU[371]. Auf dessen Grundlage prüft der Gerichtshof die Rechtsakte der Gemeinschaftsorgane und – bei Anwendung und Umsetzung des Gemeinschafts- bzw. Unionsrechts – auch solche der Mitgliedstaaten auf ihre Vereinbarkeit mit den Grundrechten, wie sie sich aus den gemeinsamen Verfassungsüberlieferungen der Mitgliedstaaten und aus deren internationalen Verpflichtungen – insbesondere der EMRK[372] – ergeben[373]. Mit dem Vertrag von Amsterdam[374] wurden weitere grundrechtsrelevante Vorschriften in den EU-Vertrag aufgenommen, insbesondere Art. 46 lit. d) EU mit der nunmehr expliziten Normierung der Kompetenz des EuGH, die Handlungen der Gemeinschaftsorgane im Bereich des EG-Vertrages und der dritten Säule im Hinblick auf die Einhaltung der Grundrechte zu überwachen. Als weitere wichtige Neuerung zu nennen ist die Regelung des Art. 7 EU, nach deren Maßgabe in Verbindung mit Art. 309 EG der ein Sanktionsmechanismus dergestalt vorgesehen ist, dass gegenüber Mitgliedstaaten, die die Grundsätze des Art. 6 Abs. 2 EU verletzen, die Aussetzung bestimmter Rechte – einschließlich der Stimmrechte im Rat – beschlossen werden kann.

Da im Gegensatz zu den meisten mitgliedstaatlichen Verfassungen auf Gemeinschaftsebene zur Geltung der Grundrechte nur ein Verweis auf die vor-

---

Grundrechte und Grundfreiheiten, in: EHLERS, Europäische Grundrechte und Grundfreiheiten, § 1 III 2, Rdn. 21 ff.

369 In Kraft getreten am 01.07.1987, ABl. EG 1987 L 169, S. 1.

370 Vertrag über die Europäische Union, in Kraft getreten am 01.11.1993, ABl. EG 1993 L 293, S. 61.

371 Art. F Abs. 2 i.d.F. des Vertrags von Maastricht.

372 Die EMRK und die gemeinsamen Verfassungstraditionen der Mitgliedstaaten binden als Rechtserkenntnisquellen – anders als Rechtsquellen – nicht unmittelbar, sondern entfalten eine normähnliche Wirkung im Wege einer Orientierungsfunktion zur Auslegung der Rechtsquelle, vgl. KÜHLING, Grundrechte, in: V. BOGDANDY, Europäisches Verfassungsrecht, S. 583 (589).

373 Zur Entwicklung der Gemeinschaftsgrundrechte durch den EuGH vgl. KOKOTT, AöR 121 (1996), S. 599 (604 ff.).

374 In Kraft getreten am 01.05.1999, ABl. EG 1997 C 340, S. 1.

genannten Rechtsquellen im Primärrecht verankert ist[375], ist der bestehende Grundrechtsschutz für den Bürger wenig transparent, zumal im gemeinsamen Rechtsraum der Union bereits jetzt 25 verschiedene Rechtstraditionen zusammenwachsen sollen[376].

Der gegenwärtig gewährleistete Schutz der durch den EuGH prätorisch entwickelten Grundrechte[377] wird durch ihre schriftliche Fixierung in einer umfassenden Charta konkretisiert und ergänzt[378].

2. Kritik an der grundrechtlichen Judikatur des EuGH

Der durch den EuGH entwickelte Grundrechtsschutz wird in der rechtswissenschaftlichen Literatur unter verschiedenen Aspekten als unzureichend kritisiert[379]. Bereits hinsichtlich der Art und Weise des Grundrechtsschutzes durch den EuGH kann unter dem Aspekt der Rechtssicherheit ein rechtsstaatliches Defizit gesehen werden, da der EuGH das zu prüfende Grundrecht erst einmal „finden" und ausformen muss und das jeweilige Grundrecht für den Grundrechtsträger – entgegen den in Art. 1 Abs. 2 EU festgelegten Grundprinzipien der Transparenz und Bürgernähe – demzufolge nicht „sichtbar" ist[380]. Ein weiterer regelmäßig erhobener Vorwurf rügt die im Hinblick auf die Anwen-

---

375 Das Fehlen eines Grundrechtskataloges erklärt sich aus dem – ursprünglich – instrumentalen Charakter der Gemeinschaft insbesondere zur Sicherung des Friedens und zur Schaffung eines gemeinsamen Marktes auf der Basis umfassender Marktfreiheiten und Diskriminierungsverbote. Siehe auch PERNICE, Integration 2001, S. 194.

376 Den Bedarf nach einem transparenten und damit überprüfbaren Grundrechtstext und Grundrechtsschutz konstatiert auch BEUTLER, in: V. D. GROEBEN/SCHWARZE, EG-/EU-Vertrag, Art. 6 EU, Rdn. 99.

377 Vgl. RITGEN, Grundrechtsschutz in der Europäischen Union, ZRP 2000, S. 371 (372) m.w.N.

378 So auch PERNICE, Integration 2001, S. 194. Nichtsdestotrotz wird die Verbesserung der Rechtsschutzmöglichkeiten nicht als vorrangiges Argument für die Kodfizierung der Gemeinschaftsgrundrechte angeführt. Insgesamt ebenfalls PREUß, Grundrechte in der Europäischen Union, KJ 1998, S. 1 ff.

379 Bereits der Anwendungsbereich des Art. 230 Abs. 4 EG wird als zu eng angesehen, um einen in allen Fällen angemessenen Rechtsschutz zu gewährleisten, vgl. V. DANWITZ, Die Garantie des effektiven Rechtschutzes im Recht der Europäischen Gemeinschaft, NJW 1993, S. 1108 (1111).

380 CALLIESS, Die Europäische Grundrechts-Charta, in: EHLERS, Europäische Grundrechte und Grundfreiheiten, § 19, Rdn. 2; DERS., Die Charta der Grundrechte der Europäischen Union – Fragen der Konzeption, Kompetenz und Verbindlichkeit, EuZW 2001, S. 261 (262).

dung des Verhältnismäßigkeitsgrundsatzes unzureichende Kontrolldichte des EuGH im Rahmen des Grundrechtsschutzes[381]. Unter dem Aspekt eines effektiven Grundrechtsschutzes kann auch hierin ein rechtsstaatliches Defizit gesehen werden, da der EuGH in der Vergangenheit – seiner Rolle als „Motor der Integration“ entsprechend – nach einer mit geringer Kontrolldichte vorgenommenen Verhältnismäßigkeitsprüfung in der Regel der Integration und damit der Aufrechterhaltung des Rechtsaktes den Vorrang vor dem Individualschutz gegeben hat[382], so dass eine ausreichende Gewichtung von Individualinteressen als nicht gewährleistet erachtet wurde[383]. Durchaus möglich erscheint, dass die *Charta der Grundrechte der Europäischen Union* einen Anlass und Anreiz für eine zukünftige Erhöhung der Kontrolldichte seitens des EuGH darstellen wird[384].

Ein weiterer Kritikpunkt bezüglich der Grundrechtsprechung des EuGH ist seine Methodik bei der Überprüfung der Grundrechtskonformität eines Rechtsaktes[385], innerhalb derer eine genaue Bestimmung des Schutzbereichs und des-

---

381 So beschränkte sich der EuGH im Rahmen der Verhältnismäßigkeitsprüfung unter Berufung auf die funktionell-rechtlichen Grenzen der Rechtsprechung im Verhältnis zum Gemeinschaftsgesetzgeber oft auf eine Bestimmung des den jeweiligen Eingriff legitimierenden Ziels und eine Feststellung einer nicht offensichtlich vorliegenden Ungeeignetheit der Maßnahme. Siehe dazu KINGREEN, in: CALLIESS/RUFFERT, EUV/EGV, Art. 6 EU, Rdn. 74 m.w.N.; weiterhin RITGEN, ZRP 2000, S. 371 (372 f.); CASPAR, Nationale Grundrechtsgarantien und sekundäres Gemeinschaftsrecht, DÖV 2000, S. 349 (356 ff.); PACHE, Die Europäische Grundrechtscharta – ein Rückschritt für den Grundrechtschutz in Europa?, EuR 2001, S. 475 (489). A.A. ZULEEG, Zum Verhältnis nationaler und europäischer Grundrechte. Funktionen einer Charta der Grundrechte, EuGRZ 2000, S. 511 (512).

382 Siehe V. BOGDANDY, Grundrechtsgemeinschaft als Integrationsziel?, JZ 2001, S. 157 (165 f.); a.A. ZULEEG, EuGRZ 2000, S. 511 (512 f.))

383 Vgl. KOKOTT, AöR 121 (1996), S. 601 (608). Die Inkraftsetzung der Charta könnte im Spannungsverhältnis zwischen regulativer Politik und individuellen Freiheitsrechten indes eine Verstärkung letzterer bewirken, so V. BOGDANDY, JZ 2001, S. 157 (163).

384 Dies steht zu erwarten, auch wenn weder Art. 52 noch Art. 53 GRC eine Kontrolldichte festlegen, vgl. V. BOGDANDY, JZ 2001, S. 157 (164, 166).

385 Entsprechend dem von der deutschen Rechtswissenschaft entwickelten zweistufigen Prüfungsaufbau erfolgt zunächst eine Prüfung der Betroffenheit des Schutzbereichs, anschließend wird die Zulässigkeit des entsprechenden Eingriffs geprüft, vgl. statt vieler KINGREEN, in: CALLIESS/RUFFERT, EUV/EGV, Art. 6 EU, Rdn. 64 ff. Demgegenüber scheint in Frankreich eine einstufige Untersuchung der Grundrechtskonformität zu dominieren, vgl. ARNOLD, Ausgestaltung und Begenzung von Grundrechten im französischen Verfassungsrecht, JöR n.F. 38 (1989), S. 197 (209); SCHILLING, Bestand und allgemeine Lehren der bürgerschützenden allgemeinen Rechtsgrundsätze des Gemeinschaftsrechts, EuGRZ 2000, S. 3 (24 ff.).

sen Beschränkungen in der Regel unterbleibt[386], so dass die Konturen einzelner Grundrechte unscharf bleiben[387]. Eine entsprechende Präzisierung kann von der zukünftigen Rechtsprechung des EuGH auf der Grundlage der Charta erwartet werden[388].

Als generelles Defizit anzusehen ist schließlich, dass die Lücke im Grundrechtsschutz bisher rein richterrechtlich geschlossen wird, wohingegen in den Mitgliedstaaten die Rolle des Richterrechts auf jene Ausnahmefälle beschränkt ist, in denen der Gesetzgeber eine unbeabsichtigte Lücke im Gesetz gelassen hat. Mit Blick auf den heute erreichten Stand der europäischen Integration und die damit verbundene „Machtfülle“ europäischer Institutionen lässt sich für einen so wichtigen Bereich wie den Grundrechtschutz jedoch kaum noch von einer unbeabsichtigten Lücke sprechen[389]. Vor diesem Hintergrund scheint ein geschriebener Grundrechtskatalog geeignet, jenem auf Dauer für eine Rechtsgemeinschaft[390] inakzeptablen Zustand abzuhelfen[391].

Abschließend sei darauf hingewiesen, dass auch die Formulierung eines Grundrechtskatalogs sowohl mit Vorzügen als auch mit Gefahren verbunden ist. Zwar kann die Befürchtung nicht ignoriert werden, dass aufgrund des Zwangs zur Einigung mit dem Resultat eines kleinsten gemeinsamen Nenners eine Senkung des Schutzniveaus möglich erscheint. Gleichzeitig kann eingeschriebener Grundrechtskatalog jedoch als Anlass sowohl für differenzierende grundrechtspolitische Wertungen als auch für die (Weiter)Entwicklung einer europäischen Grundrechtsdogmatik angesehen werden.

---

386 Vgl. MAGIERA, Die Grundrechtecharta der Europäischen Union, DÖV 2000, S. 1017 (1018 f.); dazu näher RENGELING, Grundrechtsschutz in der EG, S. 235 ff.

387 Die bisherige Vorgehensweise beruht weitgehend auf den Umstand, dass der EuGH die Grundrechte – vergleichbar dem französischen *Conseil Constitutionnel* – als allgemeine Rechtsgrundsätze entwickelt hat. Zur Bedeutung des französischen öffentlichen Rechts in der Grundrechtssprechung des EuGH siehe SCHILLING, EuRGZ 2000, S. 3 (24 ff.).

388 So auch die Einschätzung von v. BOGDANDY, JZ 2001, S. 157 (167).

389 Dazu STEIN, FS Steinberger, S. 1425 (1430 ff.).

390 Siehe dazu ZULEEG, Die Europäische Gemeinschaft als Rechtsgemeinschaft, NJW 1994, S. 545 ff.; im Kontext der Verfassungsdiskussion RODRÍGUEZ IGLESIAS, Zur „Verfassung“ der Europäischen Gemeinschaft, EuGRZ 1996, S. 125 ff.

391 Vgl. STEIN, FS Steinberger, S. 1425 (1432.); ebenfalls ALBER/WIDMAIER, EuGRZ 2000, S. 497 (499 f.), die die Charta jedoch in erster Linie als Symbol für die Wandlung der Union von einer Wirtschaftsgemeinschaft zu einer Rechtsgemeinschaft werten.

3. Zielsetzung der Grundrechtecharta in rechtlicher und rechtspolitischer Sicht

Das Hauptanliegen der Schaffung der *Charta der Grundrechte der Europäischen Union* stellt entsprechend dem Mandat von Köln die *sichtbare* Kodifizierung des auf Gemeinschaftsebene entwickelten Grundrechtsschutzes dar[392].

Grundlage für eine entsprechende Formulierung des Mandats war ein mitgliedstaatlicher Konsens über die Schaffung von Transparenz und Rechtsklarheit durch eine Systematisierung des erreichten Grundrechtsschutzes in Form eines konsolidierten, klar strukturierten Kompetenzkataloges und dessen legitimitätsstärkende Wirkung[393].

Die Charta baut auf den gemeinsamen Verfassungstraditionen, den gemeinsamen internationalen Verpflichtungen der Mitgliedstaaten, dem Primärrecht, der EMRK, den von der Gemeinschaft und dem Europarat beschlossenen Sozialchartas sowie auf der Rechtsprechung von EGMR und EuGH auf[394]. Nach ihrem Selbstverständnis dient die Charta nicht in erster Linie der Verbesserung eines gegenwärtig unzureichenden Zustands, vielmehr geht es ihr gemäß des vierten Absatzes ihrer Präambel um eine Sichtbarmachung und eine dadurch bedingte Verstärkung des bestehenden Schutzes[395]. Sie ist damit als „Substanz des gemeinsamen europäischen Acquis auf dem Gebiet der Grundrechte“ anzu-

---

392 Der Rat von Köln hat den Zweck der Grundrechtecharta dahingehend umschrieben, „die überragende Bedeutung der Grundrechte und ihre Tragweite für die Unionsbürger sichtbar zu verankern“, vgl. Europäischer Rat Köln, Beschluss vom 04.06.1999, abgedruckt in: EuGRZ 1999, S. 364.

393 Der Beschluss des Europäischen Rates hebt ausdrücklich die Bedeutung der Wahrung der Grundrechte für die Legitimität der EU hervor, vgl. Europäischer Rat Köln, Beschluss vom 04.06.1999 (abgedruckt in: EuGRZ 1999, S. 364). In diesem Sinne auch TETTINGER, Die Charta der Grundrechte der Europäischen Union, NJW 2001, S. 1010; zur Legitimationsfunktion von Grundrechten NETTESHEIM, Die Charta der Grundrechte der Europäischen Union: Eine verfassungstheoretische Kritik, Integration 2002, S. 35 (44 f.).

394 Vgl. den fünften Absatz der Charta-Präambel.

395 Die Kommission bezeichnetet die Charta „als die eigentliche Substanz des gemeinsamen europäischen Aquis auf dem Gebiet der Grundrechte“ (Mitteilung der Kommission „Zum Status der Grundrechtscharta der Europäischen Kommission“ vom 11.10.2000 (KOM (2000) 644 endg.). Zutreffend wird die Charta auch in der Literatur als „Kondensat eines rechtsvergleichenden Status quo“ bezeichnet, vgl. KÜHLING, in: V. BOGDANDY, Europäisches Verfassungsrecht, S. 583 (592).

sehen[396] und dokumentiert eindrucksvoll, dass die Europäische Union nicht nur eine Wirtschafts-, sondern auch und vor allem eine Wertegemeinschaft ist[397].

Insbesondere im Schrifttum werden darüber hinaus die Gewährleistung eines einheitlichen Grundrechtschutzes, eine noch effizientere Bindung der Europäischen Gemeinschaft an die Gemeinschaftsgrundrechte[398] sowie eine damit einhergehende Verbesserung des Grundrechtsschutzes[399] als weitere wesentliche Funktionen der Charta erkannt. Des Weiteren könnte die Charta als Maßstab für einen unionalen Aufsichtsmechanismus gemäß Art. 7 EU dienen, der die generelle Gewährleistung der Grundrechte in den Mitgliedstaaten zum Gegenstand hat[400]. Es steht zu erwarten, dass die schriftliche Fixierung der Gemeinschaftsgrundrechte Klarheit über einzelne Rechtspositionen und ihre Reichweite schafft. Infolge der damit gleichzeitig erhöhten Rechtssicherheit ist die Grundrechtecharta zweifellos als eine Erleichterung für den rechtsschutzsuchenden Bürger anzusehen[401].

Ob eine qualitative Verbesserung des Grundrechtsschutzes tatsächlich eintreten wird, wird entscheidend davon abhängen, ob die Charta Rechtsverbindlichkeit erlangt bzw. der EuGH die Charta als politisches Signal im Hinblick auf eine weitere Verstärkung des Grundrechtsschutzes begreift[402].

Neben der Legitimationsfunktion wird der Charta ebenfalls eine Identifikations- und Integrationsfunktion beigemessen, da sie als Ausdruck eines Grund-

---

396 Siehe die Mitteilung der Kommission zum Status der Grundrechtecharta vom 11.10.2000 (Dok. CHARTE 4956/00), auch abgedruckt in: DT. BUNDESTAG, Die Charta der Grundrechte der Europäischen Union, S. 87 ff.

397 DT. BUNDESTAG, Die Charta der Grundrechte der Europäischen Union, S. 7.

398 Siehe CALLIESS, in: EHLERS, Europäische Grundrechte und Grundfreiheiten, § 19 II 3, Rdn. 17 f.

399 So auch TETTINGER, NJW 2001, S. 1010. Nicht erfolgt ist eine spezielle Verankerung der Einklagbarkeit der Chartagrundrechte, z.B. in einer Chartabeschwerde (dazu Dok. CONVENT 439/02 vom 29.11.2002 des Delegierten MEYER, siehe DERS., Konvent auf Verfassungskurs, NJW-Editorial 20/2003). Vielmehr wurde herausgestellt, dass „keine neuen Wege für den Zugang zur gemeinschaftsrechtlichen Gerichtsbarkeit eröffnet werden" (Mitteilung der Kommission v. 20.09.2000 (KOM (2000) 559 endg., Dok. CHARTE 4477/00, CONTRIB 328, S. 5 f. (7)).

400 Vgl. V. BOGDANDY, JZ 2001, S. 157 (158).

401 Vgl. auch HIRSCH, EG: Kein Staat, aber eine Verfassung?, NJW 2000, S. 46 (47); ERIKSEN, Why a Constitutionalised Bill of Rights, in: DERS./FOSSUM/MENÉNDEZ, The Chartering of Europe, S. 48 (57 f.).

402 Welche Kräfteverschiebungen die Charta in der Institutionenordnung der Europäischen Union bewirken wird, wird vom Grundverständnis des EuGH abhängen. Eine Beibehaltung der zurückhaltenden Grundrechtsanwendung des EuGH erwartet NETTESHEIM, Integration 2002, S. 35 (42).

konsenses einer europäischen Wertegemeinschaft die Herausbildung bzw. Verstärkung einer europäischen Identität fördern kann[403] und damit auch in integrationspolischer Hinsicht wertvoll ist[404].

Als allgemein akzeptierter Grundlagentext zu den Zielen und Werten der Integration wird der Charta im Hinblick auf die Erweiterung der Europäischen Union auch die Funktion als Orientierungshilfe für zukünftige Beitrittskandidaten sowie als Prüfungsmaßstab für deren Beitrittsfähigkeit zuerkannt[405].

Diskutiert wird als übergreifendes Ziel der Charta die Förderung und die Notwendigkeit einer gemeinschaftsrechtlichen Grundrechtspolitik und in diesem Zusammenhang die Frage, ob die Charta zum Anlass zu nehmen sei, den Grundrechten auf europäischer Ebene einen ähnlichen Stellenwert zukommen zu lassen wie in den meisten mitgliedstaatlichen Verfassungsordnungen[406]. Gefordert wird eine fundamentale Neuausrichtung der Grundrechtsentwicklung in der Europäischen Union, wobei im Rahmen einer progressiven und energischen Grundrechtspolitik eine Verlagerung des Grundrechtsschutzes durch Gerichte zu einem solchen durch die Exekutive und die Legislative erfolgen solle[407]. Ob

403 Für SANTER, Überlegungen zur Bedeutung der Europäischen Charta der Grundrechte, in: HEUSEL, Grundrechtecharta und Verfassungsentwicklung in der EU, S. 13, stellt die Charta einen „Meilenstein auf dem Weg einer europäischen Bewusstseinsbildung“ dar. Siehe weiterhin SCHMUCK, Integration 2000, S. 48 (49) sowie TETTINGER, NJW 2001, S. 1010 (1015), der die Charta als „ethisch fundiertes Leitbild für die Konturierung eines *Europäischen Gesellschaftsmodells*“ sieht.

404 Vgl. KNÖLL, NJW 2000, S. 1845 (1846), der insbesondere auf die objektiv-rechtliche Dimension der Grundrechte verweist, deren grundlegende Wertentscheidungen zu einer europäischen Identitätsbildung beitragen können. Weiterhin ausführlich ZULEEG, EuGRZ 2000, S. 511 (514 ff.).

405 Vgl. v. BOGDANDY, JZ 2001, S. 157 (158).

406 Anknüpfungspunkt ist der dritte Absatz der Charta-Präambel, demzufoge die Europäische Union das Individuum in den Mittelpunkt ihres Handelns stellt. Diese Formulierung regt zum Nachdenken über eine „weitreichende Rekonstruktion“ der unionalen Rechtsordnung untergrundrechtlichen Vorzeichen an, vgl. v. BOGDANDY, JZ 2001, S. 157 (169 f.).

407 Dieser Ansatz von ALSTON und WEILER gründet jedoch nicht auf einer Kritik des bisher durch den EuGH gewährleisteten Grundrechtschutzes, vielmehr ist er eng mit einer Forderung nach einem Wandel von einer negativen zu einer positiven Integration im Bereich der Grundrechte verknüpft: Während sich die Funktion der Gemeinschaftsgrundrechte bislang auf den negativen Aspekt der Abwehr von Eingriffen beschränke, sei diese durch einen Aspekt der positiven Integration in Form einer umfassenden europäischen Grundrechtspolitik zu ergänzen. Zur Diskussion siehe v. BOGDANDY, JZ 2001, S. 157 (159 ff.) mit den entsprechenden Nachweisen. Skepsis gegenüber einem grundrechtsorientierten Umbau der europäischen Rechtsordnung äußert KÜHLING, Grundrechte, in: v. BOGDANDY, Europäisches Verfassungsrecht, S. 583 (592); weiterhin SCZCEKALLA, Grundrechte für Europa – Die Europäi-

auch gerade nach der Proklamation der Charta europäischer Grundrechte die Entstehung einer Grundrechtsgemeinschaft ein Integrationsziel darstellt, wird im Schrifttum jedoch auch sehr zurückhaltend und kritisch beurteilt[408]. Inwieweit die Charta Ausgangspunkt einer progressiveren Grundrechtspolitik der EU sein wird, wird maßgeblich von ihrer Lesart und der Intensität der ihr zuerkannten Rechtswirkungen abhängen[409].

In einem Rückblick über die Stationen der Entwicklung des Grundrechtsschutzes auf Gemeinschaftsebene kann die Verabschiedung der Charta als bedeutende Zäsur eingestuft werden, auch wenn sich diese erst mit Erlangung der Rechtsverbindlichkeit in vollem Unfang offenbaren wird[410]. Die Charta ist als neuer Bezugspunkt eines durch sie motivierten europaweiten Grundrechtsdiskurses anzusehen und stellt – nicht zuletzt aufgrund ihrer knappen, nicht zu detaillierten und daher zukunftsoffenen Formulierungen – ein dynamisches Instrument für die Weiterentwicklung des europäischen Grundrechtsschutzes und der entsprechenden Grundrechtsdogmatik[411] dar[412].

---

sche Union nach Nizza. Zugleich ein Bericht über die Konferenz in Wien am 18. und 19. Dezember 2000, DVBl. 2001, S. 345 (347 f.).

408 Siehe V. BOGDANDY, JZ 2001, S. 157 (159 ff.).

409 V. BOGDANDY schlägt im Hinblick auf eine abgestufte rechtliche Wirkungsintensität der Charta-Gewährleistungen vier verschiedene Lesarten der Charta vor, wonach der Charta bei weiter Interpretation der Auftrag einer substantiellen Grundrechtspolitik entnommen werden kann. Auch bei einer einschränkenderen Lesart sei der Charta jedoch ein erhebliches Gewicht zuzusprechen, DERS., JZ 2001, S. 157 (160 f.).

410 Vgl. auch KÜHLING, Grundrechte, in V. BOGDANDY, Europäisches Verfassungsrecht, S. 583 (586).

411 Anschaulich hierzu QUASDORF, Dogmatik der Grundrechte der Europäischen Union; siehe weiterhin im 3. Kapitel unter A.I.

412 Siehe KÜHLING, Grundrechte, in V. BOGDANDY, Europäisches Verfassungsrecht, S. 583 (594), geht insofern von einer „Katalysatorwirkung“ der Charta aus.

IV. Rechtliche Bedeutung und Zukunftsperspektive der Charta

1. Rechtlicher Status der Charta

Die Charta wurde auf der Regierungskonferenz von Nizza feierlich proklamiert und besitzt seitdem den Status einer politischen Erklärung[413]. Sie enthält die modernste Systematisierung der Grundrechte auf europäischer Ebene und kann gerade wegen der Zusammensetzung des Konvents und des dort weitgehend verfolgten Konsensprinzips als repräsentativer Ausdruck des gegenwärtigen Grundrechtsstandards in der Gemeinschaft angesehen werden[414].

Für die Grundrechtsentfaltung in der Europäischen Union von Bedeutung ist bereits die erklärte – wenn auch gerichtlich nicht durchsetzbare – Selbstbindung der der Rechtsprechung des EuGH unterliegenden Organe der Europäischen Gemeinschaft an die Charta[415]; zudem wird auch die Proklamation der Charta den Grundrechtsschutz auf Unionsebene für den Einzelnen sichtbarer und verständlicher machen. Der Europäische Gerichtshof kann künftig bei der Prüfung eines konkreten Sachverhalts auf seine Vereinbarkeit mit den Grundrechten auch die Charta als Rechtserkenntnisquelle heranziehen und der Charta somit das Gewicht einer authentischen Interpretationsquelle der in Art. 6 EU niedergelegten Rechtsgrundsätze geben[416]. Die systematisierende Wirkung der

---

413 WEBER bezeichnet die Charta insofern als „interinstitutionelle Erklärung“, vgl. DERS., Einheit und Vielfalt der europäischen Grundrechtsordnung(en). Zur Inkorporation der Grundrechtscharta in einen europäischen Verfassungsvertrag, DVBl. 2003, S. 220 (221).

414 So auch die Bewertung von PERNICE, Integration 2001, S. 194.

415 Die Präsidentin des Europäischen Parlaments NICOLE FONTAINE erklärte bei der Unterzeichnung der Charta, dass das Dokument für das Parlament „Gesetzeskraft“ habe, auch wenn dadurch seiner vollständigen Aufnahme in den Vertrag vorgegriffen werden müsse: Von jetzt an werde die Charta verbindlicher Bezugspunkt aller Rechtsakte sein. Bei gleicher Gelegenheit betonte Kommissionspräsident ROMANO PRODI die Verpflichtung der Gemeinschaftsorgane zur Beachtung der Charta. Im März 2001 beschloss die Kommission, jeden Vorschlag für einen Rechtsakt und jede von ihr anzunehmende Regelung im Rahmen der Ausarbeitung nach den üblichen Verfahren a priori auf ihre Vereinbarkeit mit der Charta zu prüfen (vgl. Dok. CONVENT 116/02 WG II 1 vom 18.06.02, S. 4). Zur Selbstbindung der Organe und ihrer Kontrolle durch den EuGH ausführlich ALBER, EuGRZ 2001, S. 345 (350 ff.).

416 Die feierliche Annahme der Charta durch die Regierungskonferenz von Nizza genügt, um sie als Referenz für den Gerichtshof bei der Feststellung allgemeiner Rechtsgrundsätze zum effektiven Grundrechtsschutz gemäß Art. 6 Abs. 2 EU zu legitimieren, vgl. PERNICE, Integration 2001, S. 194 (195). In diesem Sinne wird der Charta eine „mittelbare Rechtsquelleneigenschaft“ zuerkannt, vgl. PACHE, EuR 2001, S. 475 (486); TRIEBEL, Die Rechts-

Charta zeigte sich bereits darin, dass inzwischen verschiedene Generalanwälte auf die Charta Bezug genommen haben[417]. Zur Bestätigung eines mit den bisherigen Rechtserkenntnisquellen des europäischen Grundrechtsschutzes gefundenen Ergebnisses zog im Januar 2002 das Europäische Gericht erster Instanz erstmals die Charta europäischer Grundrechte heran[418]. Auch ein Richter des EGMR stützte sich bereits im Oktober 2001 durch Bezugnahme auf Art. 37 GRC erstmalig auf die Charta[419].

2. Die Charta in der Parallelität der Grundrechtsordnungen

Die Existenz einer eigenen Grundrechtecharta für die Europäische Union wirft die Frage auf, in welchem Verhältnis diese zu anderen Grundrechtskatalogen, insbesondere der EMRK und den mitgliedstaatlichen Grundrechtsordnungen, steht und welche Bedeutung letzteren künftig zukommt[420].

Auf der Grundlage der Schrankenregelung der allgemeinen Bestimmungen der Artt. 52 und 53 GRC werden nicht nur die Eingriffsschranken, sondern auch die Fragen des Schutzbereichs sowie mögliche Konfliktlagen im Verhältnis

---

wirkungen der Europäischen Grundrechtecharta, NJ 2002, S. 232 (232 f.); TESAURO, Some Thougts on the Charter of Fundamental Rights, in: MICCÙ/PERNICE, The European Constitution in the Making, S. 127 (133 f.).

417 Exemplarisch genannt seien insbesondere die die Bezugnahme auf Art. 34 GRC von Generalanwalt ALBER vom Europäischen Gerichtshof in seinen Schlussanträgen zur Rechtssache *TNT Traco* zur Bedeutung der Dienstleistungen von allgemeinem wirtschaftlichen Interesse (Schlussanträge vom 01.02.2001 zur Rs. C-340/99, *TNT Traco SpA / Poste Italiane SpA*, Slg. 2001, I-4112, Tz. 94), weiterhin die Argumentation von Generalanwalt TIZZANO im Hinblick auf das Recht auf bezahlten Urlaub als Grundrecht unter ausdrücklichem Verweis auf Art. 31 Abs. 2 GRC und die Präambel der Charta (Schlussanträge vom 08.02.2001 zur Rs. C-173/99, *Broadcasting Entertainment, Cinematographic and Theatre Union (BECTU) / Secretary of State for Trade and Industry*, Slg. 2001, I-4881, Tz. 26 ff.; vgl. auch Generalanwalt JACOBS, Schlussanträge vom 21.03.2002 zur Rs. C-50/00 P, *Unión de Pequeños Agricultores*, Slg. 2002, I-6677, Tz. 39).

418 EuG, Rs. T-54/99, *max.mobil Telekommunikation Service GmbH*, Slg. 2002, II-313, Tz. 48 (abgedruckt in: EuGRZ 2002, S. 266 ff.); weiterhin EuG, Rs. T-177/01, *Jégo-Quéré*, Slg. 2002, II-2365 (1. Leitsatz). Zu weiteren Bezugnahmen auf die Charta vgl. ALBER, EuGRZ 2001, S. 349 (353); ebenfalls TRIEBEL, NJ 2002, S. 232 ff.

419 Siehe das abweichende Sondervotum von Richter COSTA im Fall *Hatton a. o. / United Kingdom* (Application No. 36022/97) unter Bezugnahme auf Art. 37 GRC, Urteil vom 02.10.2001 (abrufbar im Internet unter http://www.echr.coe.int).

420 Vgl. dazu SCHMITZ, JZ 2001, S. 833 (836). Zum Verhältnis der nunmehr positivierten Gemeinschaftsgrundrechte und den Grundfreiheiten KINGREEN, EuGRZ 2004, S. 570 ff.

verschiedener Rechtsquellen für Grundrechte geregelt, mithin also gleichzeitig das Verhältnis der Charta zum Grundrechtsschutz der Mitgliedstaaten sowie zum Menschenrechtsschutz der EMRK[421]. Die notwendige Kohärenz zwischen der Charta und der EMRK sollte durch Art. 52 Abs. 3 GRC geschaffen werden, wonach die in der Grundrechtecharta enthaltenen Rechte, die den durch die EMRK garantierten Rechten entsprechen, die gleiche Bedeutung und Tragweite haben sollen, wie sie ihnen in der Konvention verliehen wird[422]. Dem ehrgeizigen Ziel, dass die Charta als unionales Recht einen weitergehenden Schutz gewährt, will diese Norm, wie explizit aus Satz 2 hervorgeht, nicht entgegenstehen[423]. In der Schutzniveausicherungsklausel des Art. 53 GRC wird betont, dass eine Interpretation der Charta nicht zu einer Unterschreitung der in der EMRK enthaltenen Rechte führen darf[424]. Trotz dieser Regelungen kann die Frage des Verhältnisses der EMRK zu den Gemeinschaftsgrundrechten durch die Grundrechtecharta jedoch nicht als letztverbindlich gelöst betrachtet werden[425].

---

421 Ausführlich dazu GRABENWARTER, FS Steinberger, S. 1129 (1135 ff.). Kritisch zur Schrankenregelung der Charta KENNTNER, Die Schrankenbestimmungen der EU-Grundrechtecharta – Grundrechte ohne Schutzwirkungen?, ZRP 2000, S. 423 ff.

422 Zum Verhältnis der Charta zur EMRK insgesamt TETTINGER, NJW 2001, S. 1010 (1011 f.).

423 In der vom Konventspräsidium dem Text in der Fassung vom 20.09.2000 beigefügten Begründung (Dok. CHARTE 4471/00, CONVENT 48, S. 42 f.) finden sich Auflistungen von Artikeln der Charta, denen dieselbe Bedeutung und Tragweite wie den entsprechenden Artikeln der EMRK zukommt, sowie von weiteren Artikeln, die dieselbe Bedeutung haben wie die entsprechenden Artikel der EMRK, deren Tragweite jedoch umfassender sein soll.

424 Vgl. auch die Formulierung des Konventspräsidiums: „Der durch die Charta gewährleistete Schutz darf unter keinen Umständen geringer als der durch die Menschenrechtskonvention gewährte Schutz sein, was bedeutet, dass die in der Charta vorgesehene Einschränkungsregelung nicht über das in der Konvention vorgesehene Niveau hinausgehen darf.“ (Dok. CHARTE 4471/00, CONVENT 48, S. 44).

425 LIMBACH bezeichnet die komplexe Struktur des europäischen Grundrechtsschutzes als „Bermuda-Dreieck zwischen Luxemburg, Straßburg und Karlsruhe“, vgl. DIES., Die Kooperation der Gerichte in der zukünftigen europäischen Grundrechtsarchitektur, EuGRZ 2000, S. 417. Insbesondere wird die im Mittelpunkt des Verhältnisses von Gemeinschaftsrecht und EMRK stehende Frage nach der Kompetenz zur verbindlichen Entscheidung über die Beachtung der EMRK immer drängender, dazu PACHE, EuR 2001, S. 475 (492); ALBER/ WIDMAIER, EuGRZ 2000, S. 497 (500 ff.). Zur weiterhin hochaktuellen Frage eines Beitritts zur EMRK vgl. den Schlussbericht der Arbeitsgruppe II „Charta“ (Dok. CONVENT 354/02, WG II 16 v. 22.10.2002) sowie den Zwischenbericht der Gruppe über die Modalitäten und Auswirkungen einer Einbeziehung der Charta der Grundrechte in die Verträge sowie eines Beitritts der Gemeinschaft bzw. der Union zur EMRK (Dok. CONVENT 116/02 WG II 1 vom 18.06.02, S. 17 ff.). Zu weiteren Nachweisen siehe in diesem Kapitel unter A. I.2.

Für das Verhältnis der Chartagewährleistungen zum nationalen Grundrechtsschutz[426] ist von grundlegender Bedeutung, dass Art. 51 GRC den Anwendungsbereich der Charta unter Beibehaltung der primärrechtlich verankerten Zuständigkeiten und Aufgaben restriktiv festlegt. Nichtsdestotrotz erscheint angesichts einer ohnedies integrationsfördernden Rechtsprechung des EuGH unter dem Zeichen des „effet utile“ die Schaffung eines präzisen Kompetenzkataloges äußerst wünschenswert[427]. Die Besorgnis, die Charta werde die Mitgliedstaaten zu einer Änderung ihrer Verfassungen zwingen, dürfte jedoch schon mit Blick auf die explizite Spezifizierung des Anwendungsbereichs der Charta unbegründet sein[428]. Nichtsdestotrotz werden Grundrechtsentwicklungen auf europäischer Ebene und dortige konzeptionelle Strukturierungen nicht ohne signalhafte Rückwirkung auf die Diskussion zum nationalen Grundrechtsschutz bleiben[429].

Für das Verhältnis der Gemeinschaftsgrundrechte zu den nationalen Grundrechten bestimmt Art. 53 GRC, dass keine Bestimmung der Charta das höhere Schutzniveau von Grundrechten, die in den Verfassungen der Mitgliedstaaten anerkannt sind, mindert[430]. Festzuhalten ist insofern, dass Art. 53 GRC keine Kollisionsregel darstellt[431], sondern lediglich ein höheres Schutzniveau durch nationale Grundrechte in deren Anwendungsbereich unangetastet lassen will[432].

---

426 Dazu TETTINGER, NJW 2001, S. 1010 (1014 f.).

427 Vgl. bereits HIRSCH, NJW 2000, S. 46.

428 Siehe TETTINGER, NJW 2001, S. 1010 (1015.).

429 Zutreffend weist HIRSCH darauf hin, dass Grundrechtspluralismus in einem einheitlichen Rechtsraum einer Tendenz zur Harmonisierung unterliegt, so dass bei rein nationalen Sachverhalten mögliche Abweichungen nach unten zumindest eine Begründungspflicht nach sich ziehen könnten, vgl. DERS., Die Aufnahme der Grundrechtecharta in den Verfassungsvertrag, in: SCHWARZE, Der Verfassungsentwurf des Europäischen Konvents, S. 111 (116 f.). Umfassend zum Problem der Kohärenz nationaler und europäischer Grundrechte HOFFMANN-RIEM, Kohärenz der Anwendung europäischer und nationaler Grundrechte, EuGRZ 2002, S. 473 ff.

430 So auch HIRSCH, in: SCHWARZE, Der Verfassungsentwurf des Europäischen Konvents, S. 111 (115). Art. 53 GRC stellt insbesondere keine Spezialnorm für das Verhältnis der Charta-Grundrechte zu den nationalen Grundrechten dar, sondern betrifft auch Grundfreiheiten und Menschenrechte, die durch Völkerrecht und internationale Übereinkommen – insbesondere die EMRK – gewährt werden, vgl. EVERLING, Durch die Grundrechtecharta zurück zu Solange I?, EuZW 2003, S. 225.

431 Der grundsätzliche Vorrang der Grundrechte der Union vor denen der nationalen Verfassungen, der von den nationalen Verfassungsgerichten aufgrund der Übertragung von Hoheitsrechten auf die Union anerkannt ist, bleibt demzufolge unberührt.

432 EVERLING, Durch die Grundrechtecharta zurück zu Solange I?, EuZW 2003, S. 225. Im Ergebnis soll sichergestellt werden, dass lückenlos der jeweils höchste Grundrechtsstan-

B. Die Normierung des Umweltschutzes in Art. 37 GRC vor dem Hintergrund des geltenden Umweltgemeinschaftsrechts

Im Folgenden sollen die systematische Stellung des Umweltschutzartikels in der Charta und dessen Genese auf der Grundlage der zugänglichen Dokumente[433] sowie vor dem Hintergrund des nach dem Vertrag von Nizza bestehenden umweltrelevanten Primärrechts nachvollzogen werden.

I. Der Umweltschutz in der Systematik der Grundrechtecharta

1. Inhalt und Struktur der Charta

Die Charta, die in erster Linie den Anspruch erhebt, den *acquis communautaire* des europäischen Grundrechtsschutzes systematisch zusammenzufassen und zu präzisieren, stellt inhaltlich eine moderne, fortschrittliche Grundrechtsordnung dar, die über die klassischen Freiheits- und Gleichheitsrechte hinausgehend auch grundrechtlichen Schutz gegenüber neuen Gefährdungslagen etwa im Bereich des Datenschutzes oder der Biotechnologie garantiert[434]. Nicht nur in integrations-, sondern auch in rechtspolitischer Hinsicht ist die Charta europäischer Grundrechte dabei als ein Novum anzusehen: Zum ersten Mal wurden in einem Vertragstext die klassischen Freiheitsrechte, die politischen Partizipationsrechte, der Rechtsschutz und die sozialen und wirtschaftlichen Grundrechte vereinigt[435].

---

dard im Vergleich der drei Grundrechtskreise zum Tragen kommt, vgl. CALLIESS, in: EHLERS, Europäische Grundrechte und Grundfreiheiten,§ 19 II 2, Rdn. 16.

[433] Rekurriert werden kann insofern auf die Dokumentationen von BERNSDORFF/BOROWSKY „Die Charta der Grundrechte der Europäischen Union. Handreichungen und Sitzungsprotokolle" sowie „Der Grundrechtekonvent. Unveröffentlichte Arbeitsdokumente".

[434] So auch die Bewertung von PACHE, EuR 2001, S. 475 (479). Zum Inhalt der Charta siehe ebenfalls BAER, Grundrechtecharta ante portas, ZRP 2000, S. 361 (363 f.).

[435] Diese Art des umfassenden und einheitlichen Schutzes gemeinsamer Freiheitsrechte, Gleichheitsrechte und sozialer Grundrechte kann als Modell für eine neue Stufe des Grundrechtsschutzes auf internationaler Ebene angesehen werden, vgl. PACHE, EuR 2001, S. 475 (479).

Die Gesamtstruktur der Charta gliedert sich in sieben Abschnitte, denen eine Präambel vorangestellt ist[436]. Durch die systematische Zuordnung der normierten Gewährleistungen zu den Titeln „Würde des Menschen"[437], „Freiheiten"[438], „Gleichheitsrechte", „Solidarität", „Justizielle Rechte" und „Allgemeine Bestimmungen" erfolgte eine Unterteilung in Grundrechtsgruppen, welche als innovatives Wesensmerkmal der Charta anzusehen ist[439]. Das Problem einer Klassifikation der Grundrechte nach Schutzdimensionen konnte durch diese Strukturierung jedoch nicht gelöst werden[440].

Die Positionierung des Umweltschutzes in Kapitel IV unter dem Titel „Solidarität" vermag insofern nicht überraschen, als dass bereits in der Diskussion um eine Individualrechtsposition selbige übereinstimmend den wirtschaftlichen, sozialen und kulturellen Rechten und insbesondere auch der Solidarität[441] zugeordnet wurde, da nur ein solidarisches Verhalten des Kollektivs die Verwirklichung des Umweltschutzgedankens sichern kann.

---

436 In der Präambel wird die gemeinsame Wertebasis der europäischen Völker, die Unteilbarkeit und Universalität der Menschenrechte betont und gleichzeitig die bestehenden Kompetenzen und Aufgaben der Gemeinschaft sowie die Subsidiarität unter Berücksichtigung der gemeinsamen Verfassungstraditionen und der internationalen und regionalen Menschenrechte bekräftigt.

437 Die Garantie der Menschenwürde (Art. 1 GRC) – in in der Formulierung erkennbar an Art. 1 Abs. 1 GG angelehnt – wird bereits im zweiten Absatz der Präambel als Wertegrundlage der Union herausgestellt. Siehe dazu auch SCHMITZ, Die EU-Grundrechtecharta aus grundrechtsdogmatischer und grundrechtstheoretischer Sicht, JZ 2001, S. 833 (834).

438 Der Titel „Freiheiten" wurde in Anlehnung an die klassische französische Terminologie der „libertés publiques" gewählt. Siehe zu dieser Grundrechtskategorie auch unten 3. Kapitel, D.II.2.a)bb)(2).

439 Vgl. SCHMITZ, JZ 2001, S. 833 (834). Ein Grund dafür, warum in der Charta die Rechte der EMRK nicht wortgleich übernommen wurden, war der Anspruch des Konvents, einen Grundrechtskatalog zu formulieren, der sich den Herausforderungen an den Grundrechtsschutz der modernen Gesellschaft stellt und den technologischen Entwicklungen der letzten Jahre Rechnung trägt. Ausdrücklich geregelt werden sollten insbesondere Grundsätze für die Biomedizin (Art. 3 Abs. 2 GRC) und den Datenschutz (Art. 8 GRC) sowie die Thematik des Umweltschutzes (Art. 37 GRC).

440 Kritisch hierzu – insbesondere im Hinblick auf Zuordnung der jeweiligen Schutzdimensionen im Kapitel „Solidarität" – KÜHLING, Grundrechte, in: V. BOGDANDY, Europäisches Verfassungsrecht, S. 583 (596).

441 Zur Qualifizierung des Umweltschutzes als Solidaritätsrecht siehe bereits KISS, in: KROMAREK, Environnement et droits de l'homme, S. 13 ff. (23 f.).

2. Kontroverse Diskussion zur Verankerung sozialer Rechte in der Grundrechtecharta

Zur Einbeziehung sozialer Rechte in die Grundrechtecharta entwickelte sich eine vielschichtige Debatte im Konvent. Die konträren Positionen reichten von völliger Ablehnung der Verankerung sozialer Rechte über die Aufnahme sozialer Rechte in Form von Programmsätzen bzw. Zielbestimmungen, bis hin zu einer Ausgestaltung als echte Leistungsrechte gegenüber der Europäischen Gemeinschaft und den Mitgliedstaaten[442].

a) Vorgaben des Europäischen Rates von Köln

Das Hauptaugenmerk gilt zunächst der Festlegung der Staats- und Regierungschefs des Europäischen Rats zu Köln: „Bei der Ausarbeitung der Charta sind wirtschaftliche und soziale Rechte zu berücksichtigen, wie sie in der Europäischen Sozialcharta und in der Gemeinschaftscharta der sozialen Grundrechte der Arbeitnehmer enthalten sind (Art. 136 EG), soweit sie nicht nur Ziele für das Handeln der Union begründen.“[443] Schwierigkeiten bereitete die Einordnung der „sybillinisch“[444] formulierten Einschränkung, dass sich die sozialen Rechte nicht auf Normen stützen dürften, soweit sie nur „Ziele für das Handeln der Union begründen“[445]. Im Hinblick auf diese Formulierung setzte sich im Konvent eine dynamische Auslegungsmethode durch, wonach diesem Nachsatz zu entnehmen war, dass reine Zielbestimmungen in den Unionsverträgen für die in der Charta zu konstituierenden Rechte nicht relevant sind, sonstige Zielbestimmungen nur dann, wenn in ihnen ableitbare spezifische, individualrechtliche Grundrechtsaspekte zum Ausdruck kommen[446].

Angesichts der Vorgabe einer Festschreibung des grundrechtlichen *acquis communautaire* ist zu beachten, dass auch die Europäische Sozialcharta, der

---

442 Hierzu ausführlich RIEDEL, in: MEYER, GRC-Kommentar, Vorbem. Kapitel IV „Solidarität“, Rdn. 4 ff., 9 ff.; vgl. auch die Editorial Comments von DASHWOOD/DUTHEIL DE LA ROCHÈRE, The EU Charter of Fundamental Rights still under discussion, CMLR 38 (2001), S. 1 (3 f.).

443 Europäischer Rat Köln, Beschluss vom 04.06.1999 (EuGRZ 1999, S. 364).

444 RIEDEL, in: MEYER, GRC-Kommentar, Vorbem. Kapitel IV „Solidarität“, Rdn. 5.

445 Europäischer Rat Köln, Beschluss vom 04.06.1999 (siehe Anm. 443).

446 S. RIEDEL, in: MEYER, GRC-Kommentar, Vorbem. Kapitel IV „Solidarität“, Rdn. 5. Bei enger Auslegung hätte dies bedeutet, dass sämtliche in den Verträgen der Union existenten Zielnormen nicht zur Stützung von entsprechenden sozialen Grundrechten herangezogen werden dürften.

mittlerweile alle Mitgliedstaaten beigetreten sind, soziale Rechte enthält, so dass nichts qualitativ Neues eingeführt wurde[447]. Zudem sind wirtschaftliche und soziale Rechte bereits im EG-Vertrag enthalten[448] und der EuGH muss nach geltendem Recht gemäß Art. 6 Abs. 2 EU soziale Grundrechte als Teil der gemeinsamen Verfassungsüberlieferungen der Mitgliedstaaten berücksichtigen. In den meisten mitgliedstaatlichen Rechtsordnungen finden sich wirtschaftliche und soziale Grundrechte als integrale Bestandteile von Verfassungstexten oder sie ergeben sich aus Verfassungsgrundsätzen[449]. Ohne die Aufnahme sozialer Grundrechte fiele Europa demnach hinter den international erreichten Menschenrechtsstandard zurück, so dass das Mandat von Köln verfehlt worden wäre[450]. Nicht übersehen werden darf indes, dass die sozialen Gewährleistungen des primären Gemeinschaftsrechts keine unmittelbar einklagbaren subjektiven Rechte, sondern Gemeinschaftszielbestimmungen darstellen. Insbesondere stellen auch die in den mitgliedstaatlichen Verfassungsordnungen verankerten sozialen Grundrechte in den seltensten Fällen echte Leistungsrechte dar[451].

b) Zur Diskussion im Konvent

Unter Betonung der Unteilbarkeit und gegenseitigen Bedingtheit der Menschenrechte und der sozialen Dimension des Binnenmarkts erklärten die Befürworter der Aufnahme soziale Rechte, dass diese den echten Mehrwert der Charta

---

447 Zu einem Überblick über den Bestand der sozialen Grundrechte auf der Eben des Gemeinschaftsrechts vor der Erarbeitung der Grundrechtecharta vgl. RIEDEL, in: MEYER, GRC-Kommentar, Vorbem. Kapitel IV „Solidarität“, Rdn. 17 ff.

448 Siehe z.B. die Artt. 127, 137, 152 EG. Zum Solidaritätsprinzip siehe CALLIESS, Subsidiaritäts- und Solidaritätsprinzip in der Europäischen Union, S. 187 ff.

449 Vgl. auch die exemplarische Darstellung sozialer Rechte in den mitgliedstaatlichen Verfassungsordnungen bei MEYER/ENGELS, Aufnahme von sozialen Grundrechten in die Grundrechtecharta?, ZRP 2000, S. 368 (369).

450 MEYER/ENGELS, ZRP 2000, S. 369 (371). Gleichzeitig wäre eine Zurückdrängung des Grundrechtsschutzes in Europa zu befürchten gewesen. PACHE weist weiterhin zutreffend darauf hin, dass die Berücksichtigung sozialer Grundrechte die europäische Grundrechtsidentität nachdrücklich prägt, vgl. DERS., Eine Verfassung für Europa – Krönung oder Kollaps der europäische Integration?, EuR 2002, S. 767 (781).

451 Zum Teil wird der Sozialstaat in Staaten, deren Verfassungen keine sozialen Grundrechte enthalten (z.B. BRD, Österreich), sogar als besser ausgeprägt angesehen als in südeuropäischen Staaten, die soziale Rechte auf dem Papier gewähren, vgl. MAGIERA, Die Grundrechtecharta der Europäischen Union, DÖV 2000, S. 1017 (1023).

ausmachten[452]. Skeptiker warnten vor der Titulierung reiner Gesetzgebungsaufträge als „Rechte“ und der damit einhergehenden fehlenden Justiziabilität und erinnerten an das Kölner Mandat, demzufolge reine Zielbestimmungen außer Betracht bleiben sollten[453].

Generell wurde angesichts der Konstituierung sozialer Rechte davor gewarnt, Rechte zu suggerieren, die nicht realisierbar seien[454]. Auch wurde diesbezüglich die Befürchtung eines schleichenden Kompetenzzuwachses der Europäischen Gemeinschaft bzw. der Union geäußert[455].

Ausschlaggebend für die Erarbeitung eines Freiheits-, Gleichheits- Verfahrens- und Sozialrechte umfassenden Katalogs war nicht zuletzt das Ansehen der Charta auf internationaler Ebene angesichts entsprechender Stellungnahmen von Expertengremien, die die Unteilbarkeit und gegenseitige Bedingtheit der Menschenrechte betonten. So heißt es im Bericht der von der Kommission eingesetzten Expertengruppe „Grundrechte“ unter der Leitung von SPIROS SIMITIS: „Jeder Versuch, die Grundrechte ausdrücklich anzuerkennen, muss sowohl die politischen als auch die sozialen Grundrechte einbeziehen. Wer sich über ihre Wechselwirkung hinwegsetzt, stellt den Schutz beider in Frage“[456]. Auch der Ausschuss der Vereinten Nationen über wirtschaftliche, soziale und kulturelle

---

452 Siehe RIEDEL, in: MEYER, GRC-Kommentar, Vorbem. Kapitel IV „Solidarität“, Rdn. 9. Von deutscher Seite wurde der Standpunkt vertreten, die sozialen Grundrechte seien das „Herzstück“ der Charta – so der grundsätzliche Standpunkt von *Meyer* (D), der gleichzeitig betonte, dass im Bereich der horizontalen Regeln klargestellt werden müsse, dass es sich bei den sozialen Grundrechten nur um Respektierungs-, Schutz- und Förderpflichten handeln könne, nicht jedoch um subjektive Leistungsrechte, vgl. BERNSDORFF/BOROWSKY, Protokolle, S. 370.

453 S. RIEDEL, in: MEYER, GRC-Kommentar, Vorbem. Kapitel IV „Solidarität“, Rdn. 9 f. Ebenfalls erhoben wurde der Einwand, dass soziale Rechte kostspielige Leistungsrechte, die klassischen politischen Rechte hingegen Freiheitsrechte seien, vgl. hierzu MEYER/ENGELS, ZRP 2000, S. 368 f. Zur Grundsatzdebatte zu den wirtschaftlichen und sozialen Rechten vom 03./04.04.2000 vgl. BERNSDORFF/BOROWSKY, Protokolle, S. 207 ff.

454 MAGIERA, DÖV 2000, S. 1017 (1024); TETTINGER, NJW 2001, S. 1010 (1014).

455 Zu den Bedenken einzelner Konventsmitglieder vgl. RIEDEL, in: MEYER, GRC-Kommentar, Vorbem. Kapitel IV „Solidarität“, Rdn. 13; allgemein LINDNER, DÖV 2000, S. 543 (549/ Fn. 43), der auf die generell großzügige Interpretation von EG-Kompetenzen und die damit einhergehende faktische kompetenzausweitende Wirkung der Grundrechte auf Gemeinschaftsebene verweist. Ebenfalls skeptisch KOENIG, EU-Grundrechtscharta – ein neuer supranationaler Kompetenztitel?, EuZW 2000, S. 417.

456 Bericht der SIMITIS-Kommission: Die Grundrechte in der Europäischen Union verbürgen – es ist Zeit zum Handeln, Brüssel, 1999 (vgl. Anm. 321).

Rechte warnte im Hinblick auf die internationale Akzeptanz davor, auf die Aufnahme sozialer Rechte in die Grundrechtecharta zu verzichten[457].

Weiterhin bestand Einigkeit dahingehend, dass die Charta für einen längeren Zeitraum und daher als ein einer dynamischen Interpretation zugängliches Dokument konzipiert werden musste, so dass die Charta nicht bei jeder Vertragsänderung an neue Zuständigkeiten angepasst werden müsste[458].

Bemerkenswert ist, dass die unter dem Kapitel „Solidarität" zusammengefassten wirtschaftlichen und sozialen Grundrechte sowie die systematisch fehlerhaft platzierten Artt. 15, 24, 25, 26 GRC fast ein Viertel der Charta ausmachen[459]. Bei der Verankerung der sozialen Rechte legte der Konvent das sogenannte „Drei-Säulen-Modell" zugrunde, wonach soziale Grundrechte auf drei verschiedene Säulen gestützt Eingang in die Charta der Grundrechte finden sollten[460].

Der grundsätzlichen Debatte zur Aufnahme sozialer Rechte folgte die Diskussion, wie viele soziale Grundrechte aufzunehmen seien und wie diese im Einzelnen auszugestalten seien. Von zentraler Bedeutung war die Frage nach der Rechtsqualität der sozialen Grundrechte, welche Bindungswirkung sie entfalten

---

457 Auszug aus der Stellungnahme des UN-Ausschusses für wirtschaftliche, soziale und kulturelle Rechte vom 27.04.2000: „Such negative regional signals would be highly detrimental to the full realization of all human rights at both the international and the domestic levels, and would be regarded as a retrogressive step contravening the existing obligation of the Member States of the European Union under the International Covenant on Economic, Social and Cultural Rights". Vgl. hierzu MEYER/ENGELS, ZRP 2000, S. 368 (370).

458 S. RIEDEL, in: MEYER, GRC-Kommentar, Vorbem. Kapitel IV „Solidarität", Rdn. 6; MEYER/ENGELS, ZRP 2000, S. 368 (370).

459 Kritisch zur Aufnahme insbesondere der objektiv-rechtlich formulierten Gewährleistungen, da diese „in einem Grundrechtskatalog weder begrifflich noch systematisch eine Berechtigung haben", äußert sich CALLIESS, EuZW 2001, S. 261 (265).

460 Als erste Säule anzusehen sei hierbei die Verankerung des Grundsatzes der Solidarität – gleichberechtigt neben den Grundsätzen der Freiheit, Gleichheit, Demokratie, der Achtung der Menschenrechte und der Rechtsstaatlichkeit – im zweiten Absatz der Präambel. In einer zweiten Säule sollten sämtliche wirtschaftliche und soziale Rechte, die zwischen den Mitgliedstaaten als „unstreitig" gelten, aufgenommen werden. Um die Zukunftsoffenheit der Charta zu gewährleisten, sollten hier Grundnormen formuliert werden und auf Detailregelungen verzichtet werden. Als dritte Säule sollte zur Gewährleistung der Zukunftsoffenheit eine Querschnitts- oder Öffnungsklausel dienen (Art. 53 GRC), derzufolge keine von der GRC aufzunehmenden Rechte national oder international geltende Standards herabsenken dürften, und die bei der Auslegung dieser Grundnormen die Berücksichtigung der national und international geltenden Standards gewährleisten müsste. Vgl. ferner die Zusammenfassung von MEYER/ENGELS, ZRP 2000, S. 368 (370 f.).

sollten und insbesondere, wie die einzelnen Positionen unter die Begriffe „Rechte“ und „Grundsätze“ zu subsumieren seien[461].

II. Die Stellung des Umweltschutzes im Gemeinschaftsrecht

1. Entwicklung des Umweltschutzgedankens im Gemeinschaftsrecht

Bereits seit Anfang der siebziger Jahre entwickelte die Gemeinschaft erste sektorale Ansätze einer Umweltpolitik, die primär auf eine Beseitigung von Wettbewerbsverzerrungen im Gemeinsamen Markt zielten[462]. Die entsprechenden europäischen Umweltrechtsakte erfolgten zunächst ohne explizite Rechtsgrundlage in den Römischen Verträgen und wurden im Wege einer extensiven Interpretation auf die Artt. 100, 235 EWG a.F. als „Annexkompetenz“ zum gemeinsamen Markt gestützt[463]. Diese allgemeine Entwicklung einer alle Bereiche des Umweltrechts umfassenden Rechtsetzungstätigkeit der Gemeinschaft fand eine Bestätigung in einem Urteil des EuGH im Jahre 1985, in dem der Gerichtshof den Umweltschutz als „wesentliches Ziel der Gemeinschaft“ anerkannte[464].

---

[461] Siehe hierzu RIEDEL, in: MEYER, GRC-Kommentar, Vorbem. Kapitel IV „Solidarität“, Rdn. 8 ff. Ausführlich BERNSDORFF/BOROWSKY, Protokolle, S. 208 ff. Kritisch zu der aus der Aufnahme sozialer Rechte resultierenden „heterogenen Struktur unterschiedlicher Rechtsnormen“ in der Charta: WEBER, Charta der Grundrechte der Europäischen Union, S. 9.

[462] Als Aufgabe der Europäischen Gemeinschaft erscheint der Umweltschutz erstmals in der Mitteilung der Kommission über die Politik der Gemeinschaft auf dem Gebiet des Umweltschutzes vom 22.07.1971. In ihr heißt es, dass „Umweltschutz und Umweltgestaltung als wahrhaft zivilisatorische Verpflichtung künftig als eine wesentliche Aufgabe der Europäischen Gemeinschaft betrachtet werden müssen“, vgl. Bull. EG 9/10 1971, S. 62 ff. (63). Eine spätere Mitteilung vom 24.03.1972 stellt die Aufgabe des Umweltschutzes auf eine Stufe mit anderen Gemeinschaftsaufgaben und verknüpft sie mit den Zielsetzungen und Politiken der Gemeinschaft: „Der Schutz und die Verbesserung der Umwelt gehören (...) zu den Aufgaben der Gemeinschaften. Sie sind ausdrücklich oder stillschweigend in ihre Zielsetzungen einbezogen, berühren die Vorschriften und Grundsätze, auf deren Einhaltung die EWG gegründet ist, und finden (...) zunehmend Eingang in die Politik der EWG und in die spezifischen Aktionen im Rahmen der drei Verträge.“ (ABl. EWG 1972 C 52, S. 1 (8)).

[463] Dazu RESS, Europäische Gemeinschaften, in: KIMMINICH/V. LERSNER/STORM, HdUR/ Bd. I, Sp. 548 ff. (561); SCHRÖDER, Umweltschutz als Gemeinschaftsziel und Grundsätze des Umweltschutzes, in: RENGELING, EUDUR/ Bd. I, § 9, Rdn. 6; weiterhin KAHL, Umweltprinzip und Gemeinschaftsrecht, S. 274 ff. mit umfangreichen Nachweisen.

[464] EuGH, Rs. 240/83, *Procureur de la République / ADBHU*, Slg. 1985, S. 531 (Tz. 13, 15), seitdem st. Rspr.

Mit der Verankerung eines eigenen Umweltschutzkapitels (Artt. 130 r-t EWGV) durch die Einheitliche Europäische Akte im Jahre 1986 wurde die gemeinschaftliche Umweltpolitik erstmalig ausdrücklich und selbständig im Primärrecht geregelt. Angesichts der hierin zu erblickenden rechtspolitischen Aufwertung stellte diese „Konstitutionalisierung"[465] einen wichtigen Fortschritt für die Weiterentwicklung des Umweltschutzrechts auf Gemeinschaftsebene dar[466]. Schon unter der EEA wurde jedoch die Forderung nach einer Aufnahme des Umweltschutzes in den allgemeinen Zielkatalog der Gemeinschaft erhoben, um dem Umweltschutz im Spektrum des Wirkungsbereichs der Gemeinschaft größeres Gewicht zu verleihen. Diesem Anliegen wurde im Maastrichter Unionsvertrag durch eine Neufassung der Artt. 2 und 3 k) EGV Rechnung getragen, als deren Kernaussage die prinzipielle Gleichwertigkeit des Umweltschutzes im Verhältnis zu ökonomischen Zielen und anderen Aufgaben der Gemeinschaft anzusehen ist[467].

In der Amsterdamer Fassung des EG-Vertrages erfuhr der Umweltschutz durch eine textliche Hervorhebung eine wichtige Aufwertung: Nachdem der Umweltschutz seit der EEA in Art. 2 EG lediglich als Bestandteil des Wachstumsziels aufgeführt wurde, wird er seit Inkrafttreten des Amsterdamer Vertrages am 1. Mai 1999 nun als *eigenständiges* Ziel formuliert und zusätzlich durch das Postulat des hohen Schutzniveaus und der Verbesserung der Umweltqualität aufgewertet[468]. Die stetig fortschreitende, immer umfassender werdende

---

465 SCHRÖDER, Umweltschutz als Gemeinschaftsziel und Grundsätze des Umweltschutzes, in: RENGELING, EUDUR/ Bd. I, § 9, Rdn. 8 ff.

466 Nach dem durch die EEA eingefügten Art. 130 s EWGV konnte der Ministerrat einstimmig Umweltrechtsakte auf Vorschlag der Kommission und nach Anhörung des Europäischen Parlaments sowie des Wirtschafts- und Sozialausschusses verabschieden. Ferner wurde in Art. 100 a EWGV eine Rechtsgrundlage insbesondere für den Erlass von binnenmarktbezogenen Umweltschutzregelungen bereitgestellt. Dazu BREIER, Umweltschutz in der Europäischen Gemeinschaft. Eine Bestandsaufnahme nach Maastricht, NuR 1993, S. 457. Jedoch fehlte zur Anerkennung einer in sich geschlossenen Umweltpolitik, die der Gemeinschaft das Attribut einer „Umweltgemeinschaft" durch Hervorhebung des Umweltschutzes an prominenter Stelle des Vertrages gesichert hätte, ersichtlich noch die Bereitschaft. Dazu insgesamt SCHEUING, Die Einheitliche Europäische Akte als Grundlage umweltrechtlicher Aktivitäten der Europäischen Gemeinschaft, in: BEHRENS/KOCH, Umweltschutz in der EG, S. 46 (48 ff.).

467 Vgl. auch SCHRÖDER, Umweltschutz als Gemeinschaftsziel und Grundsätze des Umweltschutzes, in: RENGELING, EUDUR/ Bd. I, § 9, Rdn. 13.

468 DERS., ebd., Rdn. 14. Auch erwähnt der 8. Erwägungsgrund der Präambel des EU-Vertrages seitdem ausdrücklich die „Stärkung (...) des Umweltschutzes". Eine wesentliche Neuerung stellte die Rezeption des völkerrechtlichen Grundsatzes der nachhaltigen Entwicklung (sustainable development) in Art. 2 Abs. 1, 1. Spiegelstrich EU sowie in den Artt. 2 und 6 EG dar. Ausführlich dazu KAHL, in: STREINZ, EUV/EGV, Art. 174 EG, Rdn. 8.

Normierung des Umweltschutzprinzips verdeutlicht den Übergang der Gemeinschaft von einem reinen Wirtschaftsverbund zu einer politischen Union, die auch eine „Umweltunion“[469] umfasst.

2. Primärrechtliche Bezugspunkte des Art. 37 GRC und ihre Rechtswirkungen

a) Vorbemerkung

Die hervorgehobene Bedeutung insbesondere der Artt. 2, 6 und 174 EG als interpretatorische Grundlage für Art. 37 GRC manifestiert sich bereits in der evidenten textlichen Akzessorietät der Charta-Gewährleistung an die genannten primärrechtlichen Umweltschutznormen. Aufgrund der deutlich erkennbaren – und nach den präsidialen Erläuterungen des Verfassungskonvents auch bestätigten[470] – Vorbildfunktion dieser Regelungen für die Konstitutionalisierung des Umweltschutzes in der Grundrechtecharta werden im Folgenden die maßgeblichen Umweltschutzregelungen des EU- und des EG-Vertrages im Hinblick auf ihre Rechtsnatur und ihre Rechtswirkungen untersucht.

b) Art. 2 EU und Art. 2 EG

Seit Inkrafttreten des Amsterdamer Vertrages enthalten Art. 2 EU und Art. 2 EG i.V.m Art. 3 Abs. 1 lit. l) EG eine ausdrückliche Verpflichtung der europäischen öffentlichen Gewalt nicht nur – wie bisher – im Hinblick auf ein „hohes Maß an Umweltschutz“, sondern auch im Hinblick auf das im Rahmen der UNCED-Konferenz von Rio de Janeiro geprägte Prinzip einer „ausgewogenen und nachhaltigen Entwicklung“. Art. 2 EU ist als rechtsverbindliche Ziel-

---

[469] Dazu PERNICE, Europäische Union als Umweltunion?, EuZW 1995, S. 385.

[470] In den aktualisierten Erläuterungen des Präsidiums des Verfassungskonvents zur Grundrechtecharta (aktualisierte Fassung der zunächst in eigener Verantwortung des Präsidiums des Grundrechtekonvents ohne unmittelbare Rechtswirkung formulierten Erläuterungen/ Dok. CONVENT 828/1/03 REV 1 vom 18.07.2003) werden die Artt. 2, 6 und 174 EG explizit als Grundlage des Art. 37 GRC bezeichnet. Siehe zur Bedeutung der präsidialen Erläuterungen ausführlich unten 3. Kapitel, C.II.4.

bestimmung[471] für das gesamte unionale Handeln zu begreifen, die in praktischer Hinsicht vor allem für die Auslegung der Vertragsbestimmungen von Bedeutung ist und keine konkreten Handlungspflichten nach sich zieht[472]. Auch Art. 2 EG reicht rechtsqualitativ über einen Programmsatz hinaus und stellt eine rechtsverbindliche Norm dar[473], die jedoch wegen der Allgemeinheit der Vertragsziele weder rechtliche Pflichten der Mitgliedstaaten[474], noch Rechte Einzelner[475] begründen kann[476]. Trotz bestehender Justiziabilitätsschwäche der Norm ist festzustellen, dass die Vertragsziele „pflichtenaktivierend“, jedoch „anspruchsresistent“[477] sind[478]. Art. 2 EG verpflichtet die Gemeinschaftsorgane, auf zielkonforme rechtliche und tatsächliche Zustände hinzuwirken[479].

Angesichts der begrenzten Justiziabilität der Norm ist die Kontrolle des EuGH jedoch auf die Einhaltung hinreichend bestimmter politischer Zielvorgaben unter Berücksichtigung des den Organen dabei eingeräumten (weiten) politischen Gestaltungsspielraums beschränkt[480]. Rechtliche Bedeutung und da-

---

471 HATJE, in: SCHWARZE, EU, Art. 2 EG, Rdn. 2; PECHSTEIN, in: STREINZ, EUV/EGV, Art. 2 EU, Rdn. 4, der insofern von einer „Ausrichtungsvorgabe“ spricht. Siehe weiterhin GEIGER, EUV/EGV, Art. 2 EU, Rdn. 2.

472 Vgl. PECHSTEIN, in: STREINZ, EUV/EGV, Art. 2 EU, Rdn. 4; BLANKE, in: CALLIESS/RUFFERT, EUV/EGV, Art. 2 EU, Rdn. 3.

473 Siehe BASEDOW, Zielkonflikte und Zielhierarchien im Vertrag über die Europäische Gemeinschaft, FS Everling/ Bd. I, S. 49; ebenfalls STREINZ, in: DERS., EUV/EGV, Art. 2 EG, Rdn. 8 f.

474 So ausdrücklich EuGH, Rs. 126/86, *Giménez / Zaera*, Slg. 1987, I-3697, Tz. 11 sowie Rs. C-339/89, *Alsthom Atlantique*, Slg. 1991, I-107, Tz. 9.

475 Ebenfalls ausdrücklich EuGH, Rs. 126/86, *Giménez / Zaera*, Slg. 1987, I-3697, Tz. 11; Rs. C-339/89, *Alsthom Atlantique*, Slg. 1991, I-107, Tz. 9.

476 Vgl. STREINZ, in: DERS., EUV/EGV, Art. 2 EG, Rdn. 9.

477 Jedoch sind die Ziele des Art. 2 EG bei der Auslegung individualberechtigender Normen des Gemeinschaftsrechts maßgeblich zu berücksichtigen, vgl. STREINZ, in: DERS., EUV/EGV, Art. 2 EG, Rdn. 12.

478 Vgl. UKROW, in: CALLIESS/RUFFERT, EUV/EGV, Art. 2 EG, Rdn. 29.

479 EuGH, Rs. 6/72, *Europemballage*, Slg. 1973, I-215, Tz. 24; STREINZ, in: DERS., EUV/EGV, Art. 2 EG, Rdn. 10.

480 Siehe STREINZ, in: DERS., EUV/EGV, Art. 2 EG, Rdn. 10. Art. 2 EG lässt sich jedenfalls entnehmen, dass die prinzipielle Zurückdrängung des Umweltschutzes und seiner qualifizierenden Merkmale, insbesondere zugunsten ökonomischer Zielsetzungen, außerhalb zulässiger Ermessensbetätigung liegt. Als Auslegungsdirektive gewinnt Art. 2 EG in Verbindung mit Spezialvorschriften des Gemeinschaftsrechts Bedeutung. Art. 3 lit. k) begründet ein justiziables Gebot, eine kohärente Umweltpolitik in Angriff zu nehmen und zu verwirklichen, wobei sich genauere primärrechtliche Vorgaben aus Art. 174 EG ergeben, vgl. SCHRÖDER, Umweltschutz als Gemeinschaftsziel und Grundsätze des Umweltschutzes, in: RENGE-

mit rechtsverbindlich steuernde Wirkung kommt auch dieser Zielvorgabe primär bei der Auslegung anderer Vertragsbestimmungen zu[481].

c) Die umweltschützende Querschnittsklausel des Art. 6 EG

Durch den Vertrag von Amsterdam neu formuliert und positioniert wurde die umweltschützende Querschnittsklausel des Art. 6 (ex 3 c) EG, in der das umweltpolitische Integrationsprinzip[482] und der Nachhaltigkeitsgrundsatz erstmalig inhaltlich miteinander verknüpft wurden[483]: „Die Erfordernisse des Umweltschutzes müssen bei der Festlegung und Durchführung der in Artikel 3 genannten Gemeinschaftspolitiken und -maßnahmen insbesondere zur Förderung einer nachhaltigen Entwicklung einbezogen werden.“ Mit dem Postulat der „Förderung einer nachaltigen Entwicklung“ wurde der umweltvölkerrechtliche Grundsatz des „sustainable development“[484] erstmals auch in den EG-Vertrag

---

LING, EUDUR/ Bd. I, § 9, Rdn. 14. Die Mitgliedstaaten sind zwar nicht unmittelbar, jedoch über Art. 10 EG zur Förderung der Ziele des EG-Vertrages verpflichtet, vgl. EuGH, Rs. C-265/95, *Kommission / Frankreich*, Slg. 1997, I-6959, Tz. 24 f., 32.

481 Vgl. V. BOGDANDY, in: GRABITZ/HILF, EU-/EG-Vertrag, Art. 2 EG, Rdn. 9; ZULEEG, in: V. D. GROEBEN/SCHWARZE, EU-/EG-Vertrag, Art. 2 EG, Rdn. 3.

482 In Europa bewirkten die bis Mitte der neunziger Jahre ergriffenen umweltpolitischen Maßnahmen keine wesentliche Verbesserung des Umweltzustandes, jedoch wurden in manchen Sektoren sichtbare Fortschritte erzielt, so etwa im Hinblick auf die Luftqualität durch die Verringerung von Emissionen. Da sich der Prozess der Einbeziehung von Umweltbelangen in die Politikbereiche Verkehr und Landwirtschaft noch in einem Anfangsstadium befand, stellte sich die Umweltsituation insbesondere im Hinblick auf Abfallmanagement, Fischerei und Bodendegradation als alarmierend dar, vgl. EUROPÄISCHE UMWELTAGENTUR, Die Umwelt in Europa: Der zweite Lagebericht (1998). Eine Gesamtanalyse der umweltqualitativen Entwicklung seit Mitte der neunziger Jahre hat jedoch gezeigt, dass richtig implementierte umweltpolitische Maßnahmen in mehreren Umweltbereichen zu bedeutenden Verbesserungen geführt haben. So konnten vor allem die Luft- und die Wasserqualität verbessert werden. Auch beim Schutz der Biodiversität wurden durch die Schaffung und Sicherung von Habitaten einige Fortschritte erzielt. Siehe dazu insgesamt EUROPÄISCHE UMWELTAGENTUR, Die Umwelt in Europa: Der dritte Lagebericht (2003). Die Berichte sind im Internet abrufbar unter www.eea.eu.int.

483 Vgl. KAHL, in: Streinz, EUV/EGV, Art. 6 EG, Rdn. 8. Zur Entwicklung der Querschnittsklausel CALLIESS, Die neue Querschnittsklausel des Art. 6 ex 3 c EGV als Instrument zur Umsetzung des Grundsatzes der nachhaaltigen Entwicklung, DVBl. 1998, S. 559 (564); ebenfalls DERS., in: DERS./RUFFERT, EUV/EGV, Art. 6 EG, Rdn. 1 ff.

484 Die deutsche Übersetzung mit den Begriffen „Nachhaltigkeit“ bzw. „nachhaltige Entwicklung“ durch das Bundesumweltministerium ist nicht unumstritten. Vgl. etwa HOHMANN,

integriert[485]. Das Prinzip der nachhaltigen Entwicklung soll sicherstellen, dass der Umweltschutz mit ökonomischen und sozialen Entwicklungsinteressen in Einklang gebracht wird, ohne dass künftigen Generationen die Fähigkeit zur Befriedigung ihrer Bedürfnisse genommen wird, so dass ein dauerhafter Erhalt menschlichen Lebens gewährleistet wird[486]. Durch die Verankerung der umweltschützenden Querschnittsklausel im ersten Teil des EG-Vertrages unter dem Titel „Grundsätze“ wurde der Umweltschutz vor die Klammer der gesamten Tätigkeit der Gemeinschaft gezogen und erfuhr damit eine nachdrückliche und bewusste Aufwertung[487]. Insbesondere ist – nach der Systematik des EG-Vertrages – die Umweltpolitik der einzige Politikbereich, der über eine solch präzise und zwingend formulierte und gleichzeitig an so prominenter Stelle verankerte Querschnittsklausel verfügt[488].

Hinsichtlich der Rechtswirkungen des Artikels ist umstritten, ob es sich um einen politisch unverbindlichen Programmsatz oder um eine verbindliche Rechtsnorm handelt[489]. Überwiegend wird die Querschnittsklausel als Rechts-

---

Ergebnisse des Erdgipfels von Rio, NVwZ 1993, S. 311 (314 f.), der die Übersetzung „bestandsfähig“ befürwortet.

485 Zuvor wurde der Grundsatz bereits im 5. Umweltaktionsprogramm der Europäischen Gemeinschaft (ABl. EG 1993 C 138, S. 1) mit dem englischen Titel „Towards Sustainable Development“ als konzeptionelle Parallele zu den Dokumenten des UNCED-Gipfels von Rio de Janeiro aufgegriffen, um ihn in der gemeinschaftlichen Umweltpolitik umzusetzen.

486 Vgl. RUFFERT, Das Umweltvölkerrecht im Spiegel der Erklärung von Rio und der Agenda 21, ZUR 1993, S. 208 (209). Auch wenn der Verpflichtungsgehalt dieses Rechtsbegriffs noch verhältnismäßig vage ist, verpflichtet er die Staaten zumindest politisch zu einer entsprechenden Ausrichtung ihres Umweltschtzverhaltens, vgl. CALLIESS, DVBl. 1998, S. 559 (561). Dazu ausführlich SCHRÖDER, Sustainable Development – Ausgleich zwischen Umwelt und Entwicklung als Gestaltungsaufgabe der Staaten, AVR 34 (1996), S. 251 (252 ff.).

487 Die besondere Stellung der umweltrechtlichen Querschnittsklausel zeigt sich auch darin, dass sie in ihrem Wortlaut und in ihrer systematischen Stellung gegenüber der Fassung der EEA zweifach verstärkt und aufgewertet wurde und sich insofern von den übrigen Querschnittsklauseln des EG-Vertrages unterscheidet, vgl. SCHRÖDER, Aktuelle Entwicklungen im europäischen Umweltrecht, NuR 1998, S. 1 (2).

488 In der damit angeordneten Vernetzung aller Tätigkeitsbereiche der Gemeinschaft mit den Erfordernissen des Umweltschutzes sieht KAHL eine Subordination der sonstigen Belange unter den Umweltschutz, vgl. DERS., in: STREINZ, EUV/EGV, Art. 174 EG, Rdn. 30.

489 Der EuGH hat sich bislang nicht explizit zu den Rechtswirkungen der Querschnittsklausel geäußert, jedoch in zwei Urteilen zur Verkehrspolitik unter Bezugnahme auf ihren Grundgedanken ein Berücksichtigungsgebot ökolgischer Belange ausgesprochen (EuGH, Rs. C-17/90, *Pinaud Wieger Sped. GmbH / Bundesanstalt für den Güterfernverkehr*, Slg. 1991, S. I-5253 ff. (5283, Tz. 11), sowie Rs. C-195/90, *Kommission / Deutschland*, Slg. 1992, S. I-3141, Tz. 33, abgedruckt in: EuZW 1992, S. 390). Vgl. aus dem Schrifttum bereits BREIER,

prinzip im Sinne eines Optimierungsgebots qualifiziert und als „imperativistischer Handlungsauftrag“ aufgefasst[490]. Auf der Grundlage einer grammatikalischen Interpretation kann in der Formulierung „müssen“ die Konkretisierung eines Rechtsgebotes zur Umorientierung bzw. Neuausrichtung der Gemeinschaftspolitik auf die Ziele und Grundsätze des Art. 174 EG gesehen werden[491]. Der Querschnittsklausel kommt somit eine Schutzfunktion gegenüber der einseitigen Ausgestaltung eines Politikbereichs zu[492].

Materiellrechtlich konkretisiert wird die Querschnittsklausel durch die Vorgaben des Art. 174 Abs. 1 und 2 EG – insbesondere durch das dort verankerte Vorsorgeprinzip[493] –, welche „bei der Festlegung und Durchführung der in Art. 3 EG genannten Gemeinschaftspolitiken und -maßnahmen“ einzubeziehen sind. Gemeinschaftspolitiken können durch die Ausarbeitung von Umweltaktionsprogrammen, von sektoriellen Programmen oder durch die Aufstellung von Leitlinien festgelegt werden. Durch die erweiternde Formulierung Gemeinschafts*maßnahmen*[494] wird auch explizit die gemeinschaftliche Rechtssetzungstätigkeit im Einzelfall sowie darüber hinaus jedes konkret-individuelle Handeln der Organe erfasst[495].

Die Bedeutung der umweltrechtlichen Querschnittsklausel des Art. 130 r Abs. 2 Satz 2 EWG-Vertrag für die Verwirklichung des europäischen Binnenmarktes, NuR 1992, S. 174 (180 f.), der die Querschnittsklausel als ein – über einen politischen Programmsatz hinausgehendes – Rechtsgebot qualifiziert. Weiterhin CALLIESS, in: DERS./RUFFERT, EUV/EGV, Art. 6 EG, Rdn. 19; EPINEY, Umweltrechtliche Querschnittsklausel und freier Warenverkehr: Die Einbeziehung umweltpolitischer Belange über die Beschränkung der Grundfreiheit, NuR 1995, S. 497 (502).

490 So CALLIESS, in: DERS./RUFFERT, EUV/EGV, Art. 6 EG, Rdn. 22; KAHL, in: STREINZ, EUV/EGV, Art. 6 EG, Rdn. 9; JAHNS-BÖHM, in: SCHWARZE, EU-Kommentar, Art. 6 EG, Rdn. 22; SCHRÖDER, Umweltschutz als Gemeinschaftsziel und Grundsätze des Umweltschutzes, in: RENGELING, EUDUR/ Bd. I, § 9, Rdn. 24; WIEGAND, Bestmöglicher Umweltschutz als Aufgabe der Europäischen Gemeinschaften – Zur Bedeutung des Gemeinschaftsziels Umweltschutz für die Europäische Integration, DVBl. 1993, S. 533 (536).

491 Vgl. CALLIESS, in: DERS./RUFFERT, EUV/EGV, Art. 6 EG, Rdn. 21; KAHL, in: STREINZ, EUV/EGV, Art. 6 EG, Rdn. 9; SCHRÖDER, Umweltschutz als Gemeinschaftsziel und Grundsätze des Umweltschutzes, in: RENGELING, EUDUR/ Bd. I, § 9, Rdn. 24.

492 BREIER, Die Bedeutung der umweltrechtlichen Querschnittsklausel des Art. 130 r Abs. 2 Satz 2 EWG-Vertrag für die Verwirklichung des europäischen Binnenmarktes, NuR 1992, S. 174 (180).

493 Dazu ausführlich APPEL, Europas Sorge um die Vorsorge. Zur Mitteilung der Europäischen Kommission über die Anwendbarkeit des Vorsorgeprinzips, NVwZ 2001, S. 395 ff.

494 Hervorhebung durch die Verfasserin.

495 Siehe auch CALLIESS, DBVl. 1998, S. 559 (566). Auch wenn letzteres bislang nicht so eindeutig geregelt war, verstand bereits Art. 130 r Abs. 2 EWGV so, dass „*alle* Gemeinschafts*maßnahmen* den Erfordernissen des Umweltschutzes gerecht werden müssen“ (Hervor-

Art. 6 EG ist somit als primärrechtliches Gebot zur Durchführung einer strategischen, auf Politiken, Programme, Pläne und Gesetze ausgedehnten Umweltverträglichkeitsprüfung zur Umsetzung des Grundsatzes der nachhaltigen Entwicklung und des Vorsorgeprinzips anzusehen[496]. Auch wenn die Norm nicht jegliche umweltbeeinträchtigende Maßnahme zu verhindern vermag, verbietet die Querschnittsklausel – insbesondere unter Berücksichtigung des Grundsatzes des bestmöglichen Umweltschutzes[497] – jedenfalls die Verursachung erheblicher Umweltbeeinträchtigungen durch eine weitgehend einseitige Ausgestaltung eines Politikbereichs[498]. Materiell-rechtlich begründet Art. 6 EG demnach eine unmittelbare Rechtspflicht der Adressaten zumindest zur angemessenen Berücksichtigung der Erfordernisse des Umweltschutzes bei den jeweiligen Politikbereichen, deren Beachtung einer Kontrolle durch den EuGH zugänglich ist[499].

Die von der Querschnittsklausel ausgehende rechtliche Verpflichtung betrifft jedenfalls das „Wie“ der näheren rechtlichen Ausgestaltung der Gemeinschaftspolitiken, insbesondere die Sekundärrechtssetzung[500]. Fraglich ist, ob sich die Norm darüber hinaus auch auf das „Ob“ der gemeinschaftlichen Rechtssetzungstätigkeit bezieht, also ob der Querschnittsklausel in Bezug auf die Gemeinschaftspolitiken so weitgehende Vorgaben entnommen werden können, dass der Gemeinschaftsgesetzgeber zu einer entsprechenden Rechtssetzung auch verpflichtet wird[501]. Dies ist nach dem Telos der Norm zu bejahen: Wenn die Norm sicherstellen soll, dass umweltpolitische Belange in allen Tätigkeitsbereichen der Gemeinschaft berücksichtigt werden, muss ihr prinzipiell auch eine Ver-

---

hebungen durch die Verfasserin), vgl. EuGH, Rs. C-62/88, *Griechenland / Rat*, Slg. I-1990, 1527, Tz. 20.

496 Vgl. CALLIESS, DBVl. 1998, S. 559 (565).

497 Hierzu und zur Herleitung dieses Grundsatzes aus dem EG-Vertrag (Präambel; Artt. 2; 36; 100 a Abs. 3, 4 und 5; 130 r Abs. 2 S. 2, Abs. 4; 130 t EGV a.F.) ZULEEG, Vorbehaltene Kompetenzen der Mitgliedstaaten der Europäischen Gemeinschaft auf dem Gebiet des Umweltschutzes, NVwZ 1987, S. 280 (283 ff.). Ausführlich weiterhin WIEGAND, DVBl. 1993, S. 533 ff.

498 Vgl. BREIER, NuR 1992, S. 174 (180).

499 Vgl. CALLIESS, in: DERS./RUFFERT, EUV/EGV, Art. 6 EG, Rdn. 22 f.; GEIGER, EUV/EGV, Art. 6 EG, Rdn. 5; SCHRÖDER, Umweltschutz als Gemeinschaftsziel und Grundsätze des Umweltschutzes, in: RENGELING, EUDUR/ Bd. I, § 9, Rdn. 24.

500 Vgl. EPINEY, Umweltrechtliche Querschnittsklausel und freier Warenverkehr: Die Einbeziehung umweltpolitischer Belange über die Beschränkung der Grundfreiheit, NuR 1995, S. 497 (502).

501 Vgl. EPINEY, NuR 1995, S. 497 (502); dazu ebenfalls KAHL, in: STREINZ, EGV/EUV, Art. 6, Rdn. 29.

pflichtung zur Vornahme der entsprechenden Maßnahmen in dem jeweiligen Politikbereich entnommen werden können, sofern umweltpolitische Gesichtspunkte dies verlangen[502]. Nach restriktiverem Verständnis kann eine solche Handlungspflicht der Rechtssetzungsorgane der Gemeinschaft jedoch nur unter engen Voraussetzungen im Zusammenwirken mit anderen Normen, z.B. dem Vorsorgeprinzip oder dem Untermaßverbot, durch Art. 6 EG ausgelöst werden[503].

Subjektive Rechte ergeben sich aus der Norm nicht, da sie rein objektivrechtlicher Natur ist[504]. Auch wenn sich der EuGH auf die Querschnittsklausel beruft, ist deren gerichtliche Bedeutung bislang nicht eindeutig geklärt[505]. In der Literatur wird infolge der gesetzgeberischen Gestaltungsfreiheit zumeist eine begrenzte Justiziabilität anerkannt[506].

d) Rechtsgrundlagen und Prinzipien der Umweltschutzpolitik der Gemeinschaft in den Artt. 174-176 EG

Die Bestimmungen der Artt. 174-176 EG formulieren Ziele und Grundsätze der Umweltpolitik (Artt. 174 Abs. 1, 2 und 3 EG), begründen Handlungskompetenzen des Rates in der Gemeinschaft (Art. 175 EG) sowie gegenüber Drittstaaten (Art. 174 Abs. 4 EG) und gestatten verstärkende mitgliedstaatliche Schutzmaßnahmen (Art. 176 EG).

Art. 174 Abs. 1 EG normiert, insoweit die Artt. 2 und 3 Abs. 1 lit. l) EG konkretisierend, die „Erhaltung und den Schutz der Umwelt sowie die Verbesserung ihrer Qualität“, den „Schutz der menschlichen Gesundheit“, die „umsich-

---

502 Vgl. EPINEY, NuR 1995, S. 497 (502). In diesem Sinne auch CALLIESS, DVBl. 1998, S. 559 (566), der auch darauf verweist, dass durch den Begriff „Durchführung“ auch eine entsprechende Pflicht der Mitgliedstaaten begründet wird.

503 Vgl. KAHL, in: STREINZ, EUV/EGV, Art. 6 EG, Rdn. 29.

504 Vgl. DERS., ebd., Rdn. 9.

505 S. dazu JAHNS-BÖHM/BREIER, Die umweltrechtliche Querschnittsklausel des Art. 130 r Abs. 1 S. 2 EWGV, EuZW 1992, S. 49 (54 f.).

506 Neben einer materiellen Verletzung des Art. 6 EG ist die Begründungspflicht des Art. 253 EG als potentieller Anknüpfungspunkt anzusehen, so dass eine der Überprüfung des Subsidiaritätsprinzips nach Art. 5 EG vergleichbare Kontrolle durch den EuGH möglich und erforderlich erscheint, vgl. CALLIESS, in: DERS./RUFFERT, EUV/EGV, Art. 6 EG, Rdn. 23; JAHNS-BÖHM, in: SCHWARZE, EU-Kommentar, Art. 6 EG, Rdn. 23; DERS./BREIER, EuZW 1992, S. 49 (53 f.). Weiterhin obliegt es dem EuGH, im Rahmen des Vertragsverletzungsverfahrens die Beachtung der Querschnittsklausel bei der (praktischen) Durchführung der Gemeinschaftspolitiken durch die Mitgliedstaaten zu überwachen.

tige und rationelle Verwendung der natürlichen Ressourcen“ sowie die Förderung von Umweltschutzmaßnahmen auf internationaler Ebene als *verbindliche* Ziele und Aufgaben der gemeinschaftlichen Umweltpolitik[507]. Die Norm ist im Zusammenhang mit dem 8. Erwägungsgrund der Präambel des EU-Vertrages, Art. 2 Abs. 1, 1. Spiegelstrich EU sowie den Artt. 2, 3 Abs. 1 lit. l) und 6 EG zu sehen und erklärt eine nachhaltige Politik auf dem Gebiet des Umweltschutzes zu einem der wesentlichen Ziele der Gemeinschaft bzw. der Union[508].

Hinsichtlich des erstgenannten Zieles der Erhaltung, des Schutzes und der Qualitätsverbesserung der Umwelt ist zunächst anzumerken, dass – auch in Ermangelung einer primärrechtlichen Definition des Umweltbegriffs – ein extensives Begriffsverständnis zugrunde zu legen ist[509]. Der Begriff der Erhaltung impliziert – im Sinne eines ökologischen Bestandsschutzes – ein Verschlechterungsverbot, infolgedessen die Umwelt grundsätzlich nicht verbraucht bzw. zerstört werden darf[510]. Das Erfordernis der Qualitätsverbesserung indiziert, dass sich die Umweltpolitik nicht auf konservierende Maßnahmen beschränken darf, sondern – gerade im Hinblick auf den Schutz zukünftiger Generationen – auf die Wiederherstellung von verlorengegangener Umweltqualität ausgerichtet sein muss[511]. Durch die explizite Nennung des Gesundheitsschutzes als Bestandteil des Umweltschutzes wird eine Beziehung zu Art. 152 EG hergestellt und die Interdependenz zwischen Umwelt- und Gesundheitsschutz hervorgehoben.

Als weiteres wesentliches Ziel wird in Art. 174 Abs. 1 EG die umsichtige und rationelle Verwendung der natürlichen Ressourcen vorgegeben, worin eine

---

507 Siehe SCHRÖDER, Umweltschutz als Gemeinschaftsziel und Grundsätze des Umweltschutzes, in: RENGELING, EUDUR/ Bd. I, § 9, Rdn. 16 m.w.N. Siehe ebenfalls KOTULLA, Die Steuerungswirkung des europäischen Umweltschutzrechts für das nationale Recht, EuR 2001, S. 522 f.

508 Vgl. KAHL, in: STREINZ, EUV/EGV, Art. 174 EG, Rdn. 14 m.w.N. zu der entsprechenden Rechtsprechung des EuGH.

509 Umfasst sind jedenfalls die in Art. 3 der UVP-Richtlinie (Richtlinie 85/337/EWG vom 27.06.1985, ABl. EG 1985 L 175/40) aufgeführten Rechtsgüter, also Menschen, Tiere, Flora, Fauna, Boden, Wasser, Luft, Klima, Landschaft, Sachgüter und kulturelles Erbe sowie Wechselwirkungen zwischen diesen Faktoren, vgl. CALLIESS, in: DERS./RUFFERT, EUV/EGV, Art. 174 EG, Rdn. 8 m.w.N. Auch den Aktionsprogrammen der Gemeinschaft können Anhaltspunkte für eine extensive Intepretation entnommen werden, vgl. GEIGER, EUV/EGV, Art. 174 EG, Rdn. 6 ff. unter Bezugnahme auf das dritte und das fünfte Aktionsprogramm der Gemeinschaft.

510 Vgl. CALLIESS, in: DERS./RUFFERT, EUV/EGV, Art. 174 EG, Rdn. 8; SCHRÖDER, Umweltschutz als Gemeinschaftsziel und Grundsätze des Umweltschutzes, in: RENGELING, EUDUR/ Bd. I, § 9, Rdn. 17; KAHL, Umweltprinzip und Gemeinschaftsrecht, S. 19.

511 Vgl. KAHL, Umweltprinzip und Gemeinschaftsrecht, S. 20.

konkrete Ausprägung des Grundsatzes der nachhaltigen Entwicklung und damit mittelbar auch des Schutzes künftiger Generationen zu sehen ist[512]. In Art. 174 Abs. 1, 4. Spiegelstrich EG wird die Gemeinschaft durch das sogenannte Globalitätsprinzip[513] zur Förderung des internationalen Umweltschutzes verpflichtet[514], welcher in dem aktuellen sechsten Umweltaktionsprogramm besonders akzentuiert wurde[515]. Eine Erweiterung der Umweltaußenkompetenzen der Gemeinschaft ist damit nicht verbunden[516].

Der Umweltschutz stellt ein fundamentales Leit- und Strukturprinzip für die Gemeinschaftsrechtsordnung dar[517]. Als Unions- bzw. Gemeinschaftsziel mit dem Charakter eines objektiven Verfassungsprinzips[518] ist die Umweltschutznorm des Art. 174 Abs. 1 EG aus der Perspektive des nationalen Verfassungsrechts der Normenkategorie der Staatszielbestimmungen strukturell vergleichbar[519].

Die Zielbestimmungen des Art. 174 Abs. 1 EG werden im zweiten Absatz der Norm konkretisiert, wobei „unter Berücksichtigung der unterschiedlichen Gegebenheiten in den einzelnen Regionen“ das Ziel eines hohen Schutzniveaus als übergeifendes Prinzip festgeschrieben ist[520]. In der Literatur wurde auf der Grundlage dieses Prinzips der Grundsatz des bestmöglichen Umweltschutzes als

512 Vgl. CALLIESS, in: DERS./RUFFERT, EUV/EGV, Art. 174 EG, Rdn. 10; SCHRÖDER, Umweltschutz als Gemeinschaftsziel und Grundsätze des Umweltschutzes, in: RENGELING, EUDUR/ Bd. I, § 9, Rdn. 20 f.

513 Siehe KAHL, in: STREINZ, EUV/EGV, Art. 174 EG, Rdn. 55.

514 In der Praxis handelt es sich hierbei primär um den Austausch von Informationen und die Verabschiedung rechtlich unverbindlicher Resolutionen.

515 Vgl. den 30. und 31. Erwägungsgrund, Art. 2 Abs. 6, Art. 9 des 6. Umweltaktionsprogramms der Gemeinschaft (ABl. EG 2002 L 242, S. 1 (2, 4, 31 f.).

516 So auch CALLIESS, in: DERS./RUFFERT, EUV/EGV, Art. 174 EG, Rdn. 11 m.w.N.

517 So auch KAHL, in: STREINZ, EUV/EGV, Art. 174 EG, Rdn. 16 f., der die Gleichstufigkeit des Umweltprinzips mit dem Rechtsprinzip, dem Sozialprinzip, dem Demokratieprinzip und dem Föderalismusprinzip hervorhebt und insofern auch von einem „integralen Prinzip mit überschießenden Gehalt“ spricht.

518 Vgl. KAHL, in: STREINZ, EUV/EGV, Art. 174 EG, Rdn. 16 unter Hinweis auf die Schlussanträge des GA SAGGIO in der Rs. C-232/97, *Nederhoff*, Slg. 1999, I-6385 (6388, Tz. 30), der insofern von einem „Grundprinzip der Europäischen Gemeinschaft“ spricht.

519 So auch die rechtliche Bewertung von KAHL, in: STREINZ, EUV/EGV, Art. 174 EG, Rdn. 16; ebenfalls CALLIESS, in: DERS./RUFFERT, EUV/EGV, Art. 174 EG, Rdn. 43.

520 Der Begriff des hohen Schutzniveaus in Art. 174 Abs. 2 EG entspricht dem Begriff in Art. 95 Abs. 3 EG, vgl. GEIGER, EUV/EGV, Art. 174 EG, Rdn. 13.

Handlungsanweisung für den Gesetzgeber und als Interpretationsmaßstab des Gemeinschaftsrechts entwickelt[521]. Nach diesem Grundsatz erhält der Umweltschutz primärrechtlich ein besonderes Gewicht, so dass bei der Abwägung eines Zielkonflikts zwischen umweltpolitischen Anliegen und anderen vertraglichen Zielsetzungen der Vorrang des Umweltschutzes bis zu einem gewissen Grad vorweggenommen und der Gestaltungsspielraum des Gemeinschaftsgesetzgebers entsprechend eingeschränkt werde[522]. Dem als ein Verfassungsprinzip der Gemeinschaft eingestuften Grundsatz des bestmöglichen Umweltschutzes wurden konkrete, systematisch in Regeln zusammengefasste Ausstrahlungswirkungen (Handlungs-, Kooperations-, subjektive Rechtsstellungs-, Präferenz-, Abwägungs-, Auslegungs-, Supplementierungs- und Kompetenzregel) zuerkannt[523].

Der Annahme, der Grundsatz des bestmöglichen Umweltschutzes sei auf Gemeinschaftsebene bereits etabliert, ist jedoch insofern mit Zurückhaltung zu begegnen, als dass er in der Gemeinschaftspraxis, insbesondere in der Judikatur des EuGH, noch keine entsprechende Anerkennung gefunden hat[524]. Auch wenn die Ziele des Art. 174 Abs. 1 EG sowie die Prinzipien des Art. 174 Abs. 2 S. 2 EG einem Optimierungsgebot unterliegen[525], steht den Organen infolge deren normativer Abstraktheit bei der Verwirklichung ein erheblicher Gestaltungsspielraum hinsichtlich ihrer Gewichtung und Akzentuierung zu[526]. Auch wenn das gemäß Art. 174 Abs. 2 S. 1 EG anzustrebende hohe Schutzniveau nicht zwingend das höchstmögliche ist, steht jedenfalls den einzelnen Mitgliedstaaten gemäß Art. 176 EG eine Schutzverstärkungskompetenz zu[527].

---

521 Vgl. etwa die vertiefte Analyse von KAHL, Umweltprinzip und Gemeinschaftsrecht, S. 10 ff. und S. 55 ff.; ebenfalls ausführlich WIEGAND, DVBl. 1993, S. 533 ff., sowie EPINEY/ FURRER, Umweltschutz nach Maastricht. Ein Europa der drei Geschwindigkeiten?, EuR 1992, S. 369 (388).

522 Vgl. CALLIESS, in: DERS./RUFFERT, EUV/EGV, Art. 174 EG, Rdn. 18; EPINEY, Umweltrecht in der Europäischen Union, S. 111 ff.

523 KAHL sieht das Umweltprinzip als den Grundsatz der dynamisch-teleologischen Auslegung verstärkenden Auslegungsmaßstab bei der Interpretation des gemeinschaftlichen Umweltrechts an (Grundsatz der umweltfreundlichen Auslegung, „in dubio pro natura“), vgl. DERS., in: STREINZ, EUV/EGV, Art. 174 EG, Rdn. 18 m.w.N.

524 Siehe auch SCHRÖDER, Umweltschutz als Gemeinschaftsziel und Grundsätze des Umweltschutzes, in: RENGELING, EUDUR/ Bd. I, § 9, Rdn. 64.

525 So CALLIESS, in: DERS./RUFFERT, EUV/EGV, Art. 174 EG, Rdn. 43, 47; ähnlich KRÄMER, EuGRZ 1988, S. 285 (288).

526 Siehe CALLIESS, in: DERS./RUFFERT, EUV/EGV, Art. 174 EG, Rdn. 43; SCHRÖDER, Umweltschutz als Gemeinschaftsziel und Grundsätze des Umweltschutzes, in: RENGELING, EUDUR/ Bd. I, § 9, Rdn. 16.

527 Vgl. ebenfalls EuGH, Rs. C-284/95, *Safety High Tech*, Slg. 1988 I, 4301, Tz. 11.

Ebenfalls explizit verankert ist das Vorsorge- und Vorbeugeprinzip in Art. 174 Abs. 2 S. 2 EG, welches sowohl der EuGH[528] als auch die Kommission[529] über die ausdrückliche Normierung für den Umweltschutz hinaus als allgemeines Rechtsprinzip des Gemeinschaftsrechts betrachten. Während im Schrifttum Übereinstimmung dahingehend besteht, dass anstelle einer repressiv-medialen eine präventiv-antizipatorische Umweltpolitik zu verfolgen ist[530], ist insbesondere umstritten, ob die Begriffe der Vorbeugung und der Vorsorge – letzterer Begriff wurde durch den Vertrag von Maastricht eingeführt – als inhaltlich synonym anzusehen sind[531], oder ob dem Prinzip der Vorsorge ein eigenständiger Inhalt zukommt[532]. Das Vorsorgeprinzip kann als Erweiterung des Vorbeugeprinzips in dem Sinne verstanden werden, als dass Vorsorge eine noch längerfristige Einbeziehung von Umweltbelangen und damit auch eine Risikovorsorge verlange[533]. Auch angesichts der Beibehaltung beider Termini in der Fassung des Vertrags von Amsterdam ist – trotz gemeinsamer Schnittmenge – von einer eigenständigen Bedeutung des Vorsorgeprinzips auszugehen[534], wel-

---

528 Vgl. EuGH, Rs. 157/96, *The Queen / Ministry of Agriculture, Food and Fisheries a.o. (BSE)*, Slg. 1998, I-2211 (2259, Tz. 67); Rs C-180/96, *Vereinigtes Königreich / Kommission*, Slg. 1998, I-2265 (2298, Tz. 100).

529 Vgl. insofern die Mitteilung der Kommission über die Anwendbarkeit des Vorsorgeprinzips (KOM (2000) 1 endg. vom 02.02.2000, S. 3, Tz. 3): „Das Vorsorgeprinzip wird im Vertrag nicht definiert, der seine Anwendung lediglich an einer Stelle – nämlich zum Schutz der Umwelt – vorschreibt. In der Praxis ist sein Anwendungsbereich jedoch wesentlich weiter und zwar insbesondere in den Fällen, in denen aufgrund einer objektiven wissenschaftlichen Bewertung berechtigter Grund für die Besorgnis besteht, dass die möglichen Gefahren für die Umwelt und Gesundheit von Menschen, Tieren oder Pflanzen nicht hinnehmbar oder mit dem hohen Schutzniveau der Gemeinschaft unvereinbar sein können.“ Siehe hierzu weiterhin ausführlich APPEL, NVwZ 2001, S. 395 ff.

530 Siehe hierzu CALLIESS, in: DERS./RUFFERT, EUV/EGV, Art. 174 EG, Rdn. 27.

531 GRABITZ/NETTESHEIM gehen von einer Entsprechung beider Prinzipien aus, vgl. DIES., in: GRABITZ/HILF, EU-/EG-Vertrag, Art. 130 r EWGV, Rdn. 37,.

532 So EPINEY/FURRER, EuR 1992, S. 369 (384 f.).

533 In diesem Sinne CALLIESS, in: DERS./RUFFERT, EUV/EGV, Art. 174 EG, Rdn. 26; EPINEY, Umweltschutz in der Europäischen Union, S. 98 ff.

534 Diese Sichtweise wird auch durch einen Vergleich der deutschen Sprachfassung mit der englischen und der französischen Fassung gestützt: Der Begriff „Vorbeugung“ wird auf englisch mit „preventive action“ und auf französisch ähnlich mit „action préventive“ übersetzt. Insofern kann der Grundsatz der „Vorbeugung“ als primär auf die Gefahrenabwehr bezogenes Gebot verstanden werden, wohingegen der französischen bzw. englischen Übersetzung des Begriffs „Vorsorge“ mit „précaution“ bzw. „precautionary principle“ eine Interpretation als vorausschauende Fürsorge mit dem Schwerpunkt der Abwehr von Risiken zu entsprechen scheint. Vgl. insgesamt CALLIESS, in: DERS./RUFFERT, EUV/EGV, Art. 174 EG, Rdn. 28.

ches sich maßgeblich aus den Komponenten Ressourcenvorsorge und Risikovorsorge zusammensetzt[535]. Umstritten bleiben insbesondere Reichweite und Grenzen des Vorsorgeprinzips: Einem restriktiven, den Anwendungsbereich auf die Gefahrenabwehr begrenzenden Verständnis steht eine extensive Interpretation gegenüber, wonach das Vorsorgeprinzip bereits zum Handeln bei Unsicherheiten in der Bewertung umweltrelevanter Tätigkeiten – und damit noch unterhalb der Gefahrenschwelle – legitimiere und verpflichte, insgesamt also auf eine Risikovermeidung abziele[536].

In Art. 174 Abs. 2 EG weiterhin normiert sind das Ursprungs- und das Verursacherprinzip. Das Ursprungsprinzip[537] stellt ein – dem Vorsorgeprinzip verwandtes, jedoch eigenständiges, raumbezogenes Prinzip dar, das der Entstehung von Umweltbeeinträchtigungen durch Maßnahmen entgegenwirken soll, die am Entstehungsort der Beeinträchtigung ansetzen[538]. Da Umweltbeeinträchtigungen örtlich so nah wie möglich an ihrer Quelle und damit auch möglichst frühzeitig begegnet werden soll, um ihre weitere Ausbreitung zu verhindern, kann das Ursprungsprinzip insofern als Ergänzung des Vorsorgeprinzips angesehen werden[539]. Bei bestehenden Entscheidungsalternativen zwischen entstehungsnaher bzw. entstehungsferner Bekämpfung von Umweltbeeinträchtigungen genießen quellenbezogene Maßnahmen aufgrund des Ursprungsprinzips uneingeschränkte Priorität[540]. Das Verursacherprinzip, d.h. der Grundsatz, dass der Verursacher[541] die Kosten der Vermeidung und Beseitigung von – legal[542]

---

535 Dazu CALLIESS, in: DERS./RUFFERT, EUV/EGV, Art. 174 EG, Rdn. 29 ff.

536 Siehe insgesamt CALLIESS, DVBl. 1998, S. 559 (563) m.w.N. Dieser Befund wird durch den systematischen Zusammenhang der Absätze 2 und 3 bestätigt, wonach Voraussetzung für die Ergreifung von umweltschützenden Maßnahmen sich aus wissenschaftlichen Daten ergebende Anhaltspunkte für eine potentielle Umweltbeeinträchtigung sind und eine zweifelsfrei nachgewiesene Ursachenkette nicht gefordert wird, vgl. DERS., in: DERS./RUFFERT, EUV/EGV, Art. 174 EG, Rdn. 38 m.w.N.

537 Vgl. hierzu BURGI, Das Schutz- und Ursprungsprinzip im europäischen Umweltrecht, NuR 1995, S. 11 ff.

538 Vgl. CALLIESS, in: DERS./RUFFERT, EUV/EGV, Art. 174 Rdn. 32.

539 Vgl. JAHNS-BÖHM, in: SCHWARZE, EU-Kommentar, Art. 174 EG, Rdn. 20.

540 Vgl. CALLIESS, in: DERS./RUFFERT, EUV/EGV, Art. 174 EG, Rdn. 33.

541 Im Gemeinschaftsrecht wird als Verursacher definiert, „wer die Umwelt direkt oder indirekt belastet, oder eine Bedingung für die Umweltbelastung setzt." (ABl. EG 1973 C 112, S. 1 ff.; ABl. EG 1975 L 194, S. 1 f.).

542 A.A. noch KRÄMER, Das Verursacherprinzip im Gemeinschaftsrecht, EuGRZ 1989, S. 53 (361), der auf die Nichteinhaltung von bestehenden Vorschriften abstellt.

oder illegal hervorgerufenen[543] – Umweltbelastungen zu tragen hat, wurde bereits im ersten Umweltaktionsprogramm der Gemeinschaft festgeschrieben. Sowohl der EuGH als auch das Schrifttum sehen das gemeinschaftsrechtliche Verursacherprinzip als Kostenzurechnungsprinzip an, welches durch Internalisierung der externen Kosten zur Verwirklichung des Grundsatzes der Kostenwahrheit betragen soll[544].

Art. 174 EG ist nicht unmittelbar anwendbar, d.h. er gewährt den Unionsbürgern für sich keinen Anspruch auf ein gesetzgeberisches Tätigwerden[545]. Die Norm gestaltet die Tätigkeit der Gemeischaft auf dem Gebiet des Umweltschutzes als Politik aus und erteilt ihr damit einen verpflichtenden Handlungsauftrag mit dem Inhalt, ein umfassendes und kohärentes Regelwerk zu erlassen, das den Namen „Umweltpolitik“ verdient[546]. Aus der Formulierung des Art. 174 Abs. 1 EG, wonach die Umweltpolitik der Gemeinschaft verpflichtet wird, zur Verfolgung der allgemein formulierten Ziele „beizutragen“, folgt, dass das Spektrum ökologischer Maßnahmen der Gemeinschaft nicht exakt eingrenzbar ist[547] und zudem auch anderen Akteuren (Mitgliedstaaten, Internationalen Organisationen, Regionen etc.) und anderen Politikbereichen eine Bedeutung für die Verwirklichung des Umweltschutzes zukommt.

Hinsichtlich der Justiziablität des aus Art. 174 Abs. 1 EG resultierenden Handlungsauftrags bestehen enge Grenzen[548]. Insbesondere bei der Frage der

---

543 Siehe EPINEY, Umweltrecht in der Europäischen Union, S. 103; KAHL, Umweltprinzip und Gemeinschaftsrecht, S. 23 ff.

544 Dieses Verständnis wird auch durch einen Vergleich mit der Übersetzung dieses Prinzips in den Amtssprachen Französisch („pollueur-payeur“) und Englisch („polluter pays-principle“) gestützt, vgl. insgesamt CALLIESS, in: DERS./RUFFERT, EUV/EGV, Art. 174 Rdn. 35. Die Durchsetzung des Verursacherprinzips wird in der Praxis jedoch oftmals dadurch erschwert, dass Umweltbeeinträchtigungen, etwa im Falle der Distanz- und Summationsschäden, auf einer Vielzahl ursächlicher Handlungen beruhen. Aus diesem Grund wird daher eine Interpretation des Verursacherprinzips befürwortet, die aufgrund einer besonderen Verantwortungsnähe zur Umweltbeeinträchtigung homogene Verursachergruppen aufgrund einer Gruppenverantwortlichkeit heranzieht und damit entsprechende Fondslösungen legitimiert. Dazu CALLIESS, in: DERS./RUFFERT, EUV/ EGV, Art. 174 EG, Rdn. 35 m.w.N.

545 Vgl. KRÄMER, EC Environmental Law, Rdn. 1 ff.

546 Vgl. GRABITZ/NETTESHEIM, in: GRABITZ/HILF, EU-/EG-Vertrag, Art. 130 r EWGV, Rdn. 7.

547 Vgl. EuGH, Rs. C-379/92, *Peralta*, Slg. 1994, I-3453, Tz. 57, sowie die Schlussnträge des GA LÉGER zu den Rs. C-284/95 und C-341/95, *Safety High-Tech*, Slg. 1998, I-4301 (4304, Tz. 65).

548 Insofern kann eine pflichtwidrig unterlassene Maßnahme eines Gemeinschaftsorgans mit der Untätigkeitsklage (Art. 232 EG) gerügt werden, wobei jedoch der jeweilige Ermessensspielraum des Organs zu berücksichtigen ist. Vgl. dazu EuGH, Rs. 13/83, *Parlament /*

Rechtfertigung mitgliedstaatlicher Alleingänge bildet das Umweltprinzip einen Abwägungsmaßstab und dient als „öffentliches Gemeinschaftsinteresse“[549] nicht zuletzt als Schranke (kollidierendes Verfassungsrecht) zur Rechtfertigung von Grundrechtseingriffen. Da die Ziele des Art. 174 Abs. 1 EG gegeneinander abgewogen werden müssen und die Anwendung der Kriterien komplex ist, muss sich die gerichtliche Nachprüfung auf eine Evidenzkontrolle dahingehend beschränken, ob der Rat und das Parlament beim Erlass eines Rechtsakts die Anwendungsvoraussetzungen des ersten Absatzes „offensichtlich falsch beurteilt“ haben[550].

Art. 174 Abs. 2 EG enthält tragende und gestaltende Prinzipien der europäischen Umweltpolitik, die nicht einklagbar sind, jedoch im Rahmen der Auslegung zu berücksichtigen sind und diesbezüglich Bindungswirkung für die Gemeinschaftsorgane entfalten[551].

Art. 174 Abs. 3, 3. Spiegelstrich EG bestimmt explizit, dass die Gemeinschaft bei der Erarbeitung ihrer Umweltpolitik die Vorteile und die Belastung eines umweltrelevanten Tätigwerdens bzw. Nichttätigwerdens zu berücksichtigen hat. Deutlich erkennbar wird hier, dass es im Bereich der Umweltpolitik keineswegs nur um das Unterlassen hoheitlicher Umweltbeeinträchtigungen, sondern gerade um ein aktives Tätigwerden für den Umweltschutz geht[552].

In Art. 174 Abs. 4 EG sind die Umweltaußenkompetenzen der Gemeinschaft verankert[553], während Art. 175 Abs. 1 EG die Kompetenzgrundlage für ein Tätigwerden der Gemeinschaft zur Verwirklichung der in Art. 174 EG genannten Ziele bildet. Unter den extensiv zu interpretierenden Begriff des Tätigwerdens

---

Rat, Slg. 1985, I-1513, Tz. 48 ff. Siehe hierzu auch SCHEUING, Das Europäische Umweltverfassungsrecht als Maßstab gerichtlicher Kontrolle, EuR 2002, S. 619 (623 ff.).

549 So GA COSMAS in seinen Schlussanträgen zu der Rs. C-321/95, *Stichting Greenpeace Council (Greenpeace International) u.a. / Kommission*, Slg. 1998, I-1651 (1653, Tz. 51).

550 Vgl. KAHL, in: STREINZ, EUV/EGV, Art. 174 EG, Rdn. 44. Bei komplexen Sachverhalten lehnt es der Gerichtshof ab, die Beurteilung der Eignung der gewählten Maßnahme zur Zielerreichung durch seine eigene Beurteilung zu ersetzen, sofern nicht der Kläger beweist, dass der Gesetzgeber im Hinblick auf die ihm im Zeitpunkt des Erlasses verfügbaren Kenntnisse einen offensichtlichen Irrtum oder Ermessensmissbrauch begangen bzw. die Grenzen seines Ermessens offenkundig überschritten hat (vgl. die Schlussanträge des GA LÉGER zu Rs. C-284/95 und C-341/95, *Safety High-Tech*, Slg. 1998, I-4301 (4304, Tz. 73 m.w.N.)).

551 Die in Art. 174 Abs. 3 EG enthaltenen Berücksichtigungsgebote sind demgegenüber von verhältnismäßig geringer rechtlicher Bedeutung.

552 Vgl. JAECKEL, Schutzpflichten, S. 202.

553 Die als sprachlich und inhaltlich unklar kritisierte Regelung stellt lediglich eine Aufgabenzuweisung dar, ohne – wie auch aus der Formulierung „im Rahmen ihrer jeweiligen Befugnisse“ ersichtlich – eine eigene Kompetenz zu begründen, vgl. CALLIESS, in: DERS./RUFFERT, EUV/EGV, Art. 174 EG, Rdn. 48.

fallen nicht nur die in Art. 249 EG genannten Rechtsakte, von denen im Bereich der Umweltpolitik speziell der Richtlinie maßgebliche Bedeutung zukommt, sondern auch politische Handlungsinstrumente wie Entschließungen oder Schlussfolgerungen des Rates sowie politische Zielsetzungen und nicht formalisierte Instrumente[554]. Mangels genauer Vorgaben für die Wahl der Erlassform in Art. 175 Abs. 1, 2 EG ist die Gemeinschaft hinsichtlich der Auswahl ihrer Handlungsinstrumente grundsätzlich frei[555]. Ein exakt abgrenzbarer Kompetenzkatalog, der einzelne Bereiche des Umweltschutzes eindeutig der einen oder der anderen Handlungsebene zuweist, ist in den Artt. 174 ff. EG nicht enthalten[556]. Die Gemeinschaft wird im Bereich des Umweltschutzes demnach nur insoweit tätig, als die Umweltziele besser auf Gemeinschaftsebene als auf der Ebene der einzelnen Mitgliedstaaten erreicht werden können. Allein die Herstellung eines europaweit einheitlichen Schutzniveaus rechtfertigt demnach noch nicht ein Tätigwerden der Gemeinschaft[557]. Vielmehr steht den Mitgliedstaaten bei der Umsetzung und Anwendung der Gemeinschaftsvorschriften gemäß Art. 176 EG die Kompetenz zu, die europäischen Rahmenvorschriften nach den Bedürfnissen ihrer jeweiligen örtlichen Umweltsituation und den daraus resultierenden Notwendigkeiten durch regional angepasste Konzepte im Sinne einer Schutzver-

---

554 Vgl. CALLIESS, in: DERS./RUFFERT, EUV/EGV, Art. 175 EG, Rdn. 1; FRENZ, Europäisches Umweltrecht, S. 24 f.

555 S.a. EPINEY, Umweltrecht in der Europäischen Union, S. 56. Vor dem Hintergrund des Spannungsverhältnisses zwischen Solidaritäts- und Subsidiaritätsprinzip ergeben sich Einschränkungen insofern nur durch Art. 5 Abs. 2 und 3 EG, siehe dazu CALLIESS, in: DERS./ RUFFERT, EUV/EGV, Art. 175 EG, Rdn. 1.

556 Für die Kompetenzabgrenzung lässt sich unter Beachtung des Subsidiaritätsprinzips folgende generelle Tendenz festlegen:

Die Gemeinschaft könnte z.B. ihre Kompetenz ausüben, um

- die allgemeinen umweltpolitischen Rahmenbedingungen festzulegen,
- Kriterien und Mechanismen für eine am Verursacherprinzip orientierte Kostenzurechnung der Umweltverschmutzung zu entwickeln,
- Mindestnormen für umweltrelevante Verfahrensvorschriften festzulegen, wie dies z.B. mit der Richtlinie über die Umweltverträglichkeitsprüfung oder der Richtlinie über den freien Zugang zu Umweltinformationen geschehen ist, und Mindestnormen für Emissionen und Produktstandards zu erlassen. Hierzu und zu der Entwicklung eines Modells differenzierter Kompetenzausübung auf der Grundlage des Art. 5 EG vgl. CALLIESS, in: DERS./RUFFERT, EUV/EGV, Art. 175 EG, Rdn. 9 ff.; insbesondere auch DERS., Subsidiaritäts- und Solidaritätsprinzip in der EU, S. 213 ff. und S. 240 ff.

557 Vgl. FRENZ, Europäisches Umweltrecht, S. 199 (Rdn. 611). Zu den Vor- und Nachteilen einer zentralen bzw. dezentralen Umweltpolitik vgl. CALLIESS, in: DERS./RUFFERT, EUV/EGV, Art. 175 EG, Rdn. 6 ff.

stärkung auszufüllen, fortzuentwickeln und zu verschärfen[558]. Der Preis für die relativ umfassende Umweltkompetenz der Gemeinschaft ist – quasi kompensatorisch – deren Beschränkung auf Rahmenregelungen und Mindestnormen[559].

Abzugrenzen von der unmittelbaren Umweltschutzkompetenz des Art. 175 EG ist die Harmonisierungskompetenz gemäß Art. 95 EG[560]. Deren Absatz 4 – die sogenannte „opting out“-Klausel – eröffnet einem Mitgliedstaat die Möglichkeit, trotz einer bereits ergangenen Harmonisierungsmaßnahme auf Gemeinschaftsebene innerstaatliche Bestimmungen anzuwenden, die er aus zwingenden Erfordernissen des Art. 36 EG, des Umweltschutzes oder des Schutzes der Arbeitsumwelt für erforderlich hält[561].

Durch die Schutzverstärkungsklausel des Art. 176 EG wird den Mitgliedstaaten ein Spielraum für ein differenzierendes, den jeweiligen ökologischen Gegebenheiten angepasstes dezentrales „opting up“ gewährt, welcher dann Nachzieheffekte auf Gemeinschaftsebene auslösen kann[562].

3. Rang des Umweltschutzes im Gemeinschaftsrecht

Zwar hat der EuGH bislang noch in keinem Urteil explizit zum Rang des Umweltschutzes in der gemeinschaftlichen Werte- und Normenhierarchie Stel-

---

558 Vgl. CALLIESS, in: DERS./RUFFERT, EUV/EGV, Art. 175 EG, Rdn. 12; ebenfalls WIEGAND, DVBl. 1992, S. 533 (542). Der Integrationsstand wird dabei durch den EG-einheitlichen Mindeststandard gewahrt, der ein allzuweites Auseinanderdriften der Standards und damit spürbare Wettbewerbsverzerrungen im Binnenmarkt verhindert. Überdies ist jede Schutzverstärkung an ein gemeinschaftliches Verfahren der Mitteilung und Kontrolle gekoppelt (siehe Art. 95 Abs. 4-6 sowie Art. 176 EG). Insofern kann von einer komplementären Flexibilität gesprochen werden: Die Gemeinschaft kann in dem beschriebenen Rahmen von ihrer (konkurrierenden) Kompetenz im Bereich des Umweltschutzes Gebrauch machen. Hier passen sich die Maßnahmen der dezentralen Entscheidungsebenen (komplementär) ein und können je nach den besonderen Gegebenheiten flexibel fortentwickelt und verstärkt werden.

559 Vgl. CALLIESS, in: DERS./RUFFERT, EUV/EGV, Art. 175 EG, Rdn. 12.

560 Nach dem abstrakten Ansatz des EuGH muss sich die Wahl der Rechtsgrundlage auf objektive, gerichtlich nachprüfbare Kriterien stützen lassen, insbesondere auf das Ziel und den Inhalt des Rechtsakts. Bei der konkreten Durchführung stellt der Gerichtshof entscheidend oder ausschließlich auf den (subjektiven) „Hauptzweck“, d.h. den Regelungsschwerpunkt der Maßnahme ab und zieht die „Wirkungen“ der Maßnahme nur nachrangig und ergänzend heran, vgl. KAHL, in: CALLIESS/RUFFERT, EUV/EGV, Art. 95 EG, Rdn. 46 m.w.N.

561 Vgl. zu Art. 95 EG aus der Perspektive des Umweltschutzes ALBIN/BÄR, Nationale Alleingänge nach dem Vertrag von Amsterdam. Der neue Art. 95 EGV: Fortschritt oder Rückschritt für den Umweltschutz?, NuR 1999, S. 185 ff.

562 Siehe auch CALLIESS, in: DERS./RUFFERT, EUV/EGV, Art. 176 EG, Rdn. 1 ff.

lung genommen, jedoch deuten zwei neuere Grundsatzentscheidungen darauf hin, dass er abstrakt (zumindest) von einer Gleichrangigkeit ökologischer und sonstiger Belange ausgeht[563]. Bereichsspezifisch und bezogen auf die Auslegung von Sekundärrecht erkannte der EuGH Umweltbelangen teilweise einen relativen Vorrang zu[564]. Auch im Schrifttum wird überwiegend eine Gleichrangigkeit der ökologischen und der sonstigen Ziele des Vertrages angenommen[565] und im Kollisionsfall eine Güterabwägung unter Berücksichtigung des Grundsatzes der praktischen Konkordanz vorgenommen[566]. Eine in einzelnen Mitgliedstaaten – auch in Deutschland – im Vordringen befindliche Ansicht erkennt einen relativen Vorrang der Belange des Umweltschutzes an[567]. Für einen relativen Vorrang des Umweltschutzes spricht insbesondere auch die Entwicklungsgeschichte des Umweltprimärrechts, in dem der Umweltschutz durchgängig eine normative Verstärkung erfuhr[568]. Hervorgehoben sei weiterhin das systematische Argument, dass der Umweltschutz als einziger Politikbereich über eine zwingend formulierte und an so prominenter Stelle verankerte Querschnittsklausel verfügt, wodurch eine – zumindest relative – Subordination der

---

563 EuGH, Rs. C-284/95, *Safety High-Tech*, Slg. 1998, I-4301 Tz. 36 ff.; Rs. C-341/95, *Betatti / Safety High-Tech*, Slg. 1998, I-4355, Tz. 34 ff. Siehe auch die Schlussanträge des GA JACOBS zu der Rs. C-458/00, *Kommission / Luxemburg*, Slg. 2003, I-1533, Tz. 46. ZULEEG entnimmt der umweltrelevanten Judikatur einen hohen Rang, jedoch keinen uneingeschränkten Vorrang des Umweltschutzes, vgl. DERS., Umweltschutz in der Rechtsprechung des Europäischen Gerichtshofs, NJW 1993, S. 31 (35).

564 Vgl. KAHL, in: STREINZ, EUV/EGV, Art. 174 EG, Rdn. 24 m.w.N.

565 Differenzierend, jedoch offenbar (noch) von einer Nachrangigkeit des Umwelt-, Gesundheits- und Verbraucherschutzes gegenüber ökonomischen Zielsetzungen ausgehend, BASEDOW, Zielkonflikte und Zielhierarchien im Vertrag über die Europäische Gemeinschaft, FS Everling/ Bd. I, S. 49 (67 f.).

566 Siehe dazu BATTIS, Vereinheitlichung des Umweltrechts im europäischen Binnenmarkt?, NuR 1989, S. 365 (366 f.); CASPAR, in: KOCH, Umweltrecht, § 2, Rdn. 16 ff.; FRENZ, Europäisches Umweltrecht, S. 63 f.; JAHNS-BÖHM/BREIER, EuZW 1992, S. 49 (52); SCHRÖDER, Umweltschutz als Gemeinschaftsziel und Grundsätze des Umweltschutzes, in: RENGELING, EUDUR/ Bd. I, § 9, Rdn. 29, 66, 68. In Beziehung zu anderen Aufgaben der Europäischen Gemeinschaft siehe insgesamt ZILS, Die Wertigkeit des Umweltschutzes.

567 In diesem Sinne EPINEY, NuR 1995, S. 497 (500). WIEGAND geht im Hinblick auf die Gemeinschaftsziele Binnenmarkt und Umweltschutz zunächst von einer prinzipiellen Gleichwertigkeit dieser beiden Optimierungsgebote aus, erkennt jedoch angesichts der tatsächlichen Umweltsituation und konkreter Umweltgefährdungen einen relativen Vorrang zugunsten des Umweltschutzes an, vgl. DERS., DVBl. 1993, S. 533 (541). Vgl. weiterhin bereits SCHEUING, Umweltschutz auf der Grundlage der Einheitlichen Europäischen Akte, EuR 1989, S. 152 (170, 176 f.); SOELL, Überlegungen zum europäischen Umweltrecht, NuR 1990, S. 155 (157).

568 Dazu KRÄMER, EC Environmental Law, Rdn. 3 ff.

sonstigen Belange unter den Umweltschutz statuiert wird[569]. Auch die sehr enge Konnexität und Interdependenz zwischen dem Umweltschutz und dem Schutz des menschlichen Lebens und der Gesundheit stützen die Annahme eines relativen Vorrangs des Umweltschutzes[570]. Insbesondere ist heute auch anerkannt, dass sich, angesichts der Tatsache, dass Umweltbelange im politischen Willensbildungsprozess in der Regel unterrepräsentiert sind, die praktische Wirksamkeit (effet utile) der Artt. 174 ff. EG nur erreichen lässt, wenn eine juristische Absicherung, etwa durch die extensive Interpretation von Klagerechten und einen relativen Vorrang des Umweltschutzes im Rahmen der Abwägung erfolgt[571].

Über die Querschnittsklausel des Art. 6 EG entfaltet der demnach hohe Rang des Umweltschutzes eine entsprechende Ausstrahlungswirkung in die anderen Politikbereiche der Gemeinschaft[572].

III. Diskussion im Konvent zur Aufnahme des Umweltschutzes in die Grundrechtecharta

Trotz eines allgemeinen Konsenses, dass die Grundrechtecharta den Umweltschutz thematisch erfassen müsse, wurde die konkrete Erarbeitung eines Artikels über den Umweltschutz erst spät in Angriff genommen. Während die Notwendigkeit einer Verankerung des Umweltschutzes von allen Konventsmitgliedern anerkannt wurde, war die rechtliche Ausgestaltung der Norm Gegenstand lebhafter Diskussion.

1. Divergierende Positionen zur rechtlichen Ausgestaltung des Umweltschutzartikels

Wichtige Eckpfeiler der Diskussion waren Vorschläge zur Verankerung eines Rechts auf Umweltschutzmaßnahmen ohne Einklagbarkeit sowie zur Formulie-

---

569 Vgl. KAHL, in: STREINZ, EUV/EGV, Art. 174 EG, Rdn. 30.

570 Vgl. KAHL, in: STREINZ, EUV/EGV, Art. 174 EG, Rdn. 32, mit Verweis auf EuGH, Rs. C-320/93, *Ortscheid*, Slg. 1994, I-5243, Tz. 16; Rs. C-473/98, *Toolex*, Slg. 2000, I-5681, Tz. 38.

571 Siehe KAHL, in: STREINZ, EUV/EGV, Art. 174 EG, Rdn. 33, bezugnehmend auf die Argumentation von MURSWIEK, Umweltschutz – Staatszielbestimmung oder Grundsatznorm?, ZRP 1988, S. 14 (18) zur deutschen Rechtslage.

572 Siehe auch CALLIESS, in: DERS./RUFFERT, EUV/EGV, Art. 174 EG, Rdn. 16.

rung eines Individualrechts, weiterhin wurde eine Respektierungspflicht gegenüber jedem Einzelnen gefordert[573].

So wurde bereits unter dem Gesichtspunkt der Effektivität und Transparenz die Verankerung eines Individualrechts in Verbindung mit individuellen Pflichten vorgeschlagen, da der Bürger die Tragweite einer objektiv-rechtlichen Formulierung nicht erkenne[574]. Deutlich für die Verankerung eines Anspruchs auf ein Leben in einer gesunden Umwelt wurde auch angesichts entsprechender gegenwärtiger Initiativen zu einer Änderung der griechischen Verfassung appelliert[575]. Trotz ambitionierter Initiativen zur Aufnahme eines justiziablen Individualrechts[576] wurde jedoch bald deutlich, dass dieses zum gegebenen Zeitpunkt nicht konsensfähig war. Von deutscher Seite wurde bei der Formulierung eines Individualrechts vor einer zu erwartenden Prozessflut gewarnt, so dass in Abweichung vom Kölner Mandat eine Zielvorgabe – und kein Recht – festgelegt werden müsse[577]. Weiterhin regte der deutsche Parlamentarier MEYER an, ein „Recht“ auf Umweltschutzmaßnahmen zu konstituieren, welches zwar nicht einklagbar sei, jedoch zur Respektierung des vorhandenen Standards in den Mitgliedstaaten verpflichte, in denen es ein solches Recht bereits gebe. Auch die finnische Parlamentarierin BRAX forderte die Formulierung eines „Rechts“ sowie die Aufnahme des Begriffs der Verantwortung[578]. Angesichts der Forde-

---

573 Eine lebhafte Debatte zur rechtlichen Ausgestaltung des Umweltschutzartikels entwickelte sich insbesondere in der 15. Sitzung des Konvents vom 17.-19. Juli 2000, vgl. das Sitzungsprotokoll bei BERNSDORFF/BOROWSKY, Protokolle, S. 341 ff.

574 So das Konventsmitglied FAYOT (LUX) unter Hinweis auf seinen Änderungsvorschlag Nr. 326 (S. 1355), vgl. BERNSDORFF/BOROWSKY, Protokolle, S. 342. Die nicht im Internet veröffentlichten Änderungsvorschläge (Dok. CHARTE 4372/00 CONVENT 39 vom 16. Juni 2000) werden von BERNSDORFF/BOROWSKY, Der Grundrechtekonvent. Unveröffentlichte Arbeitsdokumente, dokumentiert (vgl. die jeweilige Seitenzahl nach der Antragsnummer) und sind in dem Dokument CHARTE 4383/00 CONVENT 41 vom 3. Juli 2000 zusammegefasst.

575 So die griechische Parlamentarierin BENAKI-PSAROUDA, vgl. BERNSDORFF/BOROWSKY, Protokolle, S. 341 f.

576 Vgl. die Änderungsanträge Nr. 325 (S. 1354) von DUFF (EP/GB), Nr. 327 (S. 1356) von SOLÉ TURA (E), Nr. 326 (S. 1355) von FAYOT (LUX), Nr. 328 (S. 1357) von VAN DEN BURG (EP/NL), Nr. 329 (S. 1358) von RODOTÁ, PACIOTTI und MANZELLA (I), Nr. 330 (S.1359) von VOGGENHUBER (EP/Ö) und BUITENWEG (EP/NL) und Nr. 331 (S. 1360) von DEHAENE, DE GUCHT und LALLEMAND (B).

577 FRIEDRICH (EP/D), ebenso GOLDSMITH (GB), vgl. BERNSDORFF/BOROWSKY, Protokolle, S. 342.

578 Ebenso BERÈS (EP/F) und PAPADIMITRIOU (GR). Zur Diskussion des vom Präsidium unterbreiteten Kompromissvorschlags zu Art. 44 insgesamt BERNSDORFF/BOROWSKY, Protokolle, S. 341.

rung des Mandats von Köln, welches eine Formulierung von „Rechten" vorsieht, wurde die Verankerung einer Respektierungspflicht des Rechts eines jeden auf Umweltschutz vorgeschlagen[579] und die Formulierung einer reinen Zielbestimmung deutlich abgelehnt[580]. Einen Kompromissvorschlag unterbreiteten die Konventsmitglieder BRAIBANT und MEYER durch eine Zusammenführung des Umwelt-, Gesundheits- und Verbraucherschutzes in einer Vorschrift[581], doch auch dieser Entwurf war im Konvent trotz großer Beachtung nicht konsensfähig[582]. Unter Bezugnahme auf die entsprechende gemeinschaftsrechtliche Richtlinie[583] wurde weiterhin ein explizites Recht auf Zugang zu Umweltinformationen gefordert[584].

2. Verlauf und Ergebnis des Normierungsprozesses

Bei dem ersten Formulierungsvorschlag des Präsidiums zu einem Umweltschutzartikel orientierte man sich zunächst an Art. 174 Abs. 1 EG, der leicht modifiziert wurde: „Der Schutz der Umwelt, der die Erhaltung, den Schutz und

---

[579] LEINEN (EP/D) unter Hinweis auf die Formulierungsvorschläge des BRAIBANT/MEYER-Papiers (s.u.), ähnlich ALTES (NL), zitiert nach RIEDEL, in: MEYER, GRC-Kommentar, Art. 37, Rdn. 5.

[580] LEINEN (EP/D), insofern zustimmend SOLÉ TURA (E) und BERÈS (EP/F), vgl. BERNSDORFF/BOROWSKY, Protokolle, S. 342.

[581] Kompromissvorschlag des BRAIBANT/MEYER-Papiers: „(...) droit à un environnement propre à préserver la santé et droit à la protection des consommateurs: a) l'Union protégera le droit de chacun à vivre dans un environnement propre à préserver la santé et prendra des mesures en vue de protéger les ressources naturelles; b) les politiques de l'Union garantiront un niveau élevé de protection concernant la santé, la sécurité et les intérêts des consommateurs", zitiert nach BRAIBANT, La Charte des droits fondamentaux de l'Union Européenne. Témoignage et commentaires de Guy Braibant, Art. 37, S. 205.

[582] Vgl. hierzu die gemeinsame Stellungnahme von HIRSCH, BALLIN, ALTMAIER, FRIEDRICH, NEISSER, LORD BOWNESS, TOBISSON, CISNEROS LABORDA, MOMBAUR und CEDERSCHIÖLD (Dok. CHARTE 4410/00 CONTRIB 258 vom 18.07.2000), abgedruckt bei: BERNSDORFF/BOROWSKY, Unveröffentlichte Arbeitsdokumente, S. 1555 ff.

[583] Richtlinie 90/313/EWG des Rates vom 07.06.1990 über den freien Zugang zu Informationen über die Umwelt, ABl. EG 1990 L 158, S. 56, mittlerweile aktualisiert durch die Richtlinie 2003/4/EG des Europäischen Parlaments und des Rates vom 28. Januar 2003 über den Zugang der Öffentlichkeit zu Umweltinformationen und zur Aufhebung der Richtlinie 90/313/EWG des Rates (ABl. EG 2003 L 41, S. 26). Instruktiv weiterhin SCHENDEL, Umweltinformationsrichtlinie und Umweltinformationsgesetz, in: RENGELING, EUDUR/ Bd. I, § 39.

[584] So der Vorschlag von OLSEN (DK), Änderungsvorschlag Nr. 336 (S. 1369) und GOLDSMITH (GB), Änderungsvorschlag Nr. 323 (S. 1351).

die Verbesserung der Umweltqualität, den Schutz der menschlichen Gesundheit sowie die umsichtige und rationelle Verwendung der natürlichen Ressourcen umfasst, wird durch die Politiken der Union sichergestellt“[585]. Von Bedeutung ist in diesem Zusammenhang, dass das Präsidium in seiner Begründung zu dem Vorschlag der Formulierung des Art. 44 „Umweltschutz“ den Rechtscharakter der Norm als *Grundsatz, nicht als Recht* unter Anlehnung an Art. 174 EG betonte[586].

Die darauf folgenden schriftlichen Änderungsanträge der Konventsmitglieder reichten – der generellen Kontroverse im Bereich der sozialen Rechte entsprechend – von völliger Ablehnung bis zu nachdrücklicher Bejahung[587]. Erwähnt sei exemplarisch ein von niederländischer Seite eingebrachter Vorschlag struktureller Art, nach dem in einem ersten Absatz das Recht und die Pflicht der gegenwärtigen und zukünftigen Generationen konstituiert, und in einem zweiten Absatz die Forderung nach einer Politik im Einklang mit dem Grundsatz der Nachhaltigkeit formuliert werden sollte[588]. Auf der Grundlage eines Plädoyers für die ausdrückliche Berücksichtigung des Grundsatzes der nachhaltigen Entwicklung im Hinblick auf die Rio-Deklaration und die Århus-Konvention[589] erarbeitete das Präsidium folgenden Kompromissvorschlag: „Der Schutz und die Erhaltung einer sauberen und gesunden Umwelt sowie die Verbesserung der Umweltqualität unter Berücksichtigung der nachhaltigen Entwicklung wird durch alle Politiken der Union sichergestellt“[590]. Kritisiert wurde an dieser Formulierung einerseits, dass der Umweltschutz von der Union „sichergestellt“ und

---

585 Artikel 44 in Dok. CHARTE 4316/00 CONVENT 34 vom 16. Mai 2000 (Vorschläge des Präsidiums für wirtschaftliche und soziale Rechte und horizontale Bestimmungen).

586 Vgl. RIEDEL, in: MEYER, GRC-Kommentar, Art. 37, Rdn. 5.

587 Eine Zusammenstellung der Änderungsanträge der Konventsmitglieder zu den Vorschlägen des Präsidiums in Dok. CHARTE 4316/00 CONVENT 34 vom 16. Mai 2000 durch das Präsidium findet sich in Dok. CHARTE 4372/00 CONVENT 39 vom 16. Juni 2000, abgedruckt bei: BERNSDORFF/BOROWSKY, Der Grundrechtekonvent. Unveröffentlichte Arbeitsdokumente, Rdn. 913 f.

588 So der Vorschlag Nr. 322 (S. 1349) von ALTES (NL). Eine Unterteilung in Rechte und Pflichten des Individuums sowie in Maßnahmen, die die Union ergreifen müsse, war ebenfalls von RODOTÀ (I), PACIOTTI (EP/I) und MANZELLA (I) angeregt worden, vgl. Änderungsvorschlag Nr. 329 (S. 1358).

589 Änderungsvorschlag Nr. 322 (S. 1349) von *Altes* (NL).

590 Nunmehr Art. 42, vgl. Dok. CHARTE 4383 CONVENT 41 vom 3. Juli 2000 sowie CHARTE 4399/00 CONVENT 42 vom 4. Juli 2000. In der hier erfolgten schrittweisen Annäherung der Formulierung an das Gemeinschaftsziel „Umweltschutz“ in Art. 2 EG (i.V.m. Art. 6 EG) kann die Intention zur Verdeutlichung des Zielcharakters der Bestimmung gesehen werden, vgl. BARRIGA, Die Entstehung der Charta der Grundrechte der Europäischen Union, S. 132.

nicht nur als „Ziel“ vorgegeben werden sollte[591], andererseits wurde im Hinblick auf das Ziel einer nachhaltigen Entwicklung eine stärkere Betonung in Form einer Verpflichtung gewünscht[592]. Nichtsdestotrotz lag ein Schwerpunkt der Debatte bei der Frage, ob im Bereich des Umweltschutzes ein Individualrecht geregelt werden und ob in die Präambel eine korrespondierende Pflicht des Bürgers aufgenommen werden sollte[593].

Ein weiterer Diskussionspunkt war, dass der Präsidiumsvorschlag von einer „nachhaltigen“ Entwicklung[594] und von „allen“ Politiken der Union sprach[595].

Zur Fassung des Umweltschutzartikels im ersten Gesamtentwurf der Charta vom 28. Juli 2000[596] ergaben sich nur geringfügige redaktionelle Änderungen. Die dort gewählte Formulierung „gute Lebensqualität“ wurde in der vorletzten Fassung in „Verbesserung der Umweltqualität“ abgewandelt, auch wurde das Prinzip der nachhaltigen Entwicklung durch Streichung der vorsichtigen Formulierung „Berücksichtigung“ gestärkt; wesentliche inhaltliche Änderungen wurden indes nicht vorgenommen[597]. Nach einer Überarbeitung des vollständigen

---

591 So die Konventsmitglieder TARSCHYS (S), FRIEDRICH (EP/D), GOLDSMITH (GB), BOWNESS (GB), GRIFFITH (GB), PATIJN (NL), CISNEROS LABORDA (E). Angesichts der gegenwärtig möglichen Realisierbarkeit sei die Formulierung zu stark, so dass es besser sei, von „contribution“ oder „promotion“ bzw. „fördern“ oder „einen Beitrag leisten“ zu sprechen. Vgl. ausführlich zur Diskussion des vom Präsidium zu Art. 44 unterbreiteten Kompromissvorschlags (Dok. CHARTE 4373/00 CONVENT 40 vom 23.06.2000) BERNSDORFF/BOROWSKY, Protokolle, S. 341 ff.

592 So die Kritik von DUFF (EP/GB) sowie von TARSCHYS (S), vgl. BERNSDORFF/BOROWSKY, Protokolle, S. 341.

593 So der Vorschlag von FRIEDRICH (EP/D), vgl. BERNSDORFF/BOROWSKY, ebd., S. 342.

594 Diese Formulierung wurde insbesondere von MEYER (D) als Präzisierung gegenüber der früheren Fassung „umsichtige und rationelle Verwendung der natürlichen Ressourcen“ angesehen und sei zudem besser mit den Zielen des Art. 2 EU kompatibel. Hierzu BERNSDORFF/BOROWSKY, ebd., S. 341.

595 Nach Auffassung von MEYER (D) werde hierdurch deutlicher zum Ausdruck gebracht, dass es sich beim Umweltschutz um eine Querschnittsaufgabe handele, vgl. BERNSDORFF/BOROWSKY, ebd., S. 341.

596 Dok. CHARTE 4422/00 CONVENT 45 vom 28. Juli 2000, vgl. Artikel 35: „Der Schutz und die Erhaltung einer Umwelt mit guter Lebensqualität sowie die Verbesserung der Umweltqualität unter Berücksichtigung des Grundsatzes der nachhaltigen Entwicklung werden durch alle Politiken der Union sichergestellt.“

597 Vgl. Art. 36 des neuen Entwurfs eines vollständigen Textes *der Charta der Grundrechte der Europäischen Union* durch das Präsidium (Dok. CHARTE 4470/00 CONVENT 47 vom 14. September 2000): „Ein hohes Umweltschutzniveau und die Verbesserung der Umweltqualität müssen Bestandteil aller Politiken der Union sein und nach dem Grundsatz der nachhaltigen Entwicklung sichergestellt werden.“

Textentwurfs durch die Rechts- und Sprachsachverständigen wurde in der Endfassung aus „aller Politiken“ erneut „die Politiken“ sowie aus „müssen Bestandteil (...) sein“ „müssen (...) einbezogen werden“[598].

Die objektiv-rechtliche Formulierung wurde bereits während des Normierungsprozesses grundlegend als ein nicht zu rechtfertigender Rückschritt gegenüber nationalen und internationalen Verpflichtungen der Mitgliedstaaten kritisiert[599]. Auch seitens verschiedener Umweltschutzorganisationen[600] wurde Art. 37 GRC als eine rein deklaratorische Feststellung des geltenden Gemeinschaftsrechts kritisiert, jedoch fand sich keine Mehrheit für eine stärkere Verankerung des Umweltschutzes.

---

598 Dok. CHARTE 4470/1/00 REV 1 CONVENT 47 vom 21. September 2000. Artikel 36: „ Ein hohes Umweltschutzniveau und die Verbesserung der Umweltqualität müssen in die Politiken der Union einbezogen und nach dem Grundsatz der nachhaltigen Entwicklung sichergestellt werden.“ In dem endgültigen Entwurf des vollständigen Textes der Charta (Dok. CHARTE 4478/00 CONVENT 50 vom 28. September 2000) erfolgte eine Umnumerierung zu Art. 37.

599 Der *European Council on Environmental Law* offerierte dem Präsidium des HERZOG-Konvents seinerseits folgenden Formulierungsvorschlag für eine individualrechtliche Ausgestaltung des Art. 37 GRC (damals Art. 36 GRC): „(...) proposes to the Presidium of the Convention that the text of Article 36 of the Charter be drafted in terms that ensure that the Union recognises and respects the right of every person to protection of the environment in order to secure the right of each person to live in an environment adequate for maintenance of their physical and mental health, the enhancement of their dignity and their personal achievement.” Der Formulierungsvorschlag ist abgedruckt in: EPL 30 (2000), S. 265.

600 Zu nennen sind insbesondere die sog. „Green G 8“, eine informelle Koalition der acht führenden internationalen Umweltschutzorganisationen mit Sitz in Brüssel (EUROPEAN ENVIRONMENTAL BUREAU (EEB), BIRDLIFE INTERNATIONAL, CLIMATE ACTION NETWORK EUROPE, FRIENDS OF NATURE INTERNATIONAL, EUROPEAN FEDERATION FOR TRANSPORT AND ENVIRONMENT (T&E), FRIENDS OF THE EARTH EUROPE (FoEE), GREENPEACE und WWF), die die Konstitutionalisierung des Umweltschutzes in der Grundrechtecharta und im Verfassungsvertrag durch Formulierungsvorschläge aktiv unterstützen.

3. Kapitel

Analyse des Rechtscharakters und der materiellen und prozeduralen Gewährleistungsinhalte des Art. 37 GRC

Bei der Analyse des Rechtscharakters der Norm und der Erforschung ihrer materiellen und prozeduralen Gewährleistungsinhalte wird das Hauptaugenmerk auf folgende Fragen gerichtet: Weist die Vorschrift in Anbetracht ihrer Verortung in einem Katalog europäischer Grundrechte grundrechtliche Gehalte auf bzw. kann sie in individualschützender Weise für den Umweltschutz fruchtbar gemacht werden? Kann aus der Norm eine subjektiv- oder objektiv-rechtliche Schutzpflicht hergeleitet werden?

Denkbar ist weiterhin, dass Art. 37 GRC als rechtlich unverbindlicher Programmsatz oder auch als – darüber hinausgehender – objektiv-rechtlicher Handlungsauftrag zu qualifizieren ist. Bei Annahme eines objektiv-rechtlichen Handlungsauftrags wäre zu überprüfen, ob die objektiv-rechtliche Verpflichtung auf einen reinen Gesetzgebungsauftrag zu begrenzen ist[601].

A. Möglichkeiten und Grenzen eines Rekurses auf eine bestehende europäische Grundrechtsdogmatik?

Im Rahmen der Untersuchung der Rechtsnatur des Art. 37 GRC stellt sich zunächst die Frage, welche Normenkategorien von Rechten in der Charta europäischer Grundrechte enthalten sind.

Festgestellt sei zunächst, dass in Anbetracht divergierender Grundrechtskulturen und -formulierungen in den mitgliedstaatlichen Verfassungsordnungen trotz partieller Wortlautidentität Rechtsqualität und Schutzumfang entsprechender verfassungsrechtlicher Gewährleistungen nicht unmittelbar – und insbesondere nicht uneingeschränkt – aus dem innerstaatlichen Kontext auf die in der Charta verankerten Rechte übertragen werden können[602].

Auch kann im Zuge einer rechtsqualitativen Einordnung des Art. 37 GRC auf ein bestehendes – insbesondere dogmatisch strukturiertes – europäisches „Staatsverfassungsrecht“ der Europäischen Gemeinschaft bzw. Union nicht zu-

---

601 Dieser Auffassung ist GRABENWARTER, EuGRZ 2004, S. 563 (565), unter Hinweis auf Art. 52 Abs. 1 GRC.

602 So auch DORF, Zur Interpretation der Grundrechtecharta, JZ 2005, S. 126.

rückgegriffen werden[603]. Da der EG-Vertrag verschiedentlich – auch seitens des EuGH – als „Verfassungsurkunde der Gemeinschaft" bezeichnet wurde[604] und insofern durchaus von einem *(gemein)europäischen Verfassungsrecht* gesprochen wird[605], stellt sich jedoch die Frage, ob die in der Grundrechtecharta verankerten Normen in ihrer Rechtsnatur und Wirkungsweise korrespondierenden Vorschriften des geltenden Primärrechts gleichgesetzt werden können. Gerade im Hinblick auf die Umweltschutz-Gewährleistung des Art. 37 GRC – in den präsidialen Erläuterungen des Grundrechte-Konvents als „Grundsatz" qualifiziert[606] – könnte demnach eine normqualitative Identität mit den als „Grundsätze" im EG-Vertrag firmierenden Zielbestimmungen des Art. 2 EU sowie der Artt. 2 i.V.m 3 Abs. 1 lit. l) EG[607] in Betracht zu ziehen sein. Eine unmittelbare Übertragung der rechtlichen Bewertung oder eine unterschiedslose Behandlung entsprechender bzw. vergleichbarer primärrechtlicher Regelungen

---

603 Insbesondere aus dem Blickwinkel des Verfassungs- und des Verwaltungsrechts weist die Rechtsordnung der Gemeinschaft trotz ihrer Eigenständigkeit und Autonomie Lücken auf, s. SZCZEKALLA, Allgemeine Rechtsgrundsätze, in: RENGELING, EUDUR/ Bd. I, § 11, Rdn. 1.

604 EuGH, Rs. 294/83, *Parti Ecologiste „Les Verts" / Europäisches Parlament*, Slg. I-1986, S. 1339, 1365, Tz. 23. Verwendet wurde der Begriff „Verfassung" jedoch nur im funktionellen Sinne, vgl. DI FABIO, Eine europäische Charta, JZ 2000, S. 737 (739) m.w.N. Anzumerken ist, dass auch die EMRK als „Europäische Grundrechtsverfassung" bezeichnet wurde, vgl. HOFFMEISTER, Die Europäische Menschenrechtskonvention als Grundrechtsverfassung und ihre Bedeutung in Deutschland, Der Staat 40 (2001), S. 349 ff. Anders als die EMRK, die darauf gerichtet ist, einen grundrechtlichen Mindeststandard in den Rechtsordnungen der Mitgliedstaaten durchzusetzen, ist das Ziel des gemeinschaftsrechtichen Grundrechtsschutzes jedoch primär die Sicherung der Grundrechte gegen nichtstaatliche Hoheitsgewalt. Siehe dazu WALTER, Geschichte und Entwicklung der Europäischen Grundrechte und Grundfreiheiten, in: EHLERS, Europäische Grundrechte und Grundfreiheiten, § 1 III 1, Rdn. 19.

605 Dazu insbesondere HÄBERLE, Gemeineuropäisches Verfassungsrecht, EuGRZ 1991, S. 261 ff.

606 In den aktualisierten Erläuterungen des Präsidiums des Verfassungskonvents zur Grundrechtecharta (aktualisierte Fassung der zunächst in eigener Verantwortung des Präsidiums des Grundrechtekonvents ohne unmittelbare Rechtswirkung formulierten Erläuterungen) wird der Umweltschutzartikel – neben den Artt. 25 und 26 GRC – explizit als „Grundsatz" eingeordnet (Dok. CONVENT 828/1/03 REV 1 vom 18.07.2003, S. 51). Angemerkt sei, dass in dieser terminologischen Bezugnahme auf die rechtliche Bewertung des Art. 37 GRC durch die Konventspräsidien keinesfalls der zu untersuchende Rechtscharakter der Norm präjudiziert wird. Gleichzeitig kann die im Kontext der Charta – insbesondere seitens des Grundrechte-Konvents – verwendete Terminologie bei der Interpretation der Charta-Gewährleistungen nicht außer Acht gelassen werden.

607 Wie oben gezeigt, sind diese Zielbestimmungen in ihrer Rechtsqualität und Wirkkraft im Einzelnen jedoch ebenfalls umstritten (siehe 2. Kapitel, B.II.2.b)).

ist jedoch aufgrund der besonderen Genese[608] und der demzufolge neuartigen Rechtsqualität der Charta-Normen abzulehnen[609].

Eine konzise Darstellung der bisher entwickelten Grundzüge einer europäischen Grundrechtsdogmatik erscheint im Hinblick auf den Untersuchungsgegenstand jedoch sinnvoll, da die Charta als Acquis des europäischen Grundrechtsschutzes anzusehen ist und die dort positivierten Gewährleistungen im Kontext des bestehenden Gemeinschaftsrechtssystems zu interpretieren und anzuwenden sind, sich insbesondere auch in dessen Systematik und dogmatische Strukturen einfügen lassen müssen[610].

I. Grundstrukturen einer europäischen Grundrechtsdogmatik

Auf Gemeinschaftsebene steht eine europäische Grundrechtsdogmatik im Sinne einer rechtswissenschaftlichen Durchdringung und Systematisierung von Rechtsproblemen durch die Erarbeitung von Lehrsätzen, Grundregeln und Prinzipien noch am Anfang ihrer Entwicklung. Den dogmatischen Rahmen des europäischen Grundrechtsschutzes stellen die unmittelbare Geltung des Gemeinschaftsrechts sowie dessen Vorrang gegenüber dem nationalen Recht als jeweils grundlegende Strukturentscheidungen des EuGH dar[611].

Insbesondere für die rechtliche Bedeutung der wenig präzise gefassten Normierungen der Charta wird die Bewertung durch den EuGH im Zuge einer Fortentwicklung der bisherigen Grundrechtsdogmatik von entscheidender Bedeutung sein. Bislang sah es der EuGH jedoch nicht als seine vordringliche

---

608 Siehe zur Konventsmethode oben 2. Kapitel unter A.II.2. sowie zum Normierungsprozess des Art. 37 GRC unter B.III.2.

609 Einem Transfer steht insbesondere auch entgegen, dass eine solche Möglichkeit eines Rückgriffs ohnehin nur partiell bestünde, da ja gerade die Gemeinschaftsgrundrechte bisher nicht schriftlich fixiert sind und in die Charta auch „moderne", neue Gewährleistungen aufgenommen wurden, die weder im geschriebenen noch im ungeschriebenen Gemeinschaftsrecht eine Entsprechung finden.

610 Angemerkt sei, dass die folgende Skizzierung der bisher entwickelten europäischen Grundrechtsdogmatik unter dem Gesichtspunkt ihrer Relevanz für den Untersuchungsgegenstand erfolgt und somit kein Anspruch auf eine „umfassende" Darstellung erhoben wird. Insbesondere wird von einer Darstellung der Thematik der Rechtsquellen sowie der Grundrechtsberechtigten und -verpflichteten abgesehen, da insofern originäre und damit speziellere Regelungen für die Charta existieren.

611 Vgl. auch KINGREEN, in: CALLIESS/RUFFERT, EUV/EGV, Art. 6 EU, Rdn. 27. Zur Kompetenz des EuGH zur Entwicklung und Wahrung der Grundrechte siehe DERS., ebd., Rdn. 32.

Aufgabe an, eine kohärente Grundrechtsdogmatik zu entwickeln, so dass diesbezügliche Erkenntnisse erst nach längerer Anwendungspraxis erwartet werden können[612]. In der Schaffung der *Charta der Grundrechte der Europäischen Union* ist damit – nicht nur für das rechtswissenschaftliche Schrifttum – ein Anlass und auch eine Chance für eine differenzierte Weiterentwicklung einer originär europäischen Grundrechtsdogmatik zu sehen.

1. Erforderlichkeit einer originär europäischen Grundrechtsdogmatik?

Eine grundlegende Schwierigkeit bei der Entwicklung einer europäischen Grundrechtsdogmatik ist darin zu sehen, dass hinsichtlich der Ausprägung einer Rechtsdogmatik im Allgemeinen und einer Grundrechtsdogmatik im Besonderen sehr heterogene mitgliedstaatliche Traditionen existieren[613]. Aufgrund der oft grundlegenden Systemverschiedenheit kann auf den Grundrechtsdiskurs der Mitgliedstaaten nur begrenzt zurückgegriffen werden[614]. Bereits im Jahre 1970 konstatierte der EuGH folgerichtig, dass die europäischen Grundrechte sich nicht einfach aus den Grundrechtsvorstellungen der Mitgliedstaaten ergeben, sondern einer eigenen Definition bedürfen[615]. Dabei stehen „Anleihen" bei einer traditionell gewachsenen, ausdifferenzierten Grundrechtsdogmatik eines Mit-

---

612 Vgl. KÜHLING, in: V. BOGDANDY, Europäisches Verfassungsrecht, S. 583 (596 ff.).

613 So kann die dt. Rechtswissenschaft auf eine umfassende – ausgehend von dem Werk „Über öffentliche Rechte" von C.F. VON GERBER (1852) über 150-jährige – Tradition auf dem Gebiet der Grundrechtsdogmatik und -theorie zurückblicken. Siehe hierzu grundlegend JELLINEK, System der subjektiven öffentlichen Rechte, S. 4 f., 94 ff. Kontrastiert wird die mittlerweile höchst differenzierte dt. Grundrechtsdogmatik auf europäischer Ebene beispielsweise durch die englische Grundrechtsdogmatik, wo das Parlament als oberster Souverän grundsätzlich jedes Individualrecht durch ein einfaches Gesetz einschränken kann. Siehe dazu QUASDORF, Dogmatik der Grundrechte der Europäischen Union, S. 24 m.w.N. Evidente dogmatische Divergenzen zeigt auch ein Vergleich zwischen der deutschen und der spanischen Verfassung: Während nach der deutschen Verfassungsrechtsordnung als Grundrechte nur einklagbare Individualrechte anzusehen sind, verfügt die spanische Verfassung über ein ausdifferenziertes Grundrechtssystem verschiedener „Grundrechte" unterschiedlicher Qualität und Intensität, wonach die Voraussetzung indivdiueller Einklagbarkeit nur für eine bestimmte Grundrechtskategorie gefordert wird. Siehe zur Grundrechtssystematik und -dogmatik der spanischen Verfassung ausführlich unter D.II.2.a)bb)(3).

614 Ähnlich insofern auch KÜHLING, in: V. BOGDANDY, Europäisches Verfassungsrecht, S. 583 (596 ff.).

615 EuGH, Rs. 11/70, *Internationale Handelsgesellschaft*, Slg. 1970, 1125, 1135.

gliedstaates keinesfalls im Widerspruch zu dem Verlangen nach einer originär europäischen Dogmatik[616].

2. Zum Rechtsbegriff des Grundrechts auf Gemeinschaftsebene

Angesichts eines heterogenen Grundrechtsverständnisses in den 25 Mitgliedstaaten ist zunächst die Notwendigkeit einer gemeinschaftsweit verbindlichen Definition des Grundrechtsbegriffs zu konstatieren.

a) Formale Definition der Grundrechte

In der deutschen Grundrechtsdogmatik anerkannt ist die formale Definition der Grundrechte[617], wonach nur die unter dem Titel „Grundrechte" geführten Rechte als Grundrechte anzusehen sind[618]. Diese einfache, transparente und daher praktikable Lösung ließe sich auf den ersten Blick durch die nunmehr schriftliche Fixierung der Gemeinschaftsgrundrechte in der Grundrechtecharta auf das Gemeinschaftsrechtssystem übertragen. Bei genauerer Betrachtung erscheint diese Methodik einer Kategorisierung für das Gemeinschaftsrecht jedoch zu eindimensional und ungenau[619]; insbesondere setzt die Zulässigkeit einer formalen Definition eine – unter den Mitgliedstaaten gerade nicht bestehende – Einigkeit über den Inhalt und Umfang der Grundrechte voraus[620].

---

616 Siehe auch QUASDORF, Dogmatik der Grundrechte der Europäischen Union, S. 25. Bereits aufgrund der Interdependenz zwischen der Gemeinschaftsrechtsordnung und den mitgliedstaatlichen Rechtsordnungen sowie im Interesse einer effektiven Durchsetzung des Gemeinschaftsrechts in den Mitgliedstaaten sind mitgliedstaatliche Regelungsstrukturen für die begriffliche- und systematische Weiterentwicklung des Gemeinschaftsrechts und dessen Grundrechtsdogmatik von grundlegender Bedeutung.

617 Siehe statt vieler HESSE, Grundzüge des Verfassungsrechts, § 9 I, Rdn. 277.

618 Nach der Struktur des Grundgesetzes sind demnach strenggenommen nur die Artt. 1-19 GG als Grundrechte anzusehen. Zur Kontroverse hinsichtlich des Grundrechtscharakters der Menschenwürdegarantie des Art. 1 Abs. 1 GG siehe STERN, Staatsrecht III/1, § 58 III. Eine Schwäche dieser Definition ist jedoch auch im Hinblick auf das Grundgesetz darin zu sehen, dass die Justizgrundrechte (insbesondere Artt. 101, 103 GG) von dieser Definition nicht vollständig erfasst werden.

619 Sämtliche Gewährleistungen der Grundrechtecharta wären demnach unterschiedslos als Grundrechte zu qualifizieren. Dieser generalisierende Befund erscheint angesichts der Genese der Charta-Bestimmungen – insbesondere auch des Art. 37 GRC – jedoch nicht überzeugend.

620 So auch QUASDORF, Dogmatik der Grundrechte der Europäischen Union, S. 48.

b) Positive oder negative Grundrechtsdefinition?

Nach einer eigenständigen europäischen Grundrechtsdefinition von RENGELING sind als Grundrechte nur die Normen des Gemeinschaftsverfassungsrechts anzusehen, die den allgemeinen Rechtsgrundsätzen angehören und keiner anderen Gruppe innerhalb dieser Normenkategorie zuzuordnen sind[621]. Als weitere Unterfälle der allgemeinen Rechtsgrundsätze kommen danach die Grundfreiheiten, die allgemeinen Rechtsgrundsätze rechtsstaatlichen Inhalts[622] sowie die Staatsstrukturprinzipien[623] in Betracht. Diese negative Grundrechtsdefinition vermag dem Grunde nach zu überzeugen, weist jedoch auch einige – nicht nur begriffliche[624] – Ungenauigkeiten auf[625]. Für die *Charta der Grundrechte der Europäischen Union*, welche ein breites und zugleich abgestuftes Spektrum grundrechtlicher Garantien enthält, ist diese negative europäische Grundrechtsdefinition mangels abstrakter, objektiver Kriterien und einer demzufolge fehlenden Dynamik von nur eingeschränktem Wert.

Bei der positiven Definition der Grundrechte nach ALEXY steht hingegen nicht die Abgrenzung, sondern das Wesen des Grundrechts selbst im Vordergrund[626]. ALEXY beschränkt seine sehr komplexe Grundrechtstheorie jedoch explizit auf das Grundgesetz[627], so dass die Möglichkeit eines (unmittelbaren) Transfers auf das System der Gemeinschaftsgrundrechte entfällt.

---

621 Siehe insgesamt RENGELING, Grundrechtsschutz in der EG, § 30. Seit der Rechtssache *Stauder* qualifiziert der EuGH die „Grundrechte der Person" als allgemeine Rechtsgrundsätze der Gemeinschaftsordnung deren Wahrung er zu sichern habe (Rs. 29/69, Slg. 1969, S. 419 (425), Tz. 7). Dazu auch LENZ, Der europäische Grundrechtsstandard in der Rechtsprechung des Europäischen Gerichtshofs, EuGRZ 1993, S. 585 (586).

622 Diese stellen nach RENGELING allgemeine Rechtsgrundsätze objektiv-rechtlicher Naur dar, so etwa der Grundsatz der Verhältnismäßigkeit, der Vertrauensschutz oder das Rückwirkungsverbot. Siehe dazu DERS., ebd., § 30 I.2.b, S. 173.

623 Zu den Staatsstrukturprinzipien zählt RENGELING insbesondere die Grundsätze der Freiheit, Demokratie und Rechtsstaatlichkeit - jedoch auch den Umweltschutz (!). Diese Strukturprinzipien sind für den Grundrechtsschutz für Bedeutung; sie sind jedoch mangels subjektiver Natur nicht als Grundrechte zu qualifizieren. Siehe dazu DERS., ebd., § 30 I.2.c, S. 173 ff.

624 So erscheint mangels Staatsqualität der Europäischen Union insbesondere der Begriff „Gemeinschaftsstrukturprinzipien" oder auch „unionale Strukturprinzipien" gegenüber dem von RENGELING geprägten Begriff der „Staatsstrukturprinzipien" vorzugswürdig.

625 Kritisch auch QUASDORF, Dogmatik der Grundrechte der Europäischen Union, S. 53.

626 ALEXY, Theorie der Grundrechte.

627 Ebd., S. 22.

c) Definition der Grundrechte anhand objektiver Kriterien

Angesichts der Gefahr einer unscharfen oder starren Grundrechtsdefinition erscheint eine präzise Definition der Grundrechte innerhalb des Gemeinschaftsrechtssystems nur anhand objektiver Kriterien möglich. Das Hauptaugenmerk soll hier der Frage gelten, welche Eigenschaften eine Norm besitzen muss, um als Grundrecht zu gelten. Als konstitutive Charakteristika eines Grundrechts werden dessen Zugehörigkeit zu einer – nicht notwendigerweise staatlichen – Rechtsordnung, dessen höchste Stufe in der Normenhierarchie sowie dessen Subjektivität angesehen[628]. Europäische Grundrechte können sich demnach nicht aus dem Sekundärrecht, sondern nur aus dem Gemeinschaftsprimärrecht bzw. aus dem ungeschriebenen Gemeinschaftsrecht gleichen Ranges ergeben[629]. Bei der Entwicklung der Grundrechtstheorien wurde nicht immer als selbstverständlich angesehen, dass ein Grundrecht auch ein subjektives Recht enthalten müsse[630]. Dass eine subjektive Komponente für einen effektiven Grundrechtsschutz natürlicher und juristischer Personen des Privatrechts erforderlich ist, gilt auf Gemeinschaftsebene jedoch – nicht zuletzt aufgrund der individualschutzorientierten Rechtsprechung des EuGH – als allgemein anerkannt[631]. Abgerundet werden kann die Grundrechtsdefinition durch eine negative Abgrenzung nach objektiven Eigenschaften, die ein Grundrecht explizit *nicht* aufweisen darf: So darf ein Grundrecht nicht in erster Linie einen Träger hoheitlicher Gewalt begünstigen, nicht nur Privatpersonen verpflichten und sich nicht nur in einem Sekundäranspruch erschöpfen[632].

Zugrundegelegt wird demnach ein Begriffsverständnis, wonach Grundrechte auf der höchsten Normstufe garantierte Rechte des Individuums gegenüber einem Hoheitsträger sind und dem Einzelnen eine grundlegende Rechtsposition einräumen, so dass dieser im Falle einer Grundrechtsbeeinträchtigung dem Hoheitsträger eine Rechtfertigung abverlangen kann[633].

---

[628] Siehe dazu ausführlich QUASDORF, Dogmatik der Grundrechte der Europäischen Union, S. 56 ff.

[629] Vgl. QUASDORF, ebd., S. 62, 64.

[630] Siehe dazu statt vieler STERN, Staatsrecht III/1, § 65 II, S. 508 ff.

[631] Siehe dazu auch SCHILLING, EuGRZ 2000, S. 3 (26).

[632] Siehe insgesamt QUASDORF, Dogmatik der Grundrechte der Europäischen Union, S. 66 ff.

[633] In diesem Sinne EHLERS, Allgemeine Lehren, in: DERS., Europäische Grundrechte und Grundfreiheiten, § 13, Rdn. 2.

3. Funktionen der Gemeinschaftsgrundrechte

Der Begriff der Grundrechtsfunktionen bezeichnet die rechtlichen Wirkungen der Grundrechte im Verhältnis des Einzelnen zur öffentlichen Gewalt[634]. Die Gemeinschaftsgrundrechte erfüllen sowohl subjektive, d.h. unmittelbar den Grundrechtsadressaten schützende, als auch objektive – über den jeweiligen Individualschutz hinausgehende – Grundrechtsfunktionen.

a) Subjektive Grundrechtsfunktionen

Neben der klassischen Funktion der Grundrechte als subjektive Abwehrrechte des Einzelnen ist auch für die Gemeinschaftsgrundrechte die organisations- und verfahrensrechtliche Funktion der Grundrechte, die Teilhabe- und Leistungsfunktion sowie das Bestehen grundrechtlicher Schutzpflichten anerkannt[635].

aa) Abwehrfunktion

Die Abwehrfunktion ist als klassische Funktion der Grundrechte anzusehen und wird den Gemeinschaftsgrundrechten seit der Entwicklung des europäischen Grundrechtsschutz zuerkannt[636]. Ihre positive Aufgabe ist es, die Freiheitssphäre des Bürgers vor hoheitlicher Gewalt zu schützen[637].

---

634 Dieses – auf die Status-Lehre GEORG JELLINEKS (siehe Anm. 613) zurückzuführende – Begriffsverständnis kann ohne Bedenken auf die europäische Grundrechtsebene übertragen werden. Siehe dazu auch KINGREEN, in: CALLIESS/RUFFERT, EUV/EGV, Art. 6 EU, Rdn. 45 ff. m.w.N.

635 Zu den Grundrechtsfunktionen eingehend QUASDORF, Dogmatik der Grundrechte der Europäischen Union, S. 70 ff.; SZCZEKALLA, Grundrechte, in: RENGELING, EUDUR/ Bd. I, § 12, Rdn. 18 ff.; BRANDL/BUNGERT, HarvELR 16 (1992), S. 1 (9 ff.)).

636 Siehe im Hinblick auf das Eigentumsgrundrecht EuGH, Rs. 44/79, *Hauer*, Slg. 1979, S. 3727 (3746). Zu weiteren Nachweisen aus dem Schrifttum siehe KINGREEN, in: CALLIESS/RUFFERT, EUV/EGV, Art. 6 EU, Rdn. 45 (Fn. 119).

637 Siehe dazu SZCZEKALLA, Grundfreiheitliche Schutzpflichten – eine „neue" Funktion der Grundfreiheiten des Gemeinschaftsrechts, DVBl. 1998, S. 219 (220 f.).

bb) Leistungsfunktion

Neben ihrer negatorischen Abwehrfunktion können die Grundrechte auch Leistungsfunktionen übernehmen, durch welche ein Träger hoheitlicher Gewalt als Garant der Grundrechte zur Erbringung einer Leistung, d.h. zu positivem Handeln, verpflichtet wird. Aufgrund dieser Handlungspflicht stehen die Leistungsrechte in engem Zusammenhang mit der Kompetenzverteilung[638]. Im Rahmen dieser Leistungsdimension kann zwischen Schutzpflichten bzw. Schutzgewährrechten[639], Teilhaberechten und den Leistungsrechten im engeren Sinne differenziert werden[640].

(1) Schutzpflichten

Die grundrechtliche Schutzpflicht, eine im Gemeinschaftsrecht kontrovers diskutierte Rechtsfigur, ist als wichtigste Ausprägung der leistungsrechtlichen Dimension der Grundrechte eingestuft werden[641]. Sie kommt dann zum Tragen, wenn ein Träger hoheitlicher Gewalt verpflichtet wird, der Freiheitsphäre eines Bürgers dadurch Geltung zu verschaffen, dass er gegen einen störenden (privaten) Dritten vorgeht. Nachdem eine Anerkennung dieser Rechtsfigur in der Gemeinschaftsrechtsordnung anfangs unter Hinweis auf das Rechtsquellendefizit und die fehlende Staatlichkeit der Europäischen Union abgelehnt wurde[642], findet dieses dogmatische Element nicht zuletzt aufgrund einer richtungsweisenden Judikatur des EuGH zu den grundfreiheitlichen Schutzpflichten[643] auf der Ebene des europäischen Grundrechtsschutzes zunehmende Akzeptanz[644]. Hervorzuheben ist, dass sich die für die Thematik der Schutzpflichten relevanten

---

638 Zum Grundsatz der Parallelität von Kompetenzen und Grundrechtsschutz siehe unten in diesem Kapitel unter C.I.2.

639 So die Begriffsprägung von KINGREEN im Hinblick auf eine potentielle Anspruchsqualität von Schutzpflichten, DERS., in: CALLIESS/RUFFERT, EUV/EGV, Art. 6 EU, Rdn. 47.

640 Siehe zu dieser Differenzierung auch KINGREEN, in: CALLIESS/RUFFERT, EUV/EGV, Art. 6 EU, Rdn. 46 ff.

641 Siehe auch KINGREEN, in: CALLIESS/RUFFERT, EUV/EGV, Art. 6 EU, Rdn. 47. QUASDORF versteht die Schutzpflichten hingegen als spezielle Ausprägung der abwehrrechtlichen Dimension, vgl. DERS., Dogmatik der Grundrechte der Europäischen Union, S. 74 ff.

642 Aus dem Schrifttum exemplarisch RUFFERT, Subjektive Rechte im Umweltrecht der Europäischen Gemeinschaft, S. 59 ff.

643 EuGH, Rs. C-265/95, *Agrarblockaden*, Slg. 1997, I-6959 (Tz. 24 ff.).

644 Zu dieser Thematik ausführlich JAECKEL, Schutzpflichten; in der Argumentation überzeugend auch QUASDORF, Dogmatik der Grundrechte der Europäischen Union, S. 74 ff.

Entscheidungen des EuGH bislang nur auf mitgliedstaatliche Maßnahmen beziehen, wobei der EuGH jeweils nicht das konkrete Bestehen einer Schutzpflicht feststellte, sondern prüfte, ob der Mitgliedstaat schützend tätig geworden ist[645]. Schutzpflichten der Gemeinschaft hat der EuGH aus den Gemeinschaftsgrundrechten bislang noch nicht abgeleitet[646].

(2) Teilhaberechte und Leistungsrechte im engeren Sinne

Innerhalb der Leistungsrechte kann weiterhin zwischen derivativen Teilhaberechten und originären Leistungsrechten unterschieden werden. Während Teilhaberechte auf positives hoheitliches Handeln im Sinne einer gleichberechtigten Beteiligung an bestehenden hoheitlichen Leistungssystemen gerichtet sind und mithin als Gleichheitsrechte anzusehen sind[647], vermitteln Leistungsrechte im engeren Sinne Ansprüche auf Schaffung bislang noch nicht existenter Einrichtungen bzw. Garantien[648]. Der aus Grundrechten erwachsende Leistungsaspekt ist auf Gemeinschaftsebene bislang nur gering ausgeprägt[649]. Während der EuGH in einem grundlegenden Urteil eine derivative Leistungsfunktion im Sinne eines Anspruchs auf Teilhabe am Bildungssystem anerkannte[650], können der Judikatur des EuGH keine Anhaltspunkte für die Annahme originärer Leistungsfunktionen entnommen werden[651].

cc) Gewährung bürger- und verfahrensrechtlicher Garantien

Die europäischen Grundrechte enthalten auch staatsbürgerliche Rechte, womit dem Einzelnen eine aktive Teilhabe am Gemeinschaftsleben gewährt

---

645 Dazu KINGREEN, in: CALLIESS/RUFFERT, EUV/EGV, Art. 6 EU, Rdn. 47a m.w N.

646 So auch KINGREEN, in: CALLIESS/RUFFERT, EUV/EGV, Art. 6 EU, Rdn. 48.

647 Siehe KINGREEN, in: CALLIESS/RUFFERT, EUV/EGV, Art. 6 EU, Rdn. 49 unter Bezugnahme auf die dt. Verfassungsrechtslehre.

648 Zur Kontroverse, ob in der Grundrechtecharta im Kapitel „Solidarität" originäre Leistungsrechte verankert wurden, siehe KINGREEN, in: CALLIESS/RUFFERT, EUV/EGV, Art. 6 EU, Rdn. 183 ff.

649 Leistungsaspekte können dem Recht auf Einsicht in die Dokumente der Gemeinschaft (Art. 255 Abs. 1 EG), dem Petitionsrecht (Art. 21 EG) sowie dem Recht auf diplomatischen und konsularischen Schutz (Art. 20 EG) entnommen werden.

650 EuGH, Rs. 293/83, *Gravier*, Slg. 1985, S. 593.

651 Siehe auch QUASDORF, Dogmatik der Grundrechte der Europäischen Union, S. 79 ff.

wird[652]. Ferner stellen die Verfahrensgarantien (Justizgrundrechte) eine eigene Funktionsgruppe dar, die in ihrer rechtlichen Wirkung sowohl eine Abwehr- als auch eine Leistungskomponente aufweisen.

b) Objektive Grundrechtsfunktionen

In der Gemeinschaftsrechtspraxis sind Ansätze erkennbar, wonach die europäischen Grundrechte – korrespondierend zu den deutschen Grundrechtslehren – auch über das jeweilige individuelle Interesse hinausgehend als Fundament einer objektive Werteordnung fungieren und damit auf die gesamte Gemeinschaftsrechtsordnung ausstrahlen[653]. Neben der Begründung einer abstrakten Werteordnung bewirken die Grundrechte gleichzeitig eigenständige Handlungs- und Schutzaufträge für die Gemeinschaftsorgane zur Absicherung der grundrechtlichen Garantien[654]. Diese weitreichenden – in erster Linie legislativen Handlungsaufträge – sind in ihrer objektiven Funktion nicht einklagbar[655].

4. Struktur der Gemeinschaftsgrundrechte

Der EuGH lässt in seiner Rechtsprechung immer wieder erkennen, dass er hinsichtlich der Freiheits- bzw. Abwehrrechte grundsätzlich der deutschen Struktur einer dreistufigen Grundrechtsprüfung (Schutzbereich, Eingriff, Rechtfertigung) folgt[656], wodurch der Schwerpunkt der Grundrechtsprüfung in die Prüfung der Verhältnismäßigkeit des Grundrechtseingriffs verlagert wird[657].

---

652 Zu nennen sind insbesondere das Europawahlrecht (Art. 190 EG), das Kommunalwahlrecht (Art. 19 Abs. 1 EG) sowie das Petitionsrecht (Art. 21 Uabs. 1 EG).

653 So erkannte der EuGH in der Rechtssache *Gouda* eine staatliche Verpflichtung der Niederlande zum Schutz der Meinungsfreiheit als allgemeines Gut an, ohne dass es eines subjektiven Anspruchs zur Aktivierung dieses grundrechtlichen Wertes bedürfe (Rs. C-288/89, Slg. 1991, I-4007 (Tz. 23).

654 Ausführlich GERSDORF, Funktionen der Gemeinschaftsgrundrechte im Lichte des Solange II-Beschlusses des Bundesverfassungsgerichts, AöR 119 (1994), S. 400 (404 ff.).

655 Vgl. auch QUASDORF, Dogmatik der Grundrechte der Europäischen Union, S. 87.

656 Siehe dazu ausführlich QUASDORF, ebd., S. 177 ff.; KINGREEN, in: CALLIESS/RUFFERT, EUV/EGV, Art. 6 EU, Rdn. 64 mit Rechtsprechungsnachweisen in Fn. 176.

657 Zur Kritik hinsichtlich der oft mangelnde Transparenz der Prüfungsstruktur infolge einer unscharfen Abgrenzung der einzelnen Prüfungsstufen und der unzureichenden Kontrolldichte des EuGH siehe 2. Kapitel, A.III.2. m.w.N.

Die Geltung der Gemeinschaftsgrundrechte ist durch „verfassungsimmanente Schranken“ des Primärrechts sowie durch einfache und qualifizierte Gesetzesvorbehalte eingeschränkt[658]. Während qualifizierte Gesetzesvorbehalte insbesondere für die (geschriebenen) Grundfreiheiten und Unionsbürgerrechte gelten[659], statuierte der EuGH einen allgemeinen Gesetzesvorbehalt für alle Grundrechte[660]. Hervorgehoben sei an dieser Stelle, dass die *Ziele der Gemeinschaft* eine spezielle Form des qualifizierten grundrechtlichen Gesetzesvorbehalts darstellen[661]. Bereits in den Anfängen seiner Grundrechtsjudikatur stellte der EuGH fest, dass die Grundrechte Beschränkungen unterliegen, welche „durch die dem allgemeinen Wohl dienenden Ziele der Gemeinschaft gerechtfertigt sind“[662]. Insbesondere bezeichnete der EuGH auch den Umweltschutz als zur Einschränkung von Grundrechten geeignetes Ziel des Allgemeinwohls[663].

5. Grundrechtskollisionen

Im Falle einer Grundrechtskollision müssen die widerstreitenden Schutzgüter in einer Gesamtabwägung zu einem Ausgleich gebracht werden. Die Rechtsprechungspraxis des EuGH lässt in diesen Fällen eine methodische Vorgehensweise erkennen, welche dem im deutschen Verfassungsrecht entwickelten Grundsatz der praktischen Konkordanz[664] gleicht[665].

---

658 Zu den vorbehaltlos gewährten Grundrechten gehören u.a. das Verbot der Diskriminierung aus Gründen der Staatsangehörigkeit (Art. 12 EG), der Anspruch auf gleiche Entlohnung für Männer und Frauen (Art. 141 EG) sowie der Anspruch auf diplomatischen und konsularischen Schutz (Art. 20 EG).

659 Siehe z.B. Art. 39 Abs. 3 EG (Arbeitnehmerfreizügigkeit) sowie Art. 19 Abs. 1, letzter Hs. EG (Wahlrecht).

660 Demzufolge „bedürfen in allen Mitgliedstaaten Eingriffe der öffentlichen Gewalt in die Sphäre der privaten Betätigung einer – natürlichen oder juristischen – Person einer Rechtsgrundlage“, vgl. EuGH verb. Rs. 46/87 und 227/88, *Hoechst*, Slg. 1989, 2859, 2924 (Tz. 19).

661 So judizierte der EuGH in der Rechtssache *Internationale Handelsgesellschaft*, dass die Grundrechte keine umfassende Geltung beanspruchen, sondern sich in „die Struktur und Ziele der Gemeinschaft einfügen“ müssen (Rs. 11/70, Slg. 1970, S. 1125, 1135).

662 EuGH, Rs. 4/73, *Nold*, Slg. 1974, S. 491 (507 f.).

663 Erstmals EuGH, Rs. 240/83, *Procureur de la République / ADBHU*, Slg. 1985, S. 531 (Tz. 13, 15), siehe auch Anm. 464 .

664 Zur Prägung des Begriffs der praktischen Konkordanz vgl. HESSE, Grundzüge des Verfassungsrechts, § 10 II 2, Rdn. 317 ff.

665 Siehe insgesamt QUASDORF, Dogmatik der Grundrechte der Europäischen Union, S. 227 f. mit den entsprechenden Rechtsprechungsnachweisen.

II. Grenzen einer europäischen Grundrechtsdogmatik?

Die eingangs herausgestellte Schwierigkeit divergierender Grundrechtskonzeptionen innerhalb der Mitgliedstaaten wirft schließlich die Frage auf, welches Differenzierungsniveau im Rahmen einer europäischen Grundrechtsdogmatik überhaupt erreicht werden kann.

Faktische Grenzen einer umfassenden und differenzierten europäischen Grundrechtsdogmatik – etwa in Anbetracht der fehlenden Staatsqualität der Europäischen Union und den damit weiter bestehenden Unterschieden zu national-verfassungsrechtlicher Grundrechtsdogmatik – sind nicht ersichtlich[666]. Vielmehr scheint die künftige Weiterentwicklung und Präzisierung der Dogmatik der Grundrechte der Europäischen Union in die Verantwortung des EuGH sowie des europarechtlichen Schrifttums gestellt. Ein Anreiz zu vertiefter dogmatischer Strukturierungsarbeit wurde durch die Grundrechtecharta jedenfalls geschaffen[667].

B. Auslegungsmethodik zur Interpretation der Charta

Als Ausgangspunkt der Interpretation des Art. 37 GRC sowohl hinsichtlich dessen Rechtscharakters als auch hinsichtlich dessen materieller und prozeduraler Gewährleistungsinhalte kann die in der Charta und in ihrem Kontext gewählte Terminologie dienen. Daran anknüpfend und in Anbetracht des Fehlens einer kohärenten Grundrechtsdogmatik im Gemeinschaftsrecht stellt sich als wichtige Vorfrage, welche Interpretationsmethodik für die *Charta der Grundrechte der Europäischen Union* zugrunde zu legen ist.

I. Anwendbare Interpretationsmethodik angesichts der neuartigen Rechtsqualität der Charta-Normen?

In Anbetracht der neuen Rechtsqualität der Charta-Normen stellt sich die Frage, welche Interpretationsmaßstäbe für die *Charta der Grundrechte der Europäischen Union* zugrunde zu legen sind. Für die Interpretation von hervorgehobener Bedeutung werden die „horizontalen Klauseln" des letzten Kapitels

---

666 Bedeutsam ist die besondere Rechtsnatur der Europäischen Union im Hinblick auf das Fehlen staatlicher Souveränität und eines daher nur eingeschränkten Kompetenzbestandes jedoch für den Grundsatz der Parallelität von Kompetenzen und Grundrechtsschutz (dazu unten in diesem Kapitel, C.I.2.).

667 So auch die Aufforderung von TETTINGER, NJW 2001, S. 1010 (1014 f.).

der Charta sein, die in engem Zusammenhang mit der Präambel und der Garantie der Menschenwürde in Art. 1 GRC stehen[668]. Diese allgemeinen Bestimmungen, die ihrerseits wiederum auslegungsbedürftig sind, enthalten chartaspezifische Auslegungsmaßstäbe bzw. -regeln, die die allgemeinen völker- und europarechtlichen Auslegungsregeln konkretisieren und präzisieren. Bedeutung gewinnt in diesem Zusammenhang auch die grundlegende Streitfrage, ob die völkergewohnheitsrechtlich anerkannten Auslegungsregeln der Wiener Vertragsrechtskonvention[669] im Bereich des Gemeinschaftsrechts Anwendung finden können. Zu untersuchen wäre unter dieser Prämisse das Verhältnis der völkerrechtlichen Auslegungsregeln zu der durch den EuGH geprägten gemeinschaftsrechtsspezifischen Interpretationsmethodik.

Großes Gewicht wird auch der Präambel der Charta mit ihrer – entstehungsgeschichtlich außergewöhnlichen[670] – Bezugnahme auf die Erläuterungen des Konvents-Präsidiums zukommen[671]. Wie in der Charta-Präambel festgeschrieben, werden weiterhin die jeweils thematisch einschlägige Judikatur des EuGH und des EGMR wichtige Auslegungsdirektiven darstellen.

II. Zur Anwendbarkeit völker- und europarechtlicher Auslegungsregeln

Angesichts der durch den Ratifikationsvorbehalt[672] und die Möglichkeit der Kündigung[673] deutlich hervortretenden völkerrechtlichen Fundierung des Vertra-

---

668 Vgl. auch BOROWSKY, in: MEYER, GRC-Kommentar, Vorbem Kapitel VII, Rdn. 1.

669 Wiener Übereinkommen über das Recht der Verträge vom 23.05.1969 (WVK), BGBl. 1985 II, S. 927.

670 Der deklaratorische Hinweis auf die „gebührende Berücksichtigung" der Erläuterungen des Präsidiums des Grundrechtekonvents bei der Interpretation der Charta durch die nationale und europäische Gerichtsbarkeit wurde in letzter Sekunde auf britisches Verlangen eingefügt, vgl. OPPERMANN, Eine Verfassung für die Europäische Union, DVBl. 2003, S. 1234 (1242); EPPING, Die Verfassung Europas?, JZ 2003, S. 821 (826). Der Text der Erläuterungen ist abgedruckt in: Dok. CHARTE CONVENT 828/1/03 REV 1 vom 18.07.2003 (s.a. Anm. 606).

671 Wie den Präambeln zum EU- und EG-Vertrag wird auch der Präambel der rechtsverbindlich gewordenen Charta nicht nur programmatische, sondern auch rechtliche Bedeutung zukommen, vgl. STREINZ, in: DERS., EUV/EGV, GR-Charta Präambel, Rdn. 6; in diesem Sinne auch PICKER, Kurz-Kommentar zur Charta der Grundrechte der EU, S. 14.

672 Art. IV-8 VerfVertrag.

673 Art. I-59 VerfVertrag.

ges über eine Verfassung für Europa ist die Anwendbarkeit völkerrechtlicher Auslegungsregeln zur Interpretation der Grundrechtecharta zu untersuchen[674].

1. Traditionelle völkerrechtliche Auslegungsmethodik

Ausgangspunkt jeder Vertragsauslegung ist der Text der zu interpretierenden Bestimmung in seinem üblichen Wortsinn[675]. Da die grammatikalische Auslegung die Intentionen der Vertragsparteien meist nur unzureichend widerspiegelt, sind regelmäßig ergänzende Auslegungskriterien heranzuziehen. Von Bedeutung sind insbesondere der systematische Zusammenhang, in dem eine Vertragbestimmung steht, Sinn und Zweck des Vertrages sowie – jedoch von untergeordneter Bedeutung – der historische Wille der Vertragsparteien, der insbesondere bei multilateralen Verträgen über oft umfangreiche vorbereitende Arbeiten, die „travaux préparatoires“[676], zu ermitteln ist. Die häufig unterschiedlichen Ergebnisse der verschiedenen Auslegungsmethoden werfen die Frage nach der Gewichtung der Interpretationsmethoden auf, in deren Zentrum der Gegensatz zwischen einer subjektiven, an dem historischen Parteiwillen orientierten Auslegung und einer objektiven Auslegung, die dem Vertragstext die entscheidende Bedeutung beimisst, steht[677]. Die als Völkergewohnheitsrecht anerkannten[678] Auslegungsregeln der Artt. 31 ff. WVK verknüpfen subjektive und objektive Elemente, sprechen jedoch dem objektiven Parteiwillen, wie er sich im Vertragstext manifestiert[679], das maßgebliche Gewicht zu[680]. Aus der

---

674 Da die Frage nach der Anwendbarkeit völkerrechtlicher Auslegungsregeln auf der Ebene des Gemeinschaftsrechts grundsätzlicher Natur ist, verliert diese Fragestellung auch für den Fall, dass der Vertrag über eine Verfassung für Europa niemals Rechtsverbindlichkeit erlangen wird, nicht an Relevanz.

675 Vgl. BERNHARDT, Interpretation in International Law, in: DERS., EPIL/ Vol. II (1995), S. 1420; GRAF VITZTHUM, in: DERS., Völkerrecht, Rdn. 123; DOEHRING, Völkerrecht, Rdn. 388.

676 Zu den vorbereitenden Materialien zählen insbesondere Vertragsentwürfe und Sitzungsprotokolle, mittels derer der Entstehungsprozess des endgültigen Vertragstextes nachgezeichnet werden kann. Die „travaux préparatoires" sind jedoch nur als ergänzendes Auslegungsmittel heranzuziehen, vgl. auch STEIN/V. BUTTLAR, Völkerrecht, Rdn. 86.

677 Dazu V. HEINEGG, in: IPSEN, Völkerrecht, § 11, Rdn. 4 f.

678 Die völkergewohnheitsrechtliche Geltung der Auslegungsregeln der Artt. 31 ff. WVK entspricht der herrschenden Auffassung, vgl. BERNHARDT, Interpretation in International Law, in: DERS., EPIL, Vol. II (1995), S. 1420; GRAF VITZTHUM, in: DERS., Völkerrecht, Rdn. 123.

679 Ausgangspunkt der Interpretation ist damit die Norm oder der Begriff, der gemäß seiner üblichen Bedeutung auszulegen ist (sog. „ordinary meaning rule"), vgl. V. HEINEGG, in: IPSEN, Völkerrecht, § 11, Rdn. 5 ff.

Überschrift des Art. 31 WVK als „Allgemeine Auslegungsregel" wird ersichtlich, dass keinerlei Rangfolge zwischen der aufgeführten wörtlichen, systematischen und teleologischen Methode festgelegt werden sollte, die Auslegung vielmehr in einer sachgemäßen Gesamtschau der verschiedenen Ansätze als einheitlicher Vorgang erfolgen solle[681].

Von besonderer Bedeutung ist die objektive Auslegung im Völkerrecht – wie in den meisten innerstaatlichen Rechtsordnungen – bei rechtssetzenden Verträgen[682]. Nach der objektiven Auslegung sind rechtsetzende Verträge extensiv zu interpretieren, d.h. der Vertragszweck ist großzügig im Sinne einer zukunftsgerichteten Zielsetzung aufzufassen[683]. Prinzipiell gilt, dass multilaterale, auf eine langfristige Zusammenarbeit ausgerichtete Verträge, Gründungsverträge internationaler Organisationen sowie Menschenrechtsverträge dynamisch im Lichte des gemeinsamen Vertragsziels und dessen dauernder Förderung (Grundsatz des „effet utile") auszulegen sind[684].

Bei der auf den Regelungszusammenhang abstellenden Auslegung sind nach Art. 31 Abs. 2 WVK neben dem Vertragswortlaut samt Präambel und Anlagen weitere Übereinkünfte zwischen allen Vertragsparteien anlässlich des Vertragsschlusses sowie andere Urkunden, die von einer oder mehreren Vertragsparteien abgefasst worden sind und von den anderen Parteien als sich auf den Vertrag beziehende Urkunden angenommen wurden, heranzuziehen. Nach Art. 31 Abs. 3 WVK in gleicher Weise zu berücksichtigen sind spätere Übereinkünfte zwischen den Vertragsparteien über die Auslegung oder Anwendung des Vertrages,

---

680 Dieser Grundsatz findet sich in Art. 31 Abs. 1 WVK: „Ein Vertrag ist nach Treu und Glauben in Übereinstimmung mit der gewöhnlichen, seinen Bestimmungen in ihrem Zusammenhang zukommenden Bedeutung und im Lichte seines Zieles und Zweckes auszulegen."

681 Auch ohne einen entsprechenden Vorrang anzunehmen, ist es aufgrund der durch den objektiven Ansatz gebotenen Ausrichtung am Text sach- und rechtslogisch geboten, mit der grammatikalischen Auslegungsmethode zu beginnen, vgl. v. HEINEGG, in: IPSEN, Völkerrecht, § 11, Rdn. 12.

682 Vgl. DOEHRING, Völkerrecht, Rdn. 394. Zu der im Völkerrecht umstrittenen Differenzierung zwischen den rechtssetzenden („law-making treaties" bzw. „traités-lois") und den rechtsgeschäftlichen Verträgen („contractual treaties"/ „traités-contrats") vgl. VERDROSS/SIMMA, Universelles Völkerrecht, § 537. Siehe zu diesen beiden völkerrechtlichen Vertragstypen ferner ANWEILER, Auslegungsmethoden des Gerichtshofs der Europäischen Gemeinschaft, S. 135 ff.

683 Vgl. DOEHRING, Völkerrecht, Rdn. 395. Zum Beispiel der effektiven und unter Berücksichtigung der Weiterentwicklung des nationalen und internationalen Menschenrechtsverständnisses praktizierten Auslegung der EMRK vgl. JAECKEL, Schutzpflichten, S. 110, mit entsprechenden Nachweisen aus der Rechtsprechung des EGMR (Fn. 42).

684 Vgl. HERDEGEN, Völkerrecht, § 15, Rdn. 28 ff; GRAF VITZTHUM, in: DERS., Völkerrecht, Rdn. 124.

jede spätere Übung der Vertragsparteien als Ausdruck der Übereinstimmung über die Auslegung sowie jeder in den Beziehungen der Vertragsparteien einschlägige Völkerrechtssatz. Den vorbereitenden Arbeiten sowie den Umständen des Vertragsschlusses ist gemäß Art. 32 WVK nur untergeordnete Bedeutung beizumessen[685]. Werden bei mehrsprachigen Verträgen mehrere Sprachen als authentisch bezeichnet, so gilt nach der in Art. 33 Abs. 3 WVK kodifizierten gewohnheitsrechtlichen Regel jede sprachliche Fassung als in gleicher Weise maßgeblich.

2. Besonderheiten bei der Auslegung von Gemeinschaftsrecht

Das Auslegungsmonopol für das Recht der Union liegt beim EuGH[686], der sein Recht zur „Auslegung des Vertrages" in Art. 220 EG mit Blick auf Art. 292 EG als ausschließliche Zuständigkeit interpretiert[687]. Der EuGH folgt grundsätzlich den anerkannten Auslegungsmethoden der grammatikalischen, der systematischen, der teleologischen sowie der historischen Interpretation[688].

Angesichts des Gemeinschaftsziels einer fortschreitenden Integration[689] kommt der systematischen und der teleologischen Auslegungsmethode, die dem evolutiven und dynamischen Prozess der Integration Rechnung trägt, eine besondere Bedeutung zu[690].

---

685 Art. 32 WVK: „Ergänzende Auslegungsmittel, insbesondere die vorbereitenden Arbeiten und die Umstände des Vertragsabschlusses können herangezogen werden, um die sich unter Anwendung des Artikels 31 ergebende Bedeutung zu bestätigen oder die Bedeutung zu bestimmen, wenn die Auslegung nach Art. 31

a) die Bedeutung mehrdeutig oder dunkel lässt

b) zu einem offensichtlich sinnwidrigen oder unvernünftigen Ergebnis führt."

686 Vgl. auch SCHWARZE, in: DERS., EU-Kommentar, Art. 220 EG, Rdn. 27 ff.; SCHWEITZER/HUMMER, Europarecht, Rdn. 449, 451.

687 EuGH, Gutachten 1/91 vom 14.12.1991, EWR, Slg. 1991 I, 6079, Tz. 38 (abgedruckt in: EuGRZ 1992, S. 67 (75)).

688 Vgl. STREINZ, Europarecht, Rdn. 498; HOBE, Europarecht, Rdn. 148 ff. Zu den Auslegungsmethoden des EuGH umfassend ANWEILER, Auslegungsmethoden des Gerichtshofs der Europäischen Gemeinschaften, S. 74 ff.

689 Vgl. die entsprechenden Erklärungen in den Präambeln des Verfassungsvertrages, der Grundrechtecharta, des EG-Vertrages sowie Art. 1 Abs. 2 EU.

690 Vgl. MEYER, Die Grundsätze der Auslegung im Europäischen Gemeinschaftsrecht, JURA 1994, S. 455 (456); HERDEGEN, Europarecht, Rdn. 200; SCHROEDER, Auslegung des EU-Rechts, JuS 2004, S. 180 (184); STREINZ, Europarecht, Rdn. 498; JAECKEL, Schutzpflichten, S. 191 m.w.N.

Die Steuerungsabsicht des Gemeinschaftsrechts gründet auf einem Rechtsverständnis, wonach jede Rechtsnorm einem bestimmten Zweck dient und deshalb eine dem Ziel entsprechende Wirkung entfalten muss. Die teleologische Auslegung des Gemeinschaftsrechts versucht folglich nicht nur, das Ziel der Norm zu erkennen, sondern setzt zugleich das Gebot der effektiven Verwirklichung des in ihr angelegten Ziels voraus. Für das hierin zum Ausdruck kommende völkerrechtliche Prinzip des „ut res magis valeat quam pereat" wurden im Gemeinschaftsrecht die Begriffe „Effektivitätsgrundsatz" und „effet utile" geprägt[691]. Zuzurechnen ist der teleologischen Auslegung auch die im Gemeinschaftsrecht anerkannte „implied powers"-Regel, wonach der Gemeinschaft solche Kompetenzen als implizit vom Vertragstext zuerkannt betrachtet werden, ohne die die Gemeinschaft ihre Aufgaben nicht erfüllen könnte[692].

Orientiert an den Vertragszielen räumt der EuGH allgemein derjenigen Auslegungsmethode den Vorzug ein, die eine größtmögliche Effizienz zur Verwirklichung dieser Ziele verspricht und die Funktionsfähigkeit der Gemeinschaft sichert[693]. Zentrale Bedeutung gewinnt im Rahmen der teleologischen Auslegung auch die dynamische Auslegungsmethode, welche gewährleistet, dass die Zielvorgaben und verbindlichen Wertentscheidungen der objektiven Werteordnung im Prozess der fortschreitenden Integration ihren Ausdruck finden[694]. Zu dieser teleologischen Betrachtungsweise tritt als eine gemeinschaftsrechtsspezifische Ausprägung der systematischen Auslegung die Methodik wertender

691 Vgl. EuGH, Rs. C-231/96, *Edis*, Slg. 1998, I-4951, Tz. 35. Indem er beständig auf die Notwendigkeit einer effektiven Auslegung des Gemeinschaftsrechts hinweist, erweist sich der EuGH gleichsam als ein „Motor der Integration, vgl. SCHROEDER, JuS 2004, S. 180 (186). Bei der Orientierung an den Vertragszielen von überragender Bedeutung stellt der Umweltschutz eines der Leitmotive dar, vgl. EuGH, Rs. 302/86, *Kommission / Dänemark*, Slg. 1988, I-4607.

692 Vgl. HOBE, Europarecht, Rdn. 151. Zum Grundrechtsschutz als „implied power" vgl. BARRIGA, Die Entstehung der Charta der Grundrechte der Europäischen Union, S. 40 ff.

693 Aus dem Umstand, dass das Ziel des Gemeinschaftsrechts in der wirtschaftlichen Integration der Mitgliedstaaten und darüber hinaus in der Schaffung einer politischen (und rechtlichen) Union besteht, folgert der EuGH, dass die einzelnen Bestimmungen der Verträge „keineswegs ein Selbstzweck, sondern nur Mittel zur Verwirklichung dieser Ziele sind" (EuGH, Gutachten 1/91 vom 14.12.1991, EWR, Slg. 1991 I, 6079, Tz. 18 (abgedruckt in: EuGRZ 1992, S. 67 (74)). Demzufolge sei „jede Vorschrift des Gemeinschaftsrechts (...) im Lichte des gesamten Gemeinschaftsrechts, seiner Ziele und seines Entwicklungsstands zur Zeit der Anwendung (...) auszulegen" (EuGH, Rs. 283/81, *CILFIT*, Slg. 1982, 3415, Rdn. 20). Insofern besteht Übereinstimmung mit der völkerrechtlichen Tradition der Interpretation von Integrationsverträgen nach den Grundsätzen des „effet utile" bzw. „ut res magis valeat quam pereat".

694 Vgl. BUCK, Auslegungsmethoden des EuGH, S. 240.

Rechtsvergleichung mit dem Ziel des Auffindens einer „besten" Lösung[695], wobei das gefundene Ergebnis mit der Struktur der Europäischen Union und den materiellen Zielvorgaben der Verträge vereinbar sein muss.

Der Entstehungsgeschichte der Norm wird wegen des dynamischen Charakters des Gemeinschaftsrechts in der Regel eine geringere Bedeutung beigemessen, so dass die historische Auslegung nur als Ausgangspunkt der Interpretation heranzuziehen ist[696]. Umstritten ist, inwieweit die spätere Praxis der Mitgliedstaaten und Gemeinschaftsorgane bei der Auslegung zu berücksichtigen ist. Während nach völkerrechtlichen Auslegungsgrundsätzen gemäß Art. 31 Abs. 3 lit. a) WVK auch spätere Übereinkünfte und Übungen der Vertragsparteien bei der Anwendung des Vertrages herangezogen werden können, wird eine Heranziehung dieser Grundsätze insbesondere von den Autoren abgelehnt, die den besonderen Charakter des Gemeinschaftsrechts als eigenständige staatsähnliche Rechtsordnung betonen[697]. Hinsichtlich der Grundrechtecharta, welche sich insbesondere auch als Substrat der mitgliedstaatlichen Verfassungsordnungen und Grundrechtsgewährleistungen darstellt, ist jedenfalls davon auszugehen, dass auch spätere Verfassungsänderungen in den Mitgliedstaaten für ihre – demzufolge dynamische – Interpretation maßgeblich sind.

Von größerer Bedeutung als bei vielen völkerrechtlichen Verträgen ist im Gemeinschaftsrecht das Problem der Mehrsprachigkeit aufgrund der offiziellen Fassung der Verträge in zwölf authentischen Amtssprachen gemäß Art. 53 EU und Art. 314 EG, die diesen Regelungen zufolge alle gleichermaßen verbindlich sind. Dem Erfordernis einheitlicher Auslegung des Gemeinschaftsrechts ist insbesondere durch den Vergleich der verschiedenen Sprachfassungen unter Berücksichtigung linguistischer Besonderheiten sowie systematischer und teleo-

---

695 Vgl. dazu KINGREEN, in: CALLIESS/RUFFERT, EUV/EGV, Art. 6 EU, Rdn. 39 ff.

696 Einer der Hauptgründe für die untergeordnete Bedeutung der historischen Auslegung ist darin zu sehen, dass die maßgeblichen legislativen Vorarbeiten der Verträge bewusst nicht veröffentlicht wurden. Siehe dazu BUCK, Auslegungsmethoden des EuGH, S. 238 f.; weiterhin MEYER, JURA 1994, S. 455 (456); HOBE, Europarecht, Rdn. 150; NICOLAYSEN, Europarecht I, S. 103; JAECKEL, Schutzpflichten, S. 192; vgl. auch SCHROEDER, JuS 2004, S. 180 (183).

697 Vgl. zu dieser Frage den Beitrag von SLYNN, The use of subsequent practice as an aid to interpretation by the Court of Justice of the European Communities, in: BIEBER/RESS, Die Dynamik des Europäischen Gemeinschaftsrechts, S. 137 ff., der auch zwischen der späteren Praxis der Mitgliedstaaten und derjenigen der Gemeinschaftsorgane differenziert. Eine untergeordnete Rolle der politischen Praxis nimmt BLECKMANN an, vgl. DERS., NJW 1982, S. 1177 (1179).

logischer Argumente gerecht zu werden[698]. Der EuGH hat sich hierbei weitgehend der Methodik des Völkerrechts angeschlossen[699].

3. Modifizierte Anwendbarkeit der Auslegungsregeln der Artt. 31 ff. WVK bei der Interpretation der Grundrechtecharta?

Ob die Artt. 31 ff. WVK zur Interpretation der GRC herangezogen werden können und in welchem Verhältnis diese Auslegungsregeln gegebenenfalls zu der gemeinschaftsrechtsspezifischen Auslegungsmethodik des EuGH stehen, ist unter verschiedenen Aspekten zu erörtern.

Bevor auf die grundlegende Kontroverse zur Anwendbarkeit völkerrechtlicher Auslegungsregeln im Bereich des Gemeinschaftsrechts einzugehen ist, ist deren Relevanz für die im Hinblick auf die Grundrechtecharta anwendbare Interpretationsmethodik zu klären. Möglicherweise kann der diesbezügliche Streit bereits a priori größtenteils entschärft werden, sofern eine weitgehende Deckungsgleichheit zwischen beiden Auslegungskonzeptionen[700] – insbesondere im konkreten Anwendungsfall – festgestellt werden kann. Wie oben dargelegt, bildet nach beiden Ansätzen die grammatikalische Auslegung den Ausgangspunkt der Interpretation und wird insbesondere durch systematische und teleologische Erwägungen abgestützt.

Weiterhin handelt es sich bei der Charta um ein rechtssetzendes Vertragsdokument, bei dessen Auslegung sowohl nach völkerrechtlicher als auch nach gemeinschaftsrechtlicher Auslegungmethodik der Erreichung des Vertragsziels entsprechend dem Grundsatz des *effet utile* höchstes Gewicht beizumessen ist, so dass die Vorgehensweise zur Interpretation der Charta nach beiden Auslegungskonzeptionen in ihren Grundzügen übereinstimmt. Zumindest zum gegenwärtigen Zeitpunkt ist jedoch angesichts des noch unscharf konturierten Integrationsziels einer europäischen Grundrechtsgemeinschaft[701] durchaus denkbar,

---

[698] Lesenswert zu Folgeproblemen der Mehrsprachigkeit CHRISTENSEN/MÜLLER, Mehrsprachigkeit oder das eine Recht in vielen Sprachen, in: MÜLLER/BURR, Rechtssprache Europas, S. 9 ff.

[699] Siehe auch BLECKMANN, Zu den Auslegungsmethoden des Europäischen Gerichtshofs, NJW 1982, S. 1177 (1180).

[700] Eine weitgehende Übereinstimmung zwischen den „herkömmlichen" Auslegungsmethoden des Völkerrechts und den vom EuGH entwickelten Auslegungsgrundsätzen nimmt auch BLECKMANN an, vgl. DERS., NJW 1982, S. 1177 (1181).

[701] Dazu kritisch V. BOGDANDY, JZ 2001, S. 157 ff. (siehe weiterhin 2. Kapitel, A.III.3.). Zur Anwendung des Prinzips des *effet utile* im Bereich des Grundrechtsschutzes vgl. jedoch auch die Urteilsbegründung des EuGH im Fall *T. Port*, in der der Gerichtshof eine positive

dass der Effektivitätsgrundsatz in seiner Bedeutung gewisse Einschränkungen erfährt[702]. Bei dem gegenwärtigen Stand des Integrationsprozesses steht daher zu erwarten, dass – neben den originären Auslegungsregeln der Artt. 51 ff. GRC – insbesondere systematische Kriterien bei der Interpretation der Grundrechtecharta eine wichtige Rolle spielen werden. Gerade in Anbetracht des erst jungen und in seinen Ausmaßen noch nicht hinreichend präzisierten Integrationszieles einer unionalen Grundrechtsgemeinschaft sprechen zudem gute Gründe dafür, die – sowohl nach der völkerrechtlichen als auch nach der gemeinschaftsrechtlichen Auslegungsmethodik nur nachrangig heranzuziehende – Vertragsgenese und -historie in ihrer Bedeutung für die Interpretation der Charta aufzuwerten.

Ungeachtet der in ihren Grundzügen weitgehenden Übereinstimmung sowohl der völker- als auch der europarechtlichen Auslegungsmethodik in Bezug auf die Charta bleibt die durch den EuGH geprägte Methode der wertenden Rechtsvergleichung ein wichtiges Charakteristikum der Rechtserkenntnis auf Gemeinschaftsebene[703].

Die grundsätzliche Frage einer Anwendbarkeit der völkerrechtlichen Auslegungsgrundsätze der Artt. 31 ff. WVK auf das gemeinschaftliche bzw. unionale Primärrecht wird von einem Teil der Literatur trotz dessen völkerrechtlicher Entstehung unter Hinweis auf die Autonomie der Gemeinschaftsrechtsordnung verneint[704]. Gerade in Anbetracht des völkerrechtlichen Fundaments und der besonderen Rechtsnatur und Rechtsstellung des Gemeinschaftsrechts zwischen Völkerrecht und staatlichem Recht erscheint jedoch ein Rückgriff auf völkerrechtliche Auslegungsregeln und gegebenfalls auch auf mitgliedstaatliche

---

Handlungspflicht zum Schutz der Grundrechte seitens des gemeinschaftlichen Normgebers bei der Ausübung einer Regelungsbefugnis annahm: „Ein Tätigwerden der Gemeinschaftsorgane ist insbesondere geboten, wenn beim Übergang zur gemeinsamen Marktorganisation die gemeinschaftsrechtlich geschützten Grundrechte bestimmter Marktbeteiligter, etwa das Eigentumsrecht und das Recht auf freie Berufsausübung, beeinträchtigt werden." (EuGH, Rs. C-68/95, *T. Port*, Slg. 1996, I-6065, Tz. 40).

702 In diesem Sinne auch DORF, JZ 2005, S. 126 (131).

703 Zur Kritik der Vorgehensweise des EuGH im Hinblick auf ihre fehlende Transparenz KINGREEN, in: CALLIESS/RUFFERT, EUV/EGV, Art. 6 EU, Rdn. 39 m.w.N.; SCHWEITZER/HUMMER, Europarecht, Rdn. 451. Vgl. dazu auch MEYER, JURA 1994, S. 455 (457 f.).

704 Vgl. HERDEGEN, Völkerrecht, § 15, Rdn. 34; DERS., Europarecht, § 9, Rdn. 200, mit der Feststellung, das Gemeinschaftsrecht habe sich insofern „von den allgemeinen Interpretationsgrundsätzen völkerrechtlicher Verträge emanzipiert". Ablehnend auch SCHROEDER, Die Auslegung des EU-Rechts, JuS 2004, S. 180 (181 ff.). Vgl. auch die unterschiedlichen Stellungnahmen von GEORG RESS und Sir GORDON SLYNN, in: BIEBER/RESS, Die Dynamik des Europäischen Gemeinschaftsrechts, S. 70 ff. bzw. 137 ff.))

Methoden der Verfassungsinterpretation systemgetreu[705]. Der Umstand, dass der EuGH in mittlerweile jahrzehntelanger Praxis in einem Zusammenspiel völker- und verfassungsrechtlicher Auslegungsmaximen eine eigene gemeinschaftsrechtsspezifische Interpretationsmethodik geprägt hat, lässt die traditionellen völkerrechtlichen Auslegungsregeln auch auf Gemeinschaftsebene nicht bedeutungslos werden[706]. Da diese insbesondere auch ein geeignetes Instrumentarium für innerhalb einer Integrationsgemeinschaft auftretende Auslegungsprobleme bereithalten[707], sind sie vielmehr weiterhin als Grundlage der Interpretation heranzuziehen und im Hinblick auf die Eigenarten des Gemeinschaftsrechts – wie etwa die Methodik wertender Rechtsvergleichung – zu ergänzen bzw. zu modifizieren[708].

Aufgrund der völkergewohnheitsrechtlichen Geltung der in den Artt. 31 ff. WVK enthaltenen Auslegungsprinzipien[709] steht deren Anwendung auch nicht entgegen, dass die Konvention bislang nicht von allen EU-Mitgliedstaaten ratifiziert worden ist[710]. Schließlich ist die Anwendung völkerrechtlicher Auslegungsregeln auch nicht dadurch ausgeschlossen, dass die Grundrechtecharta in den *Vertrag über eine Verfassung für Europa* inkorporiert wurde. Der Verfassungsbegriff mag eine neue Integrationsstufe kennzeichnen, er steht jedoch nicht für den Übergang auf eine Verfassungsordnung im traditionellen staatsrechtlichen Sinne[711].

---

705 Vgl. auch OPPERMANN, Europarecht, § 7, Rdn. 680. Für eine grundsätzliche Anwendbarkeit der völkerrechtlichen Auslegungsregeln ebenfalls BUSSE, Die völkerrechtliche Einordnung der Europäischen Union, S. 74. Nicht zu überzeugen vermag das Argument, dass der EuGH das Gemeinschaftsrecht als eine „neue Rechtsordnung des Völkerrechts" qualifiziert, da dies eine rein terminologische Differenzierung darstellt und das Europarecht nach der hier vertretenen Auffassung der „Traditionalisten" als Bestandteil des Völkerrechts anzusehen ist, vgl. dazu STREINZ, Europarecht, Rdn. 107 ff. m.w.N. Zum Streitstand s. a. ANWEILER, Auslegungsgmethoden des Gerichtshofs der Europäischen Gemeinschaften, S. 77 ff.

706 Vielmehr nahm der EuGH selbst 1991 in seinem Gutachten zum ersten Entwurf eines Abkommens zur Schaffung eines Europäischen Wirtschaftsraumes zur Abstützung der teleologischen Auslegungsmethode auf Art. 31 WVK explizit Bezug, vgl. EuGH, Gutachten 1/91 vom 14.12.1991, EWR, Slg. 1991 I, 6079, Tz. 14 (abgedruckt in: EuGRZ 1992, S. 67 (74)).

707 So auch STREINZ, Europarecht, Rdn. 114.

708 In diesem Sinne auch BUSSE, Die völkerrechtliche Einordnung der Europäischen Union, S. 74.

709 Näher TREVIRANUS, Preamble, in: BERNHARDT, EPIL/ Vol. III (1997), S. 1097 f.

710 Nicht ratifiziert wurde die Konvention von Frankreich, Irland, Malta und Portugal.

711 Dazu auch HOBE, Bedingungen, Verfahren und Chancen europäischer Verfassungsgebung: Zur Arbeit des Brüsseler Verfassungskonvents, EuR 2003, S. 1 ff. PERNICE spricht insofern von einem „postnationalen Verfassungsbegriff", vgl. DERS., Europäisches und nationales Verfassungsrecht, VVDStRL 60 (2001), S. 148 (149-169).

Nachfolgend werden somit für die Interpretation des Art. 37 GRC die Grundsätze der Artt. 31 ff. WVK unter Beachtung gemeinschaftsrechtsspezifischer Auslegungsmodalitäten herangezogen.

C. Normative Vorgaben der Artt. 51 ff. GRC

In den „Allgemeinen Bestimmungen über die Anwendung und Auslegung der Charta" (Artt. 51 ff. GRC), die der Konvent „hinter die Klammer gezogen"[712] hat, ist ein breites Spektrum verschiedener Normen verankert, die teils den Anwendungsbereich der Charta näher eingrenzen, teils chartaspezifische Auslegungsmaßstäbe und -schranken enthalten und damit die traditionellen völkerrechtlichen Auslegungsregeln konkretisieren bzw. ergänzen, sowie Normen, die den Rechtsgehalt der Chartanormen in generalisierender Weise präzisieren. Die horizontalen Bestimmungen der Charta bilden damit ein wichtiges Fundament für die Weiterentwicklung einer eigenständigen europäischen Grundrechtsdogmatik[713].

Im Folgenden werden die Artt. 51 ff. GRC im Hinblick auf ihre Bedeutung für die Interpretation des Art. 37 GRC untersucht.

I. Bestimmung des Anwendungsbereichs und Verbot der Ausweitung bestehender Kompetenzen durch Art. 51 GRC

1. Grundrechtsberechtigte und -verpflichtete

Art. 51 Abs. 1 GRC legt den Anwendungsbereich der Charta explizit nur hinsichtlich der Verpflichtungsadressaten fest. Hinsichtlich der Berechtigten wurde keine allgemeine Vorschrift in die Charta aufgenommen[714]. Nach der in

---

712 BOROWSKY, in: MEYER, GRC-Kommentar, Vorbem. Kap. VII, Rdn. 1, der darauf hinweist, dass dieses Kapitel im Hinblick auf die angestrebte Rechtsverbindlichkeit der Charta intensiver als jedes andere Kapitel im Konvent beraten wurde. Insbesondere zeugen die redaktionellen Anpassungen und Präzisierungen in den Artt. 51 ff. GRC bei der Übernahme der Charta als Teil II des Verfassungsvertrages von der Brisanz der Anwendungs- und Auslegungsthematik, vgl. STREINZ, in: DERS., EUV/EGV, Kap. VII GR-Charta, Rdn. 2.

713 S. a. DORF, JZ 2005, S. 126 (127); weiterhin WEBER, DVBl. 2003, S. 220 (224 f.), der den Artt. 51 ff. GRC ebenfalls für die Interpretation der Charta große Bedeutung zuerkennt.

714 Vgl. auch STREINZ, in: DERS., EUV/EGV, Art. 51 GR-Charta, Rdn. 1 ff.

der Charta verfolgten offenen Grundrechtskonzeption gelten alle in ihr kodifizierten Rechte – mit Ausnahme der in Kapitel V aufgeführten Bürgerrechte und der grundfreiheitlichen Schutzgarantien – für alle Menschen, d.h. auch Drittstaatenangehörige[715]. Innerhalb der horizontalen Bestimmungen wurde keine Regelung bezüglich einer unmittelbaren oder mittelbaren Drittwirkung der Rechte der Charta[716] oder der Thematik grundrechtlicher Schutzpflichten getroffen, vielmehr wurde die Herausarbeitung derartiger Konzepte im Rahmen einer gesamteuropäischen Dogmatik Rechtsprechung[717] und Lehre überlassen[718].

Nach Art. 51 Abs. 1 S. 1 GRC gilt die Charta „für die Organe und Einrichtungen der Union unter Einhaltung des Subsidiaritätsprinzips und für die Mitgliedstaaten ausschließlich bei der Durchführung des Rechts der Union“[719].

---

715 Insofern besteht Übereinstimmung zum bisherigen Gemeinschaftsrecht, bei dem gleichermaßen eine prinzipielle Grundrechtsberechtigung Drittstaatenangehöriger angenommen wird, vgl z.B. BEUTLER, in: V. D. GROEBEN/SCHWARZE, EU-/EG-Vertrag, Art. 6 EU, Rdn. 71. Siehe zur Frage der Grundrechtsberechtigung juristischer Personen KÜHLING, Grundrechte, in: V. BOGDANDY, Europäisches Verfassungsrecht, S. 583 (612); vgl. auch STREINZ, in: DERS., EUV/EGV, Art. 51 GR-Charta, Rdn. 2.

716 Jedoch kann aus dem Umstand, dass Art. 51 Abs. 1 S. 1 GRC nur die Unionsorgane und die Mitgliedstaaten als Grundrechtsadressaten nennt, geschlossen werden, dass die Charta grundsätzlich nur von einer mittelbaren Drittwirkung ausgeht, vgl. SCHMITZ, JZ 2001, S. 833 (840).

717 Anzumerken ist, dass in der Judikatur des EuGH die Rechtsfiguren der Drittwirkung und der grundrechtlichen Schutzpflichten bislang nur eine untergeordnete Rolle spielten. Über die Transferklausel des Art. 52 Abs. 3 S. 1 GRC fließt allerdings die Rechtsprechung des EGMR, der in ständiger Rechtsprechung und in erheblichem Umfang Schutzpflichten aus der EMRK, sog. „obligations positives“, hergeleitet hat, mit ein, vgl. STREINZ, in: DERS., EUV/EGV, Art. 51 GR-Charta, Rdn. 10 unter Hinweis auf EGMR, Urt. v. 13.06.1979, *Marckx / Belgien*, Série A, Nr. 31 (= EuGRZ 1979, S. 454); Urt. v. 20.04.1993, *Sibson / United Kingdom*, Série A, Nr. 258-A (= RUDH 1993, S. 370); Urt. v. 26.05.1994, *Keegan / Irland*, Série A, Nr. 290 (= EuGRZ 1995, S. 113); Urt. v. 19.02.1998, *Guerra / Italien*, Reports 1998-I, S. 210 (Tz. 41 ff.). Vgl. zu diesem Themenkomplex auch GRABENWARTER, EMRK, § 19, Rdn. 7 ff. m.w.N.

718 Vgl. BOROWSKY, in: MEYER, GRC-Kommentar, Art. 51, Rdn. 31.

719 Missverständlich ist insofern die Formulierung, da einziges Organ der „Union“ genaugenommen nur der Europäische Rat der Staats- und Regierungschefs ist, wohingegen die „entscheidenden“ Organe solche der EG sind und der Union für den Bereich der intergouvernementalen Zusammenarbeit nur „geliehen“ sind, vgl. hierzu und zur weiteren Ungenauigkeit dieser Formulierung CALLIESS, in: EHLERS, Europäische Grundrechte und Grundfreiheiten, § 19 III, Rdn. 25; DERS., EuZW 2001, S. 261 (266); ebenfalls kritisch STEIN, “Gut gemeint ...” – Bemerkungen zur Charta der Grundrechte der Europäischen Union, FS Steinberger, S. 1425 (1433).

Den Erläuterungen des Präsidiums zu diesem Artikel ist zu entnehmen, dass diese – gegenüber der früheren Formulierung „im Anwendungsbereich des Vertrages" engere – Formulierung in Anlehnung an ein Urteil des EuGH gewählt wurde, wonach die sich aus dem Schutz der Gemeinschaftsgrundrechte ergebenden Erfordernisse auch die Mitgliedstaaten „bei der Durchführung des Gemeinschaftsrechts" binden[720]. Diese restriktive Formulierung des Anwendungsbereichs der Gemeinschaftsgrundrechte wird von Teilen des Schrifttums unter Verweis auf die bisherige Rechtsprechung des EuGH kritisiert und sogar als möglicher Rückschritt hinter den gegenwärtigen „acquis communautaire" angesehen[721]. Im Hinblick auf die präsidialen Erläuterungen sowohl des HERZOG- als auch des GISCARD D'ESTAING-Konvents wird in der Formulierung jedoch auch eine reine Fixierung des Status quo gesehen, wonach das Handeln der Mitgliedstaaten – entsprechend der Rechtsprechung zum geltenden Recht – den Grundrechten der Union auch dann unterworfen ist, wenn es sich um Maßnahmen der Beschränkung von Grundfreiheiten handelt[722].

---

720 EuGH, Rs. C-292/97, *Karlsson u.a.*, Slg. 2000, I-2737, Tz. 37. Infolge der Judikatur des EuGH und der Festlegung des Art. 6 Abs. 2 EU sind Organe der EG und EU als Grundrechtsverpflichtete etabliert. Bislang nicht in letzter Konsequenz geklärt ist die Frage der Bindung der Mitgliedstaaten an die Unionsgrundrechte (Reichweite der Unionsgrundrechte in vertikaler Perspektive). Der bisherigen Rechtsprechung des EuGH ist zu entnehmen, dass eine Grundrechtskontrolle am Maßstab der Gemeinschaftsgrundrechte zu erfolgen hat, *sobald eine Regelung in den Anwendungsbereich des Gemeinschaftsrechts fällt*. Dies ist einerseits der Fall bei der Umsetzung sekundären Gemeinschaftsrechts sowie beim Verwaltungsvollzug von Gemeinschaftsrecht (d.h. in Ausführung der Umsetzung eines von der Gemeinschaft initiierten Aktes) und andererseits bei mitgliedstaatlicher Berufung auf die Ausnahmeklausel einer Grundfreiheit bzw. auf deren immanente Schranken, so dass eine Rechtfertigung im Lichte der Grundrechte auszulegen ist. Anzumerken ist, dass dem EuGH gemäß Art. 46 lit. d) EU explizit nur die Rechtsprechungskompetenz zur Überprüfung der Grundrechtskonformität von Handlungen der Gemeinschaftsorgane übertragen worden ist, eine Überprüfung mitgliedstaatlichen Handelns am Maßstab des Art. 6 Abs. 2 EU jedoch durch Art. 46 lit. d) EU beschränkt ist. Hierzu insgesamt ausführlich KÜHLING, in: V. BOGDANDY, Europäisches Verfassungsrecht, S. 583 (588, 607 f.); vgl. zur Grundrechtsbindung der Mitgliedstaaten auch CREMER, in: CALLIESS/RUFFERT, EUV/EGV, Art. 46 EU, Rdn. 3.

721 Siehe CALLIESS, in: EHLERS, Europäische Grundrechte und Grundfreiheiten, § 19 IV, Rdn. 26, der darauf verweist, dass die Rechtsprechung des EuGH dahin tendiert, eine Grundrechtsbindung der Mitgliedstaaten ganz allgemein im Anwendungsbereich des Gemeinschaftsrechts anzunehmen. Siehe ebenfalls WEBER, Charta der Grundrechte der Europäischen Union, S. 12 f.

722 Vgl. GRABENWARTER, Auf dem Weg zur Grundrechtsgemeinschaft?, EuGRZ 2004, S. 563 (564 f.) m.w.N.

2. Parallelität von Kompetenzen und Grundrechtsschutz?

Für die im Kapitel Solidarität geregelten „Rechte“[723] gilt, dass sie im Hinblick auf die Zuständigkeiten der Europäischen Union eine zum Teil überschießende Tendenz aufweisen[724]. Speziell im Bereich des Umwelt- und Verbraucherschutzes wurde die Frage einer möglichen Ausweitung der Kompetenzen durch die Annahme von Schutzpflichten aufgeworfen[725].

Angesichts der thematischen Spannweite der in der Charta verankerten Gewährleistungen und der nach wie vor beschränkten Aufgabenzuständigkeit der EG/EU stellt sich die Frage, welche Grundrechtskonzeption der gegenwärtige Integrationsstand überhaupt zulässt[726]. Da die Charta vom Kompetenzbestand der Europäischen Union als Rahmen für die inhaltliche Ausgestaltung der Grundrechte ausgehen müsse[727], werde durch die fehlende thematische Zurückhaltung der Grundsatz der Parallelität von Kompetenzen und Grundrechtsschutz[728] missachtet[729]. Bei Rechtsverbindlichkeit der Charta wird hierin

[723] Differenzierend zu den sozialen Rechten der Charta v. BOGDANDY, JZ 2001, S. 157 (160 f.).

[724] So CALLIESS, in: EHLERS, Europäische Grundrechte und Grundfreiheiten, § 19 II 2, Rdn. 13 m.w.N. Die Gefahr einer Kompetenzausweitung durch eine Kodifizierung sozialer und kultureller Grundrechte, die neben Schutz- auch Fürsorge- und Förderpflichten des Hoheitsträgers beinhalten und ihrerseits Aktivitäten anstoßen, die sich dann Handlungskompetenzen „suchen“, wurde bereits vor Erstellung der Charta erkannt, vgl. KNÖLL, NJW 2000, S. 1847 m.w.N. In diesem Zusammenhang wurde die Befürchtung geäußert, kodifizierte Grundrechte könnten gleichsam „osmotisch“ Kompetenzen an sich ziehen, s. HIRSCH, EG: Kein Staat, aber eine Verfassung?, NJW 2000, S. 46 (47).

[725] So der Diskussionsbeitrag von GEORG RESS auf der von der österreichischen Wirtschaftskammer und dem Forschungsinstitut für Europafragen der Wirtschaftsuniversität Wien am 18./19. Dezember 2000 in Wien veranstalteten Konferenz zu der Europäischen Grundrechtecharta, vgl. den Bericht von SZCZEKALLA, DVBl. 2001, S. 345 (347).

[726] Vgl. SCHRÖDER, Wirkungen der Grundrechtscharta in der Europäischen Rechtsordnung, JZ 2002, S. 849. Ausführlich zu den Kompetenzen der Gemeinschaft im Bereich des Grundrechtsschutzes BARRIGA, Die Entstehung der Charta der Grundrechte der Europäischen Union, S. 34 ff.

[727] Siehe LINDNER, DÖV 2000, S. 543 (547 ff.); KNÖLL, Die Charta der Grundrechte der Europäischen Union. Inhalte, Bewertung und Ausblick, NVWZ 2001, S. 392 (393 f.).

[728] Siehe PERNICE, DVBl. 2000, S. 847 (852).

[729] Vgl. CALLIESS, Die Charta der Grundrechte der Europäischen Union. Fragen der Kompetenz und Verbindlichkeit, EuZW 2001, S. 261 (264); SCHRÖDER, JZ 2002, S. 849 (851); HOFFMANN-RIEM, EuGRZ 2002, S. 473 (480); HIRSCH, Die sozialen Grundrechte in der Europäischen Grundrechtscharta, in: BLANK, Die sozialen Grundrechte in der Europäischen Grundrechtscharta, S. 11 (13).

die Gefahr der Schaffung eines supranationalen Kompetenztitels gesehen[730]. Der Annahme der Gefahr einer Kompetenzausweitung ist jedoch entgegenzuhalten, dass die Formulierung des Art. 51 Abs. 2 GRC explizit verhindert, dass aus Grundrechten ohne thematischen Bezug zu vorhandenen Kompetenzen neuartige „neuartige supranationale Kompetenztitel" erwachsen[731].

Im Hinblick auf das Ziel der Schaffung einer modernen Grundrechtsordnung und dem offiziellen Bekenntnis zu einer – über eine Wirtschafts- und Währungsunion hinausgehenden – europäischen Wertegemeinschaft kann die vom Konvent gewählte, umfassende Normierung jedoch als gerechtfertigt angesehen werden[732]. Zu beachten ist auch die Offenheit und Dynamik des Integrationskonzepts: Ein Grundrechtskatalog stellt keine Momentaufnahme auf der Grundlage des derzeitigen Kompetenzbestandes dar, vielmehr darf er als Ausdruck einer „strukturell homogenen Gemeinschaft parlamentarisch-rechtsstaatlicher Demokratien in Anlehnung an die europäisch-amerikanische Tradition"[733] zukunftsorientiert sein, selbst wenn ein Teil der Grundrechte vorerst keine Relevanz hat.

Das in Art. 51 Abs. 2 GRC enthaltene deklaratorische[734] Kompetenzausweitungsverbot bestätigt – in Verbindung mit Satz 2 des ersten Absatzes – das Subsidiaritätsprinzip[735] und das Prinzip der begrenzten Einzelermächtigung dahingehend, dass die Charta nicht zu einer Erweiterung oder Änderung der Zuständigkeiten und Aufgaben führen darf, die der Union durch die anderen Teile der Verfassung zugewiesen sind[736]. Für die Organe der Union kann sich eine Verpflichtung nach Art. 52 Abs. 1 S. 2 GRC zur Förderung der in der Charta festgelegten Grundsätze demnach nur im Rahmen der in der Verfassung bestimmten Befugnisse ergeben[737]. Festzuhalten bleibt, dass die Grundrechte-

---

730 Hierzu CALLIESS, EuZW 2001, S. 261 (264 ff.); LINDNER, DÖV 2000, S. 543 ff.

731 Gleiches ergibt sich bereits aus dem in Art. 5 Abs. 1 EG verankerten Prinzip der begrenzten Einzelermächtigung. Auch der EuGH stellte in einer Entscheidung aus dem Jahre 1998 explizit fest, dass die Gewährleistung der Gemeinschaftsgrundrechte nicht dazu führen könne, dass „der Anwendungsbereich der Bestimmungen des Vertrages über die Zuständigkeiten der Gemeinschaft hinaus erweitert wird", vgl. EuGH, Rs. C-249/96, *Grant*, Slg. 1998, I-621, Tz. 45.

732 Vgl. HIRSCH, in: BLANK, Die sozialen Grundrechte in der Europäischen Grundrechtscharta, S. 11 (14).

733 OPPERMANN, Europarecht, Rdn. 489.

734 BOROWSKY, in: MEYER, GRC-Kommentar, Art. 51, Rdn. 37.

735 Vgl. Art. 51 Abs. 1 GRC sowie Absatz der 5 der Charta-Präambel.

736 Siehe die aktualisierten Erläuterungen des Präsidiums zu Art. 51 Abs. 2 GRC, Dok. CONVENT 828/1/03 REV 1 vom 18.07.2003, S. 47.

737 Ebd.

charta nicht als Grundlage für künftige Kompetenzausweitungen, etwa durch die Aktivierung von Schutzpflichten seitens der Gemeinschafts- bzw. Unionsorgane – insbesondere des EuGH –, dienen kann[738].

II. Tragweite und Auslegung der Rechte und Grundsätze gemäß Art. 52 GRC

In Art. 52 Abs. 1 GRC ist eine allgemeine Schrankenklausel enthalten, die jedoch für die Interpretation der Rechtsnatur und des Gewährleistungsinhalts des Art. 37 GRC – ebenso sowie die EMRK-Regel des Art. 52 Abs. 3 S. 1 GRC[739] – nicht fruchtbar gemacht werden kann[740].

1. Die „Anpassungs-Regel" des Art. 52 Abs. 2 GRC

Relevant für die Interpretation des Art. 37 GRC erscheint indes die „Anpassungs-Regel"[741] des Art. 52 Abs. 2 GRC. Diese bewirkt, dass die in der Charta verankerten Rechte[742] nur mit dem Umfang und Inhalt zur Entstehung gelangen, der nach Maßgabe des bisher geltenden Primärrechts auch vorher schon vorhanden war[743]. Die Formulierung „Rechte" legt hierbei nahe, dass es sich um subjektive Rechte handeln muss, die im Primärrecht – und nicht nur im Sekun-

---

738 Siehe auch STREINZ, in: DERS., EUV/EGV, Art. 51 GR-Charta, Rdn. 14.

739 Der Umweltschutz hat in der EMRK trotz verschiedener Initiativen bislang keine explizite Regelung erfahren, siehe bereits 1. Kapitel, A.II.2.b) sowie weiterhin die entsprechende Auflistung in den aktualisierten Konventserläuterungen (Dok. CONVENT 828/1/03 REV 1 vom 18.07.2003, S. 49 ff.). Weiterführend zu dieser Norm CALLEWAERT, Die EMRK und die EU-Grundrechtecharta, EuGRZ 2003, S. 198 ff.; ebenfalls GRABENWARTER, FS Steinberger, S. 1129 (1135 ff.)).

740 Einerseits bezieht sich die Norm explizit auf „Rechte und Freiheiten", andererseits eignen sich „Grundsätze" bereits von ihrer Natur her nicht für Einschränkungsregelungen, vgl. BOROWSKY, in: MEYER, GRC-Kommentar, Art. 52, Rdn. 17.

741 Zur Begriffsprägung siehe DORF, JZ 2005, S. 126 (128).

742 Den Erläuterungen des Konventspräsidiums zufolge muss es sich hierbei nicht um subjektive Rechte handeln, auch wenn der Wortlaut dies zunächst nahelegt, vgl. dazu DORF, JZ 2005, S. 126 (128).

743 Vgl. STREINZ, in: DERS., EUV/EGV, Art. 52 GR-Charta, Rdn. 11; vgl. weiterhin GRABENWARTER, Die Charta der Grundrechte für die Europäische Union, DVBl. 2001, S. 1 (2), interpretiert Art. 52 Abs. 2 GRC dahingehend, dass die Chartarechte insoweit zu keiner Änderung der Rechtslage führen werden.

därrecht – fixiert sind[744]. Ein Blick in die Erläuterungen des Präsidiums zeigt jedoch, dass nach dortigem Verständnis auch objektiv-rechtliche Normen – insbesondere Kompetenznormen, die sich in dem Erlass des entsprechenden Sekundärrechts konkretisieren – insofern maßgebend sind[745]. Dieses umfassende Verständnis wird dadurch gestützt, dass der Terminus „Rechte" nach seiner Verwendung in der Charta als Oberbegriff aller verankerten Gewährleistungen zu sehen ist, so dass eine Begrenzung auf subjektive primärrechtliche Verbürgungen nicht überzeugend erscheint[746].

Nach der Intention des Konvents sollte eine strenge Akzessorietät zwischen Charta und Gründungsverträgen eingehalten werden, um die Kohärenz des Unionsrechts zu wahren[747]. Die Rechte in der Charta dürfen demnach nicht anders ausgelegt und eingeschränkt werden als ihr Gegenstück in den Verträgen[748]. Zumindest der Gewährleistungsinhalt der Zielbestimmungen, auf die Art. 52 Abs. 2 GRC verweist, wird damit implizit zum Bestandteil der Charta[749]. Die objektiv-rechtlichen umweltbezogenen Normen des Primärrechts – insbesondere also die Artt. 2, 6 und 174 EG – sind damit für die Interpretation des in Art. 37 GRC enthaltenen „Grundsatzes" von fundamentaler Bedeutung, indem sie den *Mindestgewährleistungsinhalt* der Chartarechte festlegen.

---

744 Vgl. auch STREINZ, in: DERS., EUV/EGV, Art. 52 GR-Charta, Rdn. 11, sowie BOROWSKY, in: MEYER, GRC-Kommentar, Art. 52, Rdn. 25. S. a. den Schlussbericht der Gruppe II über die „Charta" (Dok. CONV 354/02 WG II 16 vom 22.10.2002, S. 6).

745 Dazu DORF, JZ 2005, S. 126 (128).

746 In Bezug auf die Rechte der Charta hieße dies, dass die Gewährleistungen mit dem Inhalt und dem Umfang zur Entstehung gelangten, der nach Maßgabe des Sekundärrechts auch schon vorher vorhanden war. Somit würden insbesondere die Grundrechte der Charta durch sekundärrechtliche Vorgaben determiniert werden, vgl. zu dieser Anordnung der „Sekundärrechtskonformität der Grundrechte" zu Recht kritisch DORF, JZ 2005, S. 126 (128).

747 Dazu BOROWSKY, in: MEYER, GRC-Kommentar, Art. 52, Rdn. 26.

748 Siehe auch die aktualisierten Erläuterungen des Präsidiums zu Art. 52 Abs. 2 GRC: „Mit der Charta wird die Regelung hinsichtlich der durch den EG-Vertrag gewährten und nun in den Teilen I und III der Verfassung übernommenen Rechte nicht geändert." (Dok. CONV 828/1/03 REV 1 vom 18.07.2003). Nichtsdestotrotz bleibt es dem Gerichtshof unbenommen, die – identischen – Rechte des Primärrechts und der Charta im Wege einer extensiven Auslegung gemeinsam zu verstärken, vgl. BOROWSKY, in: MEYER, GRC-Kommentar, Art. 52, Rdn. 27.

749 Vgl. auch CALLEWAERT, EuGRZ 2003, S. 189 (199 f.).

2. Die „Traditions-Regel" des Art. 52 Abs. 4 GRC

Ausdrücklich als Auslegungsregel zu bezeichnen ist ausweislich des entsprechenden Wortlauts Art. 52 Abs. 4 GRC[750]. Danach werden „Grundrechte", „wie sie sich aus den gemeinsamen Verfassungsüberlieferungen der Mitgliedstaaten ergeben", „im Einklang mit diesen Bestimmungen ausgelegt".

Zweifelhaft erscheint jedoch, ob diese Regel, die ersichtlich an die vom EuGH zur Ermittlung der ungeschriebenen Gemeinschaftsgrundrechte praktizierte Methode der wertenden Rechtsvergleichung anknüpft[751], angesichts der expliziten Bezugnahme auf „Grundrechte" zur Auslegung des in Art. 37 GRC statuierten „Grundsatzes" herangezogen werden kann[752]. Die Systematik der Absätze 4 und 5 innerhalb der Norm, wobei sich erstgenannter explizit auf „Grundrechte", letztgenannter explizit auf die „Grundsätze" der Charta bezieht, legt vielmehr nahe, dass die Auslegungsregel des Art. 52 Abs. 4 GRC nur bezüglich der in der Charta enthaltenen „echten" Grundrechte anzuwenden ist.

3. Präzisierung des Rechtsgehalts der Charta-„Grundsätze" durch Art. 52 Abs. 5 GRC

Zur näheren Präzisierung der Unterscheidung der Normenkategorien „Rechte" und „Grundsätze" wurde Art. 52 GRC durch den Entwurf des Verfassungsvertrags[753] um folgenden fünften Absatz erweitert: „Die Bestimmungen dieser Charta, in denen Grundsätze festgelegt sind, können durch Akte der Gesetzgebung und der Ausführungen der Organe und Einrichtungen der Union sowie durch Akte der Mitgliedstaaten zur Durchführung des Rechts der Union in Ausübung ihrer jeweiligen Zuständigkeiten umgesetzt werden. Sie können vor Gericht nur bei der Auslegung dieser Akte und bei Entscheidungen über deren Rechtmäßigkeit herangezogen werden".

---

750 Zur Begriffsprägung als „Traditions-Regel" siehe DORF, JZ 2005, S. 126 (129).

751 Vgl. dazu die aktualisierten Erläuterungen des Präsidiums des Verfassungskonvents zu Art. 52 Abs. 4 GRC (Dok. CONVENT 828/1/03 REV 1 v. 18.07.2003, S. 51). Ebenfalls GRABENWARTER, EuGRZ 2004, S. 563 (567).

752 Siehe Anm. 606.

753 Die Arbeitsgruppe „Charta" des Konvents zur Reform der Europäischen Union unterbreitete in ihrem Schlussbericht (Dok. CONVENT 354/02 WG II 16) am 22.10.2002 dem Plenum den von breitem Konsens getragenen Vorschlag einer Inkorporation der Charta in den künftigen Verfassungsvertrag mit nur geringfügigen Anpassungen und Ergänzungen in deren Allgemeinem Teil und betonte u.a. die Bedeutung der Unterscheidung zwischen „Rechten" und „Grundsätzen" in der Charta unter Vorlage des Formulierungsvorschlag für den jetzigen Absatz 5 (ebd., S. 8 sowie die Anlage).

Durch die Einfügung dieses neuen Absatzes wird die Intention des Konvents deutlich, die Wirkung der in der Charta verankerten Grundsätze zu limitieren[754]. Insbesondere Art. 52 Abs. 5 S. 2 GRC trifft hinsichtlich des Rechtscharakters und der Rechtswirkung der „Grundsätze" eine weitreichende – in ihrer klarstellenden Wirkung nicht zu unterschätzende – Einschränkung: Durch die restriktive Formulierung, dass diese „nur", d.h. ausschließlich, zur Auslegung und Beurteilung der Rechtmäßigkeit der entsprechenden Umsetzungsakte herangezogen werden können, werden grundrechtliche Gehalte und eine unmittelbare Anpruchsqualität der Charta-Grundsätze ausgeschlossen. Nach dem hieraus hervorehenden, ausschließlich objektiv-rechtlichen Verständnis kann die Umsetzung der „einzuhaltenden"[755] Grundsätze der Charta durch Rechtsakte oder Durchührungsvorschriften erfolgen, bei deren Auslegung und Überprüfung sie dann seitens der Gerichte herangezogen werden können[756]. Primär stellen die Charta-Grundsätze demnach unionale „Gesetzgebungsaufträge"[757] dar, während sich die Rolle der Mitgliedstaaten in der Umsetzung des entsprechenden Unionsrechts erschöpft. Direkte Ansprüche auf den Erlass positiver Maßnahmen durch die Organe der Union oder die Behörden der Mitgliedstaaten sollten nicht begründet werden[758]. Einem „judicial activism", zu dem gerade die sozialen Grundsätze verleiten könnten, sollte durch die restriktive Formulierung des Art. 52 Abs. 5 GRC vorgebeugt werden[759].

---

754 Vgl. STREINZ, in: DERS., EUV/EGV, Art. 51 GRC, Rdn. 13.

755 Schon in dem Abschlussbericht der Arbeitgruppe „Charta" (Anm. 753, S. 8) wurde im Hinblick auf die Rechtsqualität bzw. -verbindlichkeit der „Grundsätze" und „Rechte" die wenig aufschlussreiche Differenzierung getroffen, dass erstere „eingehalten" und zweitgenannte „geachtet" werden müssen.

756 Dieses Verständnis füge sich sowohl in die Rechtsprechung des EuGH als auch in die Konzeption mitgliedstaatlicher Verfassungssysteme im Bereich der „Grundsätze", insbesondere im Bereich der Sozialgesetzgebung, ein. Siehe dazu den Abschlussbericht der Arbeitsgruppe „Charta" (Anm. 753, S. 8 mit den entsprechenden Rechtsprechungsnachweisen).

757 GRABENWARTER, EuGRZ 2004, S. 563 (565).

758 Vgl. die aktualisierten Erläuterungen des Konventspräsidiums (Dok. CONVENT 828/1/03 REV 1 vom 18.07.2003, S. 51), in denen auf die damit im Einklang stehende europäische Rechtsprechung zum umweltrechtlichen „Vorsorgeprinzip" (EuG, Rs. T-13/99, *Pfizer / Rat*, Urt. v. 09.11.2002 – (noch nich in amtl. Slg.) mit zahlreichen Nachweisen aus der bisherigen Rechtsprechung) verwiesen wird.

759 STREINZ, in: DERS., EUV/EGV, Art. 52 GRC, Rdn. 13, mit dem Hinweis auf die Gestaltungsfreiheit des EuGH, einige Bestimmungen nicht als Grundsatz, sondern als Abwehrrecht zu qualifizieren und damit aus dem Anwendungsbereich des Art. 52 Abs. 5 GRC heauszunehmen. Siehe ebenfalls BOROWSKY, in: MEYER, Kommentar GRC, Art. 52, Rdn. 45 ff., der diese Möglichkeit insbesondere im Hinblick auf solche Grundsätze, die in erster Linie Abwehrcharakter („Die Union anerkennt und achtet (...)") haben, sieht.

Für den in Art. 37 GRC verankerten „Grundsatz" sei die Kernaussage des Art. 52 Abs. 5 GRC wie folgt zusammengefasst: Die Norm übernimmt in erster Linie die Funktion eines unionalen Gesetzgebungsauftrags, bei dessen Ausführung und Umsetzung sie als Auslegungs- und Rechtmäßigkeitsmaßstab dient. Mangels grundrechtlichen Gehalts vermittelt die Norm keine unmittelbar einklagbaren subjektiv-rechtlichen Ansprüche.

4. Die „Erläuterungs-Regel" des Art. 52 Abs. 7 GRC

Im Anschluss an die Regierungskonferenz vom 18. Juni 2004 wurde in Entsprechung zum diesbezüglichen Passus in der Präambel Art. 52 GRC um einen neuen Absatz 7 erweitert. Dessen Formulierung, dass „die Erläuterungen, die als Anleitung für die Auslegung der Charta der Grundrechte verfasst wurden", „von den Gerichten der Union und der Mitgliedstaaten gebührend zu berücksichtigen" seien, verdeutlicht deren Funktion als „nützliches Interpretationswerkzeug", ohne ihnen dadurch jedoch Rechtsverbindlichkeit zukommen zu lassen[760]. Durch das Gebot einer „gebührenden Berücksichtigung" verwehren sie den Gerichten jedoch nicht eine eigene – gegebenenfalls auch abweichende – judizielle Interpretation[761].

Die Erläuterungen, die am 11. Oktober 2000 in Brüssel vom Präsidium des HERZOG-Konvents vorgelegt wurden[762], wurden durch die seitens des GISCARD D'ESTAING-Konvents erstellten „aktualisierten" Erläuterungen zum Text der Charta der Grundrechte vom 18. Juli 2003[763] bezüglich Art. 37 GRC mit einer

760 Vgl. die aktualisierten Erläuterungen des Konventspräsidiums (Dok. CONVENT 828/1/03 REV 1 vom 18.07.2003, S. 2), in denen festgestellt wird: „Sie haben als solche (...) keinen rechtlichen Status, (...)." Zur Begrenzung der Funktion der Erläuterungen als Interpretationshilfe vgl. auch KRÜGER/POLAKIEWICZ, Vorschläge für ein kohärentes System des Menschenrechtsschutzes in Europa. Europäische Menschenrechtskonvention und EU-Grundrechtecharta, EuGRZ 2001, S. 92 (99); ALBER/WIDMAIER, EuGRZ 2000, S. 497 (499).

761 So auch DORF, JZ 2005, S. 126 (130); ebenfalls WENDEL, Die Auslegung der Verfassung für Europa, WHI-Paper 2/05, S. 1 (16).

762 „Der in diesem Artikel enthaltene Grundsatz stützt sich auf die Artikel 2, 6 und 174 EGV. Er lehnt sich auch an die Verfassungsbestimmungen einiger Mitgliedstaaten an.", vgl. Dok. CHARTE 4437/00 CONVENT 49 (abgedruckt in: EuGRZ 2000, S. 559 (566)). Vgl. auch die Vorentwürfe in Dok. CHARTE 4423/00 CONVENT 46 vom 31.07.2000 (Vorschläge des Präsidiums für Erläuterungen zum vollständigen Text der Charta in der Fassung Dok. CHARTE 4422/00 CONVENT 45 vom 28.07.2000 durch das Präsidium) sowie in Dok. CHARTE 4473/00 CONVENT 49 vom 11.10.2000 (weitere Vorschläge des Präsidiums für Erläuterungen zum vollständigen Text der Charta).

763 Dok. CONVENT 828/1/03 REV 1 vom 18.07.2003.

nur geringfügigen redaktionellen Änderung[764] übernommen: „Die in diesem Artikel enthaltenen Grund*sätze* stützt*en* sich auf die Artikel 2, 6, 174 EGV, *die nun durch die Artikel 3 Absatz 3, III-4 und III-129 der Verfassung ersetzt wurden*[765]. Er lehnt sich auch an die Verfassungsbestimmungen einiger Mitgliedstaaten an." Durch die Herausstellung der Bedeutung der Artt. 2, 6 und 174 EG als umweltrechtliches Fundament der Norm – welches, wie oben dargelegt, als umweltrechtlicher „acquis communautaire" nach Maßgabe des Art. 52 Abs. 2 GRC nicht unterschritten werden darf – wird erneut die Wichtigkeit dieser Vorschriften für die Interpretation des Art. 37 GRC, insbesondere auch im Hinblick auf die dort verankertern Rechtsbegriffe, betont[766]. Darüber hinaus sind die präsidialen Erläuterungen zu Art. 37 GRC als nicht sehr ergiebig einzustufen; vor allem die Bezugnahme auf die Verfassungen „einiger Mitgliedstaaten" im zweiten Satz ist unpräzise und wenig aufschlussreich.

III. Die Schutzniveausicherungsklausel des Art. 53 GRC

Durch die dynamische Querschnittsklausel des Art. 53 GRC wird ein Mindestschutzniveau garantiert und der schon in Art. 51 Abs. 1 GRC festgelegte Anwendungsbereich der Charta[767] konturiert. Entgegen den insoweit eventuell missverständlichen Erläuterungen des Präsidiums ist Art. 53 GRC jedoch nicht als Mindestschutzklausel dergestalt zu verstehen, dass die Chartarechte nicht hinter dem Schutzniveau der aufgeführten Instrumente zurückbleiben dürften und somit eine „Hochzonung" der Gewährleistungen der Charta auf das jeweils höchste Schutzniveau geboten wäre[768]. Vielmehr fungiert sie als Meistbegünstigungsklausel, soweit sich der Anwendungsbereich der Charta-Grundrechte und

---

[764] In der aktualisierten Fassung wurde die Erläuterung dahingehend modifiziert, dass nunmehr im Plural von Grundsätzen, die in Art. 37 GRC enthalten sind, gesprochen wird, wobei in der Ursprungsversion offenbar eine inhaltliche Gesamtwürdigung der Norm als Grundsatz zugrunde gelegt wurde und damit auch eine – wenn auch nur begrenzt aufschlussreiche – Aussage zu der intendierten Rechtsqualität der Norm getroffen wurde. Auch wenn nun von den *Grundsätzen* des Art. 37 GRC gesprochen wird, ändert dies jedoch nichts an dessen Qualifikation als Grundsatznorm.

[765] Hervorhebungen durch die Verfasserin.

[766] Siehe 2. Kapitel, B.II.2.a)-d).

[767] Die Bestimmung des Anwendungsbereichs der in Bezug genommenen Gewährleistungen ist hingegen vorgelagert und wird durch Art. 53 GRC nach dessen expliziter Formulierung nicht geregelt, vgl. BOROWSKY, in: MEYER, GRC-Kommentar, Art. 53, Rdn. 14.

[768] Vgl. BOROWSKY, in: MEYER, GRC-Kommentar, Art. 53, Rdn. 9.

der anderweitig garantierten Rechte überschneidet[769]. Bezogen auf den Umweltschutzartikel der Charta bedeutet dies, dass auch mitgliedstaatliche Verfassungsordnungen mit einer geringeren Umweltschutzverpflichtung durch die Charta nicht unmittelbar zur Anpassung an deren unionales Schutzniveau verpflichtet sind[770]. Nach ihrer vorrangig politischen Intention soll die Norm nach außen dokumentieren, dass die Charta keinen Harmonisierungsauftrag dahingehend enthält, dass die nationalen Verfassungen anzupassen seien. Alleiniger Zweck ist vielmehr die Wahrung des aus den genannten Rechtsquellen folgenden gemeinschafts- bzw. unionsrechtlichen Schutzniveaus[771].

Angesichts dieser klaren Intention kann die Schutzniveausicherungsklausel insofern als chartaspezifisches Instrument zur Präzisierung der teleologischen Auslegung angesehen werden. Bei der Untersuchung des Norm- und Vertragsziels auf der Grundlage des Art. 31 Abs. 1 WVK ist demnach die Vorgabe des Art. 53 GRC besonders zu berücksichtigen. Insbesondere durch die Bezugnahme auf die – aus der Sicht des Umweltschutzes äußerst relevanten – „internationalen Abkommen, bei denen die Union, die Gemeinschaft oder alle Mitgliedstaaten Vertragsparteien sind“, zeigt sich der Charakter des Art. 53 GRC als zukunftsoffene, dynamische Norm: In den jeweiligen Abkommen verankerte Gewährleistungen werden somit auch für die Auslegung vergleichbarer bzw. thematisch einschlägiger Bestimmungen in der Charta maßgeblich sein[772].

IV. Verbot des Missbrauchs der Charta-Gewährleistungen gemäß Art. 54 GRC

Als Schlussvorschrift der Charta verbietet Art. 54 GRC einen Missbrauch der in der Charta verankerten Rechte und gebietet damit eine Auslegung im Sinne

---

769 Vgl. DERS., ebd., Rdn. 14. Eine „Schutzverstärkung“ eines europäischen Grundrechts durch ein nationales Grundrecht, über die das jeweilige nationale Verfassungsgericht – und nicht der EuGH – entscheidet, wird gemäß Art. 53 GRC für jeden Mitgliedstaat individuell gewährleistet, vgl. SEIDEL, Pro futuro: Kraft Gemeinschaftsrechts Vorrang des höheren einzelstaatlichen Grundrechtsschutzes?, EuZW 2003, S. 97.

770 Außerhalb des Anwendungsbereichs der Charta, d.h. in rein innerstaatlichen Sachverhalten, steht die Festlegung bzw. Aufrechterhaltung eines höheren Schutzniveaus selbstverständlich zur Disposition der Mitgliedstaaten. Vgl. BARRIGA, Die Entstehung der Charta der Grundrechte der Europäischen Union, S. 169 f.

771 Näher dazu BOROWSKY, in: MEYER, GRC-Kommentar, Art. 53, Rdn. 7 ff. (11). Vgl. ebenfalls die aktualisierten Erläuterungen des Konventspräsidiums (CONVENT 828/1/03 REV 1 vom 18.07.2003, S. 52).

772 Vgl. auch BOROWSKY, in: MEYER, GRC-Kommentar, Art. 53, Rdn. 19.

einer praktischen Konkordanz[773]. Unzulässig ist demzufolge nicht nur eine Auslegung zugunsten missbräuchlicher individueller Grundrechtswahrnehmung, sondern auch eine Interpretation im Sinne einer grundrechtsmissachtenden Kompetenzzuweisung an die Gemeinschaftsorgane oder an die Mitgliedstaaten[774]. Die Norm ist jedoch angesichts der Abstraktion (und Selbstverständlichkeit) ihrer Aussage für eine rechtsdogmatische Einordnung der einzelnen Gewährleistungen kaum weiterführend.

Festzuhalten ist, dass sich in den Artt. 51 ff. GRC kaum prägnante Aussagen zu grundrechtsdogmatischen Themen wie Grundrechtsdimensionen und -funktionen, Grundrechtsträgerschaft bzw. Grundrechtssubjektivität oder zur Grundrechtsverpflichtung bzw. -bindung finden[775]. Die Allgemeinen Bestimmungen der Charta können demnach nur begrenzt für die Auslegung der in ihr enthaltenen Gewährleistungen und die erforderliche Weiterentwicklung einer europäischen Grundrechtsdogmatik fruchtbar gemacht werden[776].

D. Rechtsdogmatische Einordnung des Art. 37 GRC anhand der dargelegten Auslegungsmethodik

Vor dem Hintergrund einer bisher nur in Ansätzen entwickelten europäischen Grundrechtsdogmatik soll hier anhand der aufgezeigten Auslegungsmethodik versucht werden, die Umweltschutz-Gewährleistung des Art. 37 GRC auf der Grundlage des bestehenden Rechts und des zur Verfügung stehenden Materials rechtsdogmatisch einzuordnen.

---

773 Vgl. DORF, JZ 2005 S. 126 (130). Siehe dazu bereits in diesem Kapitel unter A.I.5.

774 Vgl. DIES., JZ 2005, S. 126 (130). In dem in Art. 54 GRC statuierten Verbot des Missbrauchs der in der Charta enthaltenen Rechte kommt der Gedanke der wehrhaften Demokratie zum Ausdruck. Dazu näher BOROWSKY, in: MEYER, GRC-Kommentar, Art. 54, Rdn. 8, 13.

775 So auch TETTINGER, NJW 2001, S. 1010 (1011).

776 Kritisch zu den angesichts ihrer Generalität nur wenig aussagekräftigen Allgemeinen Bestimmungen der Charta – insbesondere Art. 51 Abs. 2 und Art. 52 GRC – auch V. DANWITZ, Richtungsentscheidungen des Verfassungsvertrags für die Europäische Union – Versuch einer ersten Bewertung, ZG 2005, S. 1 (10).

I. Grammatikalische Auslegung

Nach der grundlegenden Regel des Art. 31 Abs. 1 WVK – und der entsprechenden europarechtlichen Auslegungspraxis[777] – ist zunächst an den Wortlaut der Norm und die gewöhnliche Bedeutung der in dem Vertrag verwendeten Begriffe[778] anzuknüpfen, die nach Treu und Glauben unter Berücksichtigung des Zusammenhangs sowie der Ziele und Zwecke des Vertrages zu interpretieren sind[779]. Auf die Mehrsprachigkeit des Umweltschutzartikels der Grundrechtecharta wird nicht vertieft eingegangen, da die enge Anlehnung des Wortlauts der Norm an die Artt. 2, 6 und 174 EG in allen Amtssprachen gleichermaßen zu beobachten ist.

1. Terminologie der konstituierten Gewährleistungen in der Charta und in ihrem Kontext

Zu einem „Einstieg" in die Interpretation der Rechtsnatur des Art. 37 GRC erscheint eine Gesamtbetrachtung der in der Charta konstitutionalisierten Rechtssätze naheliegend. Zu untersuchen ist, ob sich aus der in der Charta selbst und der in ihrem Kontext verwendeten Terminologie Rückschlüsse für die Normqualität der in ihr enthaltenen Gewährleistungen ziehen lassen.

a) Terminologie der Präambel und der „Allgemeinen Bestimmungen" der Charta

Im vierten Absatz[780] der Präambel, die für die Auslegung der Grundrechte und des Rechts der Europäischen Union richtungsweisend ist[781], wird die Not-

---

[777] Siehe in diesem Kapitel, B.II.2. Hinsichtlich der europarechtlichen Auslegungsmodalitäten ergeben sich insofern keine Besonderheiten. Trotz der fundamentalen Bedeutung der grammatikalischen Auslegung stellte der EuGH bereits früh klar, dass er sich nicht mit einer wörtlichen Auslegung begnügen, diese ihm vielmehr nur als Ausgangspunkt für eine weiterführende Interpretation oder umgekehrt zur Absicherung eines bereits mittels anderer Auslegungsmethoden gefundenen Ergebnisses dienen könne (EuGH, Rs. 6/60, *Humblet*, Slg. 1960, I-1125 (1194)).

[778] Sogenannte „ordinary meaning rule" (Anm. 679). Zur grammatischen Auslegung im Völkervertragsrecht siehe auch ANWEILER, Auslegungsmethoden des Gerichtshofs der Europäischen Gemeinschaften, S. 108 ff.

[779] Vgl. JAECKEL, Schutzpflichten, S. 108 m.w.N. in Fn. 27.

[780] Ausdrückliche *Erwägungsgründe* werden in der Präambel der Charta nicht formuliert.

wendigkeit einer Verstärkung des Schutzes der „Grundrechte" betont, „indem sie in einer Charta sichtbarer gemacht werden". Im fünften sowie im sechsten Absatz werden die in der Charta enthaltenen Gewährleistungen mit dem Oberbegriff „Rechte" umschrieben, während im siebten Absatz – insofern differenzierend – die Anerkennung der „nachstehend aufgeführten Rechte, Freiheiten und Grundsätze" seitens der Union festgeschrieben wird.

aa) „Grundrechte"

Die Verstärkung des Schutzes der Grundrechte wird im fünften Absatz der Präambel zu einem Hauptanliegen der Charta erklärt. An dieses Bekenntnis knüpft sich die Frage, welcher Grundrechtsbegriff in der Charta zugrunde zu legen ist. In Anbetracht der expliziten Zielsetzung der Charta, den bestehenden Grundrechtsschutz auf Gemeinschaftsebene sichtbarer zu machen, sind keine Bedenken ersichtlich, jedenfalls die essentiellen Charakteristika der bisher ungeschriebenen Gemeinschaftsgrundrechte auf die Grundrechte der Charta zu übertragen[782].

Den oben dargestellten Grundlinien der europäischen Grundrechtsdogmatik entsprechend, sind die Gemeinschaftsgrundrechte als konstitutionelle Rechte des Individuums gegenüber einem Hoheitsträger zu begreifen, die dem Einzelnen eine grundlegende Rechtsposition gegenüber diesem einräumen[783]. Als elementare und unverzichtbare Eigenschaft eines Gemeinschaftsgrundrechts – und damit auch eines Charta-Grundrechts[784] – ist demnach dessen Subjektivität anzusehen.

---

[781] Dazu ausführlich und zur Bedeutung von Präambeln in Rechtstexten allgemein BUSSE, Eine kritische Würdigung der Präambel der Europäischen Grundrechtecharta, EuGRZ 2002, S. 562 ff. (563 f.).

[782] Hierbei wird nicht verkannt, dass die Charta-Grundrechte gerade aufgrund ihrer Positivierung und die dadurch ermöglichte Unterteilung in Grundrechtsgruppen und die grammatikalischen Besonderheiten auch innerhalb der Normenkategorie „Grundrechte" einer differenzierten Betrachtung und Bewertung bedürfen.

[783] Siehe dazu in diesem Kapitel unter A.I.2. mit den entsprechenden Nachweisen.

[784] Statt einer Übernahme des Begriffs der „Gemeinschaftsgrundrechte" wird für die als *Charta der Grundrechte der Europäischen Union* firmierende Charta auch die Verwendung des umfassenderen Terminus „Unionsgrundrechte" vorgeschlagen, der sich auf die Kontrolle der Handlungen von Gemeinschaft und Union sowie der mitgliedstaatlichen Tätigkeit im Rahmen des Gemeinschaftsrechts bezieht, vgl. KÜHLING, Grundrechte, in: V. BOGDANDY, Europäisches Verfassungsrecht, S. 583 (585). Vorliegend wird jedoch – insbesondere im Hinblick auf das noch ungewisse Schicksal des Verfassungsvertrages – zwischen dem etablierten Terminus der Gemeinschaftsgrundrechte und den Charta-Grundrechten differenziert.

bb) „Rechte, Freiheiten und Grundsätze"

Im letzten Absatz der Präambel verpflichtet sich die Union zur Anerkennung der in der Charta aufgeführten „Rechte, Freiheiten und Grundsätze". Die explizite Differenzierung zwischen „Rechten" und „Grundsätzen" deutet darauf hin, dass eine unmittelbare Anspruchsqualität letzterer nicht intendiert war. Auch Art. 51 Abs. 1 S. 2 GRC unterscheidet zwischen „Rechten", die von den Verpflichteten zu achten sind, und „Grundsätzen", an die sie sich zu halten haben und deren Anwendung sie gemäß ihrer Zuständigkeit fördern.

cc) Modellfunktion der Typologie der Grundrechte der französischen und der spanischen Verfassung

In dieser rechtsqualitativen Differenzierung zeigt sich ein europäischer, von der französischen und spanischen Verfassungstradition inspirierter Ansatz zu einer „Typik" der Grundrechte[785]. Der spanische Regierungsvertreter BEREIJO führte diesbezüglich aus, dass die Charta „in der Kategorie der sozialen und wirtschaftlichen Rechte aufgrund ihres besonderen Charakters Rechte von unterschiedlicher Bedeutung und Rechtswirkung"[786] enthalte. Neben subjektivrechtlichen, unmittelbar einklagbaren Freiheits- und Gleichheitsrechten seien bestimmte Gewährleistungen der Charta – darunter auch das Recht auf den Schutz der Umwelt – Leitlinien, die die Vermittlung des Gesetzgebers erforderten und ein subjektives Recht erzeugten, welches vor den Gerichten nur gemäß (einfach)gesetzlicher Normen einklagbar sei[787]. Es handele sich mithin um „rechtliche Grundsatznormen", die die Sozial- und Wirtschaftspolitik leiteten, die Behörden verpflichteten und als Grundsätze der Sozial- und Wirtschaftsordnung die Grundlage für das positive Recht, die Rechtspraxis und die Handlungsweise der öffentlichen Gewalt bildeten[788]. Hinsichtlich der Rechtswirkung

---

785 Als erkenntnisleitend werden insofern die von den jeweiligen Regierungsvertretern BRAIBANT (F) und BEREIJO (E) dem Konvent unterbreiteten verfassungsrechtlichen Konzepte angesehen, vgl. BOROWSKY, in: MEYER, GRC-Kommentar, Art. 51, Rdn. 10, 33 f. Die Differenzierung zwischen „Rechten" und „Grundsätzen" entstand im Zuge der Diskussion zu den anfangs stark umstrittenen sozialen Rechten und sollte zunächst nur als für diese geltende Bestimmung dem Kapitel der sozialen Rechte vorangestellt werden, vgl. ebd., Rdn. 10 ff.

786 So BEREIJO in seinem Änderungsvorschlag Nr. 26 in Dok. CHARTE 4372/00 CONVENT 39 vom 16.06.2000 (abgedruckt bei: BERNSDORFF/BOROWSKY, Unveröffentlichte Arbeitsdokumente, S. 944 f.).

787 BEREIJO, ebd. (S. 945).

788 BEREIJO, ebd. (S. 945).

dieser „Grundsatznormen" führte BEREIJO aus, dass sie die staatliche Verfügungsgewalt dahingehend einschränken, „insofern sie als solche Akte der Behörden verbieten, die ihnen offensichtlich widersprechen oder sie nicht anerkennen, da sie entgegengesetzte Ziele oder Ziele verfolgen, die mit den Werten, die diese Rechte verkörpern, unvereinbar sind"[789]. Der Franzose BRAIBANT sprach insofern von einer „justiciabilité normative", wonach Gerichte unter Berufung auf die Grundsätze Normen, die deren Verwirklichung entgegenstehen, aufheben könnten[790]. Vor diesem Hintergrund wird deutlich, dass das maßgebliche Unterscheidungskriterium zwischen den „Rechten" und „Grundsätzen" der Charta nicht die – gleichermaßen vorhandene – „Justiziabilität" darstellt[791]. Charakteristikum der *Grundsätze* ist vielmehr, dass ihre aktive Umsetzung die Verabschiedung von Durchführungsmaßnahmen unter Beach-tung der bestehenden Kompetenzen und des Subsidiaritätsprinzips voraussetzt, was auch in der Formulierung des Art. 51 Abs. 1 S. 2 GRC „fördern sie deren Anwendung" zum Ausdruck kommt[792]. Der Normtext impliziert eine Verpflichtung zum aktiven Tätigwerden und legt eine rechtsqualitative Einordnung der Charta-Grundsätze als objektiv-rechtliche Handlungsaufträge nahe. Aus der differenzierenden Wortwahl, dass die Grundrechte zu *achten* und die Grundsätze *einzuhalten* seien, können hingegen keine Rückschlüsse auf die Rechtsqualität, den Grad und Umfang der rechtlichen Bindungswirkung der „Grundsätze" gezogen werden. Im Hinblick auf das rechtliche Gewicht der Charta-Grundsätze ist indes hervorzuheben, dass der Konvent mit der Unterscheidung gerade keine Abwertung der „Grundsätze" gegenüber den „Rechten" intendierte, so dass den sozialen Grundsätzen keine geringere Wertigekeit als den Freiheitsrechten zuzuerkennen ist[793].

Die Analyse des Art. 51 Abs. 1 S. 2 GRC steht – im Hinblick auf die Umweltschutzgewährleistung – im Einklang mit dem bereits erörterten, in Art. 52 Abs. 5 GRC enthaltenen Systematisierungsansatz zur Rechtsnatur und -wirkung der Charta-Grundsätze, wonach diese als ausschließlich objektiv-rechtliche

---

789 BEREIJO, ebd. (S. 945).

790 Zitiert nach BOROWSKY, in: MEYER, GRC-Kommentar, Art. 51, Rdn. 33. Anschaulich zu Funktion und Rechtwirkung der sozialen Rechte in Frankreich CAPITANT, À propos de la protection des droits économiques et sociaux en France, Mélanges en l'honneur de Michel Fromont, S. 127 ff.

791 Vgl. BOROWSKY, in: MEYER, GRC-Kommentar, Art. 51, Rdn. 34.

792 Vgl. auch BOROWSKY, ebd.

793 Vgl. DERS., ebd. In diesem Sinne hebt auch die Präambel den engen Zusammenhang zwischen Freiheits-, Gleichheits- und sozialen Rechten hervor, indem sie die Unteilbarkeit der Rechtspositionen betont.

Normen in erster Linie Gesetzgebungsaufträge darstellen und als gerichtliche Auslegungs- und Rechtmäßigkeitsmaßstäbe praktische Bedeutung erlangen[794].

b) Formulierung der einzelnen Gewährleistungen in der Grundrechtecharta

Auch den Formulierungen der einzelnen Gewährleistungen in der Grundrechtecharta kommt insofern nur begrenzt klarstellende Wirkung zu. Es finden sich in der Charta acht verschiedene, oft durch Unverbindlichkeit und z.T. auch fehlende Präzision gekennzeichnete Formulierungsarten, mit deren Auswahl den Skeptikern insbesondere bezüglich der sozialen Rechte Tribut gezollt wurde und die keine Übereinstimmung mit traditioneller Grundrechtsdogmatik aufweisen. Beschrieben wird der Gewährleistungsinhalt mit den Formulierungen: „hat das Recht“[795], „wird gewährleistet“[796], „wird geachtet“[797], „wird anerkannt“[798], „wird geschützt“[799], „wird berücksichtigt“[800], „muss sichergestellt werden“[801], „die Union achtet und anerkennt nach dem Gemeinschaftsrecht und den einzelstaatlichen Gepflogenheiten“[802]. Konsequenz der fehlenden – heftig kriti-

794 Siehe in diesem Kapitel unter C.II.3.

795 Vgl. z.B. Art. 2 GRC (Recht auf Leben): (1) „Jeder Mensch hat das Recht auf Leben. (...)“.

796 Vgl. z.B. Art. 9 GRC (Recht, eine Ehe einzugehen und eine Familie zu gründen): „Das Recht, eine Ehe einzgehen, und das Recht, eine Familie zu gründen, werden nach den einzelstaatlichen Gesetzen gewährleistet, welche die Ausübung dieser Rechte regeln“.

797 Vgl. z.B. Art. 13 GRC (Freiheit von Forschung und Wissenschaft): „Kunst und Forschung sind frei. Die akademische Freiheit wird geachtet.“

798 Vgl. z.B. Art. 25 GRC (Rechte älterer Menschen): „Die Union anerkennt und achtet das Recht älterer Menschen auf ein würdiges und unabhängiges Leben und auf Teilnahme am sozialen und kulturellen Leben“.

799 Vgl. z.B. Art. 17 GRC (Eigentumsrecht): (1) ... (2) „Geistiges Eigentum wird geschützt“.

800 Vgl. z.B. Art. 24 GRC (Rechte des Kindes): (1) „Kinder haben Anspruch auf den Schutz und die Fürsorge, die für ihr Wohlergehen notwendig sind. Sie können ihre Meinung frei äußern. Ihre Meinung wird in den Angelegenheiten, die sie betreffen, in einer ihrem Alter und ihrem Reifegrad entsprechenden Weise zu berücksichtigt.“

801 So der zu analysierende Art. 37 GRC.

802 Vgl. z.B. Art. 36 GRC (Zugang zu Dienstleistungen von allgemeinem wirtschaftlichem Interesse): „Die Union anerkennt und achtet den Zugang zu Dienstleistungen von allgemeinem wirtschaftlichem Interesse, wie er durch die einzelstaatlichen Rechtsvorschriften und Gepflogenheiten im Einklang mit der Verfassung geregelt ist, um den sozialen und territorialen Zusammenhalt der Union zu fördern“.

sierten[803] – Einheitlichkeit ist, dass eine klare Zuordnung, welche Rechtsqualität mit der jeweils gewählten Formulierung intendiert war, nicht möglich ist[804]. Die Aufgabe, die Grundrechtecharta nach europäischen Maßstäben dogmatisch hinsichtlich der Verpflichtungstypen und der Verpflichtungsgrade der einzelnen „Grundrechte“ (individuelles Grundrecht, Handlungsauftrag, Leitlinie oder Programmsatz) zu systematisieren, war demnach vorprogrammiert[805]. Gleichzeitig wurde vor einer Nachbesserung der Charta gewarnt, da sich die Grundrechtsdogmatik anhand der Charta werde entwickeln müssen[806]. Die Garantien der Charta seien wie alle Grundrechte auf eine Konkretisierung und Weiterentwicklung durch die Gerichte angewiesen, so dass das Dokument zu einem „lebendigen Instrument“ werden würde[807].

2. Wortlaut des Art. 37 GRC

Im Zentrum der grammatikalischen Auslegung steht eine Analyse des Normtextes selbst im Hinblick auf Anhaltspunkte für Rechtsnatur, Verpflichtungsintensität sowie materielle bzw. prozedurale Gewährleistungsinhalte der Vorschrift. In Bezug auf den Rechtscharakter der Norm wird der Befund der bisherigen entstehungsgeschichtlichen Betrachtungen sowie der normativen, chartaspezifischen Vorgaben, insbesondere des Art. 52 Abs. 5 GRC, durch den insofern eindeutigen Wortlaut der Norm bestätigt: Die Formulierung ist unmiss-

---

803 Vgl. BOROWSKY, Wertegemeinschaft Europa, DRiZ 2001, S. 275 (284); CALLIESS, EuZW 2001, S. 261 (265). Kritisch ebenfalls STEIN, FS Steinberger, S. 1425 (1427).

804 Insbesondere wurde so – entgegen den Prinzipien von Transparenz und Bürgernähe gemäß Art. 1 Abs. 1 EU – das Ziel, die Grundrechte für den Unionsbürger im Wege der Kodifizierung „sichtbar“ zu machen, so dass dieser zwischen einklagbaren und nicht einklagbaren Rechten unterscheiden kann, nicht erreicht, vgl. CALLIESS, in: EHLERS, Europäische Grundrechte und Grundfreiheiten, § 19 II 3, Rdn. 20. Auch im Rahmen der Konferenz in Wien vom 18.-19.12.2000 wurde kritisiert, dass oft unklar sei, ob es sich um ein subjektives Recht, ein Prinzip oder eine Gewährleistungspflicht durch eine EG- oder EU-Institution oder einen Mitgliedstaat handele, vgl. dazu SZCZEKALLA, Grundrechte für Europa – Die Europäische Union nach Nizza. Zugleich ein Bericht über die Konferenz in Wien vom 18.-19.12.2000, DVBl. 2001, S. 345.

805 S.a. STREINZ, in: DERS., EUV/EGV, Vorbem. GRC, Rdn. 20. TETTINGER, NJW 2001, S. 1010 (1014 f.) fordert insoweit eine „dogmatische Strukturierungsarbeit“.

806 So wurde im Rahmen der Konferenz zu den Gemeinschaftsgrundrechten und der Grundrechtecharta vom 18.-19.12.2000 in Wien betont, dass die Charta kein „Grundrechtslehrbuch“, sondern vielmehr einen „politischen Text“ darstelle, vgl. SZCZEKALLA, DVBl. 2001, S. 345 (347).

807 SZCZEKALLA, ebd., S. 345 (346 f.).

verständlich objektiv-rechtlich und enthält keinen unmittelbaren Anknüpfungspunkt für eine potentiell subjektiv-rechtliche Interpretation[808]. Von zentraler Bedeutung ist nunmehr, welche Rechtswirkungen und Gewährleistungsinhalte in der Norm angelegt sind.

a) „müssen (...) einbezogen und (...) sichergestellt werden"

Die Formulierung „*müssen* (...) einbezogen und (...) sichergestellt werden"[809] indiziert einen hohen Verpflichtungsgrad und ist erkennbar an die entsprechende Wortwahl der umweltschützenden Querschnittsklausel des Art. 6 EG[810] angelehnt, der nach den präsidialen Erläuterungen – zusammen mit den Artt. 2 und 174 EG – das Fundament für die Umweltschutzgarantie der Charta bildete. Angesichts dieser evidenten Nachzeichung des gemeinschaftlichen umweltschützenden Besitzstandes[811] durch eine Synthese der Artt. 2 und 6 EG erscheint es konsequent, bei der Interpretation der zitierten Formulierung insbesondere auf deren Bedeutung innerhalb der „Mustervorschrift" des Art. 6 EG zurückzugreifen. Dessen Formulierung „müssen (...) einbezogen werden" wird als Konkretisierung eines Rechtsgebots dahingehend verstanden, dass die Gemeinschaftspolitik auf die Grundsätze des Art. 174 EG ausgerichtet werden muss[812]. Hierbei betrifft die rechtliche Verpflichtung sowohl das „Wie" der näheren rechtlichen Ausgestaltung der Gemeinschaftspolitiken, insbesondere die Sekundärrechtssetzung, als auch das „Ob" der gemeinschaftlichen Rechtsetzungstätigkeit, d.h., dass der Gemeinschaftsgesetzgeber gegebenfalls auch zu einer entsprechenden Rechtssetzung *verpflichtet* wird[813]. Indem Art. 37 GRC zur Einbeziehung des Umweltschutzes in alle Politiken verpflichtet, verdeutlicht die Norm den Querschnittscharakter des Umweltschutzes und bekräftigt damit

---

808 In diesem Sinne auch SZCZEKALLA, Grundrechte, in: RENGELING, EUDUR/ Bd. I, § 12, Rdn. 77; LUCARELLI, in: BIFULCO/CARTABIA/CELOTTO, L'Europa dei Diritti. Commento alla Carta dei Diritti Fondamentali dell'Unione Europea, Art. 37, S. 258 (259); BEYER, The Environment in the Future European Constitution, JEEPL 2004, S. 143 (148).

809 Hervorhebung durch die Verfasserin.

810 „Die Erfordernisse des Umweltschutzes müssen bei der Festlegung und Durchführung der in Artikel 3 genannten Gemeinschaftspolitiken und -maßnahmen insbesondere zur Förderung einer nachhaltigen Entwicklung einbezogen werden."

811 SZCZEKALLA, Grundrechte, in: RENGELING, EUDUR/ Bd. I, § 12, Rdn. 77.

812 Vgl. CALLIESS, in: DERS./RUFFERT, EUV/EGV, Art. 6 EG, Rdn. 21 m.w.N.

813 Vgl. dazu die Ausführungen des 2. Kapitels unter B.II.2.c) mit den entsprechenden Nachweisen.

implizit die Geltung des gemeinschaftsrechtlichen Integrationsprinzips[814]. Aus der Aufgabe der Einbeziehung folgt das Gebot, dass die kollidierenden Belange gegeneinander abzuwägen sind und damit nach dem Grundsatz der praktischen Konkordanz ein für beide Rechtgüter möglichst schonender Ausgleich herzustellen ist[815]. Die Tatsache, dass Art. 37 GRC anders als die als Vorbild dienende Norm des Art. 6 EG, der von „Gemeinschaftspolitiken *und -maßnahmen*" spricht[816], nur die „Politik" der Union in Bezug nimmt[817], ist nicht als Einschränkung des sachlichen Geltungsbereichs der Norm zu interpretieren. Naheliegend erscheint vielmehr eine Verwendung des Begriffs „Unionspolitik" als allumfassender Oberbegriff für jegliches Tätigwerden der Union.

Durch die Wahl des Verbs „sicherstellen"[818] wird deutlich, dass ein aktives Tätigwerden zur Verwirklichung des entsprechenden Zieles gefordert wird[819]. Dieser Hintergrund verstärkt das bisherige Ergebnis, dass Art. 37 GRC in erster Linie als rechtsverbindlicher und umfassender unionaler Gesetzgebungsauftrag einzuordnen ist.

---

814 Dazu umfassend KAHL, in: STREINZ, EUV/EGV, Art. 174 EG, Rdn. 88; vgl. ebenfalls CALLIESS, in: DERS./RUFFERT, EUV/EGV, Art. 6 EG, Rdn. 1. Aufgrund des Integrationsprinzips sind umweltrechtliche Prinzipien in anderen Politikberreichen der Gemeinschaft miteinzubeziehen, vgl. auch Handlungsgrundsätze einzubeziehen seien (EuGH, Rs. C-180/96, *Vereinigtes Königreich / Kommission (BSE)*, Slg. 1998, I-2265 (2298, Tz. 100).

815 Innerhalb dieses Abwägungsprozesses ist einerseits das Vorsorgeprinzip zu beachten, andererseits müssen die Belange des Umweltschutzes integrativer Bestandteil der jeweiligen Maßnahme geworden sein und ihren Inhalt erkennbar mitgeprägt haben. In diesem Sinne GEIGER, EUV/EGV, Art. 6 EG, Rdn. 6; ebenfalls CALLIESS, in: DERS./RUFFERT, EUV/EGV, Art. 6 EG, Rdn. 6 f.

816 Klargestellt wird durch diese Formulierung unmissverständlich, dass die gemeinschaftliche Rechtsetzungstätigkeit im Einzelfall sowie jedes individuell-konkrete Handeln der Organe erfasst wird und die Querschnittsklausel insofern insbesondere den Erlass von Sekundärrecht beeinflusst.

817 In der ursprünglichen Fassung des Umweltschutzartikel sollte der Grundsatz der nachhaltigen Entwicklung „durch alle Politiken der Union" sichergestellt werden, vgl. z.B. den Kompromissvorschlag des damaligen Art. 44 GRC in Dok. CHARTE 4399/00 CONVENT 42 vom 04.07.2000). In einer späteren Fassung wurde die Formulierung auf „Politik der Union" verkürzt. Siehe dazu auch die Nachzeichnung des Normierungsprozesses im 2. Kapitel unter B.III.2.

818 Angemerkt sei, dass die Formulierungen in den anderen Amtssprachen parallel verlaufen (z.B. engl.: „shall be ensured"; franz.: „est assuré"; ital.: „é garantito"; span.: „se garantizará"; niederl.: „wordt gewaarborgd"), nur in der griechischen Fassung wurde die Formulierung „wird gewährleistet" („εξασφαλίζεται") gewählt.

819 In diesem Sinne HÖLSCHEIDT, in: MEYER, GRC-Kommentar, Art. 23, Rdn. 18.

Die Prinzipien der Integration und der Nachhaltigkeit werden auf legislativer Ebene durch die Setzung umweltschützenden Sekundärrechts konkretisiert und operationalisiert[820]. Eine politisch-strategische Umsetzung ist bisher nur in Ansätzen zu verzeichnen[821]. So konnten erste Schritte zu einer verfahrensmäßigen Umsetzung des in Art. 6 EG verankerten Integrationsprinzips darin gesehen werden, dass die Kommission ihre Dienststellen zu einer frühzeitigen Berücksichtigung ökologischer Belange bei der Ausarbeitung von Vorschlägen anwies[822] und die Einrichtung von Verwaltungseinheiten zur Bearbeitung spezifischer Umweltfragen in den verschiedenen Generaldirektionen veranlasste[823]. Wichtige Impulse setzte seit 1997 der Europäische Rat, welcher auf seiner Tagung in Luxemburg die Kommission erstmals zur Erarbeitung einer Strategie zur Implementierung des Art. 6 EG aufforderte[824]. Im Rahmen des sich hieran anschließenden Cardiff-Prozesses[825] legten die jeweiligen Fachministerräte sektorale Integrationsberichte und Nachhaltigkeitsstrategien vor, die der Europäische Rat von Helsinki 1999[826] evaluierte. Der Europäische Rat von Göteborg[827]

---

820 Als bedeutende Instrumente sind insbesondere die Verträglichkeitsprüfung nach der Fauna-Flora-Habitat (FFH)-Richtlinie (RL 92/43/EWG des Rates vom 21.05.1992 (ABl. EG L 206, S. 7), zuletzt geändert durch die RL 97/62/EG des Rates am 27.10.1997 (ABl. EG L 305, S. 42)), die Projekt-UVP-Richtlinie (RL über die Umweltverträglichkeitsprüfung bei bestimmten öffentlichen und privaten Projekten (ABl. EWG 1985 L 175, S. 40), geändert durch die RL 97/11/EG (ABl. EG 1997 L 73, S. 5) und die Richtlinie über die Prüfung der Umweltauswirkungen von Plänen und Programmen (RL 2001/42/EG (ABl. EG 2001 L 197, S. 30)) anzusehen, die jeweils nicht nur umweltspezifische Pläne bzw. Projekte betreffen, sondern auch solche, die – wenn auch außerhalb des Umweltressorts – eine gewisse Umweltrelevanz besitzen (siehe dazu ausführlicher KAHL, in: STREINZ, EUV/EGV, Art. 6 EG, Rdn. 41 f. m.w.N.).

821 Zur Effektivität des Integrationsprinzips kritisch NIESTEDT, Das Integrationsprinzip nach Art. 6 EGV: Grundsätze und Organisation der Berücksichtigung umweltpolitischer Belange in anderen Politiken, WHI-Paper 5/99, S. 1 (16 ff.).

822 Beschluss der Kommission 93/701 v. 07.12.1993 (Dok. SEK (93), S. 785), ABl. EG 1993 L 328, S. 53, sowie Dok. KOM (95), S. 624 (EuZW 1997, S. 642 f.).

823 Vgl. CALLIESS, in: DERS./RUFFERT, EUV/EGV, Art. 6 EG, Rdn. 15. Ebenfalls wurde ein *Beratendes Forum* eingerichtet, welches die Kommission mit umweltpolitischen Stellungnahmen unterstützen und den politischen Dialog im Hinblick auf eine nachhaltige Entwicklung fördern sollte, vgl. dazu DERS., in: DERS./RUFFERT, EUV/EGV, Art. 6 EG, Rdn. 15 mit den entsprechenden Nachweisen (Fn. 40).

824 Sämtliche Schlussfolgerungen des Europäischen Rates sind abrufbar unter http://ue.eu.int/de/info/eurocouncil.

825 Europäischer Rat von Cardiff (15.-16. Juni 1998).

826 Europäische Rat von Helsinki (11. Dezember 1999).

827 Europäischer Rat von Göteborg (15. Juni 2001).

beschloss im Juni 2001 eine „Strategie für nachhaltige Entwicklung“[828], wonach die Wirtschafts-, Sozial- und Umweltdimension zusammengeführt werden sollen. Seitdem befasst sich der Europäische Rat jährlich mit den Fortschritten und dem Anpassungsbedarf bei der Umsetzung der Nachhaltigkeitsstrategie. In einem ebenfalls jährlichen Synthesebericht bewertet die Kommission die Implementierung der Nachhaltigkeitsstrategie auf der Grundlage der vom Rat vereinbarten Leitindikatoren[829].

Abschließend stellt sich die Frage, ob dem Integrationsprinzip auch prozedurale Vorgaben, die insbesondere aus der Verpflichtung zur Einbeziehung des Umweltschutzes in die Unionspolitik resultieren könnten, zu entnehmen sind. Der Umstand, dass die Querschnittsklausel des Art. 6 EG eine Modellvorschrift – und dementsprechend eine interpretatorische Grundlage – für Art. 37 GRC darstellt, legitimiert einen Transfer auch ihrer potentiell verfahrensrechtlichen Elemente.

Eine unmittelbare Auswirkung der Querschnittsklausel auf die verfahrensrechtliche Stellung des Individuums in Umweltbelangen ist bislang indes nicht zu erkennen[830], jedoch kann hinsichtlich der prozeduralen Absicherung des Umweltschutzes seit 2001 auf die nunmehr in Kraft getretene und am 17. Februar 2005 von der Europäischen Gemeinschaft ratifizierte Århus-Konvention verwiesen werden[831]. Zur Unterstützung einer prozeduralen Umsetzung der Querschnittsaufgabe Umweltschutz werden weiterhin eine Stärkung der Europäischen Umweltagentur, die Einführung eines Umwelt-Ombudsmannes sowie

[828] Die „Strategie für nachhaltige Entwicklung“ baute auf den Vorarbeiten der Kommission (vgl. KOM (2001), S. 264 endg.) auf (Punkte 19 ff. der Schlussfolgerungen des Europäischen Rates von Göteborg.

[829] Punkte 24 f. der Schlussfolgerungen des Europäischen Rates von Göteborg. Siehe zur Umsetzung des Art. 6 EG durch strategische Umweltpolitikplanung insgesamt KAHL, in: STREINZ, EUV/EGV, Art. 6 EG, Rdn. 33 f.

[830] Eine mittelbare Auswirkung ist jedoch in dem Erlass entsprechender Richtlinien zu sehen, die unter Berücksichtigung der Vorgaben der Querschnittsklausel erarbeitet wurden.

[831] Siehe Anm. 97. Die Konvention wurde als Übereinkommen über den Zugang zu Informationen, die Öffentlichkeitsbeteiligung an Entscheidungsverfahren und den Zugang zu Gerichten in Umweltangelegenheiten am 25.06.1998 im Rahmen des UN/ECE „Environment for Europe“-Prozesses auf der vierten UNECE-Ministerkonferenz im dänischen Århus angenommen. Sie wurde bislang von den Mitgliedstaaten Österreich, Belgien, Zypern, der Tschechischen Republik, Estland, Ungarn, Italien, Lettland, Litauen, Malta, Polen, Portugal, Slovenien, Spanien, Großbrittanien und Irland ratifiziert. Auf Vorschlag der Kommission (KOM (2003) 625 endg.) erfolgte am 17.02.2005 auch die Ratifikation durch die Europäischen Gemeinschaften. Ein Überblick über den Stand der Ratifikationen findet sich auch unter http://www.unece.org/env/pp/welcome.html.

eines ökologischen Senats bzw. eines Ausschusses für nachhaltige Entwicklung vorgeschlagen[832]. In Anbetracht der hohen praktischen Bedeutung der verfahrensrechtlichen Absicherung des Umweltschutzes erfuhr die Fassung des Art. 37 GRC in der Literatur dahingehend Kritik, dass mit der gewählten Formulierung die Chance auf ein *prozedurales Umweltgrundrecht* verpasst worden sei[833].

b) Interpretation der Begriffe „hohes Umweltschutzniveau" und „Verbesserung der Umweltqualität"

Auch die Begriffe des „hohen Umweltschutzniveaus" und das Gebot der „Verbesserung der Umweltqualität" sind – angesichts deren Verankerung im geltenden Primärrecht und der Interpretationsvorgabe der präsidialen Erläuterungen – im Lichte der dort zuerkannten Bedeutung zu verstehen.

Dem primärrechtlichen Begriff der „Umwelt" liegt in sachlicher Hinsicht ein umfassendes und offenes Verständnis zugrunde[834]; insbesondere geht aus den Vorarbeiten zu den früheren Artt. 130 r ff. EWGV hervor, dass eine Begrenzung auf die natürliche Umwelt nicht mehrheitsfähig war[835]. Von dem gemeinschaftsrechtlichen Umweltbegriff erfasst wird auch die kulturelle, d.h. die vom Menschen geschaffenene, gegenständliche Umwelt sowie die soziale Umwelt, d.h. der Schutz von Bevölkerung und Natur vor durch industrielle und gewerbliche Tätigkeit hervorgerufenen Umweltgefahren – nicht jedoch die Arbeitsumwelt als Teilbereich der sozialen Umwelt[836]. Auf dieser Grundlage wird folgende Definition vorgeschlagen: Umwelt ist die Summe der Faktoren Mensch, Fauna und Flora, Boden, Wasser, Luft, Klima und Landschaft, Sachgüter und kulturelles Erbe einschließlich der Wechselwirkung zwischen diesen Faktoren und des Schutzes der sozialen Umwelt der Menschen[837]. Auch der Schutz der Tiere als Teil der natürlichen Umwelt (Mitwelt) unterfällt dem gemeinschafts-

---

832 Siehe zu diesen Vorschlägen CALLIESS, in: DERS./RUFFERT, EUV/EGV, Art. 6 EG, Rdn. 16 m.w.N.

833 Vgl. CALLIESS, EuZW 2001, S. 261 (265).

834 Vgl. KAHL, in: STREINZ, EUV/EGV, Art. 174 EG, Rdn. 35 m.w.N.

835 Zum Begriff der "Umwelt" im Gemeinschaftsrecht siehe umfassend KRÄMER, in: V. D. GROEBEN/SCHWARZE, EU-/EG-Vertrag, Art. 174, Rdn. 1 ff. (2); ebenfalls KAHL, Umweltprinzip und Gemeinschaftsrecht, S. 14 m.w.N.

836 Siehe KAHL, in: STREINZ, EUV/EGV, Art. 174 EG, Rdn. 35 f. m.w.N.

837 Vgl. KAHL, in: STREINZ, EUV/EGV, Art. 174 EG, Rdn. 37; ähnlich CALLIESS, in: DERS./RUFFERT, EUV/EGV, Art. 174 EG, Rdn. 8; SCHRÖDER, Umweltschutz als Gemeinschaftsziel und Grundsätze des Umweltschutzes, in: RENGELING, EUDUR/ Bd. I, § 9, Rdn. 17.

rechtlichen Umweltbegriff[838]. Der räumliche Geltungsbereich des gemeinschaftlichen Umweltbegriffs ist nicht auf den Geltungsbereich der Verträge beschränkt, vielmehr werden nach dem sogenannten Auswirkungsprinzip[839] auch Umweltprobleme außerhalb der EU erfasst, sofern sie nicht nur äußerst geringfügige (mittelbare) Auswirkungen auf diese haben bzw. eine „Mitverantwortung" besteht[840].

Hinsichtlich der Interpretation des in Art. 37 GRC festgeschriebenen Begriffs des „hohen Schutzniveaus" kann angesichts der terminologischen Übereinstimmung auf die in den Artt. 2 und 174 Abs. 2 EG herausgearbeiteten Begriffsinhalte rekurriert werden[841]; auch in Art. 95 Abs. 3 S. 1 EG findet der Begriff des hohen Schutzniveaus – bezogen auf die Sektoren Sicherheit, Gesundheit, Umwelt- und Verbraucherschutz – Erwähnung[842]. Der Nennung des Umweltschutzprinzips in Art. 2 EG als Grundnorm des Integrationsprogramms[843] kann angesichts der Allgemeinheit und Abstraktion der genannten Ziele jedoch kaum für eine Konkretisierung des Begriffs fruchtbar gemacht werden.

Das in Art. 174 Abs. 2 S. 2 EG festgeschriebene Ziel eines hohen Schutzniveaus stellt ein rechtsverbindliches, tragendes und gestaltendes Prinzip dar, welches sowohl bei der Auslegung von Sekundär- und Primärrecht als auch für den Gesetzgeber – im Wege der Legitimationswirkung einerseits und eines potentiellen Rechtfertigungsdrucks andererseits – Bindungswirkung entfaltet[844]. Anerkannterweise ist der Begriff des hohen Schutzniveaus im Rahmen der

---

838 Der Tierschutz unterfällt den Zielen des Art. 174 Abs. 1 EG und ist in zahlreichen EG-Richtlinien geregelt, vgl. hierzu JAHNS-BÖHM, in: SCHWARZE, EU-Kommentar, Art. 174 EG, Rdn. 7. Vgl. auch das Protokoll Nr. 33 zum EG-Vertrag über den Tierschutz und das Wohlergehen der Tiere aus dem Jahre 1997.

839 GRABITZ/NETTESHEIM, in: GRABITZ/HILF, EU-/EG-Vertrag, Art. 130 r EWGV, Rdn. 6, 30.

840 Eine solche Mitverantwortung besteht insbesondere bei den *global commons* (Ozonschicht, Regenwälder, Klima, Artenvielfalt etc.). Das weite Verständnis des räumlichen Umweltbegriffs wird auch durch die Entstehungsgeschichte des Art. 174 EG sowie durch den systematischen Zusammenhang mit dem in Art. 174 Abs. 1, 4. Spiegelstrich EG verankerten Globalitätsprinzip und Art. 174 Abs. 4 EG gestützt. Vgl. insgesamt KAHL, in: STREINZ, EUV/EGV, Art. 174 EG, Rdn. 38.

841 Art. 2 EG deklariert die Förderung eines *hohen Maßes an Umweltschutz* und die *Verbesserung der Umweltqualität* als Gemeinschaftsaufgabe. Die Formulierung des Art. 174 Abs. 2 EG lautet: „Die Umweltpolitik der Gemeinschaft zielt (...) auf ein hohes Schutzniveau ab."

842 Trotz unterschiedlicher Verortung ist von einer Begriffsidentität auszugehen, vgl. CALLIESS, in: DERS./RUFFERT, EUV/EGV, Art. 174 EG, Rdn. 13.

843 STREINZ, in: DERS., EUV/EGV, Art. 2 EG, Rdn. 7.

844 Vgl. CALLIESS, in: DERS./RUFFERT, EUV/EGV, Art. 174 EG, Rdn. 47.

Schutzniveausicherungsklausel des Art. 95 Abs. 3 EG – und damit auch im Kontext des Art. 174 EG – nicht gleichbedeutend mit dem „höchsten" (faktischen oder potentiellen) Schutzniveau innerhalb der Europäischen Union, da auf Gemeinschaftsebene nur eine Mindestharmonisierung vorgegeben wird[845]. Andererseits ist das Postulat eines hohen Schutzniveaus auch nicht auf eine Verpflichtung auf den kleinsten gemeinsamen Nenner zu reduzieren[846], vielmehr muss es – unter Berücksichtigung der wirtschaftlichen Vertretbarkeit für ökonomisch schwächere Staaten – über dem gemeinschaftlichen Durchschnitt liegen[847]. Auch wenn, wie oben dargelegt[848], der Grundsatz des bestmöglichen Umweltschutzes noch nicht zum umweltschützenden „acquis communautaire" gehört, ist der „relativ hohe Rang" des Umweltschutzes bei der Bestimmung des „hohen Schutzniveaus" zu berücksichtigen[849].

Seit dem Vertrag von Amsterdam wird in der Schutzniveausicherungsklausel des Art. 95 Abs. 3 S. 1 EG die Berücksichtigung „aller auf wissenschaftliche Ergebnisse gestützten neuen Entwicklungen" vorgegeben[850], worin eine Extension und Effektuierung des Vorsorgeprinzips zu sehen ist[851]. Danach wird der primärrechtliche Begriff des hohen Schutzniveaus durch ein progressiv-dynamisches Element aufgewertet, welches die Anbindung des gemeinschaftlich zugrunde gelegten Schutzniveaus an den aktuellen Stand der Wissenschaft und damit Innovationsoffenheit und Flexibilität sicherstellen soll[852]. Hinsichtlich der Erkenntnis vorsorgebedürftiger Risiken und ihrer spezifischen

---

845 Siehe KAHL, in: CALLIESS/RUFFERT, EUV/EGV, Art. 95 EG, Rdn. 16 unter Hinweis auf die entsprechende Position des EuGH m.w.N.

846 Ist der gemeinschaftliche Schutzstandard zu niedrig, droht die Gefahr nationaler Alleingänge (Art. 95 Abs. 4, 5 EG) und damit eine Zersplitterung des Binnenmarktes. Bei der Ansetzung eines zu hohen Schutzniveaus hingegen findet sich nicht die erforderliche qualifizierte Mehrheit der Mitgliedstaaten, die dieser Festsetzung zustimmen. Vgl. insgesamt und ausführlich zu der Festsetzung des nach Art. 95 Abs. 3 EG angestrebten hohen Schutzniveaus SCHROEDER, Die Sicherung eines hohen Schutzniveaus für Gesundheits-, Umwelt- und Verbraucherschutz im europäischen Binnenmarkt, DVBl. 2002, S. 213 (215).

847 Vgl. KAHL, in: CALLIESS/RUFFERT, EUV/EGV, Art. 95 EG, Rdn. 16 m.w.N.

848 Vgl. 2. Kapitel unter B.II.2.c) bzw. 3.

849 Dazu insgesamt CALLIESS, in: DERS./RUFFERT, EUV/EGV, Art. 174 EG, Rdn. 14 ff. (16).

850 Dazu ausführlich SCHRÖDER, DVBl. 2002, S. 213 (216 ff.).

851 Weiterführend ist hier eine Gesamtschau mit Art. 174 Abs. 3 EG, wonach bei der Erarbeitung der Umweltpolitik „alle verfügbaren wissenschaftlichen und technischen Daten" zu berücksichtigen sind. Vgl. hierzu EuGH, Rs. C-284/95, *Safety Hi-Tech*, Slg. 1998, I-4301, Tz. 50 ff.; Rs. C-341/95, *Betatti / Safety High-Tech*, Slg. 1998, I-4355, Tz. 49 ff.

852 Vgl. KAHL, in: CALLIESS/RUFFERT, EUV/EGV, Art. 95 EG, Rdn. 16.

Interdependenzen müssen alle wissenschaftlichen Informationen zugrunde gelegt werden, die innerhalb der Europäischen Union verfügbar sind und die – über das wissenschaftliche Diskussionsstadium hinaus – bereits zu einigermaßen gesicherten wissenschaftlichen Ergebnissen geführt haben[853]. Der diesbezügliche Beurteilungsspielraum der Gemeinschaftsorgane wird nicht vollumfänglich durch den EuGH überprüft, anders als bei der – wissenschaftlichen – Risikobewertung[854] ist die Kontrolle der – politischen – Entscheidung über das Risikomanagement stärker eingeschränkt[855]. Zur Beantwortung der im Schrift tum nicht einheitlich beurteilten Frage, ob die Union auf einen hohen Schutzstandard im Rahmen jeder einzelnen umweltpolitischen Maßnahme verpflichtet wird[856] oder ob ein hoher Schutzstandard nur die Vorgabe der gesamten Umweltpolitik sein soll[857], sind auch der Diktion des Art. 37 GRC keine Anhaltspunkte zu entnehmen. Vorzugswürdig erscheint im Hinblick auf das Optimierungsgebot, das auch Einzelmaßnahmen dem Postulat eines hohen Schutzniveaus gerecht werden müssen.

Die in Art. 37 GRC enthaltene Verpflichtung zur Förderung der „Verbesserung der Umweltqualität" wird in Art. 2 EG als „Aufgabe" bzw. als Vertragsziel der Gemeinschaft deklariert[858], deren Bedeutung in Art. 6 EG durch die Charakterisierung als Querschnittsaufgabe für alle gemeinschaftlichen Politikbereiche aufgewertet wird. Hervorgehoben sei an dieser Stelle auch, dass die Begriffe „hohes *Schutz*niveau"[859] sowie der Begriff „Umwelt*schutz*"[860] selbst eine

---

853 Vgl. SCHRÖDER, Aktuelle Entwicklungen im europäischen Umweltrecht – Unter besonderer Berücksichtigung des Vertrages von Amsterdam, NuR 1998, S. 1 (3).

854 In einem Grundsatzurteil betreffend die Zollbefreiung für ein japanisches Elektronenmikroskop, welches von der TU München in die Gemeinschaft eingeführt wurde, überprüfte der EuGH die technische und wissenschaftliche Entscheidung im Hinblick auf die repräsentative Zusammensetzung des Expertengremiums, auf die Anhörung der Betroffenen durch die Expertengruppe und auf die Darstellung der wissenschaftlichen Gründe gemäß Art. 253 EG, vgl. EuGH, Rs. C-269/90, *TU München*, Slg. 1991, I-5469.

855 Dazu ausführlich und zur Prüfungsintensität des EuGH kritisch SCHRÖDER, DVBl. 2002, S. 213 (220 f.). Zur grundsätzlichen Zurückhaltung des EuGH bei der Kontrolle von Gemeinschaftsrechtsakten EVERLING, Richterliche Rechtsfortbildung in der Europäischen Gemeinschaft, JZ 2000, S. 217 ff.

856 In diesem Sinne CALLIESS, in: DERS./RUFFERT, EUV/EGV, Art. 174 EG, Rdn. 13.

857 Zu diesem Ergebnis gelangt KRÄMER, Das „hohe Schutzniveau" für die Umwelt im EG-Vertrag. Industrielle Norm oder politische Vorgabe?, ZUR 1997, S. 303 (308). Siehe ebenfalls KOTULLA, EuR 2001, S. 522 (523).

858 Das umweltpolitische Generalziel wird durch die Vorgaben des Art. 174 Abs. 1, 2 EG konkretisiert, vgl. UKROW, in: CALLIESS/RUFFERT, EUV/EGV, Art. 2 EG, Rdn. 22.

859 Hervorhebung durch die Verfasserin.

860 Hervorhebung durch die Verfasserin.

Schutzdimension des Art. 37 GRC im Sinne eines Schutzauftrags indizieren. Das Postulat der Qualitätsverbesserung verdeutlicht, dass der Umweltschutzauftrag deutlich über den ökologischen Bestandsschutz und das darin enthaltene Verschlechterungsverbot hinausgeht[861].

c) Grundsatz der nachhaltigen Entwicklung

Der Grundsatz der nachhaltigen Entwicklung fand erst zu einem verhältnismäßig späten Zeitpunkt Aufnahme in die Gewährleistung des Art. 37 GRC, jedoch traf dieser Vorschlag unmittelbar auf allgemeine Zustimmung[862]. Seit der Konferenz der Vereinten Nationen für Umwelt und Entwicklung von Rio de Janeiro im Juni 1992[863] gilt der Grundsatz des *sustainable development* als international etablierte politische Leitlinie in den internationalen Umwelt- und Entwicklungsbeziehungen und verdeutlicht die enge Interdependenz zwischen Umwelt und Entwicklung[864]. Das Konzept des *sustainable development* lässt sich als ein ganzheitliches Politikziel mit Entwicklung und Umweltschutz als gleichrangigen Komponenten beschreiben[865], welches zur Berücksichtigung des

---

861 Vgl. die obigen Ausführungen im 2. Kapitel unter B.II.2.c) sowie CALLIESS, in: DERS./RUFFERT, EUV/EGV, Art. 174 EG, Rdn. 8.

862 Vorgeschlagen wurde die Verankerung des Grundsatzes der nachhaltigen Entwicklung von dem niederländischen Konventsmitglied ALTES, vgl. Anm. 588. Als Vorteil gewertet wurde, dass dieser Grundsatz bereits in Art. 2 EU konstituiert und mit den Zielen des Art. 2 EG kompatibler sei als die vorherige Formulierung „umsichtige und rationelle Verwendung der natürlichen Ressourcen", vgl. die entsprechenden Stellungnahmen von MEYER (D) und LEINEN (EP/D), abgedruckt bei BERNSDORFF/BOROWSKY, Protokolle, S. 341 f. Zur Einflussnahme der acht großen Umweltschutzorganisationen, sog. *Green Eight* („G8"/ BIRDLIFE INTERNATIONAL, CLIMATE ACTION NETWORK EUROPE, EUROPEAN ENVIRONMENTAL BUREAU (EEB), FRIENDS OF NATURE INTERNATIONAL, EUROPEAN FEDERATION FOR TRANSPORT AND ENVIRONMENT (T&E), FRIENDS OF THE EARTH EUROPE (FoEE), GREENPEACE und WWF), auf die Festschreibung des Grundsatzes der nachhaltigen Entwicklung in den „Vertrag über eine Verfassung für Europa" CHRISTOPOULOU/LONG, Conserving the Environmental Acquis: An Assessment of the European Convention, elni-Review 2004, S. 1 (2 f.).

863 Vgl. Anm. 38. Geprägt wurde der Begriff durch die von der UN-Generalversammlung eingesetzte *World Commission on Environment and Development*, die in ihrem 1987 vorgelegten BRUNDTLAND-Bericht (Anm. 39) ein Konzept des „sustainable development" vorgelegt hatte.

864 Vgl. BEYERLIN, Umweltvölkerrecht, § 4, Rdn. 32 ff. Ausführlich zu diesem Rechtsprinzip SANDS, International law in the field of sustainble development, BYIL 65 (1994), S. 203 ff.

865 Vgl. BEYERLIN, Umweltvölkerrecht, § 4, Rdn. 37; REHBINDER, Nachhaltigkeit als Prinzip des Umweltrechts: Konzeptionelle Fragen, in: DOLDE, Umweltrecht im Wandel, S. 721 (724). Die mit der Aufgabe der Entwicklung von langfristigen Umweltstrategien für

Umweltschutzes als integraler Bestandteil der Entwicklungspolitik und zur Verteilungsgerechtigkeit – gerade auch im Hinblick auf den Schutz künftiger Generationen – verpflichtet[866].

Die inhaltliche Rezeption dieses umweltvölkerrechtlichen Leitbildes in das europäische Primärrecht erfolgte durch den Vertrag von Maastricht[867], explizit wurde das Nachhaltigkeitsprinzip[868] durch den Amsterdamer Vertrag insbesondere in der umweltschützenden Querschnittsklausel des Art. 6 EG verankert[869]. Die Tatsache, dass Art. 6 EG vor die Klammer gezogen und damit aus dem Spezialtitel „Umwelt" herausgenommen wurde, zeigt die generelle, übergreifende Bedeutung des Nachhaltigkeitsgrundsatzes[870]. Trotz fehlender primär-

---

eine nachhaltige Entwicklung beauftragte *World Commission on Environment and Development* (WCED) definierte den Begriff des „sustainable development" als „development that meets the needs of the present without compromising the ability of future generations to meet their own needs", zitiert nach CALLIESS, in: DERS./RUFFERT, EUV/EGV, Art. 6 EG, Rdn. 13.

866 Trotz unumstritten hoher politischer Relevanz – HANDL bezeichnete das Konzept als "a de facto constraint on environmental decision-makers", vgl. DERS., Environmental Security and Global Change, YIEL 1 (1990), S. 3 (27) – besteht über die selbständige normative Wirkung des Prinzips des *sustainable development* auf umweltvölkerrechtlicher Ebene keine Einigkeit. Bezweifelt wird eine selbständige normative Wirkung in dem Sinne, dass aus dem Grundsatz unmittelbar bestimmte politische Verhaltenspflichten der Staaten folgen, vgl. *Beyerlin*, Umweltvölkerrecht, § 4, Rdn. 37. Rechtliche Wirkung entfaltete der Aspekt der Verantwortlichkeit für künftige Generationen beispielsweise in der Oposa-Entscheidung des philippinischen Supreme Court, als die Abholzung des Tropenwaldes mit diesem Argument untersagt wurde. Vgl. dazu REST, The OPOSA-Decision: Implementing the Principles of Intergenerational Equity and Responsibility, EPL 24 (1994), S. 314 ff.

867 In der Fassung des Vertrags von Maastricht wurde in Art. 2 EGV als eines der Gemeinschaftsziele „ein beständiges (...) umweltverträgliches Wachstum" genannt, Art. B, 1. Spiegelstrich EUV sprach von der Förderung eines ausgewogenen und dauerhaften wirtschaftlichen und sozialen Fortschritts". Wörtlich enthalten war der Begriff nur in der Erklärung Nr. 20 der Schlussakte zum Vertrag von Maastricht. Nach einer Gesamtschau dieser Bestimmungen kann der Nachhaltigkeitsgrundsatz bereits seit dem Vertrag von Maastricht zu den (ungeschriebenen) Grundsätzen des Umweltgemeinschaftsrechts gezählt werden, vgl. KAHL, in: STREINZ, EUV/EGV, Art. 6 EG, Rdn. 5 m.w.N.

868 Zur Problematik der Übersetzung des englischen Begriffs „sustainable development" in die EU-Amtssprachen HAIGH/KRAEMER, "Sustainable Development" in den Verträgen der Europäischen Union, ZUR 1996, S. 293 (241).

869 Auch im 8. Erwägungsgrund der Präambel des EU-Vertrages, in Art. 2, 1. Spiegelstrich EU, in Art. 177 Abs. 1, 1. Spiegelstrich EG sowie in der Erklärung Nr. 9 der Schlussakte zum Vertrag von Nizza findet der Nachhaltigkeitsgrundsatz Erwähnung.

870 So auch KAHL, in: STREINZ, EUV/EGV, Art. 6 EG, Rdn. 18.

rechtlicher Definition und der Kritik als konturenloser Modebegriff[871] stellt sich eine Konkretisierung[872] und Operationalisierung des Nachhaltigkeitsprinzips nicht als unlösbare Aufgabe dar[873]. Das Leitbild einer nachhaltigen Entwicklung umfasst eine umweltgerechte, an der Leistungskapazität der ökologischen Systeme ausgerichtete Koordination der ökonomischen Prozesse sowie soziale Ausgleichsprozesse[874]. Von zentraler Bedeutung ist hierbei die Sicherung der ökologischen Leistungsfähigkeit: Um zukünftigen Generationen eine zumindest gleiche Umweltqualität gewährleisten zu können, ist jedenfalls der gegenwärtige Bestand natürlicher Ressourcen und der Umweltqualität aufrechtzuerhalten[875]; der Grundsatz impliziert somit ein *qualitatives Verschlechterungsverbot*.

Angesichts der Parallelen in Struktur und Wortlaut sowie der entsprechenden präsidialen Erläuterungen wird Art. 37 GRC – wie die umweltschützende Querschnittsklausel als dessen Modellvorschrift – als wichtiges und verstärkendes Instrument zur Umsetzung des rechtsverbindlichen[876] Grundsatzes der nachhaltigen Entwicklung auf Gemeinschaftsebene fungieren. Der Nachhaltigkeitsgrundsatz ist infolge seiner Generalität indes nicht geeignet, Pflichten für den Einzelnen zu begründen und Entscheidungsgrundlage für Behörden zu sein, die ihrerseits den Einzelnen in die Pflicht nehmen[877]. Als rechtsverbindlicher Rechtsgrundsatz stellt er „rechtssetzungsorientiertes Recht", d.h. einen Gesetzgebungsauftrag dar, der dem Gesetzgeber eine ergebnisbezogene Verantwor-

---

871 Sehr kritisch insofern und im Hinblick auf den gesamten globale Umweltschutz KRÄMER, Droit de l´environnement et société ouverte – le monde, l´Europe et les juristes, EPL 33 (2003), S. 81 (83 f.).

872 VERSCHUUREN beschreibt *sustainable development* insofern als „Ideal", das in der Rechtsanwendungspraxis der weiteren Konkretisierung bedarf (DERS., Principles of Environmental Law, S. 107). Umfassend konkretisiert wurde das Ziel einer dauerhaften und umweltgerechten Entwicklung in dem 5. Umweltaktionsprogrammm der Gemeinschaft (1993-2000), vgl. ABl. EG 1993 C 138, S. 1. Vgl. zur Konkretisierung des Begriffs ebenfalls MURSWIEK, "Nachhaltigkeit" – Probleme der rechtlichen Umsetzung eines umweltpolitischen Leitbildes, NuR 2002, S. 641 ff.; ebenfalls REHBINDER, in: DOLDE, Umweltrecht im Wandel, S. 721 (730 ff.).

873 KAHL, in: STREINZ, EUV/EGV, Art. 6 EG, Rdn. 17 m.w.N. Insbesondere gibt der Nachhaltigkeitsgrundsatz als umweltrechtliches Prinzip verschiedende Managementregeln vor, vgl. DERS., ebd., Rdn. 20 m.w.N.

874 CALLIESS, in: DERS./RUFFERT, EUV/EGV, Art. 6 EG, Rdn. 13.

875 Vgl. SCHRÖDER, Sustainable Development – Ausgleich zwischen Umwelt und Entwicklung als Gestaltungsaufgabe der Staaten, AVR 34 (1996), S. 251 (260 ff.); ebenso CALLIESS, Rechtsstaat und Umweltstaat, S. 141 ff.

876 MURSWIEK, NuR 2002, S. 641 (644).

877 Vgl. MURSWIEK, ebd., S. 641 (647).

tung auferlegt[878]. Wie bereits der Querschnittsklausel des Art. 6 EG kann dem Umweltschutzartikel der Charta infolge der Verpflichtung auf eine nachhaltige Entwicklung ein primärrechtliches Gebot zur Durchführung einer strategischen, nicht nur auf Einzelmaßnahmen, sondern auf Politiken, Programme, Pläne und Gesetze ausgedehnten Umweltverträglichkeitsprüfung entnommen werden.

Abschließend sei hervorgehoben, dass der in Art. 37 GRC integrierte Nachhaltigkeitsgrundsatz in seiner zeitlichen Dimension auch die – in der Norm nicht eigens erwähnte – Verantwortung für künftige Generationen impliziert[879] und damit die Zukunftsorientierung des Umweltschutzartikels herausstellt[880].

II. Systematische Auslegung

Im Rahmen der systematischen Interpretation ist die Stellung einer Rechtsvorschrift in ihrem systematischen Zusammenhang zu anderen Normen und in ihrer Stellung und Funktion in der Gesamtheit der Regelungen zu untersuchen[881]. Zum „Zusammenhang" im Sinne des Art. 31 Abs. 2 WVK gehören der operative Text, die Präambel und etwaige Anlagen des Vertrages, darüber hinaus jede sich auf den Vertrag beziehende Übereinkunft, die zwischen den Parteien anlässlich des Vertragsabschlusses getroffen wurde und von den anderen Parteien als eine sich auf den Vertrag beziehende Urkunde angenommen wurde[882]. Für die systematische Interpretation des Art. 37 GRC ist somit der operative Text der Charta und ihre Präambel sowie der *Vertrag über eine Verfassung für Europa* in seiner Gesamtheit maßgeblich.

---

878 Der Gesetzgeber hat dafür zu sorgen, dass die natürlichen Ressourcen nur so genutzt werden, dass sie dauerhaft nutzbar bleiben und das „ökologische Realkapital" erhalten bleibt, vgl. insgesamt MURSWIEK, NuR 2002, S. 641 (647). Zur Umsetzung des Integrationsprinzips und des Prinzips des „sustainable development" in den Mitgliedstaaten Österreich, Belgien, Dänemark, Finnland, Frankreich, Deutschland, Niederlande, Spanien, Schweden und Großbritannien siehe SHEATE, Changing Conceptions and Potential for Conflict in Environmental Assessment – Environmental Integration and Sustainable Development, EPL 33 (2003), S. 219.

879 In diesem Sinne auch BARRIGA, Die Entstehung der Charta der Grundrechte der Europäischen Union, S. 132.

880 Vgl. auch REST, in: TETTINGER/STERN, Kölner Gemeinschaftskommentar zur Grundrechte-Charta, Art. 37 GRC (II-97 VerfVertrag), Rdn. 22.

881 Vgl. MEYER, JURA 1994, S. 455 (456).

882 Vgl. V. HEINEGG, in: IPSEN, Völkerrecht, § 11, Rdn. 12.

Der Blick ist zunächst auf die Positionierung des Art. 37 GRC in der Charta und im Gesamtgefüge des Verfassungsvertrags zu richten[883].

1. Systematische Stellung des Art. 37 GRC in der Charta und im Gesamtgefüge des Verfassungsvertrags

Zunächst ist zu untersuchen, ob aus der Verankerung des Umweltschutzes unter dem Titel „Solidarität“ Rückschlüsse für Rechtsnatur und -wirkung des Art. 37 GRC gezogen werden können.

a) Positionierung des Umweltschutzes als soziales Recht unter dem Titel „Solidarität“

Angesichts divergierender Verfassungstraditionen hinsichtlich der Konstitutionalisierung sozialer Rechte[884] stellte sich für den HERZOG-Konvent nach der grundsätzlichen Entscheidung für die Aufnahme sozialer Rechte in die Charta[885] die grundlegende Frage, in welcher Form die inzwischen europaweit geltenden sozialen Standards auf die Ebene von Grundrechten angehoben werden sollten[886].

---

[883] Von dieser Betrachtung der Norm in ihrem Gesamtkontext wird angesichts – oder auch „trotz“ – des gegenwärtig ungewissen Schicksals des *Vertrags über eine Verfassung für Europa* nicht abgesehen.

[884] Die Mitgliedstaaten, in deren Verfassungen soziale Grundrechte anerkannt sind, wie etwa Frankreich, Griechenland, Italien, Portugal und Spanien, votierten für eine Ausbalancierung der Freiheits- und Gleichheitsrechte durch soziale Rechte. Eine diesbezüglich restriktive Position wurde demgegenüber von Staaten vertreten, in deren Verfassungen keine bzw. differenzierte soziale Bestimmungen – so in der Bundesrepublik Deutschland – enthalten sind.

[885] Vgl. dazu 2. Kapitel, B.I.2.b).

[886] Vgl. dazu insgesamt MEYER/ENGELS, Zur Aufnahme von sozialen Grundrechten in die Europäische Grundrechtecharta, ZRP 2000, S. 368 ff.; PITSCHAS, Europäische Grundrechte-Charta und soziale Grundrechte, VSSR 2000, S. 207 ff.

aa) Zur Grundproblematik der rechtlichen Ausgestaltung sozialer Rechte

Neben der grundlegenden Schwierigkeit der Definition sozialer Grundrechte[887] besteht ein weiteres Problem dieser Normenkategorie darin, dass teilweise die individuelle Durchsetzbarkeit als Wesensmerkmal eines Grundrechts angesehen wird[888] und daher soziale Grundrechte, die nicht hinreichend exakt als subjektive Rechte konkretisiert werden können[889] und demnach nur begrenzt justiziabel sind, als „widersprüchliche Konstruktion"[890] tituliert werden.

Dementsprechend wurde im Rahmen der Konvents-Debatte zur Ausgestaltung der sozialen Grundrechte sowohl die fehlende Einklagbarkeit und damit fehlende Effizienz dieser sozialen Gewährleistungen kritisiert als auch vor der Entstehung umfangreicher Leistungsansprüche gewarnt[891].

Zur Gewährleistung sozialer Rechte sind im wesentlichen drei Ebenen einer verfassungsrechtlichen Ausgestaltung denkbar[892]: Möglich ist zunächst eine Verankerung von Programmsätzen, Staatszielbestimmungen bzw. allgemeinen Grundsätzen sozialen Inhalts, die – wenn auch primär von politischer Bedeutung – gleichwohl bewirken können, dass einfachgesetzliche Regelungen zur Rechtsgrundlage von Leistungsansprüchen werden können[893]. Für die Absicherung sozialer Rechte vorstellbar erscheint weiterhin die Rechtsfigur der Einrichtungs-

---

[887] Der Wissenschaftliche Dienst des Parlaments beschreibt sie in einem Arbeitsdokument des Konvents als „Rechte, die dem einzelnen Bürger zukommen und die er nur in seiner Verbinding zu anderen Menschen als Mitglied einer Gruppe wahrnehmen kann und die nur verwirklicht werden können, wenn die staatliche Gemeinschaft Leistungen zur Sicherheit der Lebensgestaltung des einzelnen Bürgers erbringt.", zitiert nach HIRSCH, in: BLANK, Soziale Grundrechte in der Europäischen Grundrechtscharta, S. 11 (15 f.).

[888] Statt vieler HIRSCH, in: BLANK, Soziale Grundrechte in der Europäischen Grundrechtscharta, S. 11 (15 f.).

[889] Zur sachnotwendigen Vagheit und Konkretisierungsbedürftigkeit typischer sozialer Grundrechte siehe MURSWIEK, Grundrechte als Teilhaberechte, soziale Grundrechte, in: ISENSEE/KIRCHHOF, HbStR V, § 112, Rdn. 49 ff.

[890] Zu dieser Kritik LOSCH/RADAU, Die soziale Verfassungsaufgabe der Europäischen Union, NVwZ 2003, S. 1440 (1441) m.w.N.

[891] Vgl. dazu ENGELS, Sozialer Schutz unter Berücksichtigung der Diskussion im Konvent, in: Bundesministerium für Arbeit und Sozialordnung u.a., Soziale Grundrechte in der Europäischen Union, S. 247 (248 f.).

[892] Siehe auch POIARES MADURO, Striking the Elusive Balance Between Economic Freedom and Social Rights in the EU, in: ALSTON, The EU and Human Rights, S. 449, der zwischen folgenden drei Dimensionen sozialer Rechte unterscheidet: "constitutional interpretative authority", "rights of participation and representation" and "social allocations".

[893] Siehe bereits BRUNNER, Die Problematik sozialer Grundrechte, S. 9.

garantie als institutionelle Garantie[894] sowie die Gewährung subjektiver Rechte nach dem Vorbild traditioneller Grundrechte[895]. Soziale Rechte, die meist von vornherein angesichts der eingeschränkt zur Verfügung stehenden öffentlichen Mittel nur in begrenztem Umfang gewährt werden können, bedürfen jedoch in der Regel einer – die Belastbarkeit der öffentlichen Haushalte berücksichtigenden – gesetzgeberischen Konkretisierung[896]. Wie oben am Beispiel des Umweltschutzes gezeigt[897], stellen auch die sozialen Grundrechte mehrerer mitgliedstaatlicher Verfassungen keine „echten", d.h. unmittelbar einklagbaren Grundrechte dar, sondern übernehmen in der Verfassungswirklichkeit vielmehr die Funktion von Staatszielbestimmungen[898] bzw. Gesetzgebungsaufträgen[899].

bb) Kategorien sozialer Rechte in der Grundrechtecharta

Die vor dem heterogenen Hintergrund mitgliedstaatlicher Verfassungstraditionen – und den damit einhergehenden Schwierigkeiten der Konsensfindung im Konvent[900] – unter dem Titel „Solidarität"[901] verankerten Gewährleistungen werden als „soziale Grundrechte mit unterschiedlichem normativen Gehalt" sowie als „reine Unionszielbestimmungen" eingestuft[902].

---

[894] Zur Leistungsdimension von Grundrechten in Gestalt von Einrichtungsgarantien siehe DREIER, in: DERS., GG I, Vorb., Rdn. 107 f.

[895] Das Recht auf Umwelt wurde in seiner Ausgestaltung als soziales Grundrecht bereits früh einer „Sondergruppe" innerhalb der sozialen Grundrechte zugeordnet, vgl. BRUNNER, ebd., S. 12.

[896] Vgl. MURSWIEK, Grundrechte als Teilhaberechte, soziale Grundrechte, in: ISENSEE/ KIRCHHOF, HbStR V, § 112, Rdn. 49 ff. Zur Eignung der subjektiv-rechtlichen Ausgestaltung „sozialer Gerechtigkeit" vgl. BRUNNER, Die Problematik sozialer Grundrechte, S. 13 ff.

[897] Siehe 1. Kapitel, A.II.3. Siehe ferner zur Verankerung sozialer Rechte in den mitgliedstaatlichen Verfassungen in diesem Kapitel unter D.II.2.a).

[898] Siehe dazu auch DREIER, in: DERS., GG I,Vorb., Rdn. 81.

[899] Auch in internationalen Abkommen wie dem Internationalen Pakt über wirtschaftliche, soziale und kulturelle Rechte oder der Europäischen Sozialcharta werden sie nicht als einklagbare Rechte, sondern (nur) als Verpflichtungen der Staaten niedergelegt. Siehe 1. Kapitel unter A.II.1.a) bzw. 2.a).

[900] Vgl. dazu 2. Kapitel, B.I.2.

[901] Zum Solidaritätsprinzip in der Europäischen Union vgl. CALLIESS, Subsidiaritäts- und Solidaritätsprinzip in der Europäischen Union, S. 187 ff.

[902] Vgl. HIRSCH, in: BLANK, Soziale Grundrechte in der Europäischen Grundrechtscharta, S. 16. Im Englischen wird insofern von „principles" gesprochen, vgl. die Terminologie des Konventsmitglieds LORD GOLDSMITH, A Charter of rights, freedoms and principles, CMLR 38 (2001), S. 1201 (1212 ff.), oder auch von „policy clauses", vgl. MENÉNDEZ, Rights

Dieser Dualismus wird im Hinblick auf die unterschiedlichen Rechtswirkungen der Normen durch eine weitere Unterteilung in vier Kategorien präzisiert[903]: Verankert seien demnach Freiheitsrechte mit sozialem Bezug[904], wirtschaftliche und soziale Grundrechte, die Schutzansprüche vermitteln[905], sowie wirtschaftliche und soziale Grundrechte, die Teilhaberechte bilden[906]. *Daneben* werden – im Wortlaut evident an die Formulierungen bereits bestehender Gemeinschaftszielbestimmungen des EG-Vertrages angelehnt – in der Charta sozialrechtliche „Prinzipien" statuiert[907], genannt seien hier die Bestimmungen zu Gesundheits-, Umwelt-, und Verbraucherschutz[908].

Einigkeit kann in der rechtlichen Bewertung der dem Titel „Solidarität" zugeordneten Normen jedenfalls dahingehend festgestellt werden, dass diese nicht nur Programmsätze sind, sondern „Rechte" der Unionsbürger mit ganz unterschiedlichem normativem Gehalt und Schutzbereich enthalten[909].

---

to Solidarity. Balancing Solidarity and Economic Freedoms, in: ERIKSEN/FOSSUM/MENÉNDEZ, The Chartering of Europe, S. 179 (185).

903 Die folgende Einteilung wurde von GRABENWARTER entwickelt, vgl. DERS., Die Charta der Grundrechte für die Europäische Union, DVBl. 2001, S. 1 (9 f.). Ähnlich SCHMITZ, JZ 2001, S. 833 (840 f.), der von dem „(...) Gesundheits-, Umwelt- und Verbraucherschutzprinzip" als „Unionszielbestimmungen im Grundrechtsgewand" spricht.

904 So z.B. Art. 15 GRC (Berufsfreiheit und Recht zu arbeiten) und Art. 28 GRC (Recht auf Kollektivverhandlungen und -maßnahmen einschließlich des Streikrechts).

905 So z.B. Art. 27 GRC (Gewährleistung von Anhörungs- und Unterrichtungsrechten für Arbeitnehmer) und Art. 30 GRC (Schutz vor ungerechtfertigter Entlassung).

906 Siehe z.B. Art. 29 GRC (Recht auf Zugang zu einem unentgeltlichen Arbeitsvermittlungsdienst), Art. 34 GRC (Recht auf Zugang zu den Leistungen der sozialen Sicherheit und zu den sozialen Diensten wie Wohnungsbeihilfe) sowie Art. 14 GRC (Recht auf Bildung).

907 Vgl. dazu die Ausführungen des Konventsmitglieds LORD GOLDSMITH, CMLR 38 (2001), S. 1201 (1212 ff.), der die Konzipierung der sozialen Rechte als „principles" als Grundlage des Konsenses zur Verankerung der sozialen Rechte hervorhebt.

908 So insgesamt GRABENWARTER, DVBl. 2001, S. 1 (9 f.). Ähnlich RIEDEL, in: MEYER, GRC-Kommentar, Kapitel IV „Solidarität", Rdn. 33. KAHL sieht in der textlichen Anlehnung des Art. 37 GRC an Art. 6 EG eine (deklaratorische) Bestätigung des Prinzipiencharakters, vgl. DERS., in: STREINZ, EUV/EGV, Art. 6, Rdn. 10. HECTOR schlägt demgegenüber eine Einteilung der Gewährleistungen des IV. Kapitels in drei Gruppen vor: Arbeitnehmerschutzrechte, Ausprägungen des Sozialstaatgebots und Querschnittsnormen mit Maßstäben, an denen sich das Handeln der Union in den Sachpolitiken ausrichten soll (letztere: Artt. 36-38 GRC). Es handele sich hierbei um den Versuch, Konzepte, die in der politischen Diskussion eine so wichtige Rolle einnehmen wie z.B. das „Recht auf Umwelt", in einer praktikablen Weise in die Grundrechtecharta zu übernehmen. Vgl. DERS., Die Charta der Grundrechte der Europäischen Union, in: BRÖHMER, Der Grundrechtsschutz in Europa, S. 180 (199 f.).

909 So HIRSCH, in: SCHWARZE, Der Verfassungsentwurf des Europäischen Konvents, S. 111 (124).

Insbesondere bei diesen objektiv-rechtlich formulierten „Unionszielbestimmungen“[910], auch bezeichnet als „Unionszielbestimmungen im Grundrechtsgewand“[911], die mangels Subjektivität keine unmittelbar durchsetzbaren subjektiven Rechte begründen[912], erscheint der Oberbegriff „soziale Grundrechte“ problematisch. Gerade der Umstand, dass die fraglichen – wenn auch objektiv-rechtlich formulierten – Gewährleistungen in einer *Charta der Grundrechte* verankert sind, wird von Teilen der Literatur als „konstitutive Anerkennung“ des grundrechtlichen Charakters aller Charta-Normen gedeutet[913]. Trotz in diesem Punkt anzuerkennender terminologischer und systematischer Widersprüchlichkeit der Charta[914] – und trotz der insofern eindeutigen Vorgaben des Europäischen Rates von Köln[915] – erscheint diese Argumentation angesichts des Gewichts der bisher dargelegten Gegenargumente – genannt sei insbesondere die klarstellende Regelung des Art. 52 Abs. 5 GRC – für eine Deutung der Charta-Grund*sätze* als Grund*rechte* nicht überzeugend[916].

Die systematische Verortung des Umweltschutzartikels in dem Kapitel „Solidarität“ bekräftigt dessen besondere Rechtsqualität als soziale Grundgewährleistung[917] und damit den bisherigen Befund einer rechtsdogmatischen Ein-

---

910 HIRSCH, in: BLANK, Soziale Grundrechte in der Europäischen Grundrechtscharta, S. 18.

911 SCHMITZ, JZ 2001, S. 833 (841).

912 Vgl. statt vieler GRABENWARTER, DVBl. 2000, S. 1 (10).

913 Vgl. die Bewertung von SCHMITZ: „Mit der Einbeziehung in die Charta wurde den genuin objektiv-rechtlichen Grundsätzen ein subjektiv-rechtlicher Charakter übergestülpt. In der Aufnahme als selbständige Positionen in einen Grundrechtskatalog liegt eine konstitutive Anerkennung als Grundrechte und damit als Rechte des Bürgers, die der Interpret nur als solche hinnehmen kann.“, vgl. DERS., JZ 2001, S. 833 (841). Mangels Verankerung einer europäischen (chartabezogenen) Grundrechtsbeschwerde werde die effktive Wirkung der Prinzipien kaum verstärkt (DERS., ebd.). Auch TILLICH, Nicht mehr und nicht weniger. Die Charta der Grundrechte soll die Rechte des Bürgers gegenüber der EU benennen, F.A.Z. Nr. 223 vom 25.09.2000, zieht eine Annahme subjektiver Ansprüche durch den EuGH in Erwägung (vgl. Sp. 4).

914 ZULEEG kritisiert insofern die mangelnde Transparenz und befürwortet eine Verortung des Umweltschutzes bei den Einschränkungen des Art. 52 GRC (vgl. DERS., Zum Verhältnis nationaler und europäischer Grundrechte. Funktionen einer EU-Charta der Grundrechte, EuGRZ 2000, S. 511 (515).

915 Europäischer Rat Köln, Beschluss vom 04.06.1999 (EuGRZ 1999, S. 364 f.).

916 Diese Auffassung wurde jedoch vornehmlich *vor* der Einfügung des Art. 52 Abs. 5 GRC vertreten, vgl. etwa SCHMITZ, JZ 2001, S. 833 (841).

917 Zu dieser Terminologie siehe in diesem Kapitel unten, E. (a.E.).

ordnung als unmittelbar individuell nicht durchsetzbare Unionszielbestimmung[918].

b) Art. 37 GRC in einer Gesamtschau mit den umweltrelevanten Gewährleistungen der Charta und des Verfassungsvertrages

Im Folgenden wird die systematische Einbettung des Art. 37 GRC in die Umweltschutzbestimmungen des Gesamtwerks *Vertrag über eine Verfassung für Europa* sowie in die weiteren umweltrelevanten Gewährleistungen der Charta skizziert.

In Art. I-3 Abs. 3 VerfVertrag werden ein hohes Maß an Umweltschutz und die Verbesserung der Umweltqualität als „Ziele der Union" festgeschrieben[919]. Die Formulierung des Art. I-3 Abs. 3 VerfVertrag ist nahezu wortgleich mit Art. 2 EG. Da sich Art. I-3 Abs. 3 VerfVertrag auf Wirtschaft, Sozialwesen und den Umweltschutz – und damit auf alle Säulen der nachhaltigen Entwicklung – bezieht, ist der Begriff der nachhaltigen Entwicklung im Verfassungsvertrag gegenüber dem EG-Vertrag als gestärkt anzusehen[920]. Die umweltrechtliche Querschnittsklausel des Art. 6 EG findet sich nunmehr in Art. III-119 VerfVertrag wieder[921]. Die Formulierung des Art. III-233 VerfVertrag ist –

---

[918] In diesem Sinne auch SZCZEKALLA, Grundrechte, in: RENGELING, EUDUR/ Bd. I, § 12, Rdn. 77. Eine systematische Ausnahme stellt insofern nur das in Art. 28 GRC formulierte Streikrecht dar (vgl. DERS., ebd.).

[919] Art. I-3 Abs. 3 VerfVertrag: „Die Union wirkt auf die nachhaltige Entwicklung Europas auf der Grundlage eines ausgewogenen Wirtschaftswachstums und von Preisstabilität, eine in hohem Maße wettbewerbsfähige soziale Marktwirtschaft, die auf Vollbeschäftigung und auf sozialen Fortschritt abzielt, sowie ein hohes Maß an Umweltschutz und Verbesserung der Umweltqualität hin. (...)."

[920] BEYER, JEEPL 2004, S. 143 (147). Die schwedische Umweltkommissarin MARGOT WALLSTRÖM präsentierte während der griechischen Ratspräsidentschaft weiterhin einen Entwurf eines Protokolls über die nachhaltige Entwicklung („Protocol on Sustainable Development" – http://europa.eu.int/comm/commissioners/wallstrom/pdf/psd.pdf) als Anhang zu dem Verfassungsvertrag, welches durch den Verfassungskonvent jedoch nicht aufgenommen wurde.

[921] Art. III-119 VerfVertrag: „Die Erfordernisse des Umweltschutzes müssen bei der Festlegung und Durchführung der Politik und der Maßnahmen in den in diesem Teil genannten Bereichen, insbesondere zur Förderung einer nachhaltigen Entwicklung, einbezogen werden."

abgesehen von geringfügigen redaktionellen Änderungen in Absatz 4 – identisch mit Art. 174 EG[922].

Innerhalb der Grundrechtecharta erscheinen vor allem Art. 1 GRC (Würde des Menschen)[923], die Artt. 2 und 3 GRC (Recht auf Leben und Unversehrtheit)[924] sowie Art. 44 (Recht auf Zugang zu Dokumenten)[925] geeignet, um in Verbindung mit den Belangen des Umweltschutzes Bedeutung zu gewinnen. Sowohl grundrechtsfunktionell als auch für die Auslegung der nicht-grundrechtlichen Gewährleistungen bedeutsam ist insbesondere die Positionierung der Garantie der Menschenwürde am Anfang der Charta. In der – nunmehr unionalen – Verpflichtung zu deren Achtung und Schutz kann eine potentielle Grundlage für die Herausbildung eigenständiger gemeinschaftlicher Schutzpflichten für die folgenden Rechte gesehen werden[926]. Als individualschützende Ergänzung zu Art. 37 GRC vorstellbar ist ferner, dass der EuGH die geeigneten Charta-Grundrechte auch im Hinblick auf umweltschützende Teilgewährleistungen fruchtbar machen wird. In Anbetracht der unterbliebenen Verankerung eines prozeduralen Grundrechts auf Umweltinformation wird weiterhin aufmerksam zu verfolgen sein, ob das in Art. 44 GRC gewährleistete allgemeine Recht auf Zugang zu Dokumenten auch umweltspezifische Bedeutung erlangen kann.

---

922 Kritisch angemerkt werden kann, dass der Verfassungskonvent hierbei die Chance verpasste, das für die Funktionsfähigkeit der Europäischen Union wichtige Erfordernis einer einfachen Mehrheit im Abstimmungsprozess im Bereich „Umwelt" einzuführen, vgl. BEYER, JEEPL 2004, S. 143 (150).

923 Unter dem ersten Titel der Charta „Würde des Menschen" statuiert Art. 1: „Die Würde des Menschen ist unantastbar. Sie ist zu achten und zu schützen."

924 Art. 2 Abs. 1 GRC: „Jeder Mensch hat das Recht auf Leben." Art. 3 Abs. 1 GRC: „Jeder Mensch hat das Recht auf körperliche und geistige Unversehrtheit."

925 Art. 44 GRC: „Die Unionsbürgerinnen und Unionsbürger sowie jede natürliche oder juristische Person mit Wohnsitz oder Sitz in einem Mitgliedstaat haben das Recht auf Zugang zu Dokumenten der Organe, Einrichtungen, Ämter und Agenturen der Union, unabhängig davon, in welcher Form diese Dokumente erstellt werden."

926 Auch wenn weitere Ansätze für Schutzpflichten hierdurch keinesfalls ausgeschlossen werden, ist anzumerken, dass auch die entsprechende Rechtsprechung des BVerfG die Menschenwürdegarantie für die Herleitung von Schutzpflichten als Ausgangspunkt nahm. Vgl. in diesem Sinne SZCZEKALLA, Grundrechte, in: RENGELING, EUDUR/ Bd. I, § 12, Rdn. 78. Die aus der Bezugnahme auf die Menschenwürde herzuleitende Schutzdimension der Grundrechte betont auch CALLIESS, EuZW 2001, S. 261 (263); weiterhin DERS., Rechtsstaat und Umweltstaat, S. 307 ff., 437 ff. Vgl. weiterhin SCHMITZ, JZ 2001, S. 833 (840).

2. Interpretation im Lichte der Präambel

Gemäß Art. 32 Abs. 2 WVK sind Präambeln ausdrücklich in die Auslegung völkerrechtlicher Verträge mit einzubeziehen[927].

Sowohl der Charta der Grundrechte als auch dem Gesamtwerk *Vertrag über eine Verfassung für Europa* ist eine Präambel vorangestellt, begründet liegt diese – völkervertragsrechtlich ungewöhnliche – Konstellation in der nacheinander geschalteten Entstehung von Grundrechtecharta und Verfassungsvertrag[928]. Der Vorschlag, die Charta-Präambel[929] angesichts der bestehenden „Präambel-Doppelung“ – gegebenenfalls mit geringfügigen Ergänzungen um einige Bestimmungen des EG-Vertrages und des EU-Vertrages – als Präambel des gesamten Verfassungsvertrags zu übernehmen[930], fand keine Zustimmung. Ein Grund für die Beibehaltung der Charta-Präambel jedenfalls als „feierliche Einleitung“[931] für die Grundrechtecharta kann in der Anerkennung materieller Eigengehalte gesehen werden, so dass im Falle ihrer Eliminierung substantielle Verluste drohen[932]. Insbesondere unter diesem Gesichtspunkt ist eine jeweils eigenständige Geltung und damit jedenfalls keine Konkurrenz der Präambeln im Sinne einer Überlagerung der Charta-Präambel durch diejenige des Verfassungsvertrags anzunehmen[933]. Aus Gründen der Spezialität ist für die Interpretation

927 So heißt es in Art. 32 Abs. 2 WVK: „Für die Auslegung eines Vertrags bedeutet der Vertragswortlaut samt Präambeln und Anlagen (...)“.

928 Siehe zu diesem grundlegenden Problem die Ausführungen des Zwischenberichts der Arbeitsgruppe „Charta“ betreffend die „Modalitäten und Auswirkungen einer Einbeziehung der Charta der Grundrechte in die Verträge sowie eines Beitritts der Gemeinschaft/der Union zur EMRK“ (Dok. CONVENT 116/02 WG II 1 v. 18.06.2002, S. 6 ff.). Kritisch hierzu auch der Beitrag von MEYER/HÖLSCHEIDT, Wie der Konvent Europa verfasst hat, ZSE 2003, S. 336 (341), die diesbezüglich von einer „unglücklichen Doppelung“ sprechen.

929 Zur Entstehungsgeschichte siehe BUSSE, EuGRZ 2002, S. 559 (564 ff., 573).

930 So PERNICE, Verfassung der Europäischen Union. Bemerkungen zu den Artikel-Entwürfen des Präsidiums des Verfassungskonvents, WHI-Paper 3/03, S. 1 (3); ausführlich DERS., The Charter of Fundamental Rights in the Constitution of the European Union, WHI-Paper 14/02, S. 1 (15 ff.).

931 Vgl. BUSSE, EuGRZ 2002, S. 559 (563, Fn. 39).

932 Bereits im Mai 2000 wurde im Konvent auf das Problem hingewiesen, dass bei einer Inkorporierung der Charta in das bestehende Primärrecht die Charta-Präambel möglicherweise entfallen müsse, so dass sich substantielle Erwägungen nicht *allein* in der Präambel wiederfinden dürften. Zu materiellen Eigengehalten der Charta-Präambel BUSSE, EuGRZ 2002, S. 559 (573 ff.).

933 Ähnlich auch GRABENWARTER, EuGRZ 2003, S. 563 (570).

der Grundrechtecharta deren Präambel als insofern chartaspezifische, originäre „Vorrede“[934] heranzuziehen.

Die Präambel der Charta betont die Unteilbarkeit der Werte der Würde des Menschen, der Freiheit, der Gleichheit und der Solidarität[935]. Im dritten Absatz der Präambel wird das Ziel einer *nachhaltigen Entwicklung* verankert[936] – angesichts der entsprechenden Formulierung in Art. 37 GRC eine deklaratorische Bekräftigung dieses Prinzips.

Im fünften Absatz der Präambel ist niedergelegt, dass die Charta „die Rechte, die sich vor allem aus den gemeinsamen Verfassungstraditionen und den gemeinsamen internationalen Verpflichtungen der Mitgliedstaaten, aus der Europäischen Konvention zum Schutze der Menschenrechte und Grundfreiheiten, aus den von der Union und dem Europarat beschlossenen Sozialchartas sowie aus der Rechtsprechung des Gerichtshofs der Europäischen Union und des Europäischen Gerichtshofs für Menschenrechte ergeben“ bekräftigt[937]. Die Begriffswahl „Rechte“ ist hier als Oberbegriff für die in der Charta verankerten Gewährleistungen zu sehen[938], so dass eine Interpretation aller Normen im

---

934 Vgl. BUSSE, EuGRZ 2002, S. 559 (563) mit dem lexikalischen Verweis in Fn. 39.

935 Gerade in dieser Gleichsetzung der Solidarität mit den klassischen Grundrechten kann eine – das amerikanische Grundrechtsverständnis kontrastierende – spezifisch europäische Note der Charta gesehen werden; die Charta könnte insofern Wegbereiter einer neuen Generation von Grundrechten sein. Vgl. insgesamt HIRSCH, in: BLANK, Soziale Grundrechte in der Europäischen Grundrechtscharta, S. 11 (14 f.).

936 „Die Union trägt zur Erhaltung und zur Entwicklung dieser gemeinsamen Werte unter Achtung der Vielfalt der Kulturen und Traditionen der Völker Europas sowie der nationalen Identität der Mitgliedstaaten und der Organisation ihrer staatlichen Gewalt auf nationaler, regionaler und lokaler Ebene bei. Sie ist bestrebt, eine ausgewogene und nachhaltige Entwicklung zu fördern (...)“.

937 Die in Satz 2 des fünften Absatzes der Präambel enthaltene Vorgabe für die Gerichte der Europäischen Union und der Mitgliedstaaten, die Charta „unter gebührender Berücksichtigung der Erläuterungen, die auf Veranlassung und in eigener Verantwortung des Präsidiums des Konvents zur Ausarbeitung der Charta formuliert wurden“ auszulegen, ist auch im operativen Text der Charta durch die entsprechende Vorgabe in Art. 52 Abs. 7 GRC niedergelegt. Vgl. diesbezüglich die Ausführungen in diesem Kapitel unter C.II.4. mit den entsprechenden Schlussfolgerungen.

938 Diesem Begriffsverständnis steht auch nicht entgegen, dass in der Terminologie des siebten Absatzes der Präambel zwischen „Rechten“, „Freiheiten“ und „Grundsätzen“ differenziert wird. Vielmehr ist das dargelegte Verständnis systematisch begründbar, da nicht einsehbar ist, wieso die objektiv-rechtlichen Normen losgelöst von den Traditionen der mitgliedstaatlichen Verfassungsordnungen zu sehen sein sollten; weiterhin kann hinsichtlich der in der Charta verankerten Gewährleistungen unterschiedlicher Rechtsqualität insgesamt eine einheitliche Begriffswahl nicht festgestellt werden.

Lichte der mitgliedstaatlichen Verfassungstraditionen[939], der gemeinsamen internationalen Verpflichtungen sowie der Rechtsprechung des EuGH und des EGMR vorzunehmen ist. Hervorgehoben sei an dieser Stelle, dass insbesondere der – ausschließlich in der Präambel erfolgten – Nennung der Rechtsprechung des EGMR als Auslegungsmaßstab für die Charta-Gewährleistungen konstitutive Bedeutung zukommt[940].

Über die Erwähnung des Generationenschutzes[941] wird in der Präambel mittelbar auch der Themenkreis der Grundpflichten angesprochen[942]. Verankert wird damit eine ethisch-moralische „Inpflichtnahme des Individuums"[943], z.B. für die Erhaltung des gemeinsamen europäischen Erbes auch für die zukünftigen Generationen – eine Aussage, die bei der Auslegung umweltschützender Vorschriften durchaus Bedeutung erlangen kann.

Insbesondere der Rekurs auf die gemeinsamen mitgliedstaatlichen Verfassungstraditionen im fünften Absatz der Präambel knüpft inhaltlich an die Formulierung des Art. 6 Abs. 2 EU[944] und damit an die Methodik der Rechtserkenntnis seitens des EuGH an. Der mit Art. 6 Abs. 2 EU[945] strukturell und

---

939 Ebenso SCHMITZ, JZ 2001, S. 833 (842).

940 So auch BUSSE, EuGRZ 2002, S. 559 (564 ff., 573).

941 Vgl. den sechsten Absatz der Charta-Präambel: „Die Ausübung dieser Rechte ist mit Verantwortlichkeiten und Pflichten sowohl gegenüber den Mitmenschen als auch gegenüber der menschlichen Gemeinschaft und den künftigen Generationen verbunden."

942 Vgl. auch TETTINGER, NJW 2001, S. 1010 (1011); weiterhin HECTOR, in: BRÖHMER, Der Grundrechtsschutz in Europa, S. 180 (195).

943 SZCZEKALLA, Grundrechte, in: RENGELING, EUDUR/ Bd. I, § 12, Rdn. 79.

944 Art. 6 Abs. 2 EU: „Die Union achtet die Grundrechte, wie sie in der am 4. November 1950 in Rom unterzeichneten Europäischen Konvention zum Schutze der Menschenrechte und Grundfreiheiten gewährleistet sind und wie sie sich aus den gemeinsamen Verfassungsüberlieferungen der Mitgliedstaaten als allgemeine Grundsätze des Gemeinschaftsrechts ergeben." Mit dieser Formulierung greift die Norm die in ständiger Rechtsprechung vom EuGH verwendete Formel auf, mit deren Hilfe der Gerichtshof die Grundrechte des Gemeinschaftsrechts richterrechtlich als allgemeine Rechtsgrundsätze entwickelt hat, vgl. PECHSTEIN, in: STREINZ, EUV/EGV, Art. 6 EU, Rdn. 8 m.w.N.

945 Art. 6 Abs. 2 EU ist nach geltendem Recht als Rechtsquelle für die Gemeinschafts- bzw. Unionsgrundrechte anzusehen, vgl. KINGREEN, in: CALLIESS/RUFFERT, EUV/EGV, Art. 6 EU, Rdn. 33. Im Verfassungsvertrag scheint die in Art. I-9 Abs. 1 VerfVertrag enthaltene Verpflichtung, dass die Union die in der Charta enthaltenen Grundrechte achtet, nicht mit der in Art. I-9 Abs. 3 VerfVertrag verankerten Wiederholung des zuvor in Art. 6 Abs. 2 EU enthaltenen Bekenntnisses im Einklang zu stehen, wonach die Grundrechte, wie sie sich aus den Verfassungsüberlieferungen der Mitgliedstaaten und der EMRK ergeben, zu den allgemeinen Grundsätzen des Unionsrechts zählen. Angesichts dieser scheinbaren Doppelung der Quellen stellt sich die Frage des Verhältnisses der positivierten Grundrechte im Sinne von

textlich weitgehend identische – inhaltlich jedoch weitergehende[946] – fünfte Absatz der Charta-Präambel enthält die für die Auslegung der Charta-Gewährleistungen maßgeblichen Rechtserkenntnisquellen[947].

Charakteristisch für die Rechtserkenntnismethode des EuGH ist das Element der *wertenden Rechtsvergleichung*[948]. Nach einer rechtsvergleichenden Feststellung der relevanten Grundrechte[949] und einer anschließenden „Filterung"[950] wird der durch Rechtsvergleichung gewonnene Befund in die Strukturen und Ziele der Gemeinschaft eingepasst[951]. Auf diesem Wege hat der EuGH die nationalen Verfassungen als Rechtserkenntnisquellen bei der Festlegung von Grundrechtsstandards und bei der Entwicklung von rechtsstaatlichen Prinzipien herangezogen[952]. Als allgemeiner Rechtsgrundsatz anerkannt wird dabei nicht die in der Mehrheit der Rechtsordnungen existente Regelung[953], sondern vielmehr, was sich bei einer kritischen Analyse der verglichenen Regelungsmodelle als die

---

Art. I-9 Abs. 1 VerfVertrag zu dem bisherigen prätorischen Grundrechtsschutz (Art. I-9 Abs. 3 VerfVertrag). Divergenzen zwischen geschriebenem und prätorischem Recht entstehen dann nicht, wenn man Art. I-9 Abs. 3 VerfVertrag als „Auffangrechtsquelle" in dem Sinne begreift, dass der EuGH auch weiterhin zu einer richterrechtlichen Weiterentwicklung der Gemeinschaftsgrundrechte auch außerhalb der in der Grundrechtecharta konstituierten Grundrechte befugt sein soll. KINGREEN hingegen interpretiert Art. I-9 Abs. 3 VerfVertrag als deklaratorisches Bekenntnis zum richterrechtlichen Ursprung der Gemeinschaftsgrundrechte, vgl. DERS., EuGRZ 2004, S. 570 (571).

[946] Wie oben gezeigt, erweitert die Auflistung der in Absatz 5 der Charta-Präambel genannten Rechtserkenntnisquellen den Kreis derjenigen des Art. 6 Abs. 2 EU.

[947] Dazu allgemein ANWEILER, Die Auslegungsmethoden des Gerichtshofs der Europäischen Gemeinschaften, S. 44 f.

[948] Vgl. dazu bereits in diesem Kapitel unter B.III.2. Siehe auch HEINTZEN, Gemeineuropäisches Verfassungsrecht in der Europäischen Union, EuR 1997, S. 1 (9 f.).

[949] Bereits der Umstand, dass im Gerichtshof Richter aus allen Mitgliedstaaten vertreten sind, legt nahe, dass bei der Urteilsberatung eine gleichsam natürliche Rechtsvergleichung erfolgt, die Entscheidung also – jedenfalls potentiell – aus allen Rechtstraditionen gespeist werden, auch wenn dies nicht im Urteilstext zum Ausdruck kommen mag, vgl. SZCZEKALLA, Allgemeine Rechtsgrundsätze, in: RENGELING, EUDUR/ Bd. I, § 11, Rdn. 23.

[950] KLEIN, in: HK-EU, Art. F EUV, Rdn. 9.

[951] Vgl. SZCZEKALLA, Allgemeine Rechtsgrundsätze, in: RENGELING, EUDUR/ Bd. I, § 11, Rdn. 25; PECHSTEIN, in: STREINZ, EUV/EGV, Art. 6, Rdn. 9.

[952] MÜLLER/CHRISTENSEN, Jursitische Methodik II, S. 159 mit entsprechenden Nachweisen in Fn. 37 und 38.

[953] Ein allgemeiner Rechtsgrundsatz bzw. ein Grundrecht muss daher nicht in den Rechtsordnungen aller Mitgliedstaaten nachgewiesen werden, vielmehr genügt für dessen Entwicklung das Vorhandensein in einigen Mitgliedstaaten, vgl. ANWEILER, Auslegungsmethoden des Gerichtshofs der Europäischen Gemeinschaften, S. 362.

„beste“ Lösung darstellt[954]. Für die in diesem Zusammenhang vorzunehmenden Wertungen gibt es bislang kaum methodische Vorgaben[955]; unklar bzw. streitig ist vor alllem der zu wählende Schutzstandard[956]. Kritisiert wird neben der mangelnden Methodentransparenz[957] auch der Umstand, dass es bei der Suche nach der „besten“ Lösung keine festen Maßstäbe gebe[958]. Daneben oder als Bestandteil der wertenden Rechtsvergleichung kommt aber auch ein sogenanntes modellhaftes Vorgehen in Betracht, das vor allem heterogenen mitgliedstaatlichen Rechtsordnungen bestimmte Regelungsmodelle herausfiltert und sodann wertend in Ziele und Strukturen der Gemeinschaft einpasst[959].

So wie über das Verhältnis der in Art. 6 Abs. 2 EU in Bezug genommenen Rechtserkenntnisquellen zueinander keine Klarheit besteht[960], kann auch hinsichtlich eines Rangverhältnisses der in der Charta-Präambel positivierten Rechtserkenntnisquellen gegenwärtig noch keine Aussage getroffen werden.

Vor diesem Hintergrund wird zunächst eine rechtsvergleichende Bestandsaufnahme zur konstitutionellen Absicherung des Umweltschutzes in den mitgliedstaatlichen Verfassungen vorgenommen. Anschließend wird untersucht, ob und inwiefern eine diesbezügliche wertende Rechtsvergleichung für die Interpretation und rechtsdogmatische Einordnung des Art. 37 GRC fruchtbar gemacht werden kann.

---

954 KINGREEN, in: CALLIESS/RUFFERT, EUV/EGV, Art. 6 EU, Rdn. 39. Siehe auch bereits ZWEIGERT, Der Einfluß des europäischen Gemeinschaftsrechts auf die Rechtsordnungen der Mitgliedstaaten, RabelsZ 28 (1964), S. 601 (610 f.).

955 Vgl. SZCZEKALLA, Allgemeine Rechtsgrundsätze, in: RENGELING, EUDUR/ Bd. I, § 11, Rdn. 24.

956 In Betracht kommen Minimal- oder Maximalstandards, eine Kernbereichsgarantie oder das arithmethische Mittel bzw. eine schlichte Mehrheitslösung. Keine dieser Positionen wird ausdrücklich und konsequent in der Rechtsprechung oder in der Literatur vertreten, vgl. SZCZEKALLA, Allgemeine Rechtsgrundsätze, in: RENGELING, EUDUR/ Bd. I, § 11, Rdn. 24.

957 Vgl. insbesondere STREINZ, Bundesverfassungsgerichtlicher Grundrechtsschutz und Europäisches Gemeinschaftsrecht, S. 384 ff. m.w.N.

958 Siehe KINGREEN, in: CALLIESS/RUFFERT, EUV/EGV, Art. 6 EU, Rdn. 39.

959 Vgl. SZCZEKALLA, Allgemeine Rechtsgrundsätze, in: RENGELING, EUDUR/ Bd. I, § 11, Rdn. 26 m.w.N.

960 Vgl. KINGREEN, in: CALLIESS/RUFFERT, EUV/EGV, Art. 6 EU, Rdn. 38.

a) *Gemeinsame Verfassungstraditionen der Mitgliedstaaten im Hinblick auf die verfassungsrechtliche Verankerung des Umweltschutzes*

Die Grundrechtecharta stellt ein Mehrebenen-Modell eines Grundrechtsverbundes und gleichzeitig auch eines Verfassungsverbundes dar, der durch die ausdrückliche textliche Verknüpfung mit der EMRK, mit internationalen Konventionen sowie nationalen Verfassungstexten entstanden ist[961]. So wie sich das europäische Primär- bzw. Verfassungsrecht und die mitgliedstaatlichen Verfassungsordnungen gegenseitig beeinflussen, ist auch die Charta als ein Ergebnis wechselseitiger Rezeption zu begreifen[962]. Folgerichtig wird die Charta als das auf die Strukturen des Gemeinschaftsrechts zugeschnittene Konzentrat der mitgliedstaatlichen Verfassungstraditionen verstanden[963]. Auch seitens der Kommission wurde die Bedeutung des Rückgriffs auf die gemeinsamen Verfassungstraditionen bei der Kodifizierungsarbeit herausgestellt[964]. Vor diesem Hintergrund wird auch im Schrifttum die Herausarbeitung gemeinsamer Verfassungstraditionen im Wege des Verfassungsvergleichs für die Konturierung und Stabilisierung der Charta-Gewährleistungen für unverzichtbar erklärt[965].

Gerade im Hinblick auf das europäische Umweltverfassungsrecht wird es als Aufgabe der europäischen „Verfassungslehre" angesehen, „wissenschaftliche Vorratspolitik" zu leisten, d.h. einen Vorrat an aus dem nationalen Verfassungsrecht gewonnenen Problemlösungsmaterial anzubieten, so dass „Europa" sich auch in Sachen Umwelt intensiver und extensiver als bisher „verfassen" kann[966].

---

961 In diesem Sinne WEBER, Charta der Grundrechte der Europäischen Union, S. 15.

962 TETTINGER spricht insofern von einem „Gegenstromprinzip", bei dem nicht einseitige Beeinflussung oder Dominanz einer Rechtsordnung, sondern gegenseitige Befruchtung von europäischem und nationalem Grundrechtsschutz die Devise sein müsse, vgl. DERS., NJW 2001, S. 1010 (1015). Gerade im Bereich des gemeinschaftlichen Umweltverfassungsrechts steht zu erwarten, dass progressive gemeinschaftsrechtliche Akzente ihrerseits auf die nationalen Verfassungssysteme zurückwirken, z.B. weite Zielvorgaben des Primärrechts indirekt auch zu Staatszielen der Mitgliedstaaten werden. SCHULZE-FIELITZ spricht in diesem Zusammenhang von einer „Europäisierung der Schutzpflicht des Art. 20 a GG", vgl. DERS., in: DREIER, GG II, Art. 20 a, Rdn. 16.

963 So die Analyse von KINGREEN, in: CALLIESS/RUFFERT, EUV/EGV, Art. 6 EU, Rdn. 40 b. Auch die bisherige Rechtsprechung des EuGH stellt sich in weiten Teilen als "Kondensat" der gemeinsamen Verfassungsüberlieferungen dar, vgl. PIETSCH, Die Grundrechtecharta im Verfassungskonvent, ZRP 2003, S. 1 (3).

964 Vgl. die erste Mitteilung der Kommission zur Grundrechtecharta der EU vom 13.09.2000 (Dok. KOM (2000) 559 endg., S. 4 f.).

965 Vgl. TETTINGER, NJW 2001, S. 1010 (1015).

966 HÄBERLE, Europäische Verfassungslehre, S. 532.

Im Folgenden wird zunächst die konstitutionelle Absicherung des Umweltschutzprinzips in allen 25 mitgliedstaatlichen Verfassungsordnungen untersucht. Nach dieser Gesamtschau erfolgt eine eingehende Analyse der Stellung des Umweltschutzes in der verfassungsrechtlichen Normensystematik vier ausgewählter mitgliedstaatlicher Verfassungen, die aus der Perspektive des Umweltschutzes sowie in ihrer Bedeutung für die Grundrechtecharta als Modell zur Verankerung sozialer Grundrechte als repräsentativ und interessant zu bewerten sind.

aa) Überblick über die Konstitutionalisierung des Umweltschutzes in den mitgliedststaatlichen Verfassungsordnungen

In einer Gesamtschau über die Verfassungsordnungen der Mitgliedstaaten lässt sich zunächst feststellen, dass der Umweltschutz in zehn mitgliedstaatlichen Verfassungen als „Grundrecht" konstitutionalisiert ist. So enthält Art. 45 Abs. 1 der Verfassung Spaniens vom 29.12.1978[967] folgende Formulierung: „Alle haben das Recht, eine der Entfaltung der Persönlichkeit förderliche Umwelt zu genießen, sowie die Pflicht, sie zu erhalten"[968]. Hinsichtlich der rechtlichen Qualifikation dieses „Grundrechts" ist jedoch anzumerken, dass es sich nicht um ein vollumfassendes Individualgrundrecht auf Umweltschutz handelt[969], da Art. 45 Abs. 1 zu den Grundrechten der Spanischen Verfassung[970] gehört, die laut Art. 53 Abs. 2 SpanVerf nicht mit der Verfassungsbeschwerde gemäß Art. 161 Abs. 1 lit. b) SpanVerf geltend gemacht werden können, so dass die Anerkennung der Norm und die Herleitung entsprechender subjektiver

[967] Lesenswert zum historischen Hintergrund UMBACH, Die Grundrechte der neuen spanischen Verfassung, EuGRZ 1978, S. 229 ff. Ein Überblick über das spanische Verfassungsrecht findet sich bei ADOMEIT/FRÜHBECK, Einführung in das spanische Recht, S. 13 ff.

[968] In den Absätzen 2 und 3 der Norm wird die staatliche Verantwortung des Umweltschutzes und der Aspekt der Solidarität betont: „(2) Die öffentliche Gewalt wacht über die vernünftige Nutzung aller Naturreichtümer mit dem Ziel, die Lebensqualität zu schützen und zu verbessern und die Umwelt zu erhalten und wiederherzustellen. Dabei stützt sie sich auf die unerlässliche Solidarität der Gemeinschaft. (3) Für Verstöße gegen die Bestimmungen des vorigen Absatzes sieht das Gesetz strafrechtliche oder gegebenenfalls administrative Sanktionen vor sowie die Verpflichtung, den verursachten Schaden wieder gutzumachen."

[969] Vgl. LÓPEZ-JURADO, in: TETTINGER/STERN, Kölner Gemeinschaftskommentar zur Europäischen Grundrechte-Charta, Art. 37, Rdn. 7, 11; ebenfalls FERNÁNDEZ, L'environnement dans la constitution espagnole et dans la doctrine du tribunal constitutionnel, RJE 1984, S. 179 (183).

[970] Im Folgenden: SpanVerf.

Rechte primär dem Gesetzgeber obliegt[971]. Art. 53 SpanVerf unterscheidet insofern zwischen den unmittelbar gerichtlich durchsetzbaren Freiheitsrechten und den sozialen Grundrechten, zu denen auch das Umweltgrundrecht gehört. Das unter den „Leitprinzipien der Sozial und Wirtschaftspolitik" positionierte „Recht auf Umweltschutz" gewinnt vor Gericht nur bei der Auslegung einfachen Rechts[972] sowie mittelbar in Verbindung mit anderen Verfassungsbestimmungen[973] an praktischer Bedeutung. Die grundrechtlich formulierte Verfassungsnorm kann nach der Verfassungssystematik als Staatszielbestimmung[974] qualifiziert werden[975].

Ein Grundrecht auf Umweltschutz ist auch in der portugiesischen Verfassung vom 2. April 1976[976] verankert, deren Art. 66 Abs. 1 für jeden Bürger „das

---

971 Vgl. FERNÁNDEZ, RJE 1984, S. 179 (183); PAREJO ALFONSO, Die Entwicklung des öffentlichen Rechts. Umweltschutz und Umweltrecht in Spanien, DVBl. 1992, S. 1272 (1275 f.).

972 Nach Art. 53 Abs. 2 SpanVerf können „Leitprinzipien der Sozial- und Wirtschaftspolitik" wie die Umweltschutznorm des Art. 45 Abs. 2 SpanVerf „nur vor den ordentlichen Gerichten in Übereinstimmung mit den dafür maßgeblichen Gesetzen geltend gemacht werden". Siehe auch THYM, Umweltschutz in den Verfassungen der EU-Mitgliedstaaten, NuR 2000, S. 557 m.w.N.; weiterhin BOTHE, Das Recht auf Umwelt – zwei Schritte vorwärts, einen zurück, FS Burhenne, S. 49 (51, Fn. 10).

973 In Betracht zu ziehen ist insbesondere eine Erweiterung der Schutzrichtung klassischer Grundrechte um eine umweltschützende Dimension. Zu dieser möglichen Konstellation siehe in diesem Kapitel unter D.II.2.a)bb)(3).

974 Bei der Verwendung dieses von der deutschen Verfassungsrechtslehre entwickelten Terminus wird nicht verkannt, dass diese verfassungsrechtliche Normenkategorie angesichts der Heterogenität der mitgliedstaatlichen Verfassungen nicht uneingeschränkt in ihrem dogmatischen Kontext auf andere Verfassungsrechtsordnungen übertragen werden kann. Da ein vergleichbarer Normentyp jedoch als Gemeingut im Verfassungsrecht der Mitgliedstaaten angesehen werden kann und präzisere Bezeichnungen bzw. Übersetzungen meist nicht möglich sind, wird in diesem Verfassungsvergleich auf den Begriff der „Staatszielbestimmung" zur Bezeichnung objektiv-rechtlicher – rechtsverbindlicher – Leitbestimmungen in den jeweiligen Verfassungsdokumenten rekurriert. Soweit dies möglich ist, werden die Unterschiede hinsichtlich der rechtlichen Wirkungsweise und des Schutzumfangs der jeweiligen objektiv-rechtlichen Verfassungsnormen aufgezeigt.

975 So auch THYM, NuR 2000, S. 557 (558). Zur rechtsdogmatischen Einordnung des Umweltschutzartikels der spanischen Verfassung siehe unten ausführlich unter D.II.2.a) bb)(3).

976 Im Folgenden: PortVerf. Anschaulich zum Schutz der Grundrechte in Portugal THOMASHAUSEN, Der Freiheitsbegriff, die Grundrechte und der Grundrechtsschutz in der neuen Portugiesischen Verfassung vom 2. April 1976, EuGRZ 1981, S. 1 ff.

Recht auf eine menschenwürdige, gesunde und ökologisch ausgewogene Umwelt" und gleichzeitig die Verpflichtung zu ihrer Erhaltung statuiert[977].

Neben der Formulierung dieses umfassenden, programmatischen Umweltgrundrechts[978] wird an zwei Stellen in der Verfassung die staatliche Verpflichtung – auch unter Einbeziehung der Bevölkerung – zur Verwirklichung des Umweltschutzziels konstituiert[979].

Aus dem Gesamtzusammenhang der Artt. 12-79 PortVerf, in denen die verschiedensten Grundrechte und -pflichten normiert werden, sowie aus einem Umkehrschluss aus Art. 17 PortVerf ergibt sich jedoch, dass diese Norm dem Bürger keine subjektive Rechtsposition im Sinne eines originären Leistungsrechts verleiht[980]. Das „Recht auf Umweltschutz" wird im portugiesischen Schrifttum als Solidaritätsrecht eingestuft, welches sich nicht in einer Leistungsintervention des Staates oder der Achtung vor dem individuellen Recht erschöpft, sondern ein bestimmtes Verhalten der Gemeinschaft fordert und damit

---

977 Art. 66 Abs. 1 PortVerf: „Jeder hat das Recht auf eine menschenwürdige, gesunde und ökologisch ausgewogene Umwelt, und ist verpflichtet für ihre Erhaltung Sorge zu tragen."

978 BRANDL/BUNGERT, HarvELR 16 (1992), S. 1 (67). Die Umsetzung des Umweltgrundrechts steht nach der allgemeinen portugiesischen Dogmatik sozialer Grundrechte des Kapitel 3 des 1. Teils der Verfassung unter dem Vorbehalt des Möglichen, vgl. hierzu THOMASHAUSEN, Portugal, in: GRABITZ, Grundrechte in Europa und in den USA/ Bd. I, S. 591 (614); DERS., EuGRZ 1981, S. 1 (9, 11); ebenfalls HÄUßLING, Soziale Grundrechte in der portugiesischen Verfassung von 1976, S. 217.

979 Der Schutz von Umwelt und Natur sowie die Erhaltung der natürlichen Ressourcen wurde in Art. 9 lit. e) PortVerf im ersten Kapitel der Verfassung unter dem Titel „Grundsätzliche Aufgaben" als wesentliche Aufgabe des Staates festgeschrieben. Vgl. weiterhin die ausführliche Formulierung in Art. 66 Abs. 2 PortVerf: „Es ist die Aufgabe des Staates, zur Gewährleistung des Rechts auf den Schutz der Umwelt im Rahmen einer nachhaltigen Entwicklung durch geeignete Organe und durch die Appellierung an und die Unterstützung von Initiativen der Bevölkerung (...)". In lit. a)-h) erfolgt eine Auflistung der zu ergreifenden Schutzmaßnahmen.

980 Vgl. HÄUßLING, Soziale Grundrechte in der portugiesischen Verfassung von 1976, S. 215 m.w.N. Im Gegensatz zu vielen anderen mitgliedstaatlichen Verfassungsordnungen sieht das portugiesische Rechtssystem keine Individualverfassungsbeschwerde vor. Vor dem Verfassungsgericht geltend gemacht werden kann jedoch eine Verletzung der in Art. 66 Abs. 2 PortVerf verankerten Staatsaufgabe, wobei zur Einleitung dieses Prüfungsverfahrens neben dem Staatspräsidenten (und ggfs. den Präsidenten der gesetzgebenden Regionalversammlungen) der Ombudsmann für das Rechtswesen befugt ist (Art. 283 Abs. 1 PortVerf). Trotz Fehlens einer unmittelbaren gerichtlichen Einklagbarkeit der Umweltschutzgarantie wird daher eine direkte Repräsentanz der Bevölkerung in Umweltschutzbelangen durch die Institution des Ombudsmannes gewährleistet. Vgl. insgesamt auch BRANDL/BUNGERT, HarvELR 16 (1992), S. 1 (70).

den Bereich von Gegenseitigkeit und Solidarität betrifft[981]. Erwähnt sei in diesem Zusammenhang, dass die portugiesische Verfassung in Art. 52 Abs. 3 lit. a) die Möglichkeit einer Verbandsklage, insbesondere zum Schutz der Lebensqualität und zur Erhaltung der Umwelt sowie des kulturellen Erbes, vorsieht[982].

Festzuhalten ist, dass die grundrechtlich formulierten Gewährleistungen dieser beiden südeuropäischen Verfassungen bei näherer Betrachtung in der Verfassungswirklichkeit durch ihren systematischen Standort und die damit verbundene Justiziabilitätsschwäche deutlich in ihrer individuellen Wirksamkeit relativiert werden, so dass sie in ihrer rechtlichen Funktion Staatszielbestimmungen vergleichbar erscheinen[983].

Aus der Perspektive des Umweltschutzes bemerkenswert – und zugleich Zeugnis der weiterhin hohen Aktualität der Frage nach der höchstmöglichen Effizienz bei der Konstitutionalisierung des Umweltschutzes – ist eine Änderung der griechischen Verfassung im Jahre 2001[984], derzufolge neben der staatlichen Verpflichtung zum Schutz der natürlichen und kulturellen Umwelt nunmehr auch ein Individualrecht auf Umweltschutz statuiert wird[985]. Während bei der früheren, objektiv-rechtlich formulierten Verfassungsnorm bereits umstritten war, ob der Umweltschutzartikel als reine Staatszielbestimmung zu

---

981 Die staatlichen Aufgaben bestehen insbesondere darin: a) die wichtigsten natürlichen Räume zu erhalten (Schaffung von Naturschutzgebieten, Schutz der Flüsse und Seen, Küsten und Inseln), b) eine umweltgerechte Raumordnung zu entwickeln und einen disziplinierten Umgang mit den Ressourcen zu garantieren und c) in den durch Umweltverschmutzung betroffenen Gebieten zu intervenieren. Vgl. insgesamt HÄUßLING, Soziale Grundrechte in der portugiesischen Verfassung von 1976, S. 215 m.w.N.

982 Zu der portugiesischen "actio popularis" ausführlich CARINHAS DE ANDRADE, Access to Justice in Environmental Matters: The Portuguese Actio Popularis – Law and Practice, elni-Review 1/2004, S. 11 ff.

983 In diesem Sinne auch THYM, NuR 2000, S. 557 (558).

984 Siehe dazu CHRYSSOGONOS, Die umfassende griechische Verfassungsänderung von 2001, JöR n.F. 50 (2002), S. 433 ff.

985 Art. 24 Abs. 1 der Verfassung Griechenlands vom 09.06.1975 wurde im Rahmen dieser Verfassungsänderung um eine individualrechtliche Komponente ergänzt: „Der Schutz der natürlichen und kulturellen Umwelt ist Pflicht des Staates *und ein Recht für jeden.* Der Staat ist verpflichtet, besondere vorbeugende und ausgleichende Maßnahmen zu deren Bewahrung im Rahmen des Prinzips der nachhaltigen Entwicklung zu treffen. Das Nähere zum Schutz der Wälder und der bewaldeten Flächen regelt ein Gesetz. Die Zweckentfremdung öffentlicher Wälder und der bewaldeten Flächen ist verboten, es sei denn, deren landwirtschaftliche Nutzung oder eine andere im öffentlichen Interesse liegende Nutzung ist volkswirtschaftlich vorzugswürdig." (Hervorhebung durch die Verfasserin).

qualifizieren sei[986] oder ob auch ein einklagbares Recht des Bürgers gewährt werde[987], wird mit der entsprechenden Verfassungsänderung jedenfalls die subjektiv-rechtliche Komponente des Umweltschutzprinzips anerkannt[988]. Nach wie vor bindet die Staatsaufgabe „Umweltschutz" alle Staatsgewalt und verpflichtet insbesondere den Gesetzgeber zur Ergreifung aller für den Umweltschutz erforderlichen Maßnahmen[989]. Indem die Umwelt verfassungsrechtlich als eigenständiges Rechtsgut geschützt wird, entfaltet der Umweltschutz in seiner verfassungsrechtlichen Dimension auch eine politische Wirkung, da auf diese Weise eine starke Bürgerbeteiligung an umweltschutzrelevanten Verfahren argumentativ unterstützt wird. Welche rechtlichen Auswirkungen die Neuaufnahme des Individualrechts in die griechische Verfassung – neben der wichtigen symbolischen und bewusstseinsprägenden Wirkung für die Bevölkerung – für den Umweltschutz haben wird, wird insbesondere die künftige Rechtsprechungspraxis zeigen.

Ebenfalls im Rahmen der letzten Verfassungsänderungen fand der Umweltschutz in grundrechtlicher Diktion Aufnahme in die belgische Verfassung[990].

Das Recht auf den Schutz einer gesunden Umwelt wird in Art. 23 Abs. 3 Nr. 4 BelgVerf innerhalb der im Rahmen der Gesetze zu gewährleistenden Schutzgehalte des verfassungsmäßigen Rechts auf ein menschenwürdiges Leben konstituiert[991]. Trotz grundrechtlicher Formulierung ist die Verfassungsnorm rechts-

---

986 Entsprechend der europäischen Tradition wurde der Umweltschutz auch in Griechenland in seiner früheren objektiv-rechtlichen Fassung den sozialen Rechten zugeordnet, vgl. ILIOPOULOS-STRANGAS, Grundrechtsschutz in Griechenland, JöR n.F. 32 (1983), S. 395 (411).

987 Von einer Mindermeinung in der griechischen rechtswissenschaftlichen Literatur wurde diese Norm als Grundrecht verstanden, wohingegen die herrschende Auffassung in Rechtsprechung und Lehre den Umweltschutz als objektive Staatspflicht betrachtete, vgl. KLOEPFER/MAST, Umweltrecht des Auslandes, S. 180 m.w.N.

988 Ein selbständiges „echtes" Grundrecht scheint auch aus der Neufassung der Norm jedoch nicht zu folgen, vgl. RENGELING/SZCZEKALLA, Grundrechte in der Europäischen Union, Rdn. 1050 m.w.N.

989 Vgl. KARAKOSTAS, Rechtsmittel zum Schutz der Umwelt im griechischen Recht, NuR 1993, S. 467 (472) m.w.N.; ebenfalls BRANDL/BUNGERT, HarvELR 16 (1992), S. 1 (58 f.).

990 Verfassung des Königreichs Belgiens vom 17.02.1994 (im Folgenden: BelgVerf). Zur Genese und zum Inhalt der Norm SUETENS, Le droit à la protection d´un environnement sain (article 23 de la constitution belge), in: PRIEUR/LAMBRECHT, Les hommes et l´environnement. Etudes en hommage à Alexandre Kiss, S. 489 (491 ff.). Zur umweltrechtlichen Situation in Belgien allgemein BOES, Belgien, in: KIMMINICH/V. LERSNER/STORM, HdUR/ Bd. I, Sp. 223 ff.

991 Art. 23 Abs. 1 i.V.m. 3 Nr. 4 BelgVerf: (1) „Jeder hat das Recht, ein menschenwürdiges Leben zu führen. (2) Zu diesem Zweck gewährleistet das Gesetz, das Dekret oder die in Art. 134 erwähnte Regel unter Berücksichtigung der entsprechenden Verpflichtungen

dogmatisch als Staatszielbestimmung einzuordnen, die dem Gesetzgeber ein diesem Ziel zuwider laufendes Tätigwerden verbietet und gleichzeitig der Judikative und Administrative als Auslegungsmaßstab dienen kann[992].

Höchst interessant ist die aktuelle Entwicklung zur Konstitutionalisierung des Umweltschutzes in Frankreich. In ihrer bis Anfang 2005 geltenden Fassung enthielt die französische Verfassung[993] keine explizit umweltschützende Norm[994], auch wurde die Anerkennung eines Umweltgrundrechts in der Judikatur traditionell abgelehnt[995]. Nach jahrzehntelanger rechtspolitischer Debatte über die verfassungsrechtliche Verankerung des Umweltschutzes in Form eines Umweltgrundrechts oder einer Staatszielbestimmung wurde im Juni 2004 im Rahmen einer Verfassungsänderung eine Umweltschutz-Charta über die Präambel der Verfassung vom 4. Oktober 1958 in die französische Verfassung inkorporiert[996]. In Art. 1 der „Charte de l'Environnement" wird ein allgemeines Individualrecht

---

die wirtschaftlichen, sozialen und kulturellen Rechte und bestimmt die Bedingungen für ihre Ausübung. (3) Diese Rechte umfassen insbesondere: (...) 4. Das Recht auf den Schutz einer gesunden Umwelt. (...)".

992 Vgl. SUETENS, in: PRIEUR/LAMBRECHT, Les hommes et l'environnement. Etudes en hommage à Alexandre Kiss, S. 489 (496), auch unter Hinweis auf KISS, RUDH 1990, S. 454 (448). Nichtsdestotrotz hebt SUETENS die Bedeutung der offensichtlichen Verbindung zwischen der Individualberechtigung und der Staatsaufgabe hervor, vgl. DERS., ebd., S. 489 (495). Zum Nutzen einer einklagbaren verfassungsrechtlichen Gewährleistung im belgischen Recht bereits DERS., EPL 10 (1983), S. 137 (138 f.). Vgl. Insgesamt zur früheren Entwicklung des belgischen Umweltrechts JADOT, La réforme de l'Etat belge et les difficultés d'avènement d'un droit de l'environnement, RJE 1987, S. 305 ff.

993 Maßgeblich ist zunächst die Präambel der Verfassung der V. Republik vom 4. Oktober 1958, welche auf die *Déclaration des droits de l'homme et du citoyen* von 1789 und die Präambel der Verfassung der Vierten Republik vom 27. Oktober 1946 verweist und damit die dort genannten Grundrechte mit einbezieht. Letztgenannte Präambel greift zudem auf gesetzlich festgelegte Rechtsprinzipien zurück, weiterhin sind richterrechtlich entwickelte Rechtsprinzipien mit Grundrechtsgehalt von Relevanz. Anschaulich zu den Rechtsquellen der französischen Grundrechte PHILIP, La protection des droits fondamentaux en France, JöR n.F. 38 (1989), S. 119 (121 ff.).

994 S.a. KROMAREK, Frankreich, in: KIMMINICH/V. LERSNER/STORM, HdUR/ Bd. I, Sp. 773 (774).

995 Vgl. die entsprechenden Rechtsprechungsnachweise bei RUFFERT, Subjektive Rechte im Umweltrecht der Europäischen Gemeinschaft, S. 34 (Fn. 110 f.). Kritisch und ablehnend zu der von Teilen der französischsprachigen Literatur vertretenen Auffassung, die Artikel 1 und 2 des französischen Naturschutzgesetzes (loi n° 76-629 du 10 juillet 1976 relative à la protection de la nature) enthielten Anhaltspunkte für ein Umweltgrundrecht, UNTERMAIER, Droit de l'homme à l'environnement et libertés publiques, RJE 1978, S. 329 (346 f.).

996 Ausführlich hierzu in diesem Kapitel unter D.II.2.a)bb)(2).

auf ein Leben in einer gesunden Umwelt statuiert[997], welches in Art. 7 der Charta um ein prozedurales Umweltgrundrecht ergänzt wird. Ebenfalls festgeschrieben ist die zu diesem Recht korrespondierende Verpflichtung des Individuums zur Erhaltung und Verbesserung der Umweltqualität[998]. Trotz grundrechtlicher Formulierung ist jedoch anzunehmen, dass insbesondere auch die Artt. 1 und 7 der *Charte de l'Environnement* eine primär objektiv-rechtliche Wirkung in der Form von Gesetzgebungsaufträgen entfalten werden[999].

In der Republik Ungarn genießt das Umweltschutzprinzip bereits angesichts dessen zweifacher Erwähnung in der Verfassung einen hohen konstitutionellen Rang: Neben einem unter dem Titel „Allgemeine Bestimmungen" in Art. 18 der Ungarischen Verfassung[1000] formulierten Umweltgrundrecht[1001], wird der Umweltschutz in Art. 70/D UVerf für die Verwirklichung des Gesundheitsschutzes instrumentalisiert[1002]. Trotz grundrechtlicher Formulierung des Art. 18 UVerf stellt die Norm in der Verfassungswirklichkeit – explizit bestätigt durch ein Urteil des Ungarischen Verfassungsgerichts[1003] – in erster Linie einen Gesetzgebungsauftrag sowie einen staatlichen Schutzauftrag zur Schaffung institutioneller Garantien dar und erscheint insofern einer Staatszielbestimmung vergleichbar[1004].

---

[997] Art. 1 Charte de l'environnement: „Chacun a le droit de vivre dans un environnement équilibré et respectueux de la santé."

[998] Art. 2 Charte de l'environnement: „Toute personne a le devoir de prendre part à la préservation et à l'amélioration de l'environnement."

[999] Dazu ausführlich in diesem Kapitel unter D.II.2.bb)(2).

[1000] Ungarische Verfassung vom 20.08.1949, angenommen durch das Gesetz XX von 1949 (im Folgenden: UVerf).

[1001] Art. 18 UVerf: „Die Republik Ungarn anerkennt und verwirklicht das Recht eines jeden auf eine gesunde Umwelt."

[1002] Art. 70/D UVerf: „(1) Diejenigen, die auf dem Territorium der Republik Ungarn leben, haben das Recht zu körperlicher und geistiger Gesundheit auf höchstmöglichem Niveau. (2) Dieses Recht realisiert die Republik Ungarn durch die Organisation des Arbeitsschutzes, der Gesundheitseinrichtungen und ärztliche Betreuung, durch die Sicherung eines regelmäßigen Körpertrainings sowie durch den Schutz der bebauten und natürlichen Umwelt."

[1003] Im Jahre 1994 stellte das UVerfG fest, dass das Umweltgrundrecht keine einklagbare Individualrechtsposition vermittle, sondern vielmehr ein Recht *sui generis*, vergleichbar den sogenannten Menschenrechten der dritten Generation, enthalte, vgl. UVerfGE Nr. 28/1994 (V.20.), Rdn. III/2 der Urteilsbegründung.

[1004] Zur rechtsdogmatischen Einordnung des Umweltschutzartikels der ungarischen Verfassung ausführlich oben unter D.II.2.a)bb)(4). S.a. FODOR/ORTH, Umweltschutz in der ungarischen Verfassung, Osteuropa-Recht 1/2005, S. 1 (2 ff.).

In der slowenischen Verfassung wird ein Individualrecht auf gesunde Umwelt „im Einklang mit dem Gesetz" formuliert und die Rolle des Staates für die Verwirklichung des Umweltschutzes hervorgehoben[1005]. Eine umfassende und fortschrittliche Regelung des Umweltschutzes ist in der slowakischen Verfassung erfolgt, deren Art. 44 unter dem Titel „Grundfreiheiten und -rechte" sowohl ein Individualgrundrecht, eine Verpflichtung des Individuums zum Umweltschutz sowie einen entsprechenden staatlichen Auftrag enthält[1006], weiterhin wurde in Art. 45 ein explizites Umweltinformationsgrundrecht statuiert[1007]. Erwähnenswert ist zudem, dass der Umweltschutz als explizite Schranke des Eigentumsgrundrechts aufgeführt wird[1008].

Eine Kombination aus Individualrecht und staatlicher Verpflichtung zum Schutz der Umwelt – unter Hervorhebung des Aspekts der Bereitstellung von Umweltinformationen – ist in der lettischen Verfassung unter dem Titel „Grundrechte" verankert[1009]. Konzeptionell sehr ähnlich ist die in § 20 der finnischen Verfassung vom 11. Juni 1999 unter dem Titel „Grundrechte" gewählte Regelung, die die gemeinsame Verantwortung von Staat und Individuum für den

---

1005 Unter dem Titel „Wirtschaftliche und soziale Verhältnisse" statuiert Art. 72 der slowenischen Verfassung: „(1) Jedermann hat in Einklang mit dem Gesetz das Recht auf eine gesunde Umwelt. (2) Der Staat sorgt für eine gesunde Umwelt. Zu diesem Zweck werden durch Gesetz die Voraussetzungen und die Art und Weise der Ausübung wirtschaftlicher und anderer Tätigkeiten festgelegt. (3) Durch Gesetz wird festgelegt, unter welchen Voraussetzungen und in welchem Umfang ein Verursacher von Umweltschäden diese Schäden ersetzen muss. Der Tierschutz wird durch Gesetz geregelt." Vgl. auch Art. 73 SlowenVerf: „(1) Jedermann hat die Pflicht, im Einklang mit dem Gesetz Naturdenkmäler und -seltenheiten sowie Kulturdenkmäler zu schützen. (2) Der Staat und die lokalen Gemeinschaften sorgen für die Erhaltung des Natur- und Kulturerbes."

1006 Art. 44 der slowakischen Verfassung vom 03.09.1999 statuiert: „(1) Jeder hat das Recht auf günstige Umweltbedingungen. (2) Jeder ist verpflichtet, die Umwelt und das kulturelle Erbe zu schützen und zu fördern. (3) Niemand darf über das durch das Gesetz bestimmte Maß hinaus Umwelt, Naturschätze und Kulturdenkmäler gefährden oder beschädigen. (4) Der Staat achtet auf die schonende Nutzung der Naturschätze, auf das ökologische Geleichgewicht und einen wirkungsvollen Umweltschutz und er sorgt für den Schutz festgelegter Arten von wildwachsenden Pflanzen und wildlebenden Tieren. (5) Einzelheiten der Rechte und Pflichten nach den Absätzen 1 bis 4 werden durch Gesetz bestimmt."

1007 Art. 45 SlowakVerf: „Jeder hat das Recht auf rechtzeitige und vollständige Information über den Zustand der Umwelt und über Ursachen und Folgen dieses Zustandes."

1008 Vgl. Art. 20 Abs. 3 S. 2 SlowakVerf: „Die Ausübung des Eigentums darf die menschliche Gesundheit, die Natur, kulturelle Denkmäler und die Umwelt nicht über das gesetzlich bestimmte Maß beeinträchtigen."

1009 Art. 115 der Verfassung der Republik Lettland vom 15.02.1922: „Der Staat schützt das Recht eines jeden, in einer intakten Umwelt zu leben, indem er Umweltdaten bereitstellt und den Umweltschutz fördert."

Schutz der Umwelt betont und gleichzeitig als Staatsaufgabe festlegt, dass der Staat danach streben solle, „für alle das Recht auf eine gesunde Umwelt zu sichern“[1010]. Weiterhin verankert ist die Aufforderung an den Staat „Möglichkeiten zur Einflussnahme auf die Beschlussfassung in Angelegenheiten, die die natürliche Umwelt betreffen, zu schaffen“. Die als staatlicher Schutz- und Handlungsauftrag zu qualifizierende Norm kann jedoch einzig bei einer „verfassungsfreundlichen Auslegung“ einfacher Gesetze berücksichtigt werden[1011].

Zusammenfassend sei festgehalten, dass die grundrechtlich formulierten Umweltschutzartikel der bisher untersuchten mitgliedstaatlichen Verfassungsordnungen trotz variierender Rechtsverbindlichkeit und systembedingt unterschiedlicher Durchsetzbarkeitsmechanismen in der Verfassungswirklichkeit kein einklagbares Individualrecht im Sinne eines effektiven Abwehr- und Leistungsanspruchs gegenüber dem Staat verleihen[1012]. Im Hinblick auf Inhalt und Reichweite der teilweise noch recht jungen, grundrechtlichen Umweltschutzgewährleistungen der neuen osteuropäischen Mitgliedstaaten, Griechenlands sowie Frankreichs werden die Rechtsprechungsentwicklung und Rechtsanwendungspraxis mit großer Aufmerksamkeit zu verfolgen sein.

Ebenfalls in zehn mitgliedstaatlichen Verfassungen ist der Schutz der Umwelt als staatliche Zielbestimmung konstitutionalisiert. So fiel in der Bundesrepublik Deutschland – nach einer langjährigen verfassungspolitischen Diskussion über die Verankerung eines Umweltgrundrechts[1013] – im Jahre 1994 durch Einfügung des Art. 20 a GG[1014] die Entscheidung für eine objektiv-rechtliche

---

[1010] § 20 FinnVerf: „(1) Die Verantwortung für die Natur und ihre Vielfalt, die Umwelt und das kulturelle Erbe wird von allen getragen. (2) Die öffentliche Gewalt hat danach zu streben, für jeden das Recht auf eine gesunde Umwelt und die Möglichkeit, seine Lebensumgebung betreffende Beschlussfassung zu beeinflussen, zu sichern.“

[1011] Vgl. MARTIN, The 1996 fundamental rights reform in Finland, in: POHJOLAINEN, Constitutionalism in Finland, S. 32 (zitiert nach THYM, NuR 2000, S. 560).

[1012] In der rechtlichen Schwäche der normierten Umweltgrundrechte kann eine Bestätigung des – als europäische Tradition anzusehenden – Vorrechts der Legislative, über das Maß an Umweltschutz weitgehend autonom zu entscheiden, gesehen werden, vgl. THYM, NuR 2000, S. 557 (560).

[1013] Vgl. hierzu STEIGER, Mensch und Umwelt – Zur Einführung eines Umweltgrundrechts, Beiträge zur Umweltgestaltung/ Bd. A 32 (1975). Zusammenfassend RUFFERT, Subjektive Rechte im Umweltrecht der Europäischen Gemeinschaft, S. 31 ff. Zu weiteren Nachweisen siehe auch in diesem Kapitel unter D.II.2.a)bb)(1).

[1014] Art. 20 a GG: „Der Staat schützt auch in Verantwortung für die künftigen Generationen die natürlichen Lebensgrundlagen und die Tiere im Rahmen der verfassungsmäßigen Ordnung durch die Gesetzgebung und nach Maßgabe von Gesetz und Recht durch die voll-

Ausgestaltung des Umweltschutzes in Form einer Staatszielbestimmung[1015]. Grundrechtliche Gehalte des Umweltschutzes werden in der Bundesrepublik demnach durch umweltschützende Teilgewährleistungen traditioneller Grundrechte verwirklicht[1016]. Ähnlich stellt sich die Situation in Österreich dar, wo dem Umweltschutz infolge der objektiv-rechtlichen Norm des § 1 Abs. 1 des österreichischen Bundesverfassungsgesetzes von 1984 Verfassungsrang zukommt[1017]. Die österreichische Staatslehre sieht hierin eine Staatszielbestimmung[1018], welche rechtliche Bedeutung primär bei der Auslegung einfacher Gesetze[1019] oder der Begrenzung von Grundrechten erlangt[1020]. Die verfassungsrechtliche Verankerung des Umweltschutzes wird als Auftrag an alle staatlichen Institutionen angesehen, Maßnahmen zugunsten des Umweltschutzes zu ergreifen bzw. Umweltbeeinträchtigungen zu unterlassen, und ist damit sowohl für die Gesetzgebung als auch für den Gesetzesvollzug bedeutsam. In interpretatorischen Zweifelsfällen erwächst für die Verwaltung die Verpflichtung, „in dubio pro natura" zu entscheiden[1021]. Nach der Gesetzesbegründung soll die verfas-

---

ziehende Gewalt und die Rechtsprechung". Nach der Rechtsprechung des BVerfG zur rechtlichen Determinationskraft von Staatszielbestimmungen steht dem Parlament generell ein weiter Entscheidungsspielraum bei deren Umsetzung zu, jedoch kann sich in Ausnahmefällen dieser Spielraum zu einer verfassungsrechtlichen Handlungs- oder Unterlassenspflicht konkretisieren, vgl. THYM, NuR 2000, S. 557 (558).

1015 Zu den Rechtswirkungen der Staatszielbestimmung des Art. 20 a GG ausführlich in diesem Kapitel unter D.II.2.a)bb)(1).

1016 Vgl. auch RUFFERT, Subjektive Rechte im Umweltrecht der Europäischen Gemeinschaft, S. 33 f. Ausführlich zur konstitutionellen Absicherung des Umweltschutzes im Grundgesetz in diesem Kapitel unter D.II.2.a.bb)(1).

1017 § 1 Abs. 1 Bundesverfassungsgesetz über den umfassenden Umweltschutz vom 27.11.1984 (öst. BGBl. 1984 Nr. 491), welches formell nicht Teil der österreichischen Bundesverfassung ist, materiell jedoch Verfassungsrang besitzt: „Die Republik Österreich (...) bekennt sich zum umfassenden Umweltschutz." § 1 Abs. 2 Umwelt-BVG bestimmt das Staatsziel näher: „Umfassender Umweltschutz ist die Bewahrung der natürlichen Umwelt als Lebensgrundlage des Menschen vor schädlichen Einwirkungen. Der umfassende Umweltschutz besteht insbesondere aus den Maßnahmen zur Reinhaltung der Luft, des Wassers und des Bodens sowie der Vermeidung von Störungen durch Lärm."

1018 Differenzierend hierzu HATTENBERGER, Umweltschutz als Staatsaufgabe, S. 148 ff.; weiterhin ausführlich MARKO, Der Umweltschutz als Staatsziel, ÖJZ 1986, S. 289 (290 ff).

1019 KIND, Umweltschutz durch Verfassungsrecht, S. 85.

1020 Vgl. die Entscheidung des Österreichischen Verfassungsgerichtshofes VfGHSlg. 13.102/1992. Zum Erlass eines bestimmten Umweltschutzgesetzes ist der Gesetzgeber nicht verpflichtet, vgl. THYM, NuR 2000, S. 557 m.w.N.

1021 Dies wurde durch den Verfassungsgerichtshof bestätigt (VfGHSlg. 11.990/1989) und gilt gleichsam für die Judikative.

sungsrechtliche Verankerung des Umweltschutzes den bestehenden Katalog der Grundrechte nicht erweitern[1022], jedoch soll die Aufnahme eines Umweltgrundrechts Gegenstand einer allgemeinen Reform des Grundrechtskataloges sein[1023].

In Art. 21 der Niederländischen Verfassung vom 17.02.1983 findet sich eine objektiv-rechtlich formulierte Verankerung des Umweltschutzes, wonach der Staat für den Schutz und die Verbesserung der Umwelt Sorge zu tragen hat[1024]. Die Besonderheit dieser Norm liegt darin, dass sie dem Grundrechtsteil zugeordnet ist, wodurch eine Grundrechtsqualität und ein dementsprechend subjektivrechtlicher Gehalt indiziert wird[1025]. Trotz ihres verfassungssystematischen Standorts verleiht die Umweltschutznorm dem Bürger kein subjektives Recht, sondern fungiert als soziales Grundrecht vielmehr als „objektives Prinzip der Verfassungsordnung" und als „wertentscheidende Grundsatznorm"[1026], die jedoch nicht justiziabel ist[1027]. Nach der Terminologie des deutschen Verfassungsrechts ist auch dieses „Umweltschutzgrundrecht" rechtsdogmatisch als Staatszielbestimmung einzuordnen[1028].

1022 Vgl. BRANDL/BUNGERT, HarvELR 16 (1992), S. 1 (49) mit den entsprechenden Nachweisen.

1023 Vgl. ERMACORA, Report on individual constitutional rights to environmental protection in Austria, Internet-Publikation der Avosetta Group/2001, S. 1.

1024 Art. 21 NiederlVerf: „Die Sorge des Staates und der anderen öffentlich-rechtlichen Körperschaften gilt der Bewohnbarkeit des Landes sowie dem Schutz und der Verbesserung der Umwelt."

1025 In diesem Sinne nimmt VERSCHUUREN an, dass es sich bei dem Umweltschutzartikel aufgrund seiner systematischen Verortung nicht um eine bloße „Staatszielbestimmung" nach dem Verständnis des deutschen Verfassungsrechts handeln könne, vgl. DERS., The Constitutional Right to Protection of the Environment in the Netherlands, AJPIL 46 (1993), S. 67 (69). Auch KROMAREK, Quel droit à l'environnement? Historique et développements, in: DIES., Environnement et droits de l'homme, S. 113 (122), spricht insofern von einer Anerkennung des Rechts auf Umweltschutz in Form eines sozialen *Rechts*.

1026 SIMONS, Bestand und Bedeutung der Grundrechte in den Niederlanden, EuGRZ 1978, S. 450 (454 ff.); ebenfalls BRANDL/BUNGERT, HarvELR (16) 1992, S. 1 (57) m.w.N.

1027 Vgl. MEINERS, Niederlande, in: KIMMINICH/V. LERSNER/STORM, HdUR/ Bd. II, Sp. 55 (vermutlich aufgrund eines Redaktionsversehens findet sich dieser Länderbeitrag nur in der Erstauflage von 1988, Anm. der Verfasserin). MINCKE, Einführung in das niederländische Recht, S. 25; VERSCHUUREN, AJPIL 46 (1993), S. 67 (insbes. 72 ff). Insbesondere ist die Norm nicht justiziabel, da das Verfassungssystem der Niederlande die Normenkontrolle nicht kennt (vgl. Art. 120 der niederländischen Verfassung: „Der Richter beurteilt nicht die Verfassungsmäßigkeit von Gesetzen und Verträgen.").

1028 Vgl. MEINERS, Niederlande, in: KIMMINICH/V. LERSNER/STORM, HdUR/ Bd. II, Sp. 56; THYM, NuR 2000, S. 557 (558). Zur Neustrukturierung des niederländischen Umweltrechts VERSCHUUREN, Restructuring Environmental Legislation in the Netherlands, elni-Review 2/2004, S. 34 ff.

Die schwedische Verfassung[1029] enthält im ersten Kapitel über die „Grundprinzipen der Staatsform“ die dem Grundrechtskatalog vorangestellte allgemeine Bestimmung des Art. 2 Abs. 3, wonach die staatlichen Institutionen eine nachhaltige Entwicklung im Hinblick auf eine „gute Umwelt für gegenwärtige und zukünftige Generationen fördern sollen“[1030]. Die Formulierung und auch die systematische Stellung der Norm legen nahe, dass es sich hierbei um eine Staatszielbestimmung handelt, die keine unmittelbar individuellen Schutzgehalte vermittelt[1031].

In den übrigen neuen osteuropäischen Mitgliedstaaten ist das Umweltschutzprinzip objektiv-rechtlich ausgestaltet und kann ebenfalls der Normenkategorie der Staatszielbestimmungen zugeordnet werden. So hat der Umweltschutz als grundlegende Gewährleistung im ersten Kapitel der tschechischen Verfassung einen objektiv-rechtlichen Niederschlag gefunden, wo in Artikel 7 ein Berücksichtigungsgebot und ein Schutzauftrag zugunsten der natürlichen Ressourcen und der Natur statuiert werden[1032]. Der hohe konstitutionelle Rang des Umweltschutzes kommt auch in der estnischen Verfassung[1033] zum Ausdruck, in deren erstem Kapitel „Allgemeine Bestimmungen“ in § 5 die ökonomische Nutzung der natürlichen Ressourcen angeordnet wird und in § 53 unter dem Titel „Fundamental Rights, Freedoms and Duties“ die Pflicht jedes Individuums zur Erhaltung der Umwelt und zur Kompensation von Umweltschäden festgeschrieben ist[1034]. Die objektiv-rechtliche Regelung des § 5 EstnVerf erlangt als Staatszielbestimmung vorrangig für den Gesetzgeber Bedeutung, ist jedoch auch für die Exekutive im Rahmen der Abwägung sowohl bei Planungs-

---

1029 Die schwedische Verfassung setzt sich aus vier Teilen zusammen, wobei der Terminus „Verfassung” das Grundlagendokument "Instrument of Government“ bezeichnet.

1030 Die englische offizielle Fassung des Art. 2 Abs. 3 SchwedVerf lautet: „The public institutions shall promote sustainable development leading to a good environment for present and future generations”.

1031 Kritisch zur umweltrechtlichen Situation in Schweden – insbesondere aus verfassungsrechtlicher Perspektive HYDÉN/GILLBERG, Environmental Protection as a Fundamental Right in Sweden, Internet-Publikation der Avosetta Group/2001, S. 1 ff.

1032 Art. 7 der Verfassung der Tschechischen Republik vom 16.12.1992: „Der Staat achtet auf die rücksichtsvolle Nutzung der natürlichen Ressourcen und auf den Schutz der Naturschätze.“

1033 Estnische Verfassung vom 28. Juni 1992 (RT I 1992 Nr. 26, Art. 349), im Folgenden: EstnVerf.

1034 Vgl. § 5 EstnVerf: „The natural wealth and resources of Estonia are national riches which shall be used economically“ sowie § 53 EstnVerf: "Everyone has a duty to preserve the human and natural environment and to compensate for damage caused to the environment by him or her. The procedure for compensation shall be provided by law."

als auch bei Individualentscheidungen verbindlich[1035]. Ebenfalls eine staatliche sowie eine individuelle Verpflichtung ist in der litauischen Verfassung festgeschrieben[1036]; zusätzlich wird die Bedeutung des staatlichen Schutzauftrags in einer selbständigen Verfassungsbestimmung hervorgehoben[1037].

Konträr zu den jüngsten Verfassungsentwicklungen in Frankreich und Griechenland wurde bei einer Änderung der Polnischen Verfassung im Jahre 1997 bewusst auf das bisherige Umweltgrundrecht des Art. 74 Abs. 1 a.F.[1038] verzichtet. Ersetzt wurde es durch eine umfassende, objektiv-rechtlich formulierte Verpflichtung der öffentlichen Gewalt zum Schutz der Umwelt in Art. 74 Abs. 2 PolnVerf n.F.[1039], weiterhin wurde in Art. 74 Abs. 3 PolnVerf ein Umweltinformationsrecht statuiert[1040].

Vergleichsweise zurückhaltend erscheint die konstitutionelle Verankerung des Umweltschutzprinzips in Italien, wo Art. 9 Abs. 2 ItalVerf den Staat zum Schutz der Landschaft und des historischen und künstlerischen Erbes verpflich-

---

1035 Vgl. SCHMIDT, Grundlagen des Umweltrechts in Estland, in: GEISTLINGER, Umweltrecht in Mittel- und Osteuropa im internationalen und europäischen Kontext, Osteuropaforschung/ Bd. 46, S. 467 (469).

1036 Vgl. Art. 53 Abs. 3 LitVerf: „Der Staat und jedermann ist verpflichtet, die Umwelt vor schädlichen Einflüssen zu bewahren."

1037 Art. 54 LitVerf: (1) Der Staat sorgt für den Schutz der natürlichen Umwelt, ihrer Fauna und Flora, einzelner Naturdenkmäler und Gebiete von besonderem Wert, und wacht darüber, dass die natürlichen Ressourcen sparsam verwandt, wiederhergestellt und vergrößert werden. (2) Die Zerstörung von Land und Boden, die Verschmutzung von Wasser und Luft, Umweltverschlechterung als Folge einer radioaktiven Einwirkung und die Abnahme von Fauna und Flora wird durch Gesetz untersagt."

1038 Jedoch bestand auch hinsichtlich des Schutzumfangs dieser individualrechtlich formulierten Gewährleistung keine Einigkeit, vgl. KROMAREK, in: DIES., Environnement et droits de l'homme, S. 113 (137).

1039 Auch in Art. 5 der Polnischen Verfassung wurde der Umweltschutz unter Hervorhebung des Grundsatzes der nachhaltigen Entwicklung als Staatsziel statuiert. Vgl. hierzu und zum polnischen Umweltschutzrecht insgesamt HALADYJ, Umweltrecht in Polen – unter besonderer Berücksichtigung des Grundsatzes der nachhaltigen Entwicklung, NuR 2004, S. 292 (295); weiterhin WASILEWSKI, Umweltschutz im polnischen Rechtssystem, NuR 1998, S. 291.

1040 Art. 74 der Verfassung der Republik Polen vom 02.04.1997 (im Folgenden: PolnVerf) normiert in Kapitel II (Abschnitt: Ökonomische, soziale und kulturelle Freiheiten und Rechte): „1. Die öffentliche Gewalt verfolgt eine Politik, die der gegenwärtigen und den kommenden Generationen ökologische Sicherheit gewährleistet. 2. Der Umweltschutz ist die Pflicht der öffentlichen Gewalt. 3. Jedermann hat das Recht auf Information über Zustand und Schutz der Umwelt. 4. Die öffentliche Gewalt unterstützt die Tätigkeit der Staatsangehörigen zum Schutz und zur Verbesserung der Umwelt."

tet[1041]. Hervorzuheben ist, dass die sogenannte Landschaftsschutzklausel heute nicht mehr als rein bewahrend im Sinne eines Naturdenkmalschutzes verstanden wird, sondern im Sinne eines umfassenden Umweltschutzes[1042]. Aus der Sicht des Umweltverfassungsrechts relevant sind weiterhin die Artt. 2 (Garantien der unverletzlichen Rechte des Menschen), 32 (Gesundheitsschutz), 41 (Gebot der Sozialverträglichkeit der Wirtschaftsfreiheit), 44 (Gebot der rationellen Bodenbewirtschaftung im Agrarbereich), aus denen umweltschützende Verfassungsprinzipien sowie entsprechende individualschützende Teilgewährleistungen hergeleitet werden[1043]. Vor diesem konstitutionellen Hintergrund etablierte das Italienische Verfassungsgericht in seiner Judikatur den Umweltschutz als fundamentales Prinzip, nach welchem das gesetzgeberische und sonstige staatliche Handeln auszurichten ist[1044]. Als in den grundlegenden Garantien der Artt. 113, 97 und 3 ItalVerf enthalten gelten das Recht auf umweltrelevante Information sowie ein entsprechendes Partizipationsrecht[1045]. Deutlich an den Wortlaut der italienischen Verfassungsnorm angelehnt ist die maltesische Regelung, welche

---

1041 Art. 9 Abs. 2 ItalVerf: „Die Republik fördert die kulturelle Entwicklung sowie die wissenschaftliche und technische Forschung. Sie schützt die Landschaft und das historische und künstlerische Erbe der Nation."

1042 RIZ/HAPPACHER BREZINKA, Grundzüge des Italienischen Verfassungsrechts, S. 38. Erwähnenswert ist weiterhin, dass in zwei Entscheidungen des Corte di Cassazione vom 09.03.1979 (Nr. 1463) sowie vom 06.10.1979 (Nr. 5172) ein zivilrechtliches subjektives Recht auf eine intakte Umwelt anerkannt wurde. Siehe dazu auch HARTWIG, Landesbericht Italien, in: Frowein, Die Kontrolldichte bei der gerichtlichen Überprüfung von Handlungen der Verwaltung, S. 59 (73).

1043 Der Italienische Verfassungsgerichtshof hat die gemeinschaftsrechtlich anerkannten umweltschützenden Prinzipien übernommen, insbesondere auch das Prinzip des „sustainable development", das „polluter-pays-principle", das „precautionary principle" sowie den Grundsatz des präventiven Umweltschutzes, vgl. GRASSI, Seminar of the European Group of Environmental Law, Internet-Publikation der Avosetta Group/2001, S. 1 (4).

1044 Vgl. den Bericht zur verfassungrechtlichen Verankerung des Umweltschutzes in Italien GRASSI, Seminar of the European Group of Environmental Law, Internet-Publikation der Avosetta Group/2001, S. 3 f. Interessant in diesem Zusammenhang ist auch, dass das italienische Rechtssystem beim Zugang zu Gericht für den Bürger zwischen „subjektiven Rechten" (unmittelbare und explizit gesetzlich verankerte Rechtspositionen) und „legitimen Interessen" (gesetzlich nur indirekt geschützte Rechtspositionen) unterscheidet und die Beachtung eines legitimen Interesses sowohl im Hinblick auf die Verletzung umweltschützender Vorschriften als auch im Hinblick auf den Erlass notwendiger Umweltschutzbestimmungen eingefordert werden kann, vgl. GRASSI, ebd., S. 1 (5). Zur italienischen Umweltpolitik siehe auch die Darstellung von POSTIGLIONE, La politique italienne en matière de l'environnement, FS Burhenne, S. 209 ff.

1045 Vgl. GRASSI, Seminar of the European Group of Environmental Law, Internet-Publikation der Avosetta Group/2001, S. 1 (6).

den Schutz der Landschaft und des historischen und künstlerischen Erbes als Staatspflicht ausweist[1046].

Da in England keine geschriebene Verfassung und demzufolge auch kein schriftlich fixierter Grundrechtskatalog existiert[1047], ist der Umweltschutz auch nicht in Form eines Grundrechts bzw. einer entsprechenden Staatszielbestimmung normiert[1048]. Auch die irische Verfassung kennt kein explizites Individualrecht[1049], jedoch werden sektorale umweltschützende Rechtspositionen anerkannt[1050]. In der Verfassung des neuen EU-Mitglieds Zypern ist der Umweltschutz (bislang) ebenfalls nicht verfassungsrechtlich verankert.

Den Verfassungen Luxemburgs und Dänemarks[1051] ist gemeinsam, dass sie selten an neue Entwicklungstendenzen angepasst werden, jedoch kann von dem Fehlen einer konstitutionellen Umweltschutzgarantie nicht auf eine fehlende An-

---

1046 Art. 9 MaltVerf: „Der Staat schützt die Landschaft und das historische und künstlerische Erbe der Nation."

1047 Siehe dazu STARCK, Eine Verfassung für das Vereinigte Königreich?, AöR 119 (1994), S. 627.

1048 Umfassend zum umweltrechtlichen Individualschutz in Großbritannien WAITE, Constitutional Rights to the Environment in the United Kingdom, RJE 1994, S. 353 ff. (Der Verfasser stellt im Hinblick auf den insofern irreführenden Titel einleitend fest, dass eine unmittelbar konstitutionelle Absicherung des Umweltschutzes naturgemäß nicht gegeben sein kann.) Zum einfachgesetzlichen britischen Umweltrecht siehe ferner KLOEPFER/MAST, Umweltrecht des Auslandes, S. 114 ff. Kritisch zur Umsetzung der Umweltinformationsrichtlinie in Großbritannien und in Deutschland aufgrund einer rechtsvergleichenden und empirischen Studie KIMBER/EKARDT, Zugang zu Umweltinformationen in Großbritannien und Deutschland, NuR 1999, S. 262 ff.

1049 Die in der irischen Verfassung vom 29.12.1937 („Bunreacht na hÉireann") positivierten Rechte werden nach der *doctrine of unenumerated rights* durch bestimmte ungeschriebene Rechte, denen ebenfalls Verfassungsrang zukommt, ergänzt. Siehe zur Verfassungssystematik BYRNE/MCCUTCHEON, The Irish Legal System, S. 550 ff.

1050 Vgl. auch KROMAREK, in: DIES., Environnement et droits de l'homme, S. 113 (127 f.). Ein mittelbarer Schutz wird zudem durch die Grundrechte als Abwehrrechte garantiert. So wird z.B. wird der Schutz des Lebens und der Person nach Art. 40 Abs. 3 der Irischen Verfassung auf Beeinträchtigung der körperlichen Integrität durch Umwelteinflüsse ausgedehnt, vgl. THYM, NuR 2000, S. 557 (561, Fn. 76).

1051 Aufgrund des höchst komplexen Änderungsverfahrens gemäß § 88 der Dänischen Verfassung ist entweder eine Auflösung des Folketing (Parlament) mit anschließender Neuwahl oder eine Volksabstimmung erforderlich, dazu THYM, NuR 2000, S. 557 (559) Vgl. zur einfachgesetzlichen Regelung des Umweltschutzes in Dänemark KLOEPFER/MAST, Umweltrecht des Auslandes, S. 129 ff.

erkennung des Umweltschutzprinzips geschlossen werden[1052], vielmehr werden in diesen Staaten umweltschützende Teilgewährleistungen der Grundrechte fruchtbar gemacht.

Die Gesamtschau über die Konstitutionalisierung des Umweltschutzes in den Mitgliedstaaten zeigt, dass die rechtliche Konzeption als Staatsziel – entweder aufgrund expliziter objektiv-rechtlicher Diktion oder bei grundrechtlicher Formulierung aufgrund der jeweiligen Verfassungssystematik bzw. -wirklichkeit – zum gegenwärtigen Zeitpunkt vorherrschend ist. Trotz dieses scheinbar eindeutigen Befundes stellt sich die Frage, ob und inwiefern sich die zehn mitgliedstaatlichen Staatzielbestimmungen, die ein „Recht" auf Umweltschutz formulieren, von denjenigen zehn Staatszielbestimmungen unterscheiden, die eine reine Handlungsverpflichtung in Gestalt eines Förder- und Schutzauftrags postulieren. So könnte der individualrechtlichen Formulierung die Intention des Verfassunggebers zu entnehmen sein, dass es ihm durchaus um die subjektiv-rechtliche Ausgestaltung bzw. Flankierung des Umweltschutzes, also um die Schaffung individueller Rechtspositionen ging. Auch wenn diese zwar unmittelbar durch die Verfassungsnorm selbst nicht realisiert werden kann, kann das Umweltschutzziel jedoch durch den Erlass entsprechender Individualrechte auf der Ebene des einfachen Gesetzesrechts verwirklicht werden[1053].

bb) Vertiefte rechtsvergleichende Analyse vier repräsentativer mitgliedstaatlicher Verfassungsordnungen aus der Perspektive des Umweltschutzes

Im Folgenden werden die Verfassungsordnungen Deutschlands, Frankreichs, Spaniens und Ungarns im Hinblick auf die jeweilige verfassungsrechtliche Stellung des Umweltschutzes analysiert, so dass im Anschluss die jeweiligen Ver-

---

[1052] Zur umweltrechtlichen Situation in Luxemburg vgl. BOES, Luxemburg, in: KIMMINICH/V. LERSNER/STORM, HdUR/ Bd. I, Sp. 1384 ff. sowie zum dänischen Umweltrecht PAGH, Dänemark, in: KIMMINICH/V. LERSNER/STORM, HdUR/ Bd. I, Sp. 367 ff. Vgl. weiterhin DERS., Reports on individual constitutional rights to environmental protection – Denmark, Internet-Publikation der Avosetta Group/2001, S. 1 ff. Lesenswert weiterhin LÜCKE, AVR 35 (1997), S. 1 (6 f.), der eine Umweltschutzpflicht im völkerrechtlichen Kontext auch bei Fehlen einer ausdrücklichen Schutzklausel aus dem Wesen des Staates begründet.

[1053] Soll der unterschiedliche Wortlaut der entsprechenden Verfassungsnormen nicht ignoriert werden, erscheint es auch durchaus nachdenkenswert, grundrechtlich formulierten Staatszielbestimmungen einen Subjektivierungsauftrag zuzuerkennen. Siehe zu dieser Erwägung SOMMERMANN, der grundrechtlich formulierte Staatszielbestimmungen jedoch angesichts der Gefahr irreführender Erwartungen über entsprechende Leistungsrechte nicht als wünschenswert erachtet (DERS., Staatsziele, S. 418).

fassungsnormen und dogmatischen Figuren im Wege der Mikrovergleichung[1054] nach der durch den EuGH geprägten Methodik der wertenden Rechtsvergleichung mit dem Ziel des Auffindens der „besten" Lösung[1055] evaluiert werden können[1056]. Zugrundegelegt wird hierbei ein kontextualistischer Ansatz im weiteren Sinn, der die jeweiligen Normen im begrifflichen, systematischen und dogmatischen Zusammenhang des jeweiligen Rechtssystems erörtert, von den Rechtsnormen allein jedoch keinesfalls auf die Verfassungswirklichkeit schließt[1057]. Als Ausprägung des kontextualistischen Ansatzes und als Kern der rechtsvergleichenden Methodik wird dabei die funktionalistische Methode[1058] angewandt, wonach jede zu betrachtende Rechtsnorm oder dogmatische Figur auf ihre Funktion innerhalb des jeweiligen Rechtssystems und für die Lösung des im Rahmen des konkreten Rechtsvergleichs interessierenden Problems – hier einer möglichst effizienten Konstitutionalisierung des Umweltschutzes – zu untersuchen ist[1059].

[1054] Bezieht sich die Rechtsvergleichung auf die Rechtsordnungen in ihrer Gesamtheit, ihre grundlegenden Strukturen oder auf die in den verglichenen Staaten geübte Methodik, spricht man von Makrovergleichung, wendet sie sich einzelen Elementen der Rechtsordnungen zu (Normen, Rechtsinstituten, dogmatischen Figuren oder einzelnen Rechtsproblemen), so wird dies als Mikrovergleichung bezeichnet. Siehe dazu STARCK, Rechtsvergleichung im öffentlichen Recht, JZ 1997, S. 1021 (1026).

[1055] Vgl. Anm. 695.

[1056] Zu den Besonderheiten der Verfassungsauslegung allgemein BULLINGER, Fragen der Auslegung einer Verfassung, JZ 2004, S. 209 ff.

[1057] Von grundlegender Bedeutung ist das Bewusstsein, dass die tatsächliche Absicherung sozialer, kultureller und wirtschftlicher Rechte in den Verfassungsordnungen der Mitgliedstaaten nicht unmittelbar mit ihrer verfassungstextlichen Gewährleistung korreliert. Eine grundrechtlich formulierte, verfassungsrechtliche Gewährleistung des Umweltschutzes bedeutet demnach nicht zwangsläufig einen effektiveren Schutz dieses Verfassungsguts als das Pendant einer objektiv-rechtlichen Verfassungsnorm. Siehe insgesamt MAGIERA, DÖV 2000, S. 1017 (1023).

[1058] Diese Methodik wurde in der Zivilrechtsvergleichung entwickelt, vgl. dazu ZWEIGERT/KÖTZ, Einführung in die Rechtsvergleichung/ Bd. I, § 3 II.

[1059] Der funktionalistische Ansatz steht damit einem Rechtsverständnis nahe, welches den Schwerpunkt von einem „law in the books" zu einem „law in action" verlagert, vgl. dazu SOMMERMANN, DÖV 1999, S. 1017 (1022) m.w.N. Ebenfalls STARCK, JZ 1997, S. 1021 (1028).

(1) Umweltschutz in der Normensystematik des Grundgesetzes

In der Normensystematik des deutschen Verfassungsrechts lassen sich die Verfassungsrechtssätze grob in organisationsrechtliche und in materiell-rechtliche Normen – zu letztgenannten zählen Grundrechte, Gewährleistungen und materiale Ordnungsprinzipien – gliedern[1060]. Eine über diese Zweiteilung hinausgehende Typisierung von Verfassungsrechtssätzen differenziert zwischen Kompetenz-, Kreations-, Verfahrens- und Revisionsnormen[1061], Normativbestimmungen[1062], Grundrechten[1063], Gewährleistungen – insbesondere Instituts- bzw. institutionellen Garantien[1064] –, Staatsstruktur- und Staatszielbestimmungen[1065], Verfassungsaufträgen[1066] sowie sonstigen materiell-rechtlichen und organisationsrechtlichen Normen[1067].

[1060] Differenziert zu den verschiedenen Arten von Verfassungsrechtssätzen STERN, Staatsrecht I, § 4 II, S. 113 ff. (117 ff.).

[1061] Die eng mit den Kompetenznormen verwandten Kreationsnormen sind Rechtssätze, die die Schaffung von Organen normieren. Verfahrensnormen, die das Verfahren der Staatsorgane regeln, sind nur in den wichtigsten Fällen in die Verfassung aufgenommen worden (so z.B. im Hinblick auf die Besetzung der Bundesgerichte), sie finden sich in der Regel in einfachen Gesetzen oder in den Geschäftsordnungen der obersten Staatsorgane. Revisionsnormen sind Rechtsnormen über die Änderung und Ergänzung der Verfassung und damit Verfahrenvorschriften besonderer Art. Vgl. dazu insgesamt STERN, Staatsrecht I, § 4 II 3, S. 118 f.

[1062] Als Normativbestimmungen bezeichnet werden diejenigen Rechtssätze, die Verpflichtungen für die Länder oder Gewährleistungen durch den Bund enthalten (z.B. Art. 28 GG). Vgl. zu dieser Terminologie STERN, Staatsrecht I, § 4 II 3, S. 119.

[1063] Der eigentliche Grundrechtskatalog findet sich in den Artt. 1-19 GG, aber auch an anderen Stellen, z.B. in den Artt. 33 Abs. 1-3, 38 Abs. 1 S. 1, Abs. 2 GG sowie in den Artt. 101 ff. GG, sind grundrechtliche Regelungen verankert.

[1064] Während Grundrechte Einrichtungen garantieren können, sichern reine Gewährleistungsnormen privat- oder öffentlich-rechtliche Einrichtungen, wie die kommunale Selbstverwaltung (Art. 28 Abs. 2 GG), das Berufsbeamtentum (Art. 33 Abs. 5 GG), die Privatschule (Art. 7 Abs. 4) sowie das kirchliche Selbstbestimmungsrecht (Art. 140 GG). Kommen sie auch Rechtsinstituten privatrechtlicher Art zugute, spricht man von Institutsgarantien, gewährleisten sie öffentlich-rechtliche Institutionen, so spricht man von institutionellen Garantien (STERN, Staatsrecht I, § 4 II 3, S. 120).

[1065] Der Begriff der „Staatszielbestimmung" geht zurück auf HANS PETER IPSEN, der mit diesem Terminus das in Art. 20 Abs. 1 und Art. 28 Abs. 1 GG enthaltene grundgesetzliche Bekenntnis zum sozialen Rechtsstaat umschrieb, vgl. DERS., Über das Grundgesetz, 1950, S. 14 ff. Ihre offizielle Anerkennung als eigenständige Normenkategorie erfuhren Staatszielbestimmungen durch den 1983 veröffentlichten Bericht der Sachverständigenkommission „Staatszielbestimmungen/Gesetzgebungsaufträge", welche zwischen „objektiv-rechtlichen Verfassungsnormen mit Bindungswirkung für den Gesetzgeber" und Verfassungsnormen, „aus denen unmittelbar individuelle Rechte Einzelner abgeleitet werden können", differen-

Im Gegensatz zu den übrigen Verfassungsrechtssätzen zeichnen sich die Grundrechte dadurch aus, dass sie dem Individuum subjektive Rechte gewähren – sei es auf Unterlassung eines Eingriffs in eine bestimmte Rechts- oder Freiheitsposition, auf Teilhabe an der politischen Willensbildung, auf Gewährung von Leistungen durch den Staat oder auch auf Gewährleistung bestimmter privatrechtlicher Einrichtungen oder gewisser Wertentscheidungen[1068] –, die im Wege der Verfassungsbeschwerde geltend gemacht werden können. Gleichzeitig kommt den Grundrechten eine objektiv-rechtliche Funktion zu, indem sie das verfassungsrechtliche Fundament einer objektiven Werteordnung bilden[1069].

Hinsichtlich der Verankerung sozialer Rechte sei angemerkt, dass nach der historischen Erfahrung der „Uneinlösbarkeit" der Sozialrechtsartikel der Weimarer Reichsverfassung der Parlamentarische Rat von einer verfassungsrechtlichen Regelung der Wirtschafts- und Sozialrechtsordnung und damit auch von der Normierung sozialer Grundrechte[1070] bis auf einige wenige Ausnahmen absah[1071]. Auch in Anbetracht des zunächst nur als provisorisch erachteten Charakters des Grundgesetzes wollte sich der Parlamentarische Rat auf die Konstituierung eines – nach den Worten CARLO SCHMIDS – möglichst „klaren und wirksamen Katalogs von Individualrechten"[1072] beschränken, so dass der Grundrechtsteil des Grundgesetzes durch einen „nüchternen Geist" geprägt ist, „der auf klare politische Entscheidung und juristische Durchsetzbarkeit" abzielt[1073].

---

zierte (vgl. DER BUNDESMINISTER DES INNERN/ DER BUNDESMINISTER DER JUSTIZ, Staatszielbestimmungen/Gesetzgebungsaufträge. Bericht der Sachverständigenkommission, 1983, S. 19 ff.). Als maßgebliches Abgrenzungskriterium zwischen Staatszielbestimmung und Staatszweck ist der höhere Konkretisierungsgrad erstgenannter anzusehen, siehe CALLIESS, Rechtsstaat und Umweltstaat, S. 104 m.w.N.

1066 Verfassungsaufträge erteilen meist legislative Aufträge unterschiedlicher Verpflichtungsintensität. Als strenger legislativer Auftrag ist die Herstellung der Gleichberechtigung von Mann und Frau gemäß Art. 3 Abs. 2 GG zu nennen, vgl. BVerfGE 3, 255 ff.

1067 Vgl. STERN, Staatsrecht I, § 4 II, S. 113 ff. (118 ff.).

1068 Zu den Funktionen der Grundrechte umfassend STERN, Staatsrecht III 1/2.

1069 So stellte das BVerfG in dem grundlegenden *Lüth*-Urteil fest, dass das Grundgesetz „in seinem Grundrechtsabschnitt auch eine objektive Werteordnung (...)" aufgestellt habe, vgl. BVerfGE 7, 198 (205).

1070 Ausführlich WEBER, Die verfassungsrechtlichen Grenzen sozialstaatlicher Forderungen, Der Staat 4 (1965), S. 409 (412 ff.).

1071 Eine Ausnahme stellen einige eher marginale Regelungen dar, z.B. die Garantie des Mutterschutzes (Art. 6 Abs. 4 GG) und der Gesetzgebungsauftrag zur Gleichstellung unehelicher Kinder (Art. 6 Abs. 5 GG).

1072 Zitiert nach MURSWIEK, in: ISENSEE/KIRCHHOF, HbStR V, § 112, Rdn. 46 (Fn. 105).

1073 ISENSEE, Verfassung ohne soziale Grundrechte, Der Staat 19 (1980), S. 367 ff. (370).

Die Entscheidung gegen die Normierung sozialer Grundrechte als einklagbare subjektive Rechtspositionen erfolgte vor dem Hintergrund, dass soziale Leistungsverbürgungen nicht in derselben Weise wie Freiheitsrechte gewährleistet werden können und dass ihre Verankerung in der Verfassung stets dem Risiko des Scheiterns in und an der Realität ausgesetzt bleibt[1074]. Der Verzicht auf eine explizite Normierung sozialer (Grund)Rechte im Grundgesetz ist jedoch keinesfalls als Absage an die ihnen zugrunde liegende Idee zu sehen[1075], diese wird vielmehr in erster Linie durch das Sozialstaatsprinzip sowie durch spezifische soziale Staatszielbestimmungen verwirklicht[1076].

Auch das Umweltschutzprinzip wurde nach einer seit den siebziger Jahren geführten, umfassenden rechtspolitischen Debatte über die Einführung eines Umweltgrundrechts[1077] im Jahre 1994 in Art. 20 a GG[1078] als Staatszielbestimmung verankert[1079] und ist nach dem Grundsatz der Einheit der Verfassung[1080]

[1074] Vgl. MURSWIEK, in: ISENSEE/KIRCHHOF, HbStR V, § 112, Rdn. 48.

[1075] Neben einer grundrechtlichen Ausgestaltung besteht die Möglichkeit der Verwirklichung sozialer Grundrechte in Gestalt von Programmsätzen, Einrichtungsgarantien, Leitprinzipien, Staatszielbestimmungen oder Verfassungs- bzw. Gesetzgebungsaufträgen, vgl. dazu LÜCKE, Soziale Grundrechte als Staatszielbestimmungen und Gesetzgebungsaufträge, AöR 107 (1982), S. 15 (17 ff.).

[1076] Siehe dazu MURSWIEK, in: ISENSEE/KIRCHHOF, HbStR V, § 112, Rdn. 48 m.w.N.

[1077] Dazu im Überblick BOCK, Umweltschutz im Spiegel von Verfassungsrecht und Verfassungspolitik, S. 53 ff.; HEINZ, Staatsziel Umweltschutz in rechtstheoretischer und verfassungsrechtlicher Sicht, NuR 1994, S. 1 ff.; HOFFMANN-RIEM, Vom Staatsziel Umweltschutz zum Gesellschaftsziel Umweltschutz, Die Verwaltung 1995, S. 425 ff.; RUFFERT, Subjektive Rechte im Umweltrecht der Europäischen Gemeinschaft, S. 31 ff.; STEINBERG, Verfassungsrechtlicher Umweltschutz durch Grundrechte und Staatszielbestimmungen, NJW 1996, S. 1985 ff. Aus der frühen Literatur vgl. exemplarisch LÜCKE, Das Grundrecht des einzelnen gegenüber dem Staat auf Umweltschutz, DÖV 1976, S. 289 ff.; MAUS, Individualrecht oder Staatsziel. Zum Grundrecht auf Umweltschutz, JA 1979, S. 287 ff.; SOELL, NuR 1985, S. 205 ff.

[1078] Art. 20 a GG: „Der Staat schützt auch in Verantwortung für die künftigen Generationen die natürlichen Lebensgrundlagen und die Tiere". Die komplizierten Wendungen dieser Vorschrift reflektieren das damalige Ringen in der Verfassungskommission und den Kompromisscharakter der schließlich konsentierten Formulierung (vgl. den Abschlussbericht der Gemeinsamen Verfassungskommission, BT-Drs. 12/6000, S. 65 ff.). Zentrale Streitpunkte waren, ob der Umweltschutz anthropozentrisch verstanden werden müsse und ob das künftige Staatsziel ausschließlich die Legislative binden und ermächtigen solle, vgl. dazu SCHOLZ, in: MAUNZ/DÜRIG, GG, Art. 20 a, Rdn. 22 ff. Der Tierschutz fand 2002 Aufnahme in die Staatszielbestimmung des Art. 20 a GG.

[1079] Gesetz zur Änderung des Grundgesetzes vom 27.10.1994, BGBl. 1994 I, S. 3146. Siehe zur Vorgeschichte der Konstitutionalisierung des Art. 20 a GG HENNEKE, Der Schutz

auf gleicher Ebene mit anderen Verfassungswerten anzusiedeln. Da Staatszielbestimmungen in der innerstaatlichen Rangordnung nach dem Prinzip des Vorrangs der Verfassung auf höchster Stufe stehen, ist einfaches Recht, welches dem implementierbaren Normativgehalt der Staatszielbestimmung zuwider läuft, verfassungswidrig. Im Unterschied zu einem Grundrecht gewähren Staatszielbestimmungen keinen unmittelbaren subjektiven Anspruch des Einzelnen[1081], sondern stellen eine verbindliche objektiv-rechtliche Verpflichtung des Staates, nicht jedoch nur einen lediglich unverbindlichen Programmsatz dar[1082]. Als Besonderheit des Art. 20 a GG sei jedoch herausgestellt, dass die natürlichen Lebensgrundlagen und die Tiere konkrete Schutzobjekte sind und der Staat zur Abwehr von Beeinträchtigungen dieser Schutzobjekte verpflichtet ist, so dass die Struktur der Norm *insofern* eher den Grundrechten als den anderen im Grundgesetz normierten Staatszielen gleicht[1083].

Staatszielbestimmungen fungieren als rechtsverbindliche Leitnormen, die den Staat auf die Verfolgung bzw. Verwirklichung eines bestimmten Ziels festlegen[1084], ohne dabei den Weg oder die Mittel der Zielverwirklichung vorzu-

---

der natürlichen Lebensgrundlagen in Art. 20 a GG. Inhalt und Wirkungen einer Staatszielbestimmung, NuR 1995, S. 325 ff.

[1080] Die grundgesetzlichen Normen bilden ein Wertesystem, innerhalb dessen Konfliktlagen nach der Rechtsprechung des BVerfG nach dem Prinzip der „Einheit der Verfassung" (BVerfGE 19, 206 (220); 28, 243 (261); 33, 23 (29); 44, 37 (49 f.); 52, 223 (246 f.) gelöst werden, so dass eine „Rangordnung" der Verfassungswerte bislang nicht entwickelt worden ist. Vgl. insgesamt SACHS, in: DERS., GG, Vor Art. 1, Rdn. 123. Ein absoluter Vorrang scheint nach der Auffassung des BVerfG nur der Garantie der Menschenwürde zu gebühren, vgl. BVerfGE 75, 369 (380).

[1081] Hinsichtlich der verfassungsrechtlichen Absicherung des Umweltschutzprinzips stellte das BVerwG explizit fest, dass es auf bundesrechtlicher Ebene kein Umweltgrundrecht gebe (BVerwGE 54, 211 (220 f.), s.a. bereits BVerwG, DÖV 1975, S. 605). Auch im Hinblick auf Art. 20 a GG wurden der Norm korrespondierende subjektive Rechte verneint (BVerwG, NVwZ 1998, S. 1080 (1081); BVerwG, UPR 1995, S. 309 (310)).

[1082] Vgl. MURSWIEK, in: SACHS, GG, Art. 20 a, Rdn. 12. Zu der Rechtsqualität von Staatszielbestimmungen ausführlich SOMMERMANN, Staatsziele, S. 326 ff.

[1083] Mit der Feststellung einer strukturellen Grundrechtsähnlichkeit des Art. 20 a GG soll keineswegs eine Grundrechtsträgereigenschaft von Tieren und Natur induziert werden. Siehe ferner BRÖNNEKE, Umweltverfassungsrecht, S. 228 ff., der die grundrechtlichen Kategorien des Schutzbereichs und des staatlichen Eingriffs für die dogmatische Durchdringung des Staatsziels Umweltschutz fruchtbar macht. Vgl. weiterhin DERS., ZUR 1993, S. 153 ff.; ebenfalls MURSWIEK, Staatsziel Umweltschutz (Art. 20 a GG) – Bedeutung für die Rechtssetzung und Rechtsanwendung, NVwZ 1996, S. 222 (224).

[1084] Vgl. die Formulierung der Sachverständigenkommission „Staatsziele/Gesetzgebungsaufträge": „(...) Verfassungsnormen mit rechtlich bindender Wirkung, die der Staatstätigkeit die fortdauernde Beachtung oder Erfüllung bestimmter Aufgaben – sachlich umgeben, vielmehr überlassen sie die Realisierung des Ziels den zuständigen staatlichen Stellen, vor allem dem Gesetzgeber[1085]. Sie weisen insofern auch eine enge strukturelle Verwandtschaft mit den Richtlinien der Europäischen Gemeinschaft auf, welche gemäß Art. 249 Abs. 3 EG für jeden Mitgliedstaat hinsichtlich des zu erreichenden Ziels verbindlich sind, den innerstaatlichen Stellen jedoch die Wahl der Form und Mittel überlassen[1086]. Bei der rechtsverbindlichen Zielvorgabe unter Freistellung der Mittel verpflichten Staatszielbestimmungen unmittelbar zu einem politischen Diskurs und einer Entscheidung[1087] und stellen für alle staatlichen Stellen – normtheoretisch betrachtet – verfassungsrechtliche „Optimierungsgebote" dar[1088].

Staatszielbestimmungen binden grundsätzlich alle Staatsorgane[1089], in Art. 20 a GG werden Legislative, Exekutive und Judikative sogar explizit als Verpflichtungsadressaten in Bezug genommen[1090]. An den Gesetzgeber richten Staatsziel-

---

schriebener Ziele – vorschreiben. Sie umreißen ein bestimmtes Programm der Staatstätigkeit und sind dadurch eine Richtlinie oder Direktive für das staatliche Handeln, auch für die Auslegung von Gesetzen und sonstigen Rechtsvorschriften." (Anm. 1065, S. 21).

1085 Siehe SOMMERMANN, Staatsziele, S. 377, der Staatszielbestimmungen aufgrund dieser Beschränkung auf die Verpflichtung zur Zielverfolgung bzw. -verwirklichung normtheoretisch den „finalprogrammierten Normen" zuordnet.

1086 Der EuGH beschränkte bekanntlich die Rechtswirkung von Richtlinien nicht kategorisch auf die Verbindlichkeit des Ziels, sondern erkannte im Falle einer nicht fristgemäßen Umsetzung der Richtlinie durch die Mitgliedstaaten in Ausnahmefällen eine weitergehende Direktwirkung der Maßnahme an (vgl. z.B. das grundlegende Urteil in der Rechtssache *Becker* (Rs. 8/81, Slg. 1982, I-53, 71, 2. Leitsatz sowie Tz. 29)). Zu einer entsprechenden Praxis des EuGH zur Annahme der Direktwirkung von Richtlinien erweiterte Verbindlichkeit von Staatszielbestimmungen eingehend SOMMERMANN, Staatsziele, S. 378.

1087 In diesem Sinne STERZEL, Staatsziele und soziale Grundrechte. Zur Steuerungsfunktion eines Staatszieles Umwelt und sozialer Grundrechte, ZRP 1993, S. 13 (16).

1088 Vgl. CALLIESS, Rechtsstaat und Umweltstaat, S. 125 f. Ebenfalls SCHULZE-FIELITZ, in: DREIER, GG II, Art. 20 a, Rdn. 23 m.w.N. Auf der Grundlage der von ROBERT ALEXY (Theorie der Grundrechte, S. 71 ff.) herausgearbeiteten Kriterien sind Staatszielbestimmungen der Normkategorie „Prinzipien" – im Unterschied zu „Regeln" – zuzuordnen, bei denen es sich um „Optimierungsgebote" handelt. Siehe dazu auch SOMMERMANN, Staatsziele, S. 413 f.

1089 Indem Art. 20 a GG ein für alle Staatsorgane verbindliches Ziel formuliert, verpflichtet die Norm zur Integration der ökologischen Zielsetzung in alle Politikbereiche. Insofern übernimmt Art. 20 a GG die gleiche Funktion wie die gemeinschaftsrechtliche Querschnittsklausel des Art. 6 EG, s. a. MURSWIEK, in: SACHS, GG, Art. 20 a, Rdn. 57 a.

1090 Diese Präzisierung wird in der deutschen Fachliteratur – insbesondere im Hinblick auf Art. 20 Abs. 3 GG – oft für überflüssig gehalten, da kraft des in dieser Norm konstituierten Rechtsstaatsprinzips alle drei Gewalten per se an die Verfassung bzw. an „Gesetz und Recht" gebunden sind. Siehe auch SCHINK, Umweltschutz als Staatsziel, DÖV 1997, S. 222 (225); ebenfalls KLOEPFER, Umweltschutz als Verfassungsrecht – Zum neuen Art. 20a GG,

bestimmungen in erster Linie einen Gesetzgebungsauftrag[1091], während die Verwaltung Staatszielbestimmungen als Ermessens- und Interpretationskriterien zu berücksichtigen hat[1092]. Die rechtsprechende Gewalt hat Staatszielbestimmungen als Interpretationsdirektive sowohl bei der Auslegung von Verfassungsrecht als auch bei der Auslegung einfachen Rechts zu beachten. Als Leitlinie der Norminterpretation und Normkonkretisierung führt Art. 20 a GG zu einer erhöhten Kontrolldichte für die gesamte Gerichtsbarkeit[1093].

Bei einem Konflikt zwischen einer Staatszielbestimmung und einem Grundrecht in seiner subjektiv-rechtliche Dimension können Staatszielbestimmungen insbesondere im Hinblick auf die Verhältnismäßigkeit der Grundrechtseinschränkung von Bedeutung sein, während sie bei vorbehaltlos gewährten Grundrechten als Grundlage für die gesetzliche Aktualisierung verfassungsimmanenter Schranken dienen können[1094].

Neben dieser unmittelbaren Bindungswirkung von Staatszielbestimmungen kommt auch eine potentielle indirekte Bindungswirkung gegenüber den Staatsorganen in Betracht. Der Begriff „indirekte Bindungswirkung" beschreibt das Phänomen, dass Staatszielbestimmungen ihre Normativkraft über eine – in ihrem Lichte ausgelegte – andere materielle Verfassungsnorm entfalten[1095]. Im

---

DVBl. 1996, S. 73 (75). Nicht verpflichtet werden natürliche und juristische Personen des Privatrechts, soweit sich nicht der Staat dieser Rechtsform bedient. Somit entfaltet Art. 20 a GG keine Drittwirkung. Der Gesetzgeber kann jedoch in Wahrnehmung seines Schutzauftrags umweltbezogene Rechtspflichten für Private begründen und durch eine solche Steuerung die Realisierung der Staatszielbestimmung teilweise der Gesellschaft überantworten, vgl. SOMMERMANN, in: V. MÜNCH/ KUNIG, GGK II, Art. 20 a, Rdn. 7 ff. In diesem Zusammenhang lesenswert FÜHR, Ökologische Grundpflichten als verfassungsrechtliche Dimension, NuR 1998, S. 6 ff. (10).

1091 Je abstrakter ein Ziel gefasst ist, desto stärker dokumentiert der Verfassungsgeber seine Zurückhaltung gegenüber exakten inhaltlichen Festlegungen, desto weniger lässt sich dem Ziel ein subsumtionsfähiger Inhalt entnehmen und desto weiter reicht dementsprechend die gesetzgeberische Einschätzungsprärogative. Siehe dazu ausführlich SOMMERMANN, Staatsziele, S. 383 ff.; weiterhin KLOEPFER, DVBl. 1996, S. 73 (75); KOPPEN/LADEUR, Environmental Rights, in: CASSESE/CLAPHAM/WEILER, Human Rights and the European Community/ Vol. III, S. 1 (21), die ein Staatsziel potentiell auch förderlich für die Verbesserung prozeduraler Rechte des Individuums erachten.

1092 SOMMERMANN, Staatsziele, S. 394; vgl. weiterhin BECKER, Die Berücksichtigung des Staatsziels Umweltschutz beim Gesetzesvollzug, DVBl. 1995, S. 713 ff.

1093 Dazu HENNEKE, Der Schutz der natürlichen Lebensgrundlagen in Art. 20 a GG. Inhalt und Wirkungen einer Staatszielbestimmung, NuR 1995, S. 325 (334 f.).

1094 Vgl. SOMMERMANN, Staatsziele, S. 484. Ausführlich zum Verhältnis des Art. 20 a GG zu anderen Verfassungsnormen DERS., in: V. MÜNCH/KUNIG, GGK II, Art. 20 a, Rdn. 7 ff., 33 ff.

1095 Vgl. SOMMERMANN, Staatsziele, S. 394.

Bereich der sozialen Staatsziele hat sich insbesondere der als einklagbares Grundrecht ausgestaltete allgemeine Gleichheitssatz des Art. 3 Abs. 1 GG in der Verfassungsjudikatur als geeignete Norm erwiesen, um eine Subjektivierung einzelner Elemente der Staatszielbestimmung zu ermöglichen[1096]. Naheliegend erscheint für das Staatsziel Umweltschutz zudem, dass dieses als zusätzliche Begründung für die aus Art. 2 Abs. 2 GG und anderen Grundrechten herzuleitenden Schutzpflichten[1097] herangezogen werden könnte, soweit es um umweltrelevante Gefährdungen geht[1098].

Die effektive Normativkraft von Staatszielbestimmungen ist unmittelbar daran geknüpft, wie konkret bzw. offen die jeweiligen Ziele formuliert sind: Je konkreter ein Staatsziel gefasst ist, desto konzentrierter und intensiver wird die Bindungswirkung[1099] und desto größer wird zugleich das – grundsätzlich eingeschränkte – Justiziabilitätspotential[1100]. Aufgrund der fehlenden subjektivrechtlichen Komponente können Staatszielbestimmungen unmittelbar nur in objektiven Beanstandungsverfahren gerichtlich durchgesetzt werden. Angesichts der Einschätzungsprärogative des Gesetzgebers bei der Konkretisierung des Ziels und der Zielverwirklichung kann ein verfassungswidriger Pflichtverstoß nur bei evidenter Untauglichkeit des gewählten Instruments oder bei offensichtlicher Untätigkeit festgestellt werden (Evidenzkriterium)[1101].

1096 Vgl. z.B. BVerfGE 45, 376 (387); 75, 348 (359 f.) Erinnert sei auch an das Numerus-Clausus-Urteil des Bundesverfassungsgerichts aus dem Jahre 1972, in dem aus Art. 12 Abs. 1 GG i.V.m. Art. 3 Abs. 1 GG sowie dem Sozialstaatsprinzip Teilhaberechte der Bürger auf Zulassung zum Hochschulstudium hergeleitet wurden (BVerfGE 33, 303 (329 ff.). Vgl. dazu insgesamt SOMMERMANN, Staatsziele, S. 394 f., der diesbezüglich auf eine entsprechende Praxis in der spanischen Verfassungsrechtsjudikatur verweist.

1097 Siehe dazu umfassend DIETLEIN, Die Lehre von den grundrechtlichen Schutzpflichten; ebenfalls KLEIN, Die grundrechtliche Schutzpflicht, DVBl. 1994, S. 489 ff. Zum Verhältnis des Schutzgutes Umwelt zu den grundrechtlichen Schutzpflichten siehe MURSWIEK, NVwZ 1996, S. 222 (224).

1098 Hier zeigt sich, dass Staatsziele und Grundrechte – trotz prinzipiell entgegengesetzter Schutzrichtung (staatliches Interventionsrecht vs. individuelles Abwehrrecht gegenüber dem Staat) – durchaus in einem Verhältnis der Komplementarität und der gegenseitigen Verstärkung zueinander stehen können.

1099 Vgl. bereits SOMMERMANN, Staatsziel „Europäische Union" – Zur normativen Reichweite des Art. 23 Abs. 1 S. 1 GG n.F. –, DÖV 1994, S. 596 (601 f.).

1100 Vgl. SOMMERMANN, Staatsziele, S. 398 f.

1101 Denkbar ist somit einerseits die Fallkonstellation, dass eine gesetzliche Regelung dem Staatsziel offensichtlich zuwider läuft (Möglichkeit der Beanstandung im Wege der konkreten Normenkontrolle), oder andererseits die Fallkonstellation der Verfassungswidrigkeit durch Unterlassen, sofern eine Staatszielbestimmung ein gesetzgeberisches Handeln auch bei

Die Implementierung von Staatszielbestimmungen, die aufgrund ihrer materiellen Offenheit auf normative Konkretisierung und Ausgestaltung angewiesen sind, obliegt primär dem Gesetzgeber[1102]. Die Zielverbindlichkeit der Staatszielbestimmungen bedingt *Handlungspflichten des Staates* und macht diese Normenkategorie zu einem dynamischen Steuerungsinstrument des Verfassungsrechts für die gesellschaftliche Entwicklung. Angesichts der begrenzten gerichtlichen Durchsetzbarkeit von Staatszielbestimmungen gewinnen institutionelle und prozedurale Implementationsmechanismen auf Regierungs- und Parlamentsebene besondere Bedeutung[1103], wobei eine Einbeziehung der betroffenen gesellschaftlichen Gruppen in die praktische Zielverwirklichung als äußerst wünschenswert anzusehen ist[1104].

Vor diesem normensystematischen und verfassungsdogmatischen Hintergrund ist nun der Blick auf Inhalt und Umfang der aus Art. 20 a GG resultierenden staatlichen Schutzverpflichtung zu richten. Die Schutzdimension der verfassungsrechtlichen Verpflichtung des Staates wird bereits durch die in Art. 20 a GG gewählte indikativische Formulierung „schützt" deutlich zum Ausdruck gebracht; der Staat übernimmt somit die Funktion eines Treuhänders[1105]. Neben einer positiven staatlichen Handlungsverpflichtung zur Abwehr von Gefahren und Schäden impliziert der Rechtsbegriff des Schutzes der natürlichen Lebensgrundlagen auch eine Pflicht zur Förderung und Verbesserung der Umweltsituation[1106]. Die Handlungspflicht umfasst dabei präventive Umwelt-

---

adequater Würdigung anderer Staatsziele und Verfassungspositionen und unter Berücksichtigung der wirtschaftlichen Leistungsfähigkeit des Staates offensichtlich gebietet. Hierzu weiterführend CALLIESS, Rechtsstaat und Umweltstaat, S. 129.

1102 Dazu SOMMERMANN, Staatsziele, S. 429 f.

1103 So könnte eine möglichst effektive Verwirklichung eines Staatsziels durch eine entsprechende Ressortaufteilung oder die Stärkung der Stellung eines bestimmten Ministers im gouvernementalen Entscheidungsprozess – SOMMERMANN schlägt z.B. einen Zustimmungsvorbehalt des Umweltministers vor (vgl. DERS., Staatsziele, S. 485) – erreicht werden.

1104 Bezogen auf die Staats- *und* Gesellschaftsaufgabe Umweltschutz in diesem Sinne auch CALLIESS, Rechtsstaat und Umweltstaat, S. 118 m.w.N. Eine erhöhte Einbeziehung der Öffentlichkeit in den Implementierungsprozess könnte durch eine Stärkung des Petitionswesens, insbesondere über die Institution eines Ombudsmannes als Vertreter des öffentlichen Interesses, erreicht werden.

1105 CALLIESS, Rechtsstaat und Umweltstaat, S. 118.

1106 Vgl. CALLIESS, Rechtsstaat und Umweltstaat, S. 116; BRÖNNEKE, Umweltverfassungsrecht, S. 241 ff.; MURSWIEK, in: SACHS, GG, Art. 20 a, Rdn. 33, 43. Vgl. dazu ebenfalls SOMMERMANN, in: V. MÜNCH/KUNIG, GGK II, Art. 20 a, Rdn. 11, der auf ein reiches Instrumentarium zur Verwirklichung des Umweltschutzziels verweist.

schutzmaßnahmen[1107], eine aktive Beseitigung bereits eingetretener Schäden sowie die Sicherstellung der Pflege der natürlichen Lebensgrundlagen[1108]. Ebenfalls kann Art. 20 a GG ein – relatives – normatives Verschlechterungsverbot dergestalt entnommen werden, dass der Gesetzgeber den erreichten status quo des Umweltschutzes nicht unterschreiten darf[1109]. Der Schutzauftrag stellt sich vielmehr als Optimierungsgebot dar[1110]. Komplementär zur positiven Handlungspflicht besteht weiterhin die Pflicht zur Unterlassung staatlicher Umweltbeeinträchtigungen (argumentum a maiore ad minus)[1111].

Auch wenn Art. 20 a GG weder dem Individuum noch Umwelt- oder Tierschutzverbänden ein Klagerecht wegen Verletzung der Umwelt- oder Tierschutzpflicht gewährt, können aufgrund anderer subjektiver Rechte bereits bestehende Klagebefugnisse durch Art. 20 a GG um eine umweltschützende Dimension erweitert werden[1112]. Durch die Bezugnahme auf den Schutz künftiger Generationen – als Ausprägung des Grundsatzes der nachhaltigen Entwicklung – konstituiert Art. 20 a GG weiterhin eine besondere rechtsverbindliche Zukunfts- bzw. Langzeitverantwortung zum Schutz der Umwelt[1113].

1107 Infolge der Präventionspflicht hat der Staat durch Gefahrenabwehr, aber auch durch Risikovorsorge unterhalb der Gefahrenschwelle zu gewährleisten, dass alle menschlichen Aktivitäten umweltverträglich gestaltet werden bzw. bei der Gefahr irreversibler Umweltschäden vollkommen vermieden werden, vgl. CALLIESS, Rechtsstaat und Umweltstaat, S. 117 m.w.N.

1108 Vgl. MURSWIEK, in: SACHS, GG, Art. 20 a, Rdn. 33.

1109 Gegebenfalls sind Kompensationsmaßnahmen erforderlich, vgl. MURSWIEK, in: SACHS, GG, Art. 20 a, Rdn. 44; JARASS, in: DERS./PIEROTH, GG, Art. 20 a, Rdn. 10; WAECHTER, NuR 1996, S. 321 (326); vgl. auch SCHULZE-FIELITZ, in: DREIER, GG II, Rdn. 40, 58. EPINEY, in: v. MANGOLDT/KLEIN/STARCK, GG II, Art. 20 a, Rdn. 65 ff. interpretiert das Verschlechterungsverbot des rechtlichen Besitzstandes als ein normatives „ökologisches Rückschrittsverbot“ (Rdn. 68 m.w.N.). Vgl. weiterhin KLOEPFER, DVBl. 1996, S. 73 (80) sowie SCHINK, DÖV 1997, S. 221 (226 f.).

1110 Vgl. HOFFMANN-RIEM, Die Verwaltung 1995, S. 425 (427), der auf die Parallele zum Gemeinschaftsrecht – Ziel des hohen Schutzniveaus in Art. 130 r Abs. 2 EGV – verweist.

1111 MURSWIEK, in: SACHS, GG, Art. 20 a, Rdn. 33 ff.; KLOEPFER, DVBl. 1996, S. 73 (77); BRÖNNEKE, Umweltverfassungsrecht, S. 232 ff., 246 ff.

1112 Da z.B. Grundrechtseingriffe nicht nur grundrechtskonform, sondern in jeder Hinsicht verfassungsmäßig sein müssen, kann ein betroffener Grundrechtsträger die Rechtswidrigkeit eines staatlichen Eingriffs wegen Verletzung der in Art. 20 a GG enthaltenen Gewährleistung gerichtlich geltend machen. Vgl. dazu auch MURSWIEK, in: SACHS, GG, Art. 20 a, Rdn. 74 m.w.N.

1113 Demzufolge ist auf intergenerationelle Gerechtigkeit und eine optimale Ressourcenallokation im Sinne des Nachhaltigkeitsprinzips hinzuwirken, vgl. SOMMERMANN, in: v. MÜNCH/KUNIG, GGK II, Art. 20 a, Rdn. 17 f.; KLOEPFER, DVBl. 1996, S. 73 (78); WAECHTER, NuR 1996, S. 321 (325 f.).

Aufgrund der dargelegten komplexen Rechtswirkungen der Staatszielbestimmung des Art. 20 a GG kann das deutsche Umweltrecht als „verfassungsgeleitet“ gelten[1114]. Auch wenn dem Grundrechtskatalog unmittelbar keine umweltspezifischen Aussagen zu entnehmen sind, wird die verfassungsrechtliche Absicherung des Umweltschutzprinzips weiterhin dadurch verstärkt, dass einige Grundrechte – insbesondere die Artt. 14, 2 Abs. 1 und 2 GG (teilweise in Verbindung mit der Garantie der Menschenwürde in Art. 1 Abs. 1 GG) – im Hinblick auf umweltschützende Teilgewährleistungen fruchtbar gemacht werden können[1115].

Ergänzend zur konstitutionellen Garantie des Umweltschutzes herangezogen werden kann die dogmatische Figur der staatlichen Schutzpflicht, welche im Bereich des Umweltschutzes – seit dem Kalkar-Beschluss des BVerfG im Jahre 1978[1116] – aus dem in Art. 2 Abs. 2 S. 1 GG gewährleisteten Recht auf Leben und körperliche Unversehrtheit hergeleitet wird[1117]. Die grundrechtlichen Schutzpflichten weisen insofern eine strukturelle Parallele zu der Zielbestimmung des Art. 20 a GG auf, als dass sie den staatlichen Organen zwar ein Schutzziel vorgeben, ihnen jedoch einen weiten Einschätzungs- und Wertungsbereich einräumen und ihnen die Wahl der Mittel überlassen. Im Überschneidungsbereich der grundrechtlichen Schutzpflichten und des Schutzauftrags aus Art. 20 a GG kann es zu einer Verdichtung der Handlungspflicht des Gesetzgebers kommen[1118].

1114 Dazu SCHMIDT-PREUß, Die Entwicklung des deutschen Umweltrechts als verfassungsgeleitete Umsetzung der Maßgaben supra- und internationaler Umweltpolitik, JZ 2000, S. 581 (582).

1115 Dazu ausführlich CALLIESS, Rechtsstaat und Umweltstaat, S. 300 ff.; ferner BOCK, Umweltschutz im Spiegel von Verfassungsrecht und Verfassungspolitik, S. 125 ff.

1116 BVerfGE 49, 89 (140 f.).

1117 Zur Erfüllung einer Schutzpflicht sind staatliche Maßnahmen normativer und tatsächlicher Art geboten, die die Erreichung eines adequaten und effektiven Schutzes unter Beachtung des *Untermaßverbotes* gewährleisten (BVerfGE 88, 203 (254) – Hervorhebung durch die Verfasserin). Obwohl sich der Schutzauftrag gemäß Art. 1 Abs. 3 GG an den ganzen Staat richtet, verengt sich die Zuständigkeit innerhalb des Staates aufgrund von Parlamentsvorbehalt und Wesentlichkeitstheorie regelmäßig auf die Legislative – in der Sache geht es demnach regelmäßig um einen Anspruch auf legislatives Handeln. Der gebotene Mindestschutz wird durch das Untermaßverbot festgelegt, welches dann verletzt ist, wenn bislang überhaupt keine geeigneten Maßnahmen getroffen wurden oder falls die Hinnahme der nach geltendem Recht verbleibenden Gefährdung des Schutzgutes bei Abwägung der entgegenstehenden privaten und öffentlichen Interessen unzumutbar erscheint. Auch hier gilt das Evidenzkriterium, vgl. auch SCHMIDT-PREUß, JZ 2000, S. 581 (583) m.w.N.

1118 Vgl. SOMMERMANN, in: V. MÜNCH/KUNIG, GGK II, Art. 20 a, Rdn. 33 ff.

(2) Umweltschutz in der Normensystematik der französischen Verfassung

Sowohl die französische als auch die spanische Verfassungssystematik und -dogmatik dienten als Modell für die typologische Ausgestaltung der sozialen Rechte der Grundrechtecharta[1119]. Für die Bestimmung der Rechtsqualität und der Rechtswirkungen der sozialen Charta-Gewährleistung „Umweltschutz" könnte die – nachfolgend zu skizzierende – französische Grundrechtsdogmatik demnach wichtige Anhaltspunkte liefern. Angesichts der im März 2005 erfolgten Inkorporation der *Charte de l'Environnement* in die französische Verfassung wird auf der Grundlage der Verfassungssystematik und des bisher zur Verfügung stehenden wissenschaftlichen Materials eine Prognose ihrer zukünftigen Bedeutung für den umweltrechtlichen Individualschutz gewagt.

Die französische Verfassung der V. Republik vom 4. Oktober 1958 nimmt in ihrer Präambel auf die *Déclaration des droits de l'homme et du citoyen* sowie auf die Präambel der Verfassung der IV. Republik vom 27. Oktober 1946 Bezug und bekennt sich zu den dort verankerten Menschenrechten und Grundsätzen der nationalen Souveränität[1120]. Durch diesen Verweis wurden die dort dokumentierten Rechte Bestandteil des geltenden positiven Verfassungsrechts[1121].

Konstitutionellen Rang genießen zudem die „durch die Gesetze der Republik anerkannten Grundprinzipien"[1122], deren Geltung in der Präambel der Verfassung von 1946 bekräftigt wird[1123].

[1119] Zur Modellfunktion der spanischen und französischen Grundrechte für die Grundrechtecharta siehe in diesem Kapitel unter D.I.1.a)cc).

[1120] Die Präambel der Verfassung der Französischen Republik vom 4. Oktober 1958 lautet: „Das französische Volk verkündet feierlich seine Verbundenheit mit den Menschenrechten und den Grundsätzen der nationalen Souveränität, wie sie in der Erklärung von 1789 niedergelegt wurden, welche durch die Präambel der Verfassung von 1946 bestätigt und ergänzt wurde. (...)".

[1121] Die Einbeziehung der Präambel in den normativen Teil der Verfassung und die damit einhergehende Anerkennung des Verfassungrangs der Erklärung von 1789 und der Präambel der Verfassung von 1946 erfolgte durch die berühmte Entscheidung des *Conseil Constitutionnel* vom 16.07.1971 (71-44 DC, *liberté d'association*). Zur „valeur constitutionnelle" der Präambel vgl. auch BAUER, Verfassungsgerichtlicher Grundrechtsschutz in Frankreich, S. 102 ff., 108 ff. Die unter dem Einfluss der Aufklärung von VOLTAIRE und MONTESQUIEU entstandene *Déclaration des droits de l'homme et du citoyen* von 1789 besitzt demzufolge noch heute Geltungskraft. Abgesehen von wenigen Kollektivrechten sind in ihr überwiegend individuelle Rechte und Freiheiten verankert, die sehr abstrakt formuliert sind. Nach der damaligen Konzeption genügte zur Garantie der Freiheitsrechte ihre feierliche Proklamation, ohne dass auch wirksame Verfahrensgarantien erforderlich waren.

[1122] Die normativen Inhalte der „principes fondamentaux reconnus par les lois de la République" (P.F.R.L.R.) werden durch die Rechtsprechung des *Conseil Constitutionnel* und des

Sowohl in den Verfassungsdokumenten als auch in der Verfassungsrechtslehre wird innerhalb der Grundrechte[1124] rechtsqualitativ zwischen den klassischen Freiheits- bzw. Grundrechten („Libertés Publiques")[1125] und den sozialen und wirtschaftlichen Grundrechten differenziert[1126]. Infolge der Anerkennung des Verfassungsrangs der Präambel[1127] sind die dort positivierten Grundrechte unmittelbar geltendes Recht, die die gesamte öffentliche Gewalt binden[1128]. Die vor allem in der Deklaration von 1789 konstitutionalisierten *Libertés Publiques* sind primär auf die Abwehr öffentlicher Gewalt gerichtet, gleichzeitig können aus ihnen auch staatliche Schutzpflichten erwachsen[1129]. Von Grundrechten im klassischen Sinne, welche einklagbare subjektive Rechte vermitteln, unterscheiden sich die *Libertés Publiques* jedoch insofern, als dass die Möglichkeit einer unmittelbaren gerichtlichen Geltendmachung nicht besteht: Ein spezielles Verfahren wie die Verfassungsbeschwerde, auf Grund derer der Einzelne die Respektierung der Grundrechte durch die öffentliche Gewalt unmittelbar prüfen lassen kann, ist im System der französischen Verfassungsgerichtsbarkeit nicht vorgesehen[1130]. Der Rechtsschutz gegen Grundrechtsverletzungen wird in Frank-

---

Conseil d'Etat in ihrer Funktion als oberstes Verfassungs- bzw. Verwaltungsgericht herausgearbeitet.

1123 Eine deutsche Übersetzung der Präambel der Verfassung von 1946 findet sich als Anhang zu dem Aufsatz von DEVÈS, Der französische Conseil constitutionnel (Verfassungsrat) und die soziale Republik, DÖV 1989, S. 249 (258).

1124 Anschaulich zu den Rechtsquellen der französischen Grundrechte PHILIP, La protection des droits fondamentaux en France, JöR n.F. 38 (1989), S. 119 (121 ff.).

1125 Die in der französischen Verfassungsrechtslehre etablierte Terminolgie „Libertés Publiques" ist insofern ungenau, als dass sie nicht nur die Freiheits-, sondern auch andere Grundrechte umfasst. Vgl. auch GUIMEZANES, Introduction au droit français, S. 65.

1126 Sowohl die *Libertés Publiques* als auch die – weniger schutzintensiven – sozialen und wirtschaftlichen Grundrechte werden unter dem Oberbegriff „droits fondamentaux" zusammengefasst.

1127 Ein Teil der Lehre folgerte früher aus dem Umstand, dass die Grundrechte nur in der Präambel, nicht jedoch im Verfassungstext selbst enthalten seien, dass ihnen kein Verfassungsrang und damit keine rechtliche Verbindlichkeit zukäme. Siehe dazu auch DEVÈS, DÖV 1989, S. 249 ff.

1128 HÜBNER/CONSTANTINESCO, Einführung in das französische Recht, S. 65.

1129 Vgl. dazu CLASSEN, Die Ableitung von Schutzpflichten des Gesetzgebers aus Freiheitsrechten – ein Vergleich von deutschem und französischem Verfassungsrecht sowie der Europäischen Menschenrechtskonvention, JöR n.F. 36 (1987), S. 29 ff.

1130 Auch die Einführung einer konkreten Normenkontrolle konnte trotz entsprechender Reformbestrebungen im Jahre 1990 bislang nicht durchgesetzt werden. Zur Zuständigkeit des *Conseil Constitutionnel* siehe auch GREWE, Die Grundrechte und ihre richterliche Kontrolle in

reich durch ein komplexes und kompliziertes Zusammenspiel des Verfassungsrats (*Conseil Constitutionnel*), der insbesondere auch die Funktion eines obersten Verfassungsgerichts ausübt, des Staatsrats (*Conseil d'Etat*), der – neben seiner beratenden Funktion – auch das oberste Verwaltungsgericht darstellt, und der ordentlichen Gerichtsbarkeit gewährleistet – dies jedoch auch nicht lückenlos[1131]. Die Garantie der Grundrechte obliegt in erster Linie dem Gesetzgeber, welcher durch seine Legislativbefugnis zu einer „Effektuierung" der Grundrechtsausübung verpflichtet ist[1132]. Äußerst bedeutsam für den Grundrechtsschutz ist die – nach der französischen Rechtsordnung jedoch nur in beschränktem Umfang vorgesehene – Verfassungsmäßigkeitskontrolle legislativer Akte durch den *Conseil Constitutionnel*[1133]. So ist eine wichtige Einschränkung zunächst darin zu sehen, dass Maßnahmen der Exekutive und der Judikative nicht der Prüfungskompetenz des *Conseil Constitutionnel* unterfallen[1134]. Eine Kontrolle der Verfassungsmäßigkeit – insbesondere auch im Hinblick auf die Wahrung der Grundrechte[1135] – findet bei verfassungsergänzenden Gesetzen („Lois organiques") von Amts wegen und bei anderen Parlamentsgesetzen und völkerrechtlichen Verträgen auf Antrag („saisine") im Wege der abstrakt-präventi-

---

Frankreich, EuGRZ 2002, S. 209 (212). Zum Grundrechtsschutz in Frankreich weiterhin kritisch und instruktiv PHILIP, JöR n.F. 38 (1989), S. 119 ff.

[1131] Vgl. HÜBNER/CONSTANTINESCO, Einführung in das französische Recht, S. 68.

[1132] Siehe dazu ARNOLD, JöR n.F. 38 (1989), S. 197 (198) m.w.N. (Hervorhebung im Original).

[1133] Der 1958 geschaffene *Conseil Constitutionnel* stand zunächst im Widerspruch zu der traditionellen Konzeption des französischen Verfassungsrechts, wonach das Parlament als Souverän keiner Kontrolle unterliegen kann (Ablehnung eines „gouvernement des juges"). Daher wurde die Bedeutung des *Conseil Constitutionnel* zunächst darin gesehen, die Anwendungsbereiche von Gesetz und Verordnung abzugrenzen. Erst die Reform von 1974 führte zur Ausweitung der Verfassungsmäßigkeitskontrolle von Gesetzen im Wege der präventiven Normenkontrolle, welche heute die wichtigste Aufgabe des *Conseil Constitutionnel* darstellt. Anschaulich zum historischem Hintergrund der französischen Verfassungsgerichtsbarkeit SPIES, Verfassungsrechtliche Normenkontrolle in Frankreich: der Conseil constitutionnel, NVwZ 1990, S. 1040 ff. Ausführlich zur Entstehung und Entwicklung des *Conseil Constitutionnel* ebenfalls BAUER, Verfassungsgerichtlicher Grundrechtsschutz in Frankreich, S. 46 ff.

[1134] Die Kontrolle der Gesetzmäßigkeit der Verwaltung erfolgt durch den *Conseil d'Etat*.

[1135] Materieller Prüfungsmaßstab des *Conseil Constitutionnel* für die Verfassungsmäßigkeit ist nicht nur der Wortlaut der Verfassung von 1958, sondern auch die in der Präambel der Verfassung von 1946, in der Erklärung der Menschen- und Bürgerrechte von 1789 sowie in den Grundprinzipien der Gesetze der Republik (PFRLR/ Anm. 1122) zum Ausdruck kommenden Verfassungsprinzipien. Die geschriebenen und ungeschriebenen Normen von Verfassungsrang bilden die „Einheit der Verfassung" („bloc de constitutionnalité"). Vgl. auch SONNENBERGER/AUTEXIER, Einführung in das französische Recht, S. 55.

ven[1136] Normenkotrolle statt[1137]. Die Prüfung der Verfassungsmäßigkeit von Gesetzen ist zudem grundsätzlich nur im Zeitraum nach ihrer Verabschiedung und vor ihrer Verkündung – somit nur unter engen zeitlichen Voraussetzungen – und auf Initiative eines eingegrenzten Kreises von Antragsberechtigten zulässig[1138]. Trotz entsprechender Reformbestrebungen zur Ausweitung des Kompetenzen des *Conseil Constitutionnel* in der Vergangenheit[1139] besteht die Möglichkeit einer Verfassungskontrolle bereits verkündeter Gesetze nur dergestalt, dass der Premierminister dem Verfassungsrat ein Parlamentsgesetz vorlegen kann, welches dieser gegebenenfalls „herunterstufen" („déclasser") kann[1140].

Für den Grundrechtsschutz des Individuums äußerst bedeutsam ist jedoch, dass durch eine Reform des verwaltungsgerichtlichen Eilverfahrens im Jahre 2000 ein der Individualverfassungsbeschwerde vergleichbares Verfahren eingeführt wurde. Danach kann jedes Verwaltungsgericht einstweiligen Rechtsschutz gegen exekutivisches Handeln oder Unterlassen gewähren, sofern hierdurch in ein Grundrecht schwer und evident grob rechtswidrig eingegriffen wurde[1141].

Die sozialen und wirtschaftlichen Grundrechte wurden erstmals im Jahre 1946 in die Präambel der Verfassung der Vierten Republik aufgenommen[1142], als die wirtschaftliche und gesellschaftliche Entwicklung die Integrierung sozial-

---

[1136] Das Verfahren ist abstrakt, da der *Conseil Constitutionnel* den jeweiligen Legislativakt nicht nur hinsichtlich der gerügten, sondern umfassend („ultra petita") hinsichtlich aller denkbaren Verfassungsverstöße überprüft.

[1137] Antragsberechtigt sind der Staatspräsident, der Premierminister, die Präsidenten der Nationalversammlung und des Senats sowie mindestens 60 Abgeordnete oder Senatoren. Vgl. auch HÜBNER/CONSTANTINESCO, Einführung in das französische Recht, S. 50, 69.

[1138] Siehe auch FROMONT, Die Verfassungsmäßigkeitskontrolle in Deutschland und Frankreich, DÖV 2003, S. 542 (543). Angesichts der Tatsache, dass der *Conseil Constitutionnel* sich zu einem Zeitpunkt über die Verfassungsmäßigkeit aussprechen muss, zu dem der jeweilige Legislativakt noch keine Anwendung gefunden hat, kann nur eine äußerst abstrakte und – im ungünstigen Fall – spekulative Kontrolle erfolgen, so die Kritik von GREWE, EuGRZ 2002, S. 209 (213).

[1139] Siehe HÜBNER/CONSTANTINESCO, Einführung in das französische Recht, S. 69 m.w.N.

[1140] Diese „Herunterstufung" eröffnet der Regierung die Möglichkeit einer Änderung des Gesetzestextes im Wege der Verordnung.

[1141] Dazu FROMONT, DÖV 2003, S. 542 (545).

[1142] Verankert wurde insbesondere auch das – aus der Perspektive des Umweltschutzes relevante – Recht auf Gesundheitsschutz.

staatlicher Aspekte erforderlich machte[1143]. Im zweiten Absatz der Präambel werden sie etwas „unglücklich“[1144] als „politische, wirtschaftliche und soziale Grundsätze“ bezeichnet, die „in unserer Zeit besonders notwendig sind“[1145]. Die konkreter als die *Libertés Publiques* gefassten sozialen und wirtschaftlichen Rechte führten zu einer Überwindung des abstrakt-individualistischen Grundrechtsverständnisses und gleichzeitig zu einer Relativierung der Freiheitsrechte. Anerkannt wurde neben dem Abwehrrecht nun auch die Konstruktion des positiven Teilhaberechts[1146]. Entsprechend der allgemeinen nationalen und internationalen Praxis wird der – in der Präambel der Verfassung von 1946 noch nicht erwähnte – Schutz der Umwelt im französischen Recht dieser Rechtskategorie zugeordnet.

Die in der Präambel der Verfassung von 1946 verankerten sozialen Rechte stehen als Verfassungsrechtskategorie mit den übrigen Elementen des „bloc de constitutionnalité“[1147] sowohl rechtlich als auch in ihrer praktischen Relevanz auf einer Stufe[1148]. Auch wenn jedenfalls keine formelle Hierarchie zwischen den Rechten von 1789 und 1946 besteht, unterscheidet der *Conseil Constitutionnel* beide Grundrechtskategorien nach ihrer unmittelbaren Geltung bzw. Konkretisierungsbedürftigkeit durch einfaches Gesetzesrecht[1149]. So erkennt der *Conseil Constitutionnel* den sozialen und wirtschaftlichen Grundrechten in der Regel nicht die gleiche Schutzintensität und Wirkkraft wie den *Libertés Publiques* zu[1150]. Die erstgenannten, grundsätzlich nicht unmittelbar anwendba-

---

1143 Die Verfassung von 1946 ist von den Erfahrungen des Totalitarismus geprägt und misst dem Schutz der Arbeiter, der wirtschaftlichen Struktur und der Gesellschaftsordnung einen hohen Stellenwert zu.

1144 BAUER, Verfassungsgerichtlicher Grundrechtsschutz in Frankreich, S. 121, unter Hinweis auf die entsprechende Bewertung durch JEAN GICQUEL (vgl. DERS., Droit constitutionnel, S. 107).

1145 Art. 2 der Präambel der Verfassung von 1946: „[Le peuple français] proclame, en outre, comme particulièrement nécessaires à notre temps, les principes politiques, économiques et sociaux ci-après: (…)“.

1146 Dies entspricht der Entdeckung des „status positivus“ im Sinne der deutschen Grundrechtskonzeption. Vgl. HÜBNER/CONSTANTINESCO, Einführung in das französische Recht, S. 64 m.w.N.

1147 Vgl. Anm. 1135.

1148 Dazu BAUER, Verfassungsrechtlicher Grundrechtsschutz in Frankreich, S. 122 f.

1149 Vgl. GREWE, EuGRZ 2002, S. 209 (210); ebenfalls *Bauer*, Verfassungsgerichtlicher Grundrechtsschutz in Frankreich, S. 217 ff.

1150 DEVÈS bezeichnet die in der Präambel der Verfassung von 1946 statuierten ökonomischen und sozialen Rechte angesichts der oft restriktiven Interpretation dieser Gewährleistungen durch den *Conseil Constitutionnel* als Rechte „zweiten Ranges“, vgl. DERS., DÖV 1989, S. 249 (254 ff.).

ren – und demnach konkretisierungsbedürftigen – Grundrechte der französischen Verfassung fungieren in der Verfassungswirklichkeit als objektiv-rechtliche konstitutionelle Leitsätze[1151] bzw. als Staatszielbestimmungen („objectifs à valeur constitutionnelle")[1152].

Hervorzuheben ist, dass die fehlende Präzision des französischen Grundrechtsbegriffs gleichzeitig zu einer Flexibilität und Dynamik der jeweiligen Grundrechtsnorm führt, durch die aktuelle Bedeutungswandel und Entwicklungen berücksichtigt werden können: Zunächst als konkretisierungsbedürftig eingestufte Gewährleistungen können demnach – insbesondere aufgrund veränderter rechtlicher, politischer und ökonomischer Rahmenbedingungen – durchaus zu einem „echten" Grundrecht aufsteigen[1153].

Die sozialen und wirtschaftlichen Grundrechte, sogenannte „droits-créance"[1154], vermitteln in der Regel keine einklagbaren subjektiven Rechte[1155]. Gleichwohl ist gerade für das Recht auf Gesundheitsschutz anerkannt, dass dieses konstitutionelle Leitprinzip in Verbindung mit anderen anspruchsvermittelnden Verfassungsrechtssätzen eine Subjektivierung erfahren kann[1156]. In ihrer primären Funktion als konstitutionelle Leitsätze sollen die „droits-créance" den Gesetzgeber „inspirieren"[1157] und dem Staat eine positive Handlungspflicht zur Realisierung der in ihnen enthaltenen Gewährleistungen auferlegen[1158]. Zur Umsetzung dieses staatlichen Handlungsauftrages steht dem Gesetzgeber ein

---

1151 MATHIEU/VERPEAUX, Contentieux constitutionnel des droits fondamentaux, S. 641.

1152 GREWE, EuGRZ 2002, S. 209 (210 f.). Ähnlich MATHIEU/VERPEAUX, Contentieux constitutionnel des droits fondamentaux, S. 641.

1153 Eine entsprechende Dynamik grundrechtlicher Gewährleistungen konnte auch in Italien hinsichtlich des Rechtes auf Gesundheitsschutz beobachtet werden, welches der italienische Verfassungsgerichtshof aufgrund seiner aktuellen Bedeutung als unmittelbar anwendbares subjektives Recht qualifizierte. Siehe dazu ingesamt GREWE, EuGRZ 2002, S. 209 (210 f.) m.w.N.

1154 Zu dieser Verfassungsrechtskategorie MATHIEU/VERPEAUX, Contentieux constitutionnel des droits fondamentaux, S. 425 ff. sowie S. 641 ff.

1155 Vgl. BUTT/KÜBERT/SCHULTZ, Soziale Grundrechte in Europa, Arbeitsdokument des EP (SOCI 104 DE), S. 16; ebenfalls SAVOIE, Frankreich, in: GRABITZ, Grundrechte in Europa und in den USA/ Bd. I, S. (226).

1156 Dieses Subjektivierungspotential des Gesundheitsschutzes wird insbesondere durch die Grundrechtsähnlichkeit dieses Verfassungsziels gestützt, welches untrennbar mit der Würde des Menschen und der Garantie der Freiheitsrechte verknüpft ist. Siehe auch MATHIEU/VERPEAUX, Contentieux constitutionnel des droits fondamentaux, S. 653, 655 ff.

1157 DEVES, DÖV 1989, S. 249 (251).

1158 Vgl. CAPITANT, A propos de la protection des droits économiques et sociaux en France. Mélanges en l'honneur de Michel Fromont, S. 127 (132). Siehe ferner BAUER, Verfassungsrechtlicher Grundrechtsschutz in Frankreich, S. 188.

umfassender Ermessensspielraum hinsichtlich der Wahl der Mittel zu, um diese Rechte zu verwirklichen[1159]. Die effektive Überwachung des im Rahmen der sozialen und wirtschaftichen Rechte zu gewährleistenden Schutzniveaus obliegt dem *Conseil Constitutionnel* in seiner Funktion als oberstes Verfassungsgericht[1160], der legislative Maßnahmen, die der Verwirklichung des aufgrund des durch die sozialen und wirtschaftlichen Rechte zu gewährleistenden Schutzes nicht genügen bzw. entgegenstehen, im Wege der präventiven Normenkontrolle für nichtig erklären kann[1161]. Sie sind insofern als – zumindest mittelbar – justiziabel anzusehen. Nicht in letzter Präzision geklärt ist der Grad der Intensität der sich aus den sozialen Rechten ergebenden Handlungspflicht: Denkbar erscheint sowohl eine absolute Bindung an den bestehenden normativen Schutz als auch eine Bindung an einen generellen Mindeststandard. Mangels diesbezüglicher Stellungnahme durch den *Conseil Constitutionnel* wird eine gewisse Flexibilität hinsichtlich einer Reduzierung des Schutzniveaus im Sinne eines *relativen* normativen Verschlechterungsverbots angenommen[1162].

Als weitere wichtigere – wiederum staatszielähnliche – Funktion der „droits-créance" ist die Rechtfertigung der Einschränkung von Freiheitsrechten aufgrund der staatlichen Verpflichtung zum Schutz der sozialen Rechte zu nennen[1163].

Hinsichtlich der – zumeist fehlenden – Vermittlung subjektiver Rechtspositionen durch die französischen Grundrechte sei angemerkt, dass in Frankreich

---

1159 Vgl. CAPITANT, ebd., S. 127 (140) mit entsprechenden Rechtsprechungsnachweisen in Anm. 47 und 48.

1160 Die Qualifizierung des *Conseil Constitutionnel* als Gericht war lange umstritten, ist mittlerweile in der französischen Rechtswissenschaft jedoch allgemein anerkannt. In seiner oben zitierten Grundsatzentscheidung vom 16.07.1971 (vgl. Anm. 1121) erklärte sich der *Conseil Constitutionnel* selbst für die Überprüfung der Vereinbarkeit von Gesetzen mit der Präambel der Verfassung von 1958 und den in ihr in Bezug genommenen Grundrechtsquellen zuständig. Durch die so eingeführte präventive Normenkontrolle von Gesetzen am Maßstab der Grund- und Freiheitsrechte beendete der *Conseil Constitutionnel* die bis zu diesem Zeitpunkt weitgehend bestehende Parlamentssouveränität und leitete eine Entwicklung ein, die ihn zum maßgeblichen Hüter der Freiheitsrechte werden ließ. Siehe dazu auch SONNENBERGER/AUTEXIER, Einführung in das französische Recht, S. 37.

1161 Vgl. CAPITANT, Mélanges en l'honneur de Michel Fromont, S. 127 (140 f.).

1162 Vgl. DERS., ebd., S. 127 (142). Da beide Schutzmaßstäbe in der Praxis jedoch möglicherweise zu weitestgehend identischen Ergebnissen führen, schlägt CAPITANT nicht zuletzt aus Gründen der Vereinfachung einen absoluten Mindestschutzstandard vor.

1163 Vgl. DERS., ebd., S. 127 (143 ff.); ebenfalls BAUER, Verfassungsrechtlicher Grundrechtsschutz in Frankreich, S. 188 m.w.N. Zur Schrankensystematik der französischen Grundrechte ausführlich ARNOLD, JÖR n.F. 38 (1989), S. 197 ff.

nicht nur im Verfassungs-, sondern auch im Verwaltungsrecht der objektiven Rechtskontrolle ein besonderer Stellenwert zukommt. Das französische Verwaltungsrechtssystem ist – im Gegensatz zum deutschen Verwaltungsrechtsschutz – in erster Linie auf eine objektive Rechtskontrolle ausgerichtet[1164]. Die lediglich ein persönliches Interesse („interêt pour agir“)[1165] – und kein subjektives Recht – voraussetzende Klagebefugnis im französischen Verwaltungsrecht stellt demnach eine offene und flexible Lösung dar, die keinesfalls zu einer geringeren Rechtsschutzintensität führt[1166]. Aus der Perspektive des Umweltschutzes erfreulich ist, dass in Frankreich demzufolge ein Klageinteresse der Verbände auch bei altruistischen Verbandsklagen ohne größere Schwierigkeiten bejaht werden kann, wenn der Verbandszweck entsprechend ausgerichtet ist[1167].

Die in Frankreich seit Ende der sechziger Jahre ergebnislos geführte rechtspolitische Diskussion über die Konstitutionalisierung des Umweltschutzes in

---

1164 Von zentraler Bedeutung für den verwaltungsrechtlichen Schutz des Bürgers ist der „recours pour excès de pouvoir“ (Amtsüberschreitungsverfahren), womit in erster Linie die Einhaltung die Beachtung objektiven Rechts überprüft wird. Der Bürger kann durch dieses Verfahren die Aufhebung eines rechtswidrigen „acte administratif“ (umfassender als der dt. Begriff des Verwaltungsakts) erreichen. Dazu ausführlich BERGMANN, Der Schutz der Umwelt im französischen Recht, S. 133 ff. Zur objektiv-rechtlichen Konzeption des Verwaltungsrechtsschutzes in Frankreich als Ausgangspunkt des europäischen Konzepts siehe ferner MASING, Die Mobilisierung des Bürgers zur Durchsetzung des Rechts, S. 196 ff.

1165 Die Rechtsprechung interpretiert das Merkmal des „interêt personnel“ in der Regel sehr extensiv, da der „recours pour excès de pouvoir“ als Mittel der objektiven Rechtskontrolle verstanden wird. Umfassend BERGMANN, Der Schutz der Umwelt im französischen Recht, S. 140 ff.

1166 Vielmehr kann die Anbindung an subjektive Rechte auch als „enges Korsett“ empfunden werden, vgl. WOEHRLING, NVwZ 1998, S. 462 (463). Siehe auch DERS., Rechtsschutz im Umweltrecht in Frankreich, NVwZ 1999, S. 502 ff., der eingangs auf die Systemverschiedenheit des französischen und des deutschen Verwaltungsrechtschutzes (Konzentration auf die Wahrung der objektiven Legalität bzw. Schutz des Allgemeininteresses durch Individualrechtschutz) in Umweltbelangen hinweist und trotz der Vorzüge des französischen Systems – insbesondere aufgrund der Möglichkeit der Verbandsklage durch Umweltverbände – eine vergleichbare Effektivität des Rechtsschutzes feststellt. Zum verwaltungsrechtlichen Schutz bei Umweltbeeinträchtigungen ausführlich BERGMANN, Der Schutz der Umwelt im französischen Recht, S. 95 ff. Weiterhin KLOEPFER/MAST, Zum Umweltrecht in Frankreich, RIW 1992, S. 5 (6, 11), die im Hinblick auf die fehlende verfassungsrechtliche Verankerung auf die unterschiedliche Intensität der normativen Kraft der französischen Verfassung gegenüber dem Grundgesetz hinweisen.

1167 Siehe dazu SOMMERMANN, DÖV 1999, S. 1017 (1020).

Form eines Umweltgrundrechts oder einer Staatszielbestimmung[1168] wurde zum ausgehenden Jahrtausend wiederbelebt[1169]. Nicht zuletzt aufgrund der von dem 1995 auf Initiative des damaligen Umweltministers MICHEL BARNIER erlassenen Gesetz „Loi BARNIER“[1170] ausgehenden Impulse wurde im Jahre 2002 eine Kommission unter der Leitung von YVES COPPENS mit dem Auftrag eingesetzt, eine – später in die Verfassung zu integrierende – „Charte de l'Environnement“ auszuarbeiten. Im Juni 2004 beschlossen die *Assemblée Nationale*[1171] und der *Sénat*[1172] ein verfassungsänderndes Gesetz, mit dem die zehn Artikel umfassende Umweltschutz-Charta über die Präambel der Verfassung vom 4. Oktober 1958 in die französische Verfassung inkorporiert werden konnte. Nach der Zustimmung des als Kongress einberufenen Parlaments zur Verfassungsrevi-

---

[1168] Zu der frühen französischen Diskussion über ein Umweltgrundrecht vgl. UNTERMAIER, RJE 1978, S. 329 ff. (347 ff., 357 ff.). Vgl. auch die Dokumentation der rechtspolitischen Debatte bei PRIEUR, Droit de l'environnement, Rdn. 70 ff., der ein Umweltgrundrecht auch unter dem Gesichtpunkt befürwortet, dass es als Grundlage der Staatshaftung, der zivilrechtlichen Umwelthaftung, einer verstärkten Verpflichtung der Behörden zur Berücksichtigung von Umweltbelangen sowie der Herausbildung des Umweltstrafrechts dienen könne. Anzumerken ist, dass im französischen Umweltrecht – wie in der französischen Rechtswissenschaft allgemein – insgesamt der dogmatischen Konsistenz („doctrine“) eine geringere Bedeutung beigemessen wird, vgl. KLOEPFER/MAST, RIW 1992, S. 6 m.w.N. Angesichts der Diskussion einer verfassungsrechtlichen Verankerung wird darauf hingewiesen, dass in Frankreich eine ohnehin nur unzulängliche Kontrolle verfassungsmäßig garantierter Rechte besteht und die Wirksamkeit eines entsprechenden Rechts die Festsetzung strengerer spezialgesetzlicher Standards voraussetzen würde, vgl. WOEHRLING, Umweltschutz und Umweltrecht in Frankreich, DVBl. 1992, S. 884 (892).

[1169] Anlässlich des 50. Jahrestages der Allgemeinen Erklärung der Menschenrechte erklärte Staatspräsident CHIRAC am 7. Dezember 1998: „Le droit à l'environnement c'est le droit des générations futures à bénéficier des ressources naturelles préservées. C'est la déclinaison, sur un mode nouveau, du droit de tout être humain à la vie, à la liberté et à la sureté.“ Zitiert nach PRIEUR, Droit de l'environnement, Rdn. 71.

[1170] Die „Loi BARNIER“ erweiterte das einfachgesetzliche Umweltrecht insbesondere um ein Individualrecht auf eine gesunde Umwelt. Vgl. Art. 1 der Loi n° 95-101 du 2 février 1995 relative au renforcement de la protection de l'environnement, welcher den Art. L. 200-2 des Code rural (jetzt: Code de l'environnement) abändert. Eingefügt wurde insbesondere die Regelung: „Les lois et règlements organisent le droit de chacun à un environnement sain et contribuent à assurer un équilibre harmonieux entre les zones urbaines et les zones rurales“. Das Gesetz ist abgedruckt in: J.O. n° 29 vom 03.02.1995, S. 1840 ff.

[1171] Texte adopté n° 301 „petite loi“, AN, Constitution du 4 Octobre 1958, Douxième Législature, Session Ordinaire de 2003-2004, 1er juin 2004, Projet de Loi Constitutionelle rélatif à la *Charte de l'Environnement*.

[1172] N° 102, Sénat, Session Ordinaire de 2003-2004, Projet de Loi Constitutionelle relatif à la *Charte de l'Environnement*, adopté le 24 juin 2004.

sion am 1. März 2005 wurde die *Charte de l'environnement* Bestandteil der französischen Verfassung[1173].

Zunächst ist der nun umfassenden und modernen Konstitutionalisierung des Umweltschutzes ein großer symbolischer Wert zuzuerkennen[1174]. Indem die *Charte de l'environnement* die Verantwortung für zukünftige Generationen[1175], den Schutz des Ökosystems und der Artenvielfalt (Biodiversität) in den Bereich der Grundrechte integriert, leistet sie einen wichtigen und innovativen Transfer für das französische Verfassungsrecht. Bemerkenswert ist auch die Art und Weise, in der die Konstitutionalisierung des Umweltschutzes vollzogen wurde: Statt sich mit der Aufnahme einer einzelnen Norm über den Umweltschutz zu begnügen, wurde eine Charta zum Schutz der Umwelt geschaffen, welche in der Präambel „in einem Atemzug" mit der Deklaration von 1789 und der Präambel der IV. Republik – jeweils Verfassungsdokumente von höchster politischer und historischer Bedeutung – genannt wird, mit diesen somit in der Normenhierarchie auf einer Stufe steht[1176]. Die Positionierung des Umweltschutzprinzips an solch exponierter Stelle indiziert, dass der verfassungsändernde Gesetzgeber den Umweltschutz als neue und selbständige Dimension der Grundrechte betrachtet und eine neue Ära des Grundrechtsschutzes einleiten wollte[1177]. Nicht aus der Charta ersichtlich ist, ob und inwieweit sich die in ihr enthaltenen Normen von den anderen in der Präambel in Bezug genommenen Rechten unterscheiden. Ein Indiz für eine jedenfalls enge Verwandtschaft der Charta-Gewährleistungen mit den sozialen Grundrechten der Präambel der Verfassung von 1946 ist darin zu sehen, dass sowohl im Vorfeld der Ausarbeitung der Umweltschutz-Charta als auch im Präambeltext das durch aktuelle gesellschaftliche, wirtschaftliche und technologische Entwicklungen bedingte Anpassungserfordernis der Rechtsordnung durch die jeweils neuen Gewähr-

---

1173 Loi Constitutionnelle n° 2005-205 du 1er mars 2005 relatif à la *Charte de l'environnement* (abgedruckt : J.O. n° 51 vom 02.03.2005, S. 3697). Gemäß Art. 89 Abs. 2 der französischen Verfassung vom 4. Oktober 1958 sind verfassungsändernde Gesetze von beiden Kammern mit gleichem Wortlaut zu verabschieden. Voraussetzung des Inkrafttretens ist gemäß Art. 89 Abs. 3 der Verfassung die sich hieran anschließende Zustimmung per Volksentscheid oder des als Kongress einberufenen Parlaments.

1174 Vgl. auch MATHIEU, La Constitution et l'environnement. Observations sur la portée normative de la Charte de l'environnement, CCC n° 15/2003, S. 1.

1175 Art. 6 Charte de l'environnement: „Les politiques publiques doivent promouvoir un développement durable. A cet effet, elles concilient la protection et la mise en valeur de l'environnement, le développement économique et le progrès social."

1176 Vgl. auch PRIEUR, La Constitution et l'environnement. Vers un droit de l'environnement renouvelé, CCC n° 15/2003, S. 1 (2).

1177 So auch MATHIEU, CCC n° 15/2003, S. 1 (2).

leistungen hervorgehoben wurde[1178]. In der französischen Verfassungsrechtstradition charakterisiert die Formulierung „droits particulièrement nécessaire à notre temps" Gewährleistungen als „droits-créance"[1179], wodurch das allen sozialen Rechten innewohnende dynamische Element, somit auch ihre Entwicklungsoffenheit, zum Ausdruck gebracht wird[1180].

Normative Distinktionen sind bereits in der Charta selbst durch die teils objektiv-rechtliche, teils subjektiv-rechtliche Formulierung der Gewährleistungen erkennbar[1181]. Das in Art. 1 normierte Individualrecht auf ein Leben in einer gesunden Umwelt[1182] weist sowohl durch seinen Wortlaut als auch inhaltlich eine deutliche Nähe zu dem in der Präambel der Verfassung von 1946 festgeschriebenen Recht auf Gesundheitsschutz[1183] auf. Demzufolge liegt eine rechtsqualitative Gleichbehandlung als soziales (Grund)Recht nahe[1184].

Rechtsdogmatisch wäre das „Recht auf Umweltschutz" dann als „droit-créance", also als konstitutionelle Leitnorm bzw. Staatszielbestimmung einzuordnen[1185], die den Gesetzgeber zur Umsetzung der in ihr enthaltenen Gewähr-

---

[1178] Im Rahmen eines von der Kommission COPPENS organisierten Kolloqiums stellte der *Garde des Sceaux* fest, dass es sich bei dem nun konstitutionalisierten Umweltschutz um eine „nouvelle exigence particulièrement nécessaire à notre temps" handele, welche die Gewährleistungen der Präambel der Verfassung von 1946 entsprechend ergänzen könne (zitiert nach MATHIEU, CCC n° 15/2003, S. 1 (2)).

[1179] MATHIEU, CCC n° 15/2003, S. 1 (4). Siehe dazu bereits Anm. 1154.

[1180] In diesem Sinne ist auch die Feststellung von MATHIEU zu sehen, wonach die verfassungsgerichtliche Rechtsprechung zum gegenwärtigen Zeitpunkt aus den „droits-créance" kein subjektives Recht herleitet (vgl. DERS., CCC n° 15/2003, S. 1 (5)).

[1181] Vgl. insbesondere Art. 8 („L´éducation et la formation à l´environnement doivent contribuer à l´exercice des droits et devoirs définis par al présente charte.") sowie Art. 9 („La recherche et l´innovation doivent apporter leur concours à la préservation et à la mise en valeur de l´environnement."), die eindeutig als Zielbestimmungen konzipiert sind.

[1182] Art. 1: „Chacun a le droit de vivre dans un environnement équilibré et respectueux de la santé."

[1183] Siehe Anm. 1156. Vgl. dazu auch BAUER, Verfassungsrechtlicher Grundrechtsschutz in Frankreich, S. 188.

[1184] Interessant ist auch folgende Bewertung von PRIEUR: „Il s´agit d´un droit qui réunit les droits individuels classiques de 1789 et les droits sociaux et collectifs de 1946. Ayant ainsi des titulaires et des débiteurs, à savoir l´Etat et les personnes physiques et morales, ainsi qu´un objet bien défini, le droit de l´homme à l´environnement semble beaucoup plus concret et justiciable que bon nombre de droits et libertés publiques olus anciens mais plus abstraits." (vgl. DERS., La Charte, l´environnement et la Constitution, AJDA n° 8/2003, S. 353).

[1185] In diesem Sinne MATHIEU, La Constitution et l´environnement. Observations sur la portée mormative de la Charte de l´environnement, CCC n° 15/2003 S. 1 (5). Ebenfalls PRIEUR, La Constitution et l´environnement. Vers un droit de l´environnement renouvelé, CCC n° 15/2003, S. 1 (9).

leistungen verpflichtet[1186]. Erwähnt sei in diesem Zusammenhang jedoch, dass die *Assemblée Nationale* in ihrem an die Europäische Union gerichteten „Rapport d'information sur la Charte de l'environnement et le droit européen" vom 21.01.2004 betonte, dass es sich bei dem Individualrecht um ein Drittgenerationenrecht handele, welches zu seiner Effektuierung *nicht* der Umsetzung durch einfaches Recht bedürfe[1187].

Ergänzt wird das allgemeine Individualrecht auf Umweltschutz durch ein prozedurales Recht auf Information und Partizipation in Art. 7 der Charta[1188]. Dieses Verfahrensrecht gilt bereits als größtenteils durch einfaches Gesetzesrecht verwirklicht[1189], wird jedoch – insbesondere in Verbindung mit der Århus-Konvention – eine zusätzliche Stärkung erfahren[1190]. Dem „Recht auf Umweltschutz" korrespondierend wird in Art. 2 der Charta die Pflicht des Einzelnen normiert, auf die Erhaltung und Verbesserung der Umweltqualität hinzuwirken[1191]. Für eine Verletzung dieser Pflicht ist eine straf- oder verwaltungsrechtliche Sanktion indes nicht vorgesehen[1192].

In der verfassungsrechtlichen Literatur wird der *Charte de l'environnement* ein großes Potential, jedoch bislang eine nur geringe unmittelbare rechtliche Wirkkraft zuerkannt[1193]. Einigkeit dürfte dahingehend bestehen, dass jedenfalls

---

1186 Insofern bleibt die rechtliche Konzeption des Umweltschutzes auch nach der Verfassungsänderung im Grunde unverändert. Bereits durch die „loi BARNIER" wurde bestimmt: „Les lois et règlements organisent le droit de chacun à un environnement sain (...)." (vgl. Anm. 1170).

1187 „Rapport d'information sur la Charte de l'environnement et le droit européen" der *Assemblée Nationale* vom 21.01.2004, S. 57 ff. (Document N° 1372, AN – im Internet abrufbar unter http://www.assemblee-ntionale.fr/12/europe/rap-info/i1372.asp).

1188 Art. 7 Charte de l'environnement: „Toute personne a le droit, dans les conditions et les limites définies par la loi, d'accéder aux informations relatives à l'environnement détenues par les autorités publiques et de participer à l'élaboration des décisions publiques ayant une incidence sur l'environnement."

1189 Vgl. dazu DELAUNAY, De la loi du 17 juillet 1978 en matière de l'environnement, AJDA n° 25/2003, S. 1316 ff.

1190 Dazu PRIEUR, La Constitution et l'environnement. Vers un droit de l'environnement renouvelé, CCC n° 15/2003 S. 1 (10) m.w.N. Angemerkt sei jedoch, dass Frankreich wegen unzulässiger Verkürzung des auf Grundlage der Umweltinformationsrichtlinie (RL 90/313/EWG) zu gewährenden Informationsanspruchs noch am 26.06.2003 durch den EuGH verurteilt wurde (Rs. C-233/00, *Kommission / Frankreich*, Slg. 2000, I-6625).

1191 Art. 2 Charte de l'environnement: „Toute personne a le devoir de prendre part à la préservation et à l'amelioration de l'environnement."

1192 Dazu kritisch PRIEUR, Droit de l'environnement, Rdn. 74; DERS., La Constitution et l'environnement. Vers un droit de l'environnement renouvelé, CCC n° 15/2003, S. 1 (8).

1193 So die Einschätzung von MATHIEU, CCC n° 15/2003, S. 1 (2).

das Gewicht des Umweltschutzes als Element des Allgemeininteresses bei der Einschränkung der Grundrechte – insbesondere der unternehmerischen Freiheit – aufgrund des nun expliziten Verfassungsrangs deutlich verstärkt worden ist[1194]. Auch eine Verbesserung des einfachgesetzlichen Umweltschutzes steht zu erwarten[1195]. Prognostiziert wird angesichts der gegenwärtig (noch) bestehenden Rechtsunsicherheit, dass die Bedeutung und die Rechtswirkungen der *Charte de l'Environnement* erst durch die gerichtliche Praxis konturiert und (weiter)-entwickelt werden[1196]. Von großer Bedeutung wird demnach künftig die Überprüfung von Gesetzen hinsichtlich ihrer „Umweltfreundlichkeit" durch den *Conseil Constitutionnel* sein. Der *Conseil Constitutionnel* zog bisher in einer Entscheidung das in Art. 6 der Charta positivierte Prinzip der nachhaltigen Entwicklung als Maßstab bei der Überprüfung der Verfassungsmäßigkeit eines Gesetzes heran[1197]. Vorstellbar ist ferner eine verstärkte Anordnung von Eilmaßnahmen zum Schutz der Umwelt durch die Verwaltungsgerichtsbarkeit[1198].

(3) Umweltschutz in der Normensystematik der spanischen Verfassung

Auch hier sei vorangestellt, dass eine Untersuchung der dogmatischen Strukturen der spanischen Verfassung von besonderem Interesse ist, da aus den *travaux préparatoires* des *Herzog*-Konvents die Modellfunktion spanischer Verfassungsnormen insbesondere für die sozialen Rechte bzw. „Grundsätze" der Charta hervorgeht[1199]. Ein wesentlicher Grund für die Vorbildfunktion der Spanischen Verfassung[1200] sowohl für einige jüngere europäische Verfassungen als

---

1194 Vgl. MATHIEU, ebd., S. 1 (2, 4 f.).

1195 Vgl. PRIEUR, CCC n° 15/2003, S. 1 (11). Ein wichtiger Grund für die Konstitutionalisierung des Rechts auf Umweltschutz ist auch darin zu sehen, dass die einfachgesetzliche „loi Barnier" sich als nicht hinreichend effektiv erwies. Vgl. dazu den für die EU erstellten „Rapport d'information sur la Charte de l'environnement et le droit européen" der *Assemblée Nationale* vom 21.01.2004, S. 23 ff. (Document n° 1372, AN abrufbar unter http://www.assemblee-nationale.fr/12/europe/rap-info/i1372.asp).

1196 Vgl. PRIEUR, Droit de l'environnement, Rdn. 74; *Mathieu*, CCC n° 15/2003, S. 1 (2).

1197 Décision n° 2005-514 DC vom 28.04.2005 (Loi relative à la création du registre international français).

1198 Vgl. PRIEUR, Droit de l'environnement, Rdn. 74.

1199 Siehe dazu bereits oben in diesem Kapitel, D.I.a)cc).

1200 Zur Entstehungsgeschichte vgl. LÓPEZ PINA, Die Entstehung der Verfassung, in: DERS., Spanisches Verfassungsrecht, S. 19 ff.; ebenfalls MERINO-BLANCO, The Spanish Legal System, S. 16 ff. Allgemein zur spanischen Verfassung und ihrer Rezeption des ausländischen – insbesondere auch des deutschen – Verfassungsrechts CRUZ-VILLALÓN, Landesbericht

auch für die *Charta der Grundrechte der Europäischen Union* ist darin zu sehen, dass sie eine schlüssige Verbindung von Normativitätsdistinktion und Ausdifferenzierung des Rechtsschutzsystems aufweist[1201].

Bereits ein Überblick über die spanische Verfassungssystematik zeigt, dass im Grundrechtsteil der Verfassung, der sich aus fünf Kapiteln mit dem Gesamttitel „Die Grundrechte und die Grundpflichten" zusammensetzt, eine Unterteilung in drei Grundrechtskategorien unterschiedlicher Bindungswirkung und Durchsetzbarkeit vorgenommen wurde[1202]. Mit dieser Dreiteilung der grundrechtlichen Gewährleistungen geht ein Grundrechtsschutz abgestufter Intensität einher, so dass insofern von einem „Drei-Klassen-Grundrechtsschutz"[1203] gesprochen werden kann. Diese primär rechtsschutz- und nicht inhaltsbezogene Dreiteilung der Grundrechte ist als Besonderheit des spanischen Verfassungsrechts anzusehen[1204].

Im zweiten Kapitel des Teil I der Verfassung sind die erste Gruppe der Grundrechte unter dem Titel „Grundrechte und öffentliche Freiheiten"[1205] (Artt. 15-29 SpanVerf) sowie die zweite Gruppe „Rechte und Pflichten der Bürger"[1206] (Artt. 30-38 SpanVerf) verankert, während in einem dritten Kapitel die „Leitprinzipien der Sozial- und Wirtschaftspolitik"[1207] (Artt. 39-52 SpanVerf) als dritte Gruppe der Grundrechte konstitutionalisiert sind. Sowohl die Grundrechte der ersten als auch diejenigen der zweiten Gruppe sind als anspruchsvermittelnde, subjektive Rechte konzipiert, jedoch sind die Grundrechte der ersten Kategorie mit verschiedenen verfassungsrechtlichen Schutzvorkehrungen

---

Spanien, in: STARCK, Grundgesetz und deutsche Verfassungsrechtsprechung im Spiegel ausländischer Verfassungsentwicklung, S. 193 (195 ff.).

1201 Vgl. SOMMERMANN, Staatsziele, S. 482.

1202 Vgl. SOMMERMANN, Der Schutz der Grundrechte in Spanien nach der Verfassung von 1978, S. 139 ff. Zwar lässt die Untergliederung des Grundrechtskataloges eine klare Trennung der verschiedenen Grundrechtsarten vermuten, jedoch sind auch in der spanischen Verfassung Überlagerungen, Verschränkungen und Interdependenzen insbesondere zwischen „traditionellen" und sozialen Grundrechten zu verzeichnen.

1203 IBLER, Der Grundrechtsschutz in der spanischen Verfassung am Beispiel des Eigentums, JZ 1999, S. 287 (288).

1204 Angemerkt sei hinsichtlich der sozialen Grundrechte, dass diese keinesfalls ausschließlich der Grundrechtsgruppe der geringsten „Stärke" zugeordnet wurden; auch die klassischen Grundrechte gehören nicht ausnahmslos der am umfassendsten geschützten ersten Gruppe der Grundrechte an. Vgl. insgesamt SOMMERMANN, Der Schutz der Grundrechte in Spanien nach der Verfassung von 1978, S. 142.

1205 Im Spanischen: „De los derechos fundamentales y de las libertades públicas".

1206 Im Spanischen: „De los derechos y deberes de los ciudadanos".

1207 Im Spanischen: „Principos rectores de la política social y económica".

und Privilegien[1208] und der derzufolge größten Wirkkraft ausgestattet. So sind für Verletzungen der Rechte der ersten Gruppe als Rechtsschutzmöglichkeiten nach Maßgabe des Art. 53 Abs. 2 S. 1 SpanVerf sowohl die Verfassungsbeschwerde („recurso de amparo") als auch ein bevorzugtes und beschleunigtes Verfahren vor den ordentlichen Gerichten[1209] vorgesehen. Gemäß Artt. 53 Abs. 1 S. 2 i.V.m. 81 Abs. 1 SpanVerf sind die Rechte dieser Kategorie nur durch sogenannte Organgesetze[1210] einschränkbar, so dass sie bezüglich ihrer Ausgestaltung und Konkretisierung durch einen qualifizierten Gesetzesvorbehalt geschützt sind[1211].

Demgegenüber sind die unter dem Titel „Rechte und Pflichten der Bürger" positivierten Grundrechte der zweiten Gruppe nur im Rahmen allgemeiner verwaltungsgerichtlicher Verfahren, also nicht vor dem Verfassungsgericht, einklagbar[1212]. Weiterhin wird die gemäß Art. 53 Abs. 1 S. 1 SpanVerf angeordnete

---

1208 Neben umfassenden Rechtsschutzmöglichkeiten sind hier das erschwerte Verfassungsänderungsverfahren gemäß Art. 168 SpanVerf, die Wesensgehaltsgarantie sowie die Institution eines „Volksanwaltes" („Defensor del Pueblo") gemäß Art. 54 SpanVerf zu nennen.

1209 Vgl. die Formulierung in Art. 53 Abs. 2 S. 1 SpanVerf: „(...) por un procedimiento basado en los principos de preferencis y sumariedad (...)". Durch das Gesetz Nr. 62/1987 über den gerichtlichen Schutz der Grundrechte der Person („Ley de protección de los derechos fundamentales de la persona" (LPDF), BOE Nr. 3 vom 03.01.1979) wurde das Zivil- und Strafverfahren beschleunigt, weiterhin wurde ein besonderes verwaltungsgerichtliches Verfahren zur Anfechtung von Verwaltungshandlungen geschaffen, die die Grundrechte des Bürgers verletzen. Dazu ausfürhlich MARTÍNEZ SORIA, Die Garantie des Rechtsschutzes gegen die öffentliche Gewalt in Spanien, S. 352 ff.

1210 Organgesetze („Leyes Orgánicas") sind solche Gesetze, die die Verfassung weiterentwickeln und deren Verabschiedung gemäß Art. 81 Abs. 2 SpanVerf eine absolute Mehrheit des Abgeordnetenhauses (Kongresses) erfordert. Vgl. dazu SOMMERMANN, Der Schutz der Grundrechte in Spanien nach der Verfassung von 1978, S. 144, 252 ff.; IBLER, JZ 1999, S. 287 (291).

1211 Zudem ist gemäß Art. 53 Abs. 1 S. 2 SpanVerf der „Wesensgehalt" dieser Grundrechtskategorie besonders zu schützen. Die Garantie des „Wesensgehalts" eines Grundrechts in der spanischen Verfassung gilt als wichtigste Rezeption des Grundgesetzes (Art. 19 Abs. 2 GG) und der deutschen Verfassungsdogmatik, vgl. dazu CRUZ-VILLALÓN, Landesbericht Spanien, in: STARCK, Grundgesetz und deutsche Verfassungsrechtsprechung im Spiegel ausländischer Verfassungsentwicklung, S. 193 (204 f., 220). Ebenfalls LÓPEZ PINA, Die Entstehung der Verfassung, in: DERS., Spanisches Verfassungsrecht, S. 19 ff. (32). Ausführlich zur Wesensgehaltstheorie DE OTTO Y PARDO, Die Regelung der Ausübung der Grundrechte. Die Garantie ihres Wesensgehalts in Art. 53 Abs. 1 der Verfassung, in: LÓPEZ PINA, Spanisches Verfassungsrecht, S. 309 ff.

1212 Vgl. SOMMERMANN, Der Schutz der Grundrechte in Spanien nach der Verfassung von 1978, S. 172 ff. Eine Ausnahme stellt gemäß Art. 53 Abs. 2 S. 2 SpanVerf das Recht auf Wehrdienstverweigerung aus Gewissensgründen gemäß Art. 30 SpanVerf dar, welches im Wege der Verfassungsbeschwerde überprüft werden kann.

unmittelbare Anwendbarkeit der Artt. 30-38 SpanVerf – in der Mehrzahl Institutsgarantien bzw. institutionelle Garantien – durch zahlreiche gesetzgeberische Ausgestaltungsvorbehalte relativiert[1213]. Der abgestufte Rang und die geringere rechtliche Wirkkraft zeigt sich auch darin, dass diese Rechte durch einfache Gesetze[1214] eingeschränkt werden können[1215].

Trotz teilweise subjektiv-rechtlicher Formulierung enthalten die „Leitprinzipien der Sozial- und Wirtschaftspolitik" als dritte Grundrechtskategorie keine unmittelbar einklagbaren subjektiven Rechte[1216]. Angesichts ihrer verfassungssystematischen Stellung unter dem Titel „Grundrechte und Freiheiten", ihrer partiell grundrechtlichen Formulierung und des Umstandes, dass es sich bei diesen Normen keinesfalls nur um rechtlich unverbindliche politische Programmsätze handelt, erscheint die Klassifizierung als grundrechtliche Verbürgungen gerechtfertigt[1217].

Gemäß Art. 53 Abs. 3 S. 1 SpanVerf haben die Legislative, die Judikative und die gesamte öffentliche Gewalt die „Grundrechte" der dritten Gruppe zu beachten[1218]. Diese im Grundrechtsteil der Verfassung konstitutionalisierten *Prin-*

1213 Vgl. SOMMERMANN, Der Schutz der Grundrechte in Spanien nach der Verfassung von 1978, S. 172.

1214 Einfache Gesetze bedürfen nur einer einfachen Mehrheit des Abgeordnetenhauses (Kongresses).

1215 Vgl. Artt. 90 Abs. 2, 79 Abs. 2 S. 1 SpanVerf: „Die Beschlüsse bedürfen (...) der Mehrheit der anwesenden Mitglieder. Dies gilt nicht für die besonderen Mehrheiten, die in der Verfassung vorgesehen sind." Vgl. dazu IBLER, JZ 1999, S. 287 (291).

1216 Vgl. BUTT/KÜBERT/SCHULTZ, Soziale Grundrechte in Europa, Arbeitsdokument des EP (SOCI 104 DE), S. 16. Ebenfalls SOMMERMANN, Der Schutz der Grundrechte in Spanien nach der Verfassung von 1978, S. 185.

1217 Vgl. SOMMERMANN, Der Schutz der Grundrechte in Spanien nach der Verfassung von 1978, S. 182. Aufgrund der demzufolge nicht gewährleisteten Konnexität der Rechtsbegriffe „Grundrecht" und „unmittelbare Einklagbarkeit" wurde im ersten Jahrzehnt der Geltung der Verfassung vorübergehend den – auch als „verfassungsmäßigen Rechten" betitelten – Rechten außerhalb des 1. Abschnitts („Grundrechte und öffentliche Freiheiten") die Qualifikation als Grundrechte verweigert, vgl. insgesamt CRUZ VILLALÓN, Die Bewältigung der Arbeitsbelastung durch das spanische Verfassungsgericht, EuGRZ 2003, S. 154 (155).

1218 Die allgemeine Bindung der Staatsgewalt an die Grundrechte erfolgt über Art. 9 Abs. 1 SpanVerf: „Die Bürger und die Staatsgewalten sind an die Verfassung und die übrige Rechtsordnung gebunden." Im Konstitutionalisierungsprozess wurde auch debattiert, die Formulierung des Pendants des deutschen Verfassungsrechts, Art. 20 Abs. 3 GG, zu übernehmen. Abgelehnt wurde eine wortgleiche Übernahme schließlich mit der Begründung, dass die *Cortes Generales* (Parlament) nicht unterschiedslos an die gesamte Rechtsordnung gebunden sein könnten, sondern nur an die Verfassung. Siehe dazu CRUZ-VILLALÓN, Landesbericht Spanien, in: STARCK, Grundgesetz und deutsche Verfassungsrechtsprechung im Spiegel

zipien schreiben primär Ziele fest, die – auch unter Berücksichtigung der Abhängigkeit ihrer Verwirklichung von der Finanzkraft des Staates – nie als in vollem Umfang verwirklicht angesehen werden können und sich somit als ständige Staatsaufgabe für die Zukunft stellen[1219]. Für den Gesetzgeber enthalten die Verfassungsnormen der dritten Grundrechtskategorie Gesetzgebungsaufträge, insbesondere auch im Hinblick auf die Schaffung klagbarer Individualrechte[1220]. Auch wenn eine verfassungsrechtliche Sanktion bei Untätigkeit des Gesetzgebers – Verfassungswidrigkeit durch Unterlassen – nicht droht und der Legislative bei der Auslegung der Artt. 39 ff. SpanVerf eine weite gesetzgeberische Einschätzungsprärogative zusteht, sind jedenfalls Rechtsnormen, die den *Leitprinzipien* des dritten Kapitels zuwiderlaufen, als verfassungswidrig anzusehen[1221]. Aufgrund dieses den *Leitprinzipien* immanenten Gebots ist das Verfassungsgericht verpflichtet, ein Gesetz wegen Verletzung der Artt. 39 ff. SpanVerf im Wege einer abstrakten oder einer konkreten Normenkontrolle[1222] auf Initiative des angerufenen Gerichts für verfassungswidrig zu erklären[1223].

In der gerichtlichen Praxis dienen die konstitutionellen *Leitprinzipien* vor allem als Auslegungskriterien sowohl für für verfassungsrechtliche als auch für

---

ausländischer Verfassungsentwicklung, S. 193 (202). Zur normativen Kraft der spanischen Verfassung GARCÍA DE ENTERRÍA, in: LÓPEZ PINA, Spanisches Verfassungsrecht, S. 63 ff.

1219 Wie auch andere soziale Rechte steht ihre Erfüllung daher unter dem „Vorbehalt des Möglichen". Vgl. insgesamt SOMMERMANN, Der Schutz der Grundrechte in Spanien nach der Verfassung von 1978, S. 190.

1220 Vgl. IBLER, JZ 1999, S. 287 (290).

1221 Somit implizieren dieLeitprinzipien ein Verbot für den Gesetzgeber, Vorschriften zu erlassen, die diese Rechte bzw. Ziele potentiell beeinträchtigen könnten. Anders als in der Judikatur des Bundesverfassungsgerichts geht die Verfassungswidrigerklärung eines Gesetzes durch das spanische Verfassungsgericht auch mit der Nichtigkeitserklärung einher, vgl. CRUZ-VILLALÓN, Landesbericht Spanien, in: STARCK, Grundgesetz und deutsche Verfassungsrechtprechung im Spiegel ausländischer Verfassungsentwicklung, S. 193 (212).

1222 Im Rahmen der Normenkontrolle („recurso de inconstitucionalidad") werden gemäß Art. 161 Abs. 1 lit. a) SpanVerf die Gültigkeit eines Gesetzes oder einer Rechtsquelle mit normativem Rang überprüft. Erhoben werden kann dieser Rechtsbehelf von dem in Art. 162 Abs. 1 SpanVerf genannten Personenkreis.

1223 Vgl. SOMMERMANN, Der Schutz der Grundrechte in Spanien nach der Verfassung von 1978, S. 183 f. m.w.N. Die vom Kreis der Grundrechte her eingeschränkte Grundrechtskontrolle im Wege der Verfassungsbeschwerde wird damit teilweise dadurch kompensiert, dass im einfachgerichtlichen Verfahren die Vorlage einer Frage der Verfassungsmäßigkeit bereits dann erfolgen muss, wenn der Richter ernsthafte Zweifel an der Verfassungsmäßigkeit eines Gesetzes hegt. Siehe auch SOMMERMANN, DÖV 1999, S. 1017 (1023) sowie GARCÍA DE ENTERRÍA, in: LÓPEZ PINA, Spanisches Verfassungsrecht, S. 63 (68 f.).

einfachgesetzliche Normen[1224]. Gleichermaßen ist die Administrative zur Beachtung dieser Direktiven im Rahmen des gesamten Verwaltungshandelns verpflichtet.

Aufgrund ihrer primär objektiv-rechtlichen Wirkungsweise sind die sozialen, wirtschaftlichen und kulturellen „Grundrechte" der Artt. 39-52 SpanVerf – einschließlich des in Art. 45 Abs. 1 SpanVerf normierten „Umweltgrundrechts" – somit als „Staatszielbestimmungen" zu qualifizieren[1225].

Mangels subjektiv-rechtlicher Anspruchsqualität und aufgrund der fehlenden Möglichkeit einer Verfassungsbeschwerde für die Grundrechte der dritten Kategorie[1226] sind diese aus der Perspektive des Individualrechtsschutzes erst dann justiziabel, sobald der Gesetzgeber die *Leitprinzipien* einfachgesetzlich umgesetzt hat[1227]. Wenn und soweit die konstitutionellen Leitprinzipien in einklagbare einfachgesetzliche Rechtsnormen umgesetzt sind, zeigt sich die mittelbar anspruchsbegründende Funktion dieser *Grundrechts*kategorie[1228].

Einzelne Garantien dieser Leitprinzipien können zudem im Zusammenhang mit den „starken" *Grundrechten und öffentlichen Freiheiten* der ersten Gruppe zum entscheidenden „Mit-Prüfungsmaßstab"[1229] im Rahmen des Individualrechtsschutzes werden und somit über den Gleichheitssatz des Art. 14 SpanVerf[1230] indirekt subjektiviert werden[1231].

1224 Vgl. MARTÍNEZ SORIA, Die Garantie des Rechtsschutzes gegen die öffentliche Gewalt in Spanien, S. 350.

1225 GARCÍA DE ENTERRÍA, Der normative Wert der spanischen Verfassung, in: LÓPEZ PINA, Spanisches Verfassungsrecht, S. 63 ff. (67 f.). Vgl. auch BUTT/KÜBERT/SCHULTZ, Soziale Grundrechte in Europa, Arbeitsdokument des EP (SOCI 104 DE), S. 16 m.w.N. Zur Bezeichnung als Prinzipien oder auch als Staatszielbestimmungen siehe ebenfalls ADOMEIT/ FRÜHBECK, Einführung in das spanische Recht, S. 33.

1226 Da der Bürger zur Verteidigung dieser Rechte unmittelbar keine Klage erheben kann, kommt dem von der spanischen Verfassung für diese Grundrechtskategorie vorgesehenen Ombudsmann (Art. 54 SpanVerf/ „defensor del pueblo") ein besonderes Gewicht zu. Vgl. dazu SOMMERMANN, Der Schutz der Grundrechte in Spanien nach der Verfassung von 1978, S. 334 ff.

1227 Die „Leitprinzipien" können durch jede Rechtsnorm umgesetzt und konkretisiert werden, vgl. IBLER, JZ 1999, S. 287 (291/ Fn. 42). Siehe ebenfalls GARCÍA DE ENTERRÍA, in: LÓPEZ PINA, Spanisches Verfassungsrecht, S. 63 ff. (68).

1228 In diesem Sinne PRATS-CANUT, Spanien, in: GRABITZ, Grundrechte in Europa und in den USA/ Bd. I, S. 651 (671).

1229 SOMMERMANN, Der Schutz der Grundrechte in Spanien nach der Verfassung von 1978, S. 185.

1230 Art. 14 SpanVerf entspricht – auch insofern – Art. 3 GG, s.a. ADOMEIT/ FRÜHBECK, Einführung in das spanische Recht, S. 19.

Sofern eine einfachgesetzliche Konkretisierung (noch) nicht erfolgt ist, stellt sich die Frage, ob und inwiefern diese Grundsätze unmittelbare Rechtswirkung für den Bürger entfalten. Nach dem Verständnis der spanischen Verfassungsrechtslehre[1232] begründen diese Normen soziale Interessen des Bürgers und damit ein legitimes Interesse im Sinne der allgemeinen Rechtsschutzgarantie des Art. 24 Abs. 1 SpanVerf[1233]. Die demzufolge bei Verletzung bzw. Missachtung eines *Leitprinzips* verfassungsrechtlich gebotene Rechtsschutzmöglichkeit wird nach Maßgabe des Art. 24 Abs. 1 SpanVerf im Wege einer primär objektivrechtlichen Rechtskontrolle gewährleistet[1234]. Infolge des starken Einflusses des französischen Rechtssystems ist auch die spanische Verwaltungsgerichtsbarkeit in erster Linie auf die Überprüfung der objektiven Legalität des Verwaltungshandelns ausgerichtet und dient nur nachrangig dem Individualrechtsschutz[1235]. Der formell zu verstehenden Rechtsschutzgarantie wird demnach genügt, wenn der Bürger sein Anliegen vor Gericht vortragen kann und das Gericht Stellung nimmt[1236]. Darüber hinausgehend wird in der spanischen Rechtswissenschaft die Ansicht vertreten, dass die subjektiv-rechtlich formulierte Umweltschutzgarantie des Art. 45 Abs. 1 SpanVerf auch zur Geltendmachung gesetzgeberischer Untätigkeit vor der Verwaltungsgerichtsbarkeit berechtige[1237]. Ferner wird auf der Grundlage des Art. 45 Abs. 1 SpanVerf eine allgemeine umweltrechtliche Popularklage für zulässig erachtet, welche seitens des Obersten Spanischen Gerichtshofes bislang jedoch nicht anerkannt wurde[1238].

[1231] Insofern besteht eine Parallele zum deutschen Verfassungsrecht, wo objektiv-rechtliche Staatszielbestimmungen in Verbindung mit dem Gleichheitssatz subjektive Rechte entfalten können. Vgl. zur spanischen Rechtspraxis SOMMERMANN, Staatsziele, S. 394 f.

[1232] Siehe MARTÍNEZ SORIA, Die Garantie des Rechtsschutzes gegen die öffentliche Gewalt in Spanien, S. 350 m.w.N.

[1233] Art. 24 Abs. 1 SpanVerf: „Alle Personen haben bei der Wahrnehmung ihrer legitimen Rechte und Interessen das Recht auf einen wirksamen Schutz durch Richter und Gerichte; in keinem Fall darf jemand ohne Verteidigung bleiben."

[1234] MARTÍNEZ SORIA, Die Garantie des Rechtsschutzes gegen die öffentliche Gewalt in Spanien, S. 381.

[1235] Anschaulich hierzu MARTÍNEZ SORIA, ebd.

[1236] Ein subjektives Recht als Voraussetzung der Klagebefugnis wird demnach – anders als im deutschen Verfassungs- und Verwaltungsrecht – nicht gefordert.

[1237] Siehe LÓPEZ-JURADO, in: TETTINGER/STERN, Kölner Gemeinschaftskommentar zur Europäischen Grundrechte-Charta, Art. 37 GRC, Rdn. 16 mit den entsprechenden Nachweisen.

[1238] So zuletzt OSpanGE, Rs. 3799/1997, Urt. v. 22.04.2002. Siehe dazu insgesamt LÓPEZ-JURADO, in: TETTINGER/STERN, Kölner Gemeinschaftskommentar zur Europäischen Grundrechte-Charta, Art. 37 GRC, Rdn. 16.

Der Umweltschutz ist in Art. 45 SpanVerf in umfassender und sehr fortschrittlich erscheinender Weise normiert[1239]. So wird das in Absatz 1 statuierte Recht auf den Genuss einer „der Entfaltung der Persönlichkeit förderliche Umwelt" bereits in der zweiten Satzhälfte durch eine diesem Recht korrespondierende Verpflichtung zu deren Erhalt ergänzt[1240]. Auch bei der im zweiten Absatz festgeschriebenen staatlichen Verpflichtung zum Schutz der Umwelt und einer rationellen Nutzung der naturlichen Ressourcen wird der Aspekt der Solidarität der Gemeinschaft für die Verwirklichung des Umweltschutzziels betont[1241]. Bemerkenswert ist auch, dass im dritten Absatz strafrechtliche bzw. administrative Sanktionen für Verstöße gegen das in Absatz 2 normierte Solidaritätsgebot sowie eine explizite Wiedergutmachungsverpflichtung vorgesehen sind.

Ebenfalls unter dem Titel „Leitprinzipien der Sozial- und Wirtschaftspolitik" festgeschrieben sind umweltrelevante Gewährleistungen wie Art. 43 SpanVerf (Recht auf Gesundheitsschutz)[1242], Art. 46 SpanVerf (Schutz des geistigen, kulturellen und künstlerischen Erbes)[1243] und Art. 51 SpanVerf (Verbraucherschutz)[1244].

1239 Art. 45 SpanVerf: „(1) Alle haben das Recht, eine der Entfaltung der Persönlichkeit förderliche Umwelt zu genießen, sowie die Pflicht, sie zu erhalten. (2) Die öffentliche Gewalt wacht über die vernünftige Nutzung aller Naturreichtümer mit dem Ziel, die Lebensqualität zu schützen und zu verbessern und die Umwelt zu erhalten und wiederherzustellen. Dabei stützt sie sich auf die unerlässliche Solidarität der Gemeinschaft. (3) Für Verstöße gegen die Bestimmungen des vorigen Absatzes sieht das Gesetz strafrechtliche oder gegebenenfalls administrative Sanktionen vor sowie die Verpflichtung, den verursachten Schaden wieder gutzumachen."

1240 Die Verankerung von Grundpflichten ist in der spanischen Verfassung durchaus üblich und stellt daher keine Besonderheit für das Schutzgut „Umwelt" dar. Siehe dazu auch ADOMEIT/FRÜHBECK, Einführung in das spanische Recht, S. 30 ff.; LÓPEZ PINA, Die Entstehung der Verfassung, in: DERS., Spanisches Verfassungsrecht, S. 19 ff. (33). Zu den Grundpflichten in der spanischen Verfassung vgl. weiterhin SOMMERMANN, Der Schutz der Grundrechte in Spanien nach der Verfassung von 1978, S. 203 ff.

1241 Dazu FERNANDEZ, RJE 1984, S. 179 (183 f.).

1242 Art. 43 SpanVerf: (1) Das Recht auf Gesundheitsschutz wird anerkannt. (...)".

1243 Art. 46 SpanVerf: „Die öffentliche Gewalt gewährleistet die Erhaltung und fördert die Bereicherung des historischen, kulturellen und künstlerischen Erbes der Völker Spaniens und der darin enthaltenen Güter, ungeachtet ihres Rechtsstatus und ihrer Trägerschaft. Das Strafgesetz ahndet jeden Verstoß gegen dieses Kulturerbe."

1244 Art. 51 SpanVerf: (1) Die öffentliche Gewalt gewährleistet den Schutz der Verbraucher und Benutzer, indem sie ihre Sicherheit, Gesundheit und ihre legitimen wirtschaftlichen Interessen durch wirksame Maßnahmen schützt. (...)".

Zur Rechtsnatur des Umweltschutzartikels äußerte sich das Spanische Verfassungsgericht in einer Entscheidung aus dem Jahre 1996 – offensichtlich auf der Grundlage des traditionellen, d.h. engeren Grundrechtsverständnisses – dahingehend, dass es sich bei Art. 45 Abs. 1 SpanVerf um ein verfassungsrechtliches Leitprinzip und *nicht* um ein Grundrecht handele[1245]. Trotz dieser rechtsdogmatischen Einordnung des Art. 45 SpanVerf als konstitutionelles Leitprinzip gehe die Norm in ihrer Funktion und Bedeutung über ein reines Leitprinzip hinaus, vielmehr sei sie als Recht „sui generis" in ihrer Substanz einem *Grundrecht* angenähert[1246]. Erwähnt sei im Zusammenhang mit dieser einerseits progressiv-dynamisch, andererseits eklatant widersprüchlich erscheinenden Aussage des Spanischen Verfassungsgerichts, dass dieses in der Rechtssache *Lopez Ostra*, welche später durch eine – aus der Perspektive des Umweltschutzes richtungsweisende – Entscheidung des EGMR einen international hohen Bekanntheitsgrad erlangte[1247], keine Verletzung verfassungsrechtlicher Garantien aus Gründen des Umweltschutzes annahm[1248].

[1245] Urteil des SpanVerfG 199/1996 vom 03.12.1996 (Hervorhebung durch die Verfasserin). Dass Art. 45 Abs. 1 SpanVerf nicht Gegenstand der Verfassungsbeschwerde sein kann, wurde auch in einer jüngeren Entscheidung aus dem Jahre 2001 bestätigt (SpanVerfGE 119/2001, Urt. v. 24.05.2001). Vgl. ebenfalls die früheren Entscheidungen 243/1993, 66/1991, 227/1988 sowie 64/1982.

[1246] In diesem Sinne äußerte sich das Verfassungsgericht in verschiedenen *obiter dicta*. Nach einer – in der spanischen Rechtswissenschaft ebenfalls vertretenen – extensiven Interpretation stellt Art. 45 SpanVerf die Grundlage eines echten subjektiven Rechts dar, das (a) Individuen die Möglichkeit rechtserheblicher Handlungsformen – insbesondere der Partizipation und des Rechtsschutzes – eröffnet, (b) diese ermächtigt, vom Staat positives Tätigwerden zu verlangen sowie (c) diese zur Abwehr privaten und staatlichen Handels berechtigt. Ein anderer Teil der Literatur hingegen folgt einem restriktiveren Verständnis und verneint die Rechtsqualität der Norm als Grundrecht auf Umweltschutz mit der Begründung, dass sich die Konstruktion des subjektiven Rechts zur rechtlichen Ausgestaltung des Umweltschutzes nicht eigne. Vgl. insgesamt den Überblick bei MORENO, The Right to Environmental Protection in the Spanish Constitutional System, Internet-Publikation der Avosetta-Group, S. 1 (3).

[1247] EGMR, Urteil v. 09.12.1994 (Series A, Reports 1994, Nr. 303 C). In der Rechtssache *López-Ostra / Spanien* judizierte der EGMR, dass eine von einer Anlage zur Entsorgung von Gerbereiabfällen ausgehende, schwere Umweltverschmutzung unmittelbare Nachbarn in ihrem Recht auf Achtung des Privat- und Familienlebens verletze. Eine Urteilsbesprechung findet sich bei *Rest*, NuR 1997, S. 209 ff. (212 ff.).

[1248] Die Beschwerdeführerin berief sich allerdings nicht unmittelbar auf das „Umweltgrundrecht" des Art. 45 Abs. 1 SpanVerf, sondern auf die Artt. 15 (Recht auf Gesundheitsschutz), 18 (Recht auf Privatsspähre) und 19 (Recht auf freie Wahl des Wohnorts)) der Spanischen Verfassung. Zur Darstellung des Sachverhalts und des auf nationaler Ebene zuvor in Anspruch genommenen Rechtsschutzes siehe EuGRZ 1995, S. 530 ff. Siehe ferner in diesem Kapitel unten, D.II.2.c)aa).

Welche Rechtswirkungen entfaltet das in Art. 45 Abs. 1 SpanVerf normierte „Umweltgrundrecht" somit in der Verfassungswirklichkeit und der Rechtspraxis? Hervorzuheben ist zunächst die Bedeutung und Funktion dieses grundrechtlich formulierten, konstitutionellen Leitprinzips als Handlungs- und Schutzauftrag für die Legislative. Rechtliches Profil gewinnt die Umweltschutznorm – und insbesondere auch das durch ihre grundrechtliche Formulierung indizierte subjektiv-rechtliche Element – demnach primär durch ihre einfachgesetzliche Konkretisierung[1249]. So zeichnet sich das einfachgesetzliche Umweltrecht dadurch aus, dass es für Gruppen und Individuen umfangreiche Möglichkeiten der Partizipation und des Rechtsschutzes bereitstellt („acción púbblica"). Zudem wird im verwaltungsgerichtlichen Verfahren ein individuelles Klagerecht gegen Akte der Administrative bei Vorliegen eines Rechts oder (auch bereits) eines „legitimen Interesses" gewährt[1250]. Aufgrund der für die Judikative hieraus resultierenden Verpflichtung zu einer extensiven Interpretation von Klagerechten einerseits und der Direktivkraft des konstitutionellen *Leitprinzips* Umweltschutz andererseits, wird für die Belange des Umweltschutzes eine breit angelegte gerichtliche Kontrolle ermöglicht[1251].

Die aufgezeigten Ausstrahlungswirkungen des „Umweltgrundrechts" der Spanischen Verfassung deuten darauf hin, dass die grundrechtliche Konzeption des Umweltschutzes auch ohne unmittelbare Gewährung einer einklagbaren Rechtsposition keinesfalls leerläuft, sie vielmehr eine Versubjektivierung des spanischen Umweltrechts tendenziell fördert.

(4) Umweltschutz in der Normensystematik der ungarischen Verfassung

In der Normensystematik der ungarischen Verfassung kann zunächst konzeptionell zwischen den Normenkategorien der Grundrechte und der Staatsaufgaben bzw. -zielbestimmungen differenziert werden[1252]. Innerhalb der erstgenannten

---

[1249] In diesem Sinne auch FERNANDEZ, RJE 1984, S. 179 (183).

[1250] Als „Schlüsselnorm" im System des spanischen Verwaltungsrechtsschutzes ist Art. 19 des Gesetzes über die gerichtliche Kontrolle des Verwaltungshandelns (Ley de la Jurisdiccón Contenciosa-Administrativa 29/1988 de 13 julio 1988) anzusehen.

[1251] Vgl. insgesamt MORENO, The Right to Environmental Protection in the Spanish Constitutional System, S. 4.

[1252] Diese dogmatische Differenzierung legte das Ungarische Verfassungsgericht in der Anfangszeit nach dem politischen Systemwechsel fest. Siehe dazu auch SÓLYOM, Anmerkungen zur Rezeption auf dem Gebiet der wirtschaftlichen und sozialen Rechte aus ungarischer Sicht, in: FROWEIN/MARAUHN, Grundfragen der Verfassungsgerichtsbarkeit in Mittel- und Osteuropa, S. 213 (220 f.).

Normenkategorie muss weiterhin zwischen unmittelbar einklagbaren Grundrechten im Sinne des traditionellen Grundrechtsverständnisses und grundrechtlich formulierten Gewährleistungen – insbesondere auch sozialen Grundrechten –, denen eine solche Anspruchsqualität fehlt, unterschieden werden. Eine solche Differenzierung ergibt sich jedoch nicht eindeutig aus dem systematischen Aufbau der Verfassung – vielmehr wird bei näherer Betrachtung deutlich, dass die Verfassungssystematik und -dogmatik in Ungarn (noch) nicht die gleiche Kohärenz und Präzision wie manch andere mitgliedstaatliche Verfassungstraditionen aufweisen. Systemwidersprüche folgten insbesondere auch aus der Totalrevision der Verfassung von 1949 nach der politischen Wende im Jahre 1989[1253], in deren Rahmen das Wertesystem der Verfassung rechtsstaatlich-demokratischen Standards angepasst wurde, gleichzeitig jedoch strukturelle Verschlechterungen eingetreten sind. So finden sich im Kapitel I unter dem Titel „Allgemeine Bestimmungen“ (Artt. 1-18 UVerf) neben allgemeinen Staatsgrundsätzen und einem Bekenntnis zur Achtung der Grundrechte in Art. 8 UVerf[1254] auch vereinzelte Normen in grundrechtliche Diktion: So werden etwa in Art. 13 UVerf der Schutz des individuellen Eigentums[1255], in Art. 14 UVerf das Erbschaftsrecht[1256], in Art. 15 UVerf der Schutz der Institution der Ehe und Familie[1257] und schließlich in Art. 18 UVerf das Recht auf eine gesunde Umwelt[1258] normiert. Ausdrücklich den Grundrechten gewidmet ist das zwölfte Kapitel der Verfassung mit dem Titel „Grundrechte und -pflichten“ (Artt. 54-70/K), in dem auch typische soziale Grundrechte, wie etwa das Recht auf Arbeit[1259], verankert sind. Die dort positivierten Grundrechte unterscheiden sich in ihrer Formulierung nicht von den gerade aufgeführten, individualrechtlich

---

[1253] Dazu BRUNNER, Die Verfassungsordnung, in: DERS., Ungarn auf dem Weg zur Demokratie, S. 42 ff. Statt einer Verfassungsneugebung erfolgte am 18.10.1989 durch das Gesetz Nr. XXXI/1989 eine umfassende Revision. Lesenswert zur Verfassungsrevision und zu den Anfängen der im Zuge der demokratisch-rechtsstaatlichen Neuausrichtung der Verfassung eingeführten Verfassungsgerichtsbarkeit BRUNNER/SÓLYOM, Verfassungsgerichtsbarkeit in Ungarn. Analysen und Entscheidungssammlung 1990-1993, S. 14 ff.

[1254] Vgl. Art. 8 Abs. 1 UVerf: „Die Republik Ungarn erkennt die unantastbaren und unveräußerlichen Grundrechte des Menschen an, deren Achtung und Schutz die erstrangige Pflicht des Staates ist.“

[1255] Vgl. Art. 13 Abs. 1 UVerf: „Die Republik Ungarn sichert das Recht auf Eigentum.“

[1256] Art. 14 UVerf.: „Die Verfassung gewährleistet das Recht auf Erbschaft.“

[1257] Art. 15 UVerf: „Die Republik Ungarn schützt die Institution der Ehe und Familie.“

[1258] Siehe Anm. 1001.

[1259] Vgl. Art. 70/B UVerf: (1) „In der Republik Ungarn besitzt jeder das Recht auf Arbeit und auf die freie Wahl der Arbeit und Beschäftigung. (...)“.

gefassten Bestimmungen des ersten Kapitels[1260], so dass die unterschiedliche Positionierung strukturell und grammatikalisch gleicher Normen als systematische Unstimmigkeit erscheint. Da den in der ungarischen Verfassung verankerten Regelungen und Werten ein unterschiedliches Gewicht zuerkannt wird, kann von einer Hierarchie der Verfassungsnormen gesprochen werden, an deren Spitze die Grundrechte in ihrer Gesamtheit als oberste Verfassungswerte stehen.

Der Umweltschutz fand im Jahre 1972 – auch aufgrund der von der UN-Konferenz in Stockholm[1261] für den internationalen Umweltschutz ausgehenden Impulse – erstmals explizit Eingang in die Verfassung[1262]. Im Rahmen der aus dem politischen Sytemwechsel resultierenden umfangreichen Verfassungsänderung wurde die bereits existente Gesundheits- und Lebensschutzklausel mit umwelschützenden Bezügen reformiert und zudem ein neuer eigenständiger Umweltschutzartikel in die Verfassung aufgenommen[1263]. Da diesen abstrakt formulierten Regelungen keine unmittelbare Vorgabe hinsichtlich des (nunmehr) verfassungsrechtlich gebotenen Schutzumfangs entnommen werden konnte, wandte sich die ungarische Regierung im Jahre 1990 mit einem diesbezüglichen Antrag auf eine abstrakte Auslegung an das Verfassungsgericht. Das UVerfG lehnte den Antrag zwar insgesamt mit der Begründung ab, dass eine abstrakte Verfassungsauslegung nur im Falle einer konkreten verfassungsrechtlichen Frage statthaft sei, gab jedoch zu erkennen, dass die Artt. 18, 70/D UVerf dem Staat Handlungspflichten zum Schutz der Umwelt auferlegten[1264].

[1260] Vgl. beispielsweise die Formulierung des Art. 60 Abs. 1 UVerf: „In der Republik Ungarn hat jeder das Recht auf Freiheit der Weltanschauung, des Gewissens und des Glaubens."

[1261] Zur Deklaration der Konferenz von Stockholm siehe Anm. 17.

[1262] Der damalige Art. 57 UVerf ist als Vorläufer des heutigen Art. 70/D UVerf anzusehen und statuierte ein Recht der Staatsangehörigen auf Gesundheits- und Lebensschutz, welches der Staat durch die Gewährleistung des Arbeits- und Gesundheitsschutzes sowie des *Schutzes der menschlichen Umwelt* zu sichern verpflichtet war (Hervorhebung durch die Verfasserin).

[1263] Lesenswert in diesem Kontext der historische Überblick über die – durch den Kommunismus geprägte – Entwicklung des Umweltrechts in Ungarn von KÜPPER, Die Kodifizierung des ungarischen Umweltrechts im Hinblick auf den EU-Beitritt, in: GEISTLINGER, Umweltrecht in Mittel- und Osteuropa im internationalen Kontext, Osteuropaforschung/ Bd. 46, S. 331 (342 ff.). So waren unter dem kommunistischen Regime ergehende Umweltschutzvorschriften oft propagandistischer Natur, die das sich in der Bevölkerung regende ökologische Gewissen ruhig stellen sollten, ohne jedoch umweltbelastenden Sektoren wesentliche Beschränkungen aufzuerlegen, vgl. DERS., ebd. (S. 344) mit entsprechenden Beispielen.

[1264] Entscheidung des UVerfG Nr. 996/G/1990 vom 09.11.1993, Az Alkotmánybíróság Határozatai [Amtliche Entscheidungssammlung des Verfassungsgerichts, im Folgenden: ABH] 1993, S. 533 ff.

Vor dem Hintergrund der aufgezeigten Defizite und Inkohärenzen in der Verfassungssystematik wird im Folgenden eine rechtsdogmatische Einordnung der Umweltschutzartikel unter besonderer Berücksichtigung der verfassungsgerichtlichten Judikatur vorgenommen[1265]. Der hierbei zunächst heranzuziehende Wortlaut indiziert bei beiden Normen eine individualrechtliche Konzeption und dementsprechend eine grundrechtliche Gewährleistung. So formuliert der in Kapitel I unter dem Titel „Allgemeine Bestimmungen" verankerte Art. 18 UVerf: „Die Republik Ungarn anerkennt und verwirklicht das Recht eines jeden auf eine gesunde Umwelt.", während Art. 70/D UVerf in Kapitel 12 unter dem Titel „Grundrechte und Grundpflichten" ein Recht auf umfassenden Gesundheitsschutz statuiert, für dessen Verwirklichung der Umweltschutz eine wichtige Grundvoraussetzung darstellt: „Jeder Bürger der Republik Ungarn hat ein Recht auf das höchstmögliche Maß an körperlicher und seelischer Gesundheit. Die Republik Ungarn realisiert dieses Recht durch die Organisation des Arbeitsschutzes, der sanitären Institutionen und der ärztlichen Versorgung, durch die Sicherstellung der regelmäßigen körperlichen Ertüchtigung sowie durch den *Schutz der bebauten und natürlichen Umwelt*"[1266]. Angesichts der Formulierung eines „Umweltgrundrechts" in Art. 18 UVerf und dem ebenfalls grundrechtlich formulierten und im Grundrechtsteil positionierten Art. 70/D UVerf stellt sich die Frage, ob der durch den Wortlaut nahegelegten grundrechtlichen Konzeption des Umweltschutzes ein eigenständiges Gewicht zukommt oder ob die Regelungen in ihrer Rechtswirkung dem objektiv-rechtlichen Normtyp der Staatszielbestimmmung vergleichbar sind.

Im Jahre 1994 erklärte das UVerfG in einer für das Umweltverfassungsrecht grundlegenden Entscheidung, dass es das in Art. 18 UVerf statuierte „Recht auf Umweltschutz" als Grundrecht im Sinne der durch Art. 8 Abs. 1 UVerf ge-

---

1265 Dazu ausführlich und mit einer Darstellung aktueller Fragen aus der ungarischen Umweltrechtspraxis FODOR/ORTH, Umweltschutz in der ungarischen Verfassung, Osteuropa-Recht 2005, S. 1 ff.

1266 Hervorhebung durch die Verfasserin. Die hier praktizierte legislative Technik, dass Grundrechtsnormen in einem ersten Absatz ein subjektives Recht (oft ein Leistungsrecht) formulieren und in einem zweiten Absatz die staatlichen Einrichtungen zur Realisierung dieses Rechts aufzählen, ist charakteristisch für sozialistische Verfassungen. Die Beibehaltung dieser Regelungstechnik illustriert, dass die ungarische Verfassung nach ihrer durch den Systemwechsel ausgelösten Totalrevision im Jahre 1989 trotz Erreichen inhaltlich insgesamt rechtsstaatlich-demokratischer Standards in zahlreichen Details noch das Erbe sozialistischer Verfassungskultur in sich trägt. Siehe dazu KÜPPER, Osteuropaforschung/ Bd. 46 (2004), S. 331 (348 (Fn. 34)).

schützten unverletzlichen und unabänderlichen Grundrechte anerkenne[1267] und dieses damit der höchsten Ebene der Verfassungsnormen zuzuordnen sei[1268].

Auch betonte das Verfassungsgericht, dass das in Art. 18 UVerf statuierte Recht auf Umweltschutz durch die Instrumentalisierung des Umweltschutzes zur Gewährleistung des Gesundheitsschutzes in Art. 70/D UVerf in seiner Bedeutung als eigenständige Verfassungsrechtsposition keinesfalls geschmälert werde[1269]. Zu der besonderen Rechtsnatur des Art. 18 UVerf führte das Verfassungsgericht aus, dass das Recht auf Umweltschutz in seiner jetzigen Form kein Grundrecht sei, welches einen subjektiven Rechtsanspruch verleihe, gleichzeitig jedoch auch über eine bloße Staatsaufgabe oder -zielbestimmung hinausgehe[1270]. Das Recht auf Umweltschutz sei der Kategorie der sogenannten Menschenrechte der dritten Generation zuzuordnen, deren Rechtscharakter umstritten sei, und welche nur in wenigen Verfassungen anerkannt seien[1271]. Da es sich bei dem ungarischen Umweltgrundrecht somit nicht um ein einklagbares subjektives Recht, d.h. nicht um ein „Grundrecht" im Sinne des traditionellen Grundrechtsverständnisses handelt[1272], ist die Umweltschutznorm als ein Grundrecht besonderer Art (sui generis) anzusehen, welches durch seine objektivrechtliche Schutzrichtung determiniert wird[1273]. Auf der Grundlage dieses Verständnisses des Art. 18 UVerf impliziert die Norm einen staatlichen Schutzauftrag zur Schaffung institutioneller Garantien wie etwa der Gewährleistung eines angemessenen Rechtsschutzes in Umweltstreitigkeiten sowie – aus präventiven Gesichtspunkten bedeutsam – entsprechender Informations- und

---

1267 Entscheidung des UVerfG Nr. 28/1994 (V.20.) AB (ABH 1994, S. 134 ff.), vgl. Abschnitt III/2 (a) der Entscheidungsgründe. Das Urteil ist in englischer Sprache abgedruckt in: SÓLYOM/BRUNNER, Constitutional Judiciary in a new democracy: the Hungarian Constitutional Court, S. 298 ff.

1268 Bereits die doppelte Verankerung im Normengefüge der Verfassung indiziert den hohen verfassungsrechtlichen Rang des Umweltschutzes.

1269 Vgl. UVerfGE Nr. 996/G/1990 vom 09.11.1993 (ABH 1993, S. 533 ff.), vgl. auch die entsprechende Bezugnahme in UVerfG Nr. 28/1994 (V.20.) AB (ABH 1994, S. 134 ff.) in Abschnitt III/1 der Entscheidungsgründe.

1270 Abschnitt III/2 (a) der Entscheidungsgründe zu UVerfGE Nr. 28/1994 (V.20.) (ABH 1994, S. 134 ff.).

1271 Ebd.

1272 So statt vieler aus der ungarischen Rechtswissenschaft FODOR, A környzetvédelem megjelenesése Európa alkotmányaiban (Ausprägung des Umweltschutzes in den Verfassungen Europas), Sectio Juridica et Politica 2002, S. 373 (393).

1273 Entscheidung des UVerfG Nr. 28/1994 (V.20.) AB (ABH 1994, S. 134 ff.), vgl. Abschnitt III/3 der Entscheidungsgründe.

Partizipationsrechte[1274]. Die zitierte Auslegung des UVerfG verdeutlicht, dass der grundrechtlich formulierte Art. 18 UVerf jedenfalls im Kern als Staatszielbestimmung zu qualifizieren ist[1275]. Für ein solches Verständnis spricht auch, dass der Staat bei der Realisierung seiner Schutzverpflichtung hinsichtlich der Wahl der Mittel frei ist[1276]; angesichts der Zielverbindlichkeit der Norm kann legislatives Untätigbleiben zu einer Verletzung des Art. 18 UVerf führen[1277]. Die subjektiv-rechtliche Komponente bleibt jedoch auch bei einer primär objektivrechtlichen Interpretation der Norm bedeutsam, indem der Staat durch diese objektiv-rechtlich zur Schaffung der rechtlichen Voraussetzungen eines umweltbezogenen Individualschutzes verpflichtet wird[1278]. Die individualrechtliche Formulierung der Verfassungsnorm indiziert damit einen Gesetzgebungsauftrag zur Subjektivierung des einfachgesetzlichen Umweltrechts.

Aus der grundrechtlich formulierten Gewährleistung des Art. 18 UVerf geht der Aspekt der staatlichen Verpflichtung und Verantwortung deutlich hervor[1279]. Im Vergleich zu den korrespondierenden Normen einiger anderer neuer ost-

---

1274 Vgl. UVerfGE Nr. 996/G/1990 vom 09.11.1993 (ABH 1993, S. 533 ff.), vgl. auch die bestätigende Bezugnahme in UVerfG Nr. 28/1994 (V.20.) AB (ABH 1994, S. 134 ff.) in Abschnitt III/1 der Entscheidungsgründe.

1275 Auch wenn das UVerfG das in Art. 18 UVerf normierte Umweltgrundrecht explizit nicht den sozialen Rechten zuordnet (Entscheidung des UVerfG Nr. 28/1994 (V.20.) AB (ABH 1994, S. 134 ff.), vgl. Abschnitt III/2 (b) der Entscheidungsgründe), erscheint die Norm mangels unmittelbar anspruchsvermittelnder Rechtsqualität und primär objektiv-rechtlicher Leitfunktion der bereits dargestellten korrespondierenden Gewährleistung in Art. 45 SpanVerf vergleichbar, welche aufgrund ihrer verfassungssystematischen Stellung nicht einklagbar und nur begrenzt justiziabel ist.

1276 Vgl. UVerfGE Nr. 996/G/1990 AB (ABH 1993, S. 533 ff. (535)), auch in Bezug genommen in UVerfGE Nr. 28/1994 (V.20.) AB (ABH 1994, S. 134 ff.), vgl. Abschnitt IV/1 der Entscheidungsgründe.

1277 Vgl. UVerfG Nr. 25/2001 (VI.29.) AB. In dem der Entscheidung zugrundeliegenden Sachverhalt verletzte der Umweltschutzminister durch den Nichterlass einer gesetzlich vorgesehenen Ministerialverordnung die Umweltschutzgarantie des Art. 18 UVerf durch Unterlassen.

1278 Entscheidung des UVerfG Nr. 28/1994 (V.20.) AB (ABH 1994, S. 134 ff.), vgl. Abschnitt III/1 und 3 der Entscheidungsgründe.

1279 Vgl. den Wortlaut des Art. 18 UVerf: „Die Republik Ungarn (...) *verwirklicht* das Recht eines jeden auf eine gesunde Umwelt." Angemerkt sei an dieser Stelle, dass sich die Prinzipien der Eigenverantwortung und der Kooperation des Individuums bei der Wahrnehmung des Umweltschutzes im ungarischen Umweltrecht noch nicht etabliert hat, vielmehr eine Konzentration auf staatlichen Interventionismus zu verzeichnen ist. Zur Philosophie des ungarischen Umweltrechts KÜPPER, Osteuropaforschung/ Bd. 46 (2004), S. 331 (353 f.).

europäischer Mitgliedsstaaten[1280] fällt hinsichtlich der Normadressaten auf, dass in den ungarischen Umweltschutzartikeln Art. 18 UVerf und Art. 70/D UVerf keine umweltbezogene Verpflichtung von Privaten ausgesprochen wird. Hinsichtlich des Begünstigtenkreises verdient der Umstand Aufmerksamkeit, dass die Gewährleistung des Art. 18 UVerf in ihrem Anwendungsbereich – anders als bei dem in Art. 70/D verankerten Grundrecht auf Gesundheitsschutz – nicht auf Träger der ungarischen Staatsangehörigkeit beschränkt ist. In seiner Grundsatzentscheidung aus dem Jahre 1994 stellte das UVerfG hinsichtlich des Schutzgutes des Art. 18 UVerf fest, dass die Besonderheit des Umweltgrundrechts in seiner doppelten Schutzrichtung liege: Schutzobjekte der Norm seien sowohl die Menschheit als auch die Natur[1281].

Im Verhältnis von Umweltschutz und anderen Verfassungswerten kann es sowohl zu Interessenkollisionen als auch zu einer gegenseitigen Schutzverstärkung kommen[1282]. Hervorgehoben sei, dass das UVerfG bei einer Abwägung der im Konfliktfall widerstreitenden Verfassungsgüter Eigentum und Umweltschutz hinsichtlich des Eigentumsgrundrechts erklärte, dass dieses durch den Umweltschutz immanent eingeschränkt sei und gegenüber dem Umweltschutz als öffentlichem Allgemeininteresse nur ausnahmsweise als vorrangig zu behandeln sei[1283]. Auch in jüngeren Urteilen des UVerfG wurde die Schrankenfunktion des Art. 18 UVerf bestätigt[1284].

1280 So kombinieren z.B. die lettische und die slowakische Verfassung die Aspekte der Berechtigung und der Verpflichtung des Individuums hinsichtlich des Umweltschutzes (siehe dazu und zu weiteren Beispielen in diesem Kapitel unter D.II.2.a)aa).

1281 Vgl. Abschnitt III/3 (a) der Urteilsbegründung der Entscheidung Nr. 28/1994 (V.20.). Das Ungarische Verfassungsgericht sieht sich demnach vor die interpretatorisch schwere Aufgabe gestellt, das von seinem Wortlaut her kaum anders als anthropozentrisch zu deutende Umweltgrundrecht auch in seiner partiell ökozentrischen Dimension auszulegen.

1282 So bietet beispielsweise die Eigentumsgarantie dem Eigentümer einerseits Schutz gegen die Verschmutzung der Umwelt, andererseits kann eine Einschränkung sowohl des Eigentumsgrundrechts als auch des Umweltschutzes zur Wahrnehmung des jeweils anderen Rechts erforderlich sein.

1283 Die Beschränkbarkeit des Eigentumsgrundrechts aufgrund wichtiger öffentlicher Belange, insbesondere des Umweltschutzes, hob das UVerfG in einer Entscheidung aus dem Jahre 1998 hervor, in der es die durch ministeriale Verordnung ergangenen Beschränkungen der Boden- und Wassernutzung des 1997 als Nationalpark ausgewiesenen Plattenseegebietes für verfassungsgemäß erklärte (UVerfGE Nr. 964/B/1998 vom 09.07.2002). Interessant in diesem Zusammenhang ist auch die Entscheidung des UVerfG Nr. 893/H/1996 vom 20.02.1997 zur Klage eines betroffenen Grundstückeigentümers gegen die gemeindliche Ausweisung einer Schutzzone neben ihrem örtlichen Naturschutzgebiet. Die zunächst für verfassungswidrig erachtete Ausweisung der Schutzzone wurde später durch den Erlass des Naturschutzgesetzes, welches Rechtsgrundlagen für die Ausweisung von Schutzzonen bereit

Wie aus Art. 70/D UVerf deutlich hervorgeht, ist der Umweltschutz in der ungarischen Verfassung eng mit dem Recht auf Gesundheitsschutz und dem Recht auf Leben verknüpft. Auch dieser grundrechtlich formulierten Norm wurde seitens des UVerfG keine Grundrechtsqualität zuerkannt[1285]. Da eine intakte Umwelt eine essentielle Voraussetzung für das menschliche Leben und die menschliche Gesundheit darstellt[1286], stehen diese Verfassungsgüter naturgemäß im Einklang mit dem Umweltschutzprinzip. Nach der höchstrichterlichen Rechtsprechung ist der Umweltschutz in der ungarischen Verfassungsordnung als zumindest gleichrangig mit anderen Verfassungswerten anzusehen[1287].

Schwierig zu beantworten ist die Frage, welches – über das Existenzminimum hinausgehende – Umweltschutzniveau durch die Verfassung vermittelt wird[1288]. In der bereits zitierten Grundsatzentscheidung aus dem Jahre 1994

---

stellt, legitimiert. In diesem Sinne wurde ein vergleichbarer Sachverhalt im Jahre 2001 beurteilt, vgl. UVerfGE Nr. 80/B/2001 vom 03.12.2001.

1284 Erwähnt sei hier eine Entscheidung des UVerfG aus dem Jahre 2001, in der die Festsetzung der Anschluss- und Benutzungspflicht für Grundstückseigentümer nach dem Wasserhaushaltsgesetz (vgl. § 8 Abs. 1 und 2 des Gesetzes Nr. 1995:LVII über den Wasserhaushalt) für verfassungsgemäß erklärt wurde, da es dem Gesetzgeber angesichts der öffentlichen Aufgaben der Wasserversorgungsgesellschaften, zu denen auch der Umweltschutz gehört, freistehe, die Vereinigungsfreiheit zu beschränken (UVerfGE Nr. 26/2001 (VI.29.)). Auch anlässlich der Klage eines Grundstückseigentümers, der von der gemeindlichen Ausweisung eines örtlichen Naturschutzgebietes betroffen war, judizierte das UVerfG im gleichen Jahr, dass der Naturschutz eine verfassungsmäßige Schranke des Eigentums darstelle, da er dem öffentlichen Interesse der Prävention irreversibler Umweltschäden diene (UVerfGE Nr. 80/B/2001 vom 03.12.2001).

1285 Vgl. UVerfGE 37/2000 (X.31) AB. KÜPPER interpretiert Art. 70/D UVerf demzufolge als Staatszielbestimmung, vgl. DERS., Osteuropaforschung/ Bd. 46 (2004), S. 331 (350/ Fn. 38).

1286 In der Entscheidung Nr. 28/1994 (V.20.) führte das UVerfG aus, dass das Umweltgrundrecht als Teil der objektiven, institutionellen Komponente des Rechts auf Leben anzusehen sei, vgl. Abschnitt III/3 (a) der Urteilsbegründung.

1287 Dies wird in der Entscheidung des UVerfG Nr. 14/1998 (V.8.) (ABH 1998, S. 126 ff.) betont (Ziff. 1), in der das Gericht im Rahmen der Interpretation des Gesetzes Nr. 1996:XXI über die Raumentwicklung die Gleichrangigkeit der Belange des Umweltschutzes mit anderen sektoralen Belangen im Abwägungsprozess hervorhob.

1288 Da dem abstrakt formulierten ungarischen Umweltgrundrecht keine unmittelbare Vorgabe eines bestimmten Schutzniveaus entnommen werden kann, wandte sich die ungarische Regierung im Jahre 1990 mit einer Anfrage an das Verfassungsgericht, welches Umweltschutzniveau durch die Verfassung abgesichert werde. Das UVerfG lehnte den Antrag jedoch mit der Begründung ab, dass die Beantwortung dieser Frage dem Gesetzgeber obliege (siehe die Entscheidung des UVerfG Nr. 996/G/1990 vom 09.11.1993).

erklärte das UVerfG eine nachträgliche Änderung der Privatisierungsgesetze, derzufolge der besondere Status von Naturschutzgebieten (Nichtübertragbarkeit) aufgrund wirtschaftlichen Drucks aufgehoben wurde, für verfassungswidrig, da die mit der Gesetzesänderung erfolgte Lockerung umweltschützender Vorschriften gleichzeitig eine tatsächliche Verschlechterung des Umweltzustandes bewirkte[1289]. Im Hinblick auf das verfassungsrechtlich garantierte Umweltschutzniveau bedeutet dies, dass eine normative Absenkung des einmal erreichten Schutzstandards mit der verfassungsrechtlichen Garantie des Umweltschutzes nicht vereinbar ist[1290], sofern die graduelle Schutzminderung nicht zur Gewährleistung eines anderen Verfassungswertes zwingend erforderlich und insgesamt verhältnismäßig ist[1291]. Die Erhaltung des erreichten Umweltschutzstandards stellt also eine objektive Verpflichtung des Staates dar, die über die Gewährleistung des ökologischen Existenzminimums hinausgeht[1292]. Kraft der ver-

---

1289 Vgl. den ersten Leitsatz der Entscheidung Nr. 28/1994 (V.20.): „Dem Staat steht es nicht frei, das durch die Rechtsordnung bereits erreichte Umweltschutzniveau zu verringern, sofern nicht die Abwägung mit anderen Grundrechten oder Verfassungswerten eine solche Absenkung unvermeidbar erscheinen lässt. Das Maß der Absenkung muss insbesondere in einem angemessenen Verhältnis zu dem Ziel stehen." In dieser grundlegenden Entscheidung arbeitete das UVerfG unter expliziter Bezugnahme auf das deutsche umweltrechtliche Schrifttum sowie die entsprechende Judikatur des BVerfG und anderer europäischer Verfassungsgerichte dogmatische Grundlinien des ungarischen Umweltverfassungsrechts heraus. Vgl. die Ausführungen des damaligen Verfassungsgerichtspräsidenten SÓLYOM: „Das ungarische Verfassungsgericht berücksichtigt die Rechtsprechung der europäischen Verfassungsgerichte und zieht dort gefundene Argumente für die eigene Rechtsprechung heran (...)", vgl. DERS., Az alkotmánybíráskodás kezdetei Magyarországon (Anfangszeit der Verfassungsgerichtsbarkeit in Ungarn), S. 152 (freie Übersetzung des Zitats durch die Verfasserin).

1290 Auch die Praxis einer rechtlichen Absicherung des Umweltschutzprinzips durch Verwaltungsakte, die eine schwächere rechtliche Bindungswirkung als zuvor bestehende Rechtsnormen entfalten, wurde als Verstoß gegen das Verbot einer Verringerung des umweltrechtlichen Schutzes angesehen, vgl. die Entscheidung des UVerfG Nr. 27/1995 (V.15.): Obwohl die Verordnung des für die Schwerindustrie zuständigen Ministers Nr. 1/1977 (IV.6.) zur Durchführung des Gasenergiegesetzes aus Gründen des Umweltschutzs Verbote und Beschränkungen bezüglich der Verlegung von Gasleitungen enthielt, wurde der zuständigen Bergbaubehörde ein weiter Ermessensspielraum zur Befreiung von diesen Beschränkungen eingeräumt (§ 18 IV der Verordnung) und damit die normative Absicherung des Umweltschutzniveau durch Übertragung von Entscheidungsgewalt an die Administrative in Frage gestellt.

1291 Vgl. den in Anm. 1289 zitierten ersten Leitsatz der Entscheidung Nr. 28/1994.

1292 In ihrem zu dieser Entscheidung verfassten Sondervotum betonten die Richter ÁDÁM und TERSZTYÁNSZKY, dass die Umsetzung des Art. 18 UVerf ein staatliches Tätigwerden auch in materieller Hinsicht verlange, also auch zur Finanzierung umweltschützender Maßnahmen verpflichte.

fassungsrechtlichen Judikatur besteht in Ungarn für die Belange des Umweltschutzes somit ein relatives Verschlechterungsverbot[1293], so dass dem Umweltschutz im Hinblick auf die Erhaltung des einmal erreichten Schutzniveaus in der Güterabwägung ein verstärktes Gewicht zukommt[1294]. Neben dem Verbot einer normativen Schutzverminderung umfasst das verfassungsrechtliche Postulat zur Aufrechterhaltung des einmal erreichten Schutzniveaus auch das Verbot, eine Verschlechterung der Umweltqualität oder auch nur ein entsprechendes Risiko zuzulassen[1295]. Diese Forderung ist umfassender als das Verbot der Unterschreitung eines normativ begründeten Schutzniveaus, da sie zum Schutz der Umwelt zumindest in ihrem qualitativen status quo verpflichtet – unabhängig davon, inwieweit die gegenwärtig bestehende Umweltqualität spezialgesetzlich bereits umfassend geschützt ist[1296]. Als Hauptargument für einen ökologischen Bestandsschutz sowohl in normativer als auch in qualitativer Hinsicht wird die

---

1293 In einer im Jahre 2000 ergangenen Entscheidung bestätigte das Verfassungsgericht das Bestehen eines relativen Verschlechterungsverbots im Bereich des Umweltschutzes, indem es die Änderung einer Verordnung betreffend die Einschränkung des LKW-Verkehrs an Wochenenden durch den ungarischen Wirtschaftsminister hin zu einer teilweisen Aufhebung der (umweltschützenden) Beschränkungen ohne Vornahme der gesetzlich vorgeschriebenen Umweltverträglichkeitsprüfung für verfassungswidrig erklärte, vgl. UVerfGE Nr. 30/2000 (X.11.) AB. Vgl. zum Begriff des „relativen Verschlechterungsverbots" den Bericht von KÜPPER zum ungarischen Umweltrecht anlässlich der Tagung der Fachgruppe Recht der DGO „Die Entwicklung des Umweltrechts in Osteuropa" am 2.-4. Oktober 2002 in Salzburg, Gesamtbericht von BREIG in: Osteuropa-Recht 2/2003, S. 187 (189 f.).

1294 KÜPPER, Osteuropaforschung/ Bd. 46 (2004), S. 331 (349 f.).

1295 So die bereits zitierte Grundsatzentscheidung Nr. 28/1994 (V.20.), vgl. Abschnitt IV/1 der Entscheidungsbegründung. In Abschnitt V/2 der Urteilsbegründung hob das Gericht hervor, dass „eine Verschärfung von Verboten und Sanktionen als nicht als hinreichend anzusehen" sei, „der Staat solle (vielmehr) vorbeugende Garantien schaffen, um Umweltschäden mit einer das staatliche Eigentum gewährleistenden Wahrscheinlichkeit auszuschließen". Vgl. weiterhin die Entscheidung des UVerfG Nr. 48/1997 (X.6.) (ABH 1997, S. 502 ff.), in der das Gericht die Verordnung Nr. 13/1996 (VII.9.), mittels derer der damalige Umweltminister naturschutzrechtliche Beschränkungen aufhob, um der Selbstverwaltung Pomáz die Bebauung eines Naturschutzgebietes zu ermöglichen, für verfassungswidrig erklärte, da die Bebauung notwendigerweise zu einer Verschlechterung des tatsächlichen Umweltzustandes führte. Vgl. hier insbesondere Abschnitt III der Urteilsbegründung, in dem das Gericht auf seine vorherigen Entscheidungen Nr. 996/G/1990 und Nr. 28/1994 Bezug nimmt.

1296 Gleichzeitig ist die rechtliche Bindungswirkung dieser Forderung aber schwächer, da dem Umweltschutz anders als durch das relative Verschlechterungsverbot bei der Güterabwägung aus dieser Perspektive kein verstärktes verfassungsrechtliches Gewicht zukommt.

Irreversibilität der meisten Umweltschäden[1297] angeführt, welche eine prinzipielle Beachtung des Präventionsprinzips erfordert[1298].

Inhaltlich insofern der Querschnittsklausel des Art. 6 EG entsprechend impliziert die staatliche Umweltschutzverpflichtung auch die Pflicht zu einer frühzeitigen und nachvollziehbaren Einbeziehung der Belange des Umweltschutzes bei den umweltrelevanten Entscheidungen des Staates. Das UVerfG hat bereits mehrmals eine Verletzung der Abwägungspflicht konstatiert, sofern die Gleichwertigkeit des Umweltschutzes mit kollidierenden Verfassungsgütern nicht garantiert wurde[1299]. Die Nichteinbeziehung von Umweltbelangen und das Unterbleiben der zwingend gebotenen Umweltverträglichkeitsprüfung[1300] führt nach der Judikatur des UVerfG zur Verfassungswidrigkeit staatlicher Maßnahmen[1301].

Die ungarische Verfassung nimmt auf die Verantwortung für die kommenden Generationen nicht explizit Bezug, jedoch findet diese zeitliche Dimension des Umweltschutzes in verschiedenen Umweltgesetzen[1302] Erwähnung. Trotz fehlender verfassungsrechtlicher Verankerung wird die staatliche Verantwortung für zukünftige Generationen auch in der Rechtsprechungspraxis des UVerfG be-

---

1297 In diesem Sinne betonte das UVerfG in seiner Entscheidung Nr. 48/1997 (X.6.) (ABH 1997, S. 502 ff.), dass die Irreversibilität von Umweltschäden das wesentliche Kriterium sei, in dem sich das Umweltgrundrecht von anderen sozialen und wirtschaftlichen Rechten unterscheide.

1298 Vgl. die entsprechende Bestätigung in der Entscheidung Nr. 28/1994 (V.20.) des UVerfG (Abschnitt V/2 der Urteilsbegründung).

1299 Siehe z.B. die Entscheidung des UVerfG Nr. 14/1998 (V.8.) (ABH 1998 S. 126 ff.), wonach die Aspekte der Raumentwicklung und des Umweltschutzes gleichrangig zu behandeln sind (Ziff. 1).

1300 Die Verpflichtung zur Umweltverträglichkeitsprüfung (im Ungarischen „vizsgálati elemzés“) von Gesetzesentwürfen ist in § 43 Abs. 1 des Allgemeinen Umweltschutzgesetzes geregelt. Hiervon abzugrenzen ist die Umweltverträglichkeitsprüfung im Sinne der UVP-Richtlinie (im Ungarischen „környezeti hatásvizsgálat“), die in den §§ 66 ff. des Allgemeinen Umweltschutzgesetzes geregelt ist.

1301 Vgl. den Abschnitt III der Urteilsbegründung der Entscheidung des UVerfG Nr. 30/2000 (X.11.). Nicht übersehen werden darf in diesem Zusammenhang der dezisionistische Charakter der Verfassungsrechtsprechung: Könnte die Rechtsprechung in jedem Fall reagieren, so wäre für eine große Anzahl von Maßnahmen, insbesondere ministeriale Verordnungen, das Urteil der Verfassungswidrigkeit und damit der Nichtigkeit zu erwarten. Vgl. zur aktuellen Judikatur des UVerfG auch FODOR/ORTH, Osteuropa-Recht 1/2005, S. 1 (13 ff.).

1302 Siehe z.B. die Präambeln der Gesetze Nr. 1995:LIII über die allgemeinen Regeln des Umweltschutzes, Nr. 1996:LIII über den Naturschutz sowie Nr. 2000:XLIII über die Abfallbewirtschaftung.

rücksichtigt[1303]. Inhaltlich bedeutet diese zukunftorientierte Verantwortung insbesondere auch die Verpflichtung zur angemessenen Regelung der Bewirtschaftung von nur begrenzt zur Verfügung stehenden Ressourcen[1304].

Welche Rechtswirkungen entfaltet das in Art. 18 UVerf konstituierte „Umweltgrundrecht" – neben seiner Bedeutung für die Judikatur des Ungarischen Verfassungsgerichts – in der ungarischen Rechtspraxis? In Ungarn determiniert die Verfassung in erster Linie die gesetzgeberische Tätigkeit, so dass das „Umweltgrundrecht" primär in Verbindung mit einfachgesetzlichen Rechtspositionen Geltung entfalten kann. Sowohl von der Judikative als auch von der Exekutive werden verfassungsrechtliche Regelungen hingegen nur selten ausdrücklich erwähnt bzw. direkt angewendet[1305]. Aus dem Kreis der staatlichen Rechtsschutzorgane stützen sich nur der Parlamentarische Ombudsmann[1306] und, in Einzelfällen, auch die Staatsanwaltschaft[1307] auf das Umweltgrundrecht. Eine explizite Bezugnahme auf die in Art. 18 UVerf verankerte Gewährleistung findet sich in der zivil- oder verwaltungsgerichtlichen Judikatur bislang nicht. Auch wenn sich die Argumentation anderer Gerichte offensichtlich an den vom UVerfG ausgearbeiteten Regelungsgehalt der Norm anlehnte[1308], blieb der explizite Anwendungsbereich des Art. 18 UVerf bislang auf die Rechtsprechung des UVerfG begrenzt.

[1303] Diese Anforderung hat das UVerfG im Rahmen der sog. *Abortus*-Urteile entwickelt, vgl. die Entscheidungen des UVerfG Nr. 64/1991 (XII.17.) (ABH 1991, S. 297 ff (303)) und Nr. 48/1998 (XI.23.). Im Bereich des Lebensschutzes umfasst der staatliche Schutzauftrag sowohl den Lebensschutz der gegenwärtigen Generation als auch den Schutz der menschlichen Lebensgrundlagen als Existenzgrundlage für künftige Generationen. In diesem Kontext ist der Umweltschutz, soweit er den Schutz der natürlichen Lebensgrundlagen betrifft, objektives Element des staatlichen Lebensschutzes.

[1304] Vgl. Rdn. III/1 der Urteilsbegründung der Grundsatzentscheidung des UVerfG Nr. 28/1994 (V.20.) sowie die Entscheidung Nr. 996/G/1990 vom 09.11.1993.

[1305] Dazu SÓLYOM, Az alkotmánybíráskodás kezdetei Magyarországon (Anfangszeit der Verfassungsgerichtsbarkeit in Ungarn), S. 235, 602.

[1306] Der Ombudsmann (Art. 32/B UVerf) hat die Möglichkeit zur Kontrolle der Exekutive insofern, als dass er sich im Falle eines „verfassungsrechtlichen Missstandes" an die betroffene Behörde mit einer Empfehlung wenden bzw. einen entsprechenden Bericht veröffentlichen kann.

[1307] Zur Rolle der Staatsanwaltschaft im Umweltschutz vgl. KÜPPER, Osteuropaforschung/ Bd. 46, S. 331 (383 f.).

[1308] Siehe dazu FODOR/ORTH, Osteuropa-Recht 2005, S. 1 (13) m.w.N.

cc) Evaluation des Verfassungsvergleichs im Wege der gemeinschaftsrechtsspezifischen Methodik der wertenden Rechtsvergleichung

Entsprechend der Erkenntnismethode des EuGH zur Entwicklung und Konkretisierung allgemeiner Rechtsgrundsätze – insbesondere der Gemeinschaftsgrundrechte – wird nun die mitgliedstaatliche Verfassungsdogmatik im Hinblick auf eine möglichst effektive konstitutionelle Absicherung bzw. Optimierung des Umweltschutzes ausgewertet und daraufhin untersucht, ob einzelne dogmatische Elemente und Figuren, die sich auf der Ebene des nationalen Verfassungsrechts bewährt haben, auf den in der Charta verankerten „Grundsatz" des Umweltschutzes übertragen werden können. Hierbei wird nicht verkannt, dass hinsichtlich der durch den EuGH praktizierten Kombination von rechtsvergleichender Analyse und gemeinschaftsrechtlicher Systembildung eine erhebliche Methodenunsicherheit besteht[1309].

Als anerkannt gilt, dass der Rechtsfindungs- und Konkretisierungsprozess mit der Herausarbeitung gemeineuropäischer Grundrechtsstandards durch die Analyse nationaler Rechtsordnungen beginnt und diese anschließend in die Strukturen und Ziele des Gemeinschaftsrechts eingepasst werden[1310]. Da bei der Ermittlung allgemeiner Rechtsgrundsätze die Rechtsvergleichung allein nicht die erforderlichen inhaltlichen Entscheidungen liefert, müssen dem Gemeinschaftsrecht Kriterien für die Auswahl und Bewertung nationaler Lösungen entnommen werden[1311]. Der Rechtsfindungsprozess kann demnach als ein „wertendes Zusammenführen mitgliedstaatlicher Regelungen in einer gemeinschaftsrechtlichen Synthese"[1312] beschrieben werden. Ziel ist die Entwicklung

---

[1309] Vgl. RUFFERT, Subjektive Rechte im Umweltrecht der Europäischen Gemeinschaft, S. 2.

[1310] So zuerst formuliert in EuGH, Rs. 11/70, *Internationale Handelsgesellschaft*, Slg. 1970, I-1125, Tz. 4.

[1311] Während ursprünglich das Ziel der Schaffung und Effektuierung eines Gemeinsamen Marktes als alleiniges Bewertungskriterium anzusehen war, haben im Zuge der auf vielen Ebenen fortschreitenden Integration auch nicht wirtschaftsorientierte Gesichtspunkte – insbesondere die Prinzipien eines effektiven Rechts- und Grundrechtsschutzes – maßgebliche Bedeutung erlangt. Siehe dazu auch HEINTZEN, EuR 1997, S. 1 (10).

[1312] Zwischen dem Ergebnis der mitgliedstaatlichen Rechtsvergleichung und den Vertragszielen wird ein erneuter Rechtsvergleich hergestellt, vgl. insgesamt RUFFERT, Subjektive Rechte im Umweltrecht der Europäischen Gemeinschaft, S. 13. Grundlegend ZWEIGERT, Der Einfluss des europäischen Gemeinschaftsrechts auf die Rechtsordnungen der Mitgliedstaaten, RabelsZ 28 (1964), S. 601 (611); BLECKMANN, Die Rechtsquellen des Europäischen Gemeinschaftsrechts, NVwZ 1993, 824 (826); RENGELING, Die Entwicklung verwaltungsrechtlicher Grundsätze durch den Gerichtshof der Europäischen Gemeinschaften, EuR 1984, S. 331 (346 f.).

eines Standards, der den nationalen Wertungen – ebenso wie denen der EMRK[1313] – gerecht wird und sich gleichzeitig in die Struktur und Ziele des Gemeinschaftsrechts einfügt.

In der Tendenz sichert diese Methodik eher eine Orientierung hin zu einem weitreichenden Standard, nicht jedoch einen Maximalstandard im Sinne der Gewährleistung sämtlicher nationaler Schutzmaxima[1314].

Welche verfassungsrechtliche Konzeption und welche rechtsdogmatischen Figuren haben sich also auf nationaler Ebene zur Verwirklichung des Umweltschutzprinzips als besonders effizient erwiesen, so dass sie – unter Berücksichtigung der Besonderheiten des Gemeinschaftsrechts – für die Interpretation der Charta-Gewährleistung „Umweltschutz" fruchtbar gemacht werden können?

Der Vergleich der konstitutionellen Garantie des Umweltschutzes in Deutschland, Frankreich, Spanien und Ungarn zeigt – angesichts der Verschiedenheit der Verfassungstraditionen, ihrer jeweiligen Verfassungssystematik und -dogmatik – eine überraschend große Übereinstimmung der Lösungswege.

Festgestellt werden kann zunächst – insofern im Einklang mit der der Grundrechtecharta zugrundeliegenden Wertung der Gleichrangigkeit der klassischen und der sozialen Grundrechte –, dass der Umweltschutz allgemein der höchsten Ebene der Verfassungswerte zugeordnet wird[1315].

Trotz mehrheitlich grundrechtlicher Diktion entfalten die untersuchten Umweltschutzartikel in der Verfassungswirklichkeit als Staatszielbestimmungen primär objektiv-rechtliche Wirkung, indem sie den Staat verbindlich, jedoch unter Einräumung eines weiten Umsetzungsspielraums, zur Realisierung des Umweltschutzziels verpflichten[1316]. Ihre – insbesondere aus der Perspektive der deutschen Verfassungsrechtslehre irreführende – Bezeichnung als „Grundrecht"

[1313] Auch für die Interpretation der EMRK sind die gemeinsamen europäischen Verfassungstraditionen als „gemeinsames europäisches Erbe" von großer Bedeutung, vgl. dazu BLECKMANN, Theorie der Grundrechte der Europäischen Gemeinschaften und der nationalen Rechtsordnungen, insbesondere des Grundgesetzes: Vergleich und Diskrepanz, S. 17 f.

[1314] Zur Erkenntnnismethode des EuGH KÜHLING, Grundrechte, in: V. BOGDANDY, Europäisches Verfassungsrecht, S. 583 (590 ff.).

[1315] Dies entspricht auch dem geltenden *acquis communautaire*, wonach der Umweltschutz im Gemeinschaftsrecht einen hohen Rang bzw. relativen Vorrang genießt. Siehe dazu 2. Kapitel, B.II.3.

[1316] Hinsichtlich der Rechtswirkungen des in der französischen *Charte de l'environnement* verankerten Umweltgrundrechts kann – wie oben dargelegt – zum gegenwärtigen Zeitpunkt nur eine Prognose unter verfassungssystematischen Gesichtspunkten zugrunde gelegt werden. Vgl. dazu in diesem Kapitel unter D.II.2.a)bb)(2).

liegt in den unterschiedlichen Verfassungstraditionen begründet[1317], jedoch folgen aus dieser Terminologie in der Regel keine verbindlichen, individualschützenden Rechtswirkungen.

In allen untersuchten Verfassungen bewirkt die Gewährleistung des Umweltschutzes eine positive staatliche Verpflichtung, die sich primär als Gesetzgebungsauftrag darstellt. Als allgemein anerkannt gelten kann ferner, dass aus der Umweltschutzgarantie objektiv-rechtliche staatliche Handlungs- und Schutzpflichten erwachsen[1318].

Konsentiert ist weiterhin die Funktion der Umweltschutzgarantie als Verfassungsmäßigkeitsmaßstab für die verfassungsgerichtliche Kontrolle sowie für die Auslegung einfachen Rechts durch Exekutive und Judikative. Ein – verfassungs- oder verwaltungsgerichtlich – unmittelbar einklagbares subjektives Recht wird gegenwärtig in keiner der untersuchten mitgliedstaatlichen Verfassungsordnungen begründet. In diesem Zusammenhang sei jedoch daran erinnert, dass gerade in der – für die Grundrechtecharta als Modell herangezogenen – französischen und spanischen Rechtsordnung ein Primat der objektiven Rechtskontrolle besteht und diese seitens des Bürgers bereits bei Vorliegen eines anerkennenswerten „legitimen Interesses" veranlasst werden kann.

Aus der Perspektive des Individualschutzes bemerkenswert ist, dass in den verglichenen Verfassungsordnungen allgemein die Möglichkeit einer Teilsubjektivierung der verfassungsrechtlichen Umweltschutznorm in Verbindung mit einem klassischen Grundrecht – insbesondere mit dem Gleichheitssatz – gesehen wird, so dass der Umweltschutz für den Einzelnen zumindest mittelbar justiziabel werden kann.

Anerkannt ist weiterhin, dass der Umweltschutz durch seine Konstitutionalisierung eine Aufwertung und damit ein verstärktes Gewicht im Rahmen der Güterabwägung bei der Einschränkung klassischer Grundrechte erfahren hat[1319].

Nicht in allen untersuchten mitgliedstaatlichen Verfassungsordnungen ist bislang die Bedeutung der konstitutionellen Umweltschutzgarantie für das normative und das tatsächliche Schutzniveau präzise herausgearbeitet worden.

1317 Dieser terminologische „Zwiespalt" zeigte sich auch bei der Erstellung der Grundrechtecharta, die unter den Oberbegriff „Rechte" auch objektiv-rechtliche Gewährleistungen fasst.

1318 Insbesondere im deutschen Verfassungsrecht ist eine ausgefeilte Dogmatik auch in Bezug auf Staatszielbestimmungen zu verzeichnen. Die dogmatische Analyse des Art. 20 a GG im Hinblick auf staatliche Handlungs- und Schutzpflichten kann in rechtsvergleichender Hinsicht als vorbildlich angesehen werden.

1319 Ein besonderes Gewicht bzw. ein relativer Vorrang des Umweltschutzes vor anderen Schutzgütern im Rahmen der Abwägung ist bereits jetzt im Gemeinschaftsrecht anerkannt. Vgl. dazu 2. Kapitel, B.II.3.

Überwiegend konnte jedoch positiv festgestellt werden, dass die verfassungsrechtliche Verankerung des Umweltschutzes ein Optimierungsgebot sowie ein relatives normatives Verschlechterungsverbot impliziert. Weiterhin wird das Postulat eines qualitiven Verschlechterungsverbots im Sinne eines ökologischen Bestandsschutzes aus der verfassungsrechtlichen Garantie des Umweltschutzes hergeleitet.

Zusammenfassend ist festzustellen, dass die Gewährleistung des Umweltschutzes durch nahezu ausschließlich objektiv-rechtlich wirkende Verfassungsnormen – insbesondere Gesetzgebungsaufträge – durchaus zu einem hoch entwickelten Umweltrecht führen kann. Im Hinblick auf dessen effiziente Implementierung kann jedoch nicht ignoriert werden, dass ein ausschließlich objektivrechtliches Regelungsinstrumentarium nicht dem – sowohl auf nationaler Ebene als auch im Gemeinschaftsrecht zu verzeichnenden – umweltrechtlichen Vollzugsdefizit entgegenzuwirken vermag.

Inwiefern kann nun der Befund des Verfassungsvergleiches für das nach den Vorgaben der „Allgemeinen Bestimmungen" der Grundrechtecharta zu Art. 37 GRC gefundene Interpretationsergebnis fruchtbar gemacht werden? Welche Elemente der nationalen Verfassungsdogmatik lassen sich konstruktiv-ergänzend auf das soziale Recht bzw. den Charta-Grundsatz „Umweltschutz" übertragen?

Vorab sei bereits festgehalten, dass das oben zusammengefasste „Substrat" des Verfassungsvergleichs zur konstitutionellen Gewährleistung des Umweltschutzes das bisherige Interpretationsergebnis zu Art. 37 GRC (nahezu) vollumfänglich stützt.

Hingewiesen sei jedoch auf die folgende – einzige und möglicherweise seitens des HERZOG-Konvents nicht intendierte – „Unstimmigkeit": Sowohl in den mitgliedstaatlichen Verfassungsordnungen als auch auf der Ebene des Gemeinschaftsrechts gilt als anerkannt, dass die Umweltschutzgarantie als Auslegungs-, Rechtmäßigkeits- und Abwägungsmaßstab innerhalb der gesamten Rechtsordnung zu berücksichtigen ist. In der Charta wurde indes nach Maßgabe des Art. 52 Abs. 5 GRC der Anwendungsbereich der „Grundsätze" dahingehend begrenzt, dass diese „nur" zur Auslegung der sie umsetzenden Rechtsakte heranzuziehen seien. Diese Restriktion gegenüber geltendem Gemeinschaftsrecht ist wenig nachvollziehbar und vermutlich auch unbeabsichtigt – im Bestreben zur „Vermeidung" eines umfassenden Individualrechts – infolge des während des Konventsverfahrens herrschenden Zeitdrucks formuliert worden[1320].

1320 Insbesondere sind die Leitprinzipien der spanischen Verfassung als Modell-Normen der Charta-Grundsätze auch für die Auslegung des übrigen Verfassungs- und einfach-

Zunächst könnte das aus der verfassungsrechtlichen Garantie des Umweltschutzes hergeleitete Optimierungsgebot auf die Gewährleistung des Art. 37 GRC zu übertragen sein. Ein Transfer dieser Rechtswirkungen erscheint insbesondere im Hinblick auf entsprechende rechtsverbindliche Zielvorgaben des Art. 174 EG zulässig und ist daher zu befürworten. Gleiches gilt im Hinblick auf Art. 174 EG für das Postulat eines relativen normativen sowie qualitativen Verschlechterungsverbots[1321]. Ein Verbot der Minderung des einmal erreichten normativen Schutzniveaus, welches nur in Ausnahmefällen im Konflikt mit einem anderen überragend wichtigen Schutzgut unterschritten werden kann, ist als in der umweltrechtlichen Querschnittsklausel des Art. 6 EG und in der Vorgabe eines hohen Schutzniveaus des Art. 174 Abs. 2 EG als maßgebliche Bezugspunkte des Art. 37 GRC angelegt zu sehen. Auch ein – relatives – qualitatives Verschlechterungsverbot im Sinne eines ökologischen Bestandsschutzes ist der Verpflichtung auf ein hohes Schutzniveau, den Prinzipien der Vorsorge und der Vorbeugung und auch dem Nachhaltigkeitsgrundsatz immanent[1322]. Da bereits gemeinschaftsrechtlich fundiert, können diese dogmatischen Elemente aus dem Kontext des nationalen Verfassungsrechts auf die Ebene des europäischen Verfassungsrechts übertragen werden und für die Interpretation des Art. 37 GRC herangezogen werden.

Naheliegend erscheint ferner eine Rezeption der auf nationaler Ebene anerkannten Konzeption einer durch Verfassungsnormen begründeten, objektivrechtlichen staatlichen bzw. hoheitlichen Schutzpflicht. Die dogmatische Figur der – insbesondere grundrechtlichen – Schutzpflichten wird auf der Ebene des Gemeinschaftsrechts – im Gegensatz zum nationalen Verfassungsrecht und zur EMRK – erst seit relativ kurzer Zeit diskutiert und befindet sich demnach noch in den Anfängen ihrer Entwicklung[1323]. Da auch das geltende Primärrecht einer schutzbezogenen Auslegung zugänglich ist[1324] und insbesondere auch den

gesetzlichen Rechts von Bedeutung. Siehe dazu in diesem Kapitel unter D.I.1.a)cc) sowie unter D.II.2.a)bb)(3).

1321 Siehe dazu 2. Kapitel, B.II.2.d).

1322 Vgl. hinsichtlich der Vorgaben des Art. 174 EG KAHL, in: STREINZ, EUV/EGV, Art. 174 EG, Rdn. 46, sowie hinsichtlich des Nachhaltigkeitsgrundsatzes KAHL, in: STREINZ, EUV/EGV, Art. 6 EG, Rdn. 20; REHBINDER, NVwZ 2002, S. 657 (659).

1323 Grundlegend war insofern das Urteil des EuGH zu den Agrarblockaden französischer Landwirte im Jahre 1997 (Rs. C-265/95, *Kommission / Frankreich*, Slg. 1997, I-6959). Siehe jedoch auch bereits RENGELING, Grundrechtsschutz in der EG, S. 206 f. Zu weiteren Nachweisen aus dem jüngeren Schrifttum siehe JAECKEL, Schutzpflichten, S. 183 (Fn. 5).

1324 Siehe JAECKEL, Schutzpflichten, S. 194 ff. Auch die Charta-Präambel öffnet sich einer schutzbezogenen Auslegung der in der Charta niedergelegten Rechte, vgl. auch DIES., ebd., S. 207.

primärrechtlichen Umweltschutznormen eine Schutzdimension zuerkannt werden kann, stehen einem Transfer der Konzeption der Schutzpflicht keine Bedenken entgegen[1325]. Gerade das Ziel eines effizienten Schutzes der normierten Garantien als tragendes Argument für die Anerkennung einer Schutzpflicht gilt ebenso wie auf nationaler Ebene und im Bereich der EMRK auch im Gemeinschaftsrecht. Eine Subjektivierung der Schutzpflicht im Sinne eines „subjektiven Rechts auf Schutz"[1326] – überwiegend begründet durch die Ableitung der objektiv-rechtlichen Schutzaufgabe aus den Einzelgrundrechten[1327] – kommt jedoch bei einer aus einer objektiv-rechtlichen Norm erwachsenden Schutzpflicht nicht in Betracht. Die Art. 37 GRC zuzuerkennende Schutzaufgabe ist demzufolge nicht individuell durchsetzbar, sondern auf ihre objektiv-rechtliche Geltungsanordnung beschränkt.

Als wichtiges neues – auf nationaler Ebene etabliertes und bewährtes – Element des Verfassungsvergleichs ist weiterhin die Möglichkeit der Subjektivierung des Umweltschutzprinzips in Verbindung mit einem klassischen, „anspruchsvermittelndem" Grundrecht zu nennen. Einer Übertragung dieser dogmatischen Figur auf die Grundsätze der Grundrechtecharta stehen – auch unter Berücksichtigung der Besonderheiten des Gemeinschaftsrechts – keine rechtstechnischen Bedenken entgegen. Jedoch gilt auch hier der Wortlaut des Art. 52 Abs. 5 S. 2 GRC, der bei enger Auslegung einer solchen Funktionalisierung des Art. 37 GRC entgegenstehen könnte[1328].

Zum gegenwärtigen Zeitpunkt angesichts seiner unmissverständlich objektiv-rechtlichen Formulierung für Art. 37 GRC noch nicht relevant ist der auf nationaler Ebene entwickelte Interpretationsansatz, dass die Formulierung eines verfassungsmäßigen „Rechts auf Umweltschutz" einen legislativen Subjektivierungsauftrag enthalte[1329].

1325 Diese Annahme wird maßgeblich auch durch die EMRK und die Spruchpraxis des EGMR gestützt, welche jeweils nach der Präambel der Grundrechtecharta wichtige Auslegungsdirektiven für die in der Charta enthaltenen Gewährleistungen darstellen. Die Herleitung staatlicher Schutzpflichten („positive obligations" bzw. „obligations positives") aus den Garantien der EMRK gilt als anerkannt. Dazu ausführlich JAECKEL, Schutzpflichten, S. 103 ff.

1326 Siehe JAECKEL, Schutzpflichten, S. 58 ff. (für die Bundesrepublik Deutschland), S. 138 ff. (für die EMRK) sowie S. 244 ff. (für das Gemeinschaftsrecht).

1327 Vgl. JAECKEL, Schutzpflichten, S. 59 m.w.N.

1328 Zweifelhaft erscheint bei einer teleologischen Betrachtung des Art. 52 Abs. 5 S. 2 GRC jedoch, ob auch eine Erweiterung klassischer Grundrechte um eine umweltschützende Dimension durch die gewählte Formulierung tatsächlich ausgeschlossen werden sollte.

1329 Zu dieser Interpretationsmöglichkeit siehe SOMMERMANN, Staatsziele, S. 418. Siehe auch die zusammenfassende Betrachtung des Verfassungsvergleichs der 25 Mitgliedstaaten in diesem Kapitel unter D.II.2.a)aa).

Neben dem dargestellten – weitreichenden – Konsens verdeutlicht der Verfassungsvergleich auch, dass auf nationaler Ebene bislang keine letztverbindliche Entscheidung über eine subjektiv- oder objektiv-rechtliche Konzeption des Umweltschutzes gefallen ist und die Schwierigkeit einer klaren rechtsdogmatischen Einordnung dieses multidimensionalen Schutzgutes weiterhin besteht. Nicht ohne Grund wird in der verfassungsgerichtlichen Judikatur vielfach betont, es handele sich bei der Umweltschutzgarantie um „mehr" als um eine reine Staatszielbestimmung, wobei der – seinerseits unbestimmte – Terminus des Rechts „sui generis" bzw. des „Drittgenerationenrechts" bemüht wird. Anknüpfungspunkt für die Betonung dieser Grundrechtsähnlichkeit ist, dass auch in eindeutig objektiv-rechtlichen Regelungen ein *Schutzgut* normiert wird[1330]. Zudem ist für die beiden eng verwandten Gewährleistungen des Gesundheits- und des Umweltschutzes anerkannt, dass diese mit der Garantie der Würde des Menschen und den Freiheitsrechten in unmittelbarem Zusammenhang stehen. Eine dem Schutzgut „Umwelt" immanente subjektiv-rechtliche Komponente scheint demnach nicht verneint werden zu können. Vor dem Hintergrund der seit vielen Jahrzehnten diskutierten Schwierigkeiten einer klaren rechtsdogmatischen Einordnung ist auch die Umweltschutz-Gewährleistung des Art. 37 GRC und ihre rechtliche Bewertung als entwicklungsoffen zu betrachten.

b) Gemeinsame internationale Verpflichtungen der Mitgliedstaaten zum Umweltschutz

Unmittelbar nach den mitgliedstaatlichen Verfassungstraditionen werden in der Präambel der Grundrechtecharta die gemeinsamen internationalen Verpflichtungen der Mitgliedstaaten als essentielle Interpretationsgrundlage für die in der Charta verankerten Gewährleistungen genannt. Für die Bestimmung des Gewährleistungsinhalts des Art. 37 GRC bedeutungsvoll sind demnach alle für den Umweltschutz relevanten internationalen Abkommen der Mitgliedstaaten[1331]. Bereits zu Beginn dieser Untersuchung wurde festgestellt, dass sowohl

---

1330 Siehe dazu die Analyse des Art. 20 a GG in diesem Kapitel unter D.II.2.a)bb)(1) sowie die Nachweise in Anm. 1083.

1331 Nicht präzise gefasst ist die Formulierung „gemeinsame Verpflichtungen" insofern, als dass unklar bleibt, ob alle Mitgliedstaaten den entsprechenden internationalen Verträgen beigetreten sein müssen oder bereits der Beitritt einer Mehrheit bzw. repräsentativen Anzahl der Mitgliedstaaten einen Rückgriff auf das jeweilige internationale Abkommen erlaubt. Zu einem Überblick über die wesentlichen internationalen Umweltschutzübereinkommen und die dort enthaltenen Rechte siehe SHELTON, Environmental Rights in Multilateral Treaties adopted between 1991 and 2001, EPL 32 (2002), S. 70 ff. Siehe ferner V. HORSTIG, Die Europäische Gemeinschaft als Partei internationaler Umweltschutzabkommen.

aus den internationalen als auch aus den europäischen Konventionen und Vertragswerken zum Schutz der Menschenrechte bzw. zum Schutz der Umwelt ein rechtsverbindliches „Grundrecht auf Umweltschutz" nicht hergeleitet werden kann[1332].

Unter den internationalen Umweltschutzabkommen aus der Perspektive des Individualrechtsschutzes von herausragender Bedeutung[1333] ist die am 3. Oktober 2001 in Kraft getretene Århus-Konvention[1334], zu deren Umsetzung die Europäische Gemeinschaft sowohl in den Mitgliedstaaten als auch hinsichtlich ihrer eigenen Organe und Institutionen (z.B. Europäische Umweltagentur[1335]) verpflichtet ist[1336]. Im Hinblick auf eine größere Transparenz des Verwaltungshandelns und den Abbau des Vollzugsdefizits schafft die Konvention die Voraussetzungen für eine stärkere Beteiligung der Bürger an der Durchsetzung des Umweltrechts. Die prozedurale Konzeption der Århus-Konvention basiert auf den drei Säulen Zugang zu Umweltinformationen (Artt. 4 und 5)[1337], Öffentlichkeitsbeteiligung in umweltrelevanten Entscheidungsverfahren (Artt. 6-8) und Zugang zu Gericht in Umweltangelegenheiten (Art. 9)[1338]. Das multi-

---

1332 Vgl. oben 1. Kapitel unter A.II.

1333 In dem Bewusstsein der Innovationskraft und richtungsweisenden Bedeutung der Århus-Konvention bezeichnete der UN-Generalsekretär KOFI ANNAN diese als „the most ambitious venture in the area of environmental democracy so far undertaken under the auspices of the United Nations" (http://www.unece.org/env/pp/welcome.html).

1334 Vgl. Anm. 97.

1335 Siehe dazu RUNGE, Zehn Jahre Informationsmanagement für Europa. Die Tätigkeit der Europäischen Umweltagentur, DVBl. 2005, S. 542 ff.

1336 Die ÅRHUS-KONVENTION wurde auf europäischer Ebene durch die Richtlinien zur Umweltinformation (RL des Parlaments und des Rates 2003/4/EG vom 28.01.2003 über den Zugang der Öffentlichkeit zu Umweltinformationen und zur Aufhebung der RL 90/313/EWG – ABl. EU L 41 v. 14.02.2003, S. 26 ff.) und zur Öffentlichkeitsbeteiligung (RL des Parlaments und des Rates 2003/35/EG vom 23.05.2003 über die Beteiligung der Öffentlichkeit bei der Ausarbeitung bestimmter umweltbezogener Pläne und Programme und zur Änderung der Richtlinien 85/337/EWG und 96/61/EG – ABl. EU L 156 v. 25.06.2003, S. 17 ff.) umgesetzt.

1337 Hierdurch werden die im Umweltvölkerrecht bereits anerkannten Umweltinformationspflichten der Staaten durch konkrete Ansprüche seitens der Öffentlichkeit ergänzt. Vgl. zu entsprechenden staatlichen Informationspflichten SCHEYLI, Aarhus-Konvention über Informationszugang, Öffentlichkeitsbeteiligung und Rechtsschutz in Umweltbelangen, AVR 38 (2000), S. 217 (222 ff.).

1338 Die Kompetenz der Gemeinschaft zum Abschluss und zur Umsetzung dieser drei Pfeiler der Konvention in den EU-Mitgliedstaaten ergibt sich aus ihrer Kompetenz für die Umweltpolitik (Artt. 175, 174 Abs. 1 i.V.m. Art. 300 EG). Ausführlich zur Konvention und zur Frage der Gemeinschaftskompetenz für ihre Umsetzung V. DANWITZ, Aarhus-Konvenlaterale Abkommen gewährt ein einklagbares Recht auf Information und Mitsprache in Umweltangelegenheiten und leistet damit einen auf internationaler Ebene einzigartigen Beitrag zur Einbindung der Zivilgesellschaft in umweltrelevante Entscheidungen („environmental governance“). Anspruchsberechtigt sind hinsichtlich des Zugangs zu Umweltinformationen[1339] natürliche und juristische Personen sowie deren Vereinigungen, Organisationen und Gruppen ohne Nachweis eines besonderen Interesses (Popularanspruch)[1340]. Anspruchsgegner sind die „Behörden“ der Vertragsparteien[1341]. Das Informationsrecht der ersten Säule wird ergänzt durch ein Partizipationsrecht der zweiten Säule, welches zwischen drei verschiedenen Mitwirkungsformen unterscheidet[1342]. Eine Einschränkung gegenüber dem Anspruch auf Informationszugang besteht dahingehend, dass nur die „betroffene Öffentlichkeit“ zu beteiligen ist. Nach der Legaldefinition des Art. 2 Abs. 5 der Konvention gehört hierzu die wahrscheinlich betroffene oder mit einem Interesse am Entscheidungsverfahren ausgestattete Öffentlichkeit. Hervorzuheben ist, dass auch Umweltschutzorganisationen, denen ein solches Interesse ipso iure zuerkannt wird, grundsätzlich zu der „betroffenen Öffentlichkeit“ gehören und damit anspruchsberechtigt sind[1343]. Die praktische Durchsetzung von Informationsrechten und der Beteiligung der Öffentlichkeit wird durch die dritte Säule der Konvention gewährleistet, wonach

---

tion: Umweltinformation, Öffentlichkeitsbeteiligung, Zugang zu den Gerichten, NVwZ 2004, S. 272 (276 ff.).

1339 Nach der weit gefassten Legaldefinition des Art. 2 Abs. 3 der Konvention sind „Informationen über die Umwelt“ Gegenstand des Informationsanspruchs. Erwähnenswert ist, dass über die behördliche Pflicht zur Bereithaltung und Mitteilung hinaus auch die unaufgeforderte Mitteilung wesentlicher Daten verlangt wird (vgl. Art. 5 Abs. 1 und 2 der Konvention, sogenannte „aktive Informationsgewährung“). Zum Informationsanspruch v. DANWITZ, NVwZ 2004, S. 272 (274 f.) m.w.N.

1340 Vgl. Art. 4 Abs. 1 lit. a) der Konvention. Siehe dazu auch EPINEY, Zu den Anforderungen der Aarhus-Konvention an das europäische Gemeinschaftsrecht, ZUR 2003, S. 176 ff.

1341 Der Begriff der Behörde ist in Art. 2 Abs. 2 der Konvention legaldefiniert und umfasst neben Stellen der öffentlichen Verwaltung (lit. a)) auch natürliche und juristische Personen des Privatrechts, sofern sie auf der Grundlage innerstaatlichen Rechts öffentliche Aufgaben wahrnehmen (lit. b)) oder unter der Kontrolle einer solchen Stelle öffentliche Aufgaben erfüllen (lit. c)). Nicht vom Behördenbegriff der Konvention erfasst sind solche Organe, die in gerichtlicher oder gesetzgeberischer Funktion handeln.

1342 Unterschieden wird zwischen der Beteiligung der Öffentlichkeit an Entscheidungen über bestimmte Tätigkeiten (Art. 6), der Beteiligung der Öffentlichkeit bei umweltbezogenen Plänen, Programmen und Politiken (Art. 7) sowie der Beteiligung der Öffentlichkeit bei normativen Instrumenten (Art. 8). Anzumerken ist, dass insbesondere den letzten beiden Partizipationsformen keine hinreichend konkrete Rechtsfolge zu entnehmen ist.

1343 Vgl. Art. 2 Abs. 4 und 5 der Konvention.

die Rechte der ersten beiden Säulen einer umfassenden Rechtskontrolle unterstellt werden[1344]. Nach Art. 9 Abs. 1 der Konvention muss eine potentielle Verletzung der Informationsrechte der Konvention in einem gerichtlichen oder gerichtsähnlichen Überprüfungsverfahren geltend gemacht werden können[1345]. Klagebefugt ist dabei „jede Person", die eine Verletzung ihres Informationsanspruches behauptet. Für den Fall einer Verletzung der Partizipationsrechte verpflichtet Art. 9 Abs. 2 der Konvention die Vertragsparteien, der betroffenen Öffentlichkeit Zugang zu einem Gericht oder einer gerichtsähnlichen Instanz zur Durchsetzung des Beteiligungsrechts zu gewähren. Unter Berücksichtigung der unterschiedlichen Konzepte der Vertragsparteien über Rechtsschutzmöglichkeiten der Öffentlichkeit hat die Konvention – den Unterschieden der Verfahrensordnungen entsprechend – zwei Modelle alternativ zur Verfügung gestellt: Abgestellt werden kann – in Entsprechung zum französischen Verwaltungsrecht – sowohl auf die weit gefasste Voraussetzung des „ausreichenden Interesses"[1346] sowie auf die engere Konzeption der „Geltendmachung einer Rechtsverletzung"[1347] nach dem Vorbild des deutschen Verwaltungsprozessrechts[1348]. Über die vorgenannten Rechtsschutzmöglichkeiten hinaus werden die Vertragsparteien in Art. 9 Abs. 3 zur Gewährleistung gerichtlichen oder verwaltungsbehördlichen Rechtsschutzes bei Verstößen von Privatpersonen oder Behörden gegen das innerstaatliche Umweltrecht der Vertragspartei verpflichtet[1349].

Weitere für die Interpretation des Art. 37 GRC relevante individualbezogene Partizipations- und Rechtsschutzmöglichkeiten sind in medienspezifischen Um-

---

[1344] Zu den Verpflichtungen der dritten Säule ausführlich SCHEYLI, AVR 38 (2000), S. 217 (242 ff.).

[1345] Dem vorgeschaltet wird in Art. 9 Abs. 1 Uabs. 1 die Durchführung eines vorgerichtlichen Überprüfungsverfahrens durch eine Behörde oder eine andere unabhängige und unparteiische Stelle vorgesehen.

[1346] Vgl. Art. 9 Abs. 2 lit. a) der Konvention.

[1347] Vgl. Art. 9 Abs. 2 lit. b) der Konvention.

[1348] Die Ausfüllung der Rechtsbegriffe „ausreichendes Interesse" und „Rechtsverletzung" bleibt nach Art. 9 Abs. 2 Uabs. 2, S. 2 und 3 der Konvention dem Recht der Vertragsparteien überlassen. Eine Einschränkung dieses Ausgestaltungsspielraumes gilt jedoch hinsichtlich der Klagebefugnis von Nichtregierungsorganisationen, bei denen ein geltend gemachtes Interesse ohne weitere Überprüfung als ausreichend fingiert wird (vgl. auch Art. 2 Abs. 5 der Konvention).

[1349] Konkrete Vorgaben zur Umsetzung des Art. 9 Abs. 3 – insbesondere zur Festlegung der Verfahrenslegitimation – können der Regelung indes nicht entnommen werden. Vgl. dazu auch V. DANWITZ, NVwZ 2004, S. 272 (276).

weltschutzabkommen verankert, deren eingehende Analyse im Rahmen dieser Untersuchung jedoch nicht geleistet werden kann[1350].

Hinsichtlich der Bedeutung der ÅRHUS-KONVENTION für Art. 37 GRC ist festzuhalten, dass die durch die Konvention verbindlich vorgegebenen prozeduralen Gewährleistungsinhalte zwar nicht als unmittelbar in dem Charta-Grundsatz enthalten gelten können, jedoch im Rahmen der Interpretation des Umweltschutzartikels stets zu beachten sind und eine – zukünftig durchaus vorstellbare – textliche Umgestaltung des Art. 37 GRC in ein prozedurales Umweltgrundrecht unterstützen könnten[1351].

c) Rechtsprechung des EuGH und des EGMR als Auslegungsdirektive

Entsprechend der Vorgabe der Charta-Präambel ist nun zu untersuchen, ob und inwiefern die Spruchpraxis der beiden europäischen Gerichtshöfe[1352] für die Interpretation des Art. 37 GRC – insbesondere auch im Hinblick individualschützende Gehalte – fruchtbar gemacht werden kann.

aa) Analyse der umweltbezogenen Judikatur des EGMR

Im Hinblick auf eine gemeineuropäische Werteorientierung, die dem Schutz der Umwelt einen zunehmend höheren Rang einräumt, ist eine deutliche Tendenz und Dynamik in der Straßburger Rechtsprechung zu beobachten, die Garantien der EMRK ökologisch zu interpretieren. Auch wenn in die EMRK bislang kein explizites Menschenrecht auf Umweltschutz aufgenommen worden ist[1353], kann eine umfassende umweltrelevante Spruchpraxis des EGMR verzeichnet werden, in der die Konventionsgarantien in ihrer Schutzfunktion als materiell- und verfahrensrechtliche grundrechtliche Teilgewährleistungen des Umweltschutzes angewandt worden sind[1354]. Dass die EMRK die Grundrechts-

---

1350 Siehe dazu V. HORSTIG, Die Europäische Gemeinschaft als Partei internationaler Umweltschutzabkommen.

1351 Zu einer potentiellen Dynamik des Art. 37 GRC siehe unten 4. Kapitel, B.II.

1352 Die Bezugnahme der Charta-Präambel auf die Rechtsprechung des EGMR lässt dabei das Ziel der Wahrung des „acquis conventionnel“ erkennen, vgl. GRABENWARTER, FS Steinberger, S. 1129 (1143).

1353 Vgl. dazu oben 1. Kapitel, A.II.2.b).

1354 Eine eingehende Bestandsaufnahme und Analyse dieser Rechtsprechung findet sich bei SCHMIDT-RADEFELDT, Ökologische Menschenrechte. Weiterhin COOK, Environmental Rights as Human Rights?, EHRLR 2002, S. 196 ff.; DESGAGNÉ, AJIL 89 (1995), S. 263 ff.;

entwicklung in der Europäischen Union maßgeblich beeinflusst, dokumentiert sowohl die Rechtsprechung des EuGH als auch jüngst die Entstehungsgeschichte und der Inhalt der Grundrechtecharta[1355]. Im Folgenden wird im Wege eines zusammenfassenden Überblicks über die Leitlinien der umweltrelevanten Judikatur des EGMR aufgezeigt, ob und inwiefern die „ökologisch getönte"[1356] Rechtsprechung des Gerichtshofs für die Interpretation des Art. 37 GRC Bedeutung gewinnen kann.

Der Umweltschutz kann vor allem als Element eines Konventionsrechts – so z.B. bei der Verletzung der natürlichen Lebensgrundlagen des Individuums – als auch in seiner Funktion als Schranke einzelner Menschenrechte Gegenstand der Rechtsprechung des EGMR werden. Für den umweltrechtlichen Individualschutz fruchtbar gemacht wurden in der Judikatur des EGMR die grund- bzw. menschenrechtlichen Teilgewährleistungen des Art. 2 EMRK (Recht auf Leben) und – insbesondere – des Art. 8 EMRK (Recht auf Achtung des Privat- und Familienlebens) sowie des Art. 1 des 1. Zusatzprotokolls (Recht auf Eigentum)[1357]. In Erwägung gezogen werden kann zudem auch ein menschenrechtlich fundierter Umweltinformationsanspruch auf der Grundlage des Art. 10 ERMK[1358]. Die in Art. 8 EMRK abgesicherte Garantie der Achtung des Privat- und Familienlebens hat sich dabei als Leitnorm des gemeineuropäischen, grundrechtlichen Immissionsschutzes erwiesen[1359]. Art. 8 EMRK kann auch verletzt

---

KLEY/STRULLER, Der Schutz der Umwelt durch die Europäische Menschenrechtskonvention, EuGRZ 1995, S. 507 ff.; MULARONI, The Right to a Safe Environment in the Case-Law of the European Court of Human Rights, in: ICEF, S. 312 ff.; SHELTON, Human Rights and the Environment: Jurisprudence of Human Rights Bodies, EPL 32 (2002), S. 158 (162 ff.).

1355 Vgl. auch GRABENWARTER, FS Steinberger, S. 1129, 1135 ff.

1356 SCHMIDT-RADEFELDT, Ökologische Menschenrechte, S. 198. Vgl. auch MALJEAN-DUBOIS, La convention européenne des droits de l'homme et le droit en matière d'environnement, RGDIP 1998, S. 995 (1014), die im Hinblick auf Art. 8 EMRK von einer „coloration verte" spricht.

1357 Zur umweltrechtlichen Bedeutung der einzelnen Gewährleistungen in der Judikatur KLEY/STRULLER, EuGRZ 1995, S. 507 (511 ff.).

1358 Der EGMR judizierte in dem Fall *Guerra u.a./Italien* (Reports 1998-I, S. 210) dass eine fehlende behördliche Information über die Risiken der von einer Chemiefabrik ausgehenden Risiken unmittelbare Nachbarn in ihrem Recht aus Art. 8 EMRK verletze. Die ebenfalls gerügte Verletzung des aus Art. 10 EMRK resultierenden Umweltinformationsanspruchs verneinte der EGMR jedoch, da dem Staat keine positive Verpflichtung zur Einholung und Weitergabe von Informationen auf Eigeninitiative auferlegt sei. Das Urteil ist abgedruckt in: EuGRZ 1999, S. 188 ff. m. Anm. SCHMIDT-RADEFELDT.

1359 Vgl. RENGELING/SZCZEKALLA, Grundrechte in der Europäischen Union, § 32 Umweltschutz (Art. 37 GRC), Rdn. 1052. Vgl. hierzu die Grundsatzentscheidung des EGMR *López Ostra / SP* (veröffentlicht in: Série A, Nr. 303-C, 41; abgedruckt in: EuGRZ 1995,

sein, wenn die Behörden die Betroffenen über Umweltrisiken nicht rechtzeitig und ausreichend informieren[1360]. Die über Art. 8 EMRK vermittelte umweltschützende Teilgewährleistung enthält sowohl eine Abwehr- als auch eine Schutzdimension[1361]; jedoch gewährleistet der Schutz des Art. 8 EMRK nur ein „ökologisches Existenzminimum"[1362]. Wie ein aktuelles Urteil des EGMR, in welchem der Gerichtshof im Zusammenhang mit der Bekämpfung von Nachtfluglärm sehr weitreichende Planungs- und Untersuchungspflichten angenommen hat[1363], zeigt, setzt Art. 8 EMRK in diesem Bereich den Maßstab hinsichtlich erheblicher Begründungs- und Abwägungslasten der Vertragsstaaten für die Zulassung von Umweltbelastungen[1364]. Ungeachtet dessen sind die Belange des Umweltschutzes – nach bislang herrschender Überzeugung des Gerichtshofs – nicht vorrangig zu behandeln[1365].

S. 530 ff.). Nicht klar ersichtlich ist, warum der EGMR den menschenrechtlichen Abwehranspruch nicht primär auf den sachlich näher liegenden Gesundheits- und Lebensschutz stützte. Ein Überblick über die umweltrelevanten Leitentscheidungen im Zusammenhang mit Art. 8 EMRK findet sich auch bei OVEY/WHITE, The European Convention on Human Rights, S. 253 f.

1360 Vgl. MEYER-LADEWIG, Hk-EMRK, Art. 8 Rdn. 17.

1361 Dem Staat obliegt eine positive Verpflichtung zum Schutz des Individualrechts aus Art. 8 EMRK durch die Ergreifung angemessener Schutzmaßnahmen, vgl. MEYER-LADEWIG, Hk-EMRK, Art. 8 Rdn. 17. Vgl. auch CALLIESS, ZUR 2000, S. 246 (253), so explizit auch RUFFERT, Subjektive Rechte im Umweltrecht der Europäischen Gemeinschaft, S. 50.

1362 CALLIESS, ZUR 2000, S. 246 (253). Zur Einschränkbarkeit des Schutzes aus Art. 8 EMRK siehe PETTITI/DECAUX/IMBERT, La Convention Européenne des Droits de l'Homme, Article 8 § 2, S. 345.

1363 EGMR, Urt. v. 02.10.2001 (S III) – 36022/97 (*Hatton a.o. / UK*) Der Urteilstext ist abrufbar unter www.echr.coe.int/Eng/Judgements.htm.

1364 Dies gilt auch, wenn diese Entscheidung jüngst im Ergebnis von der Großen Kammer nicht bestätigt wurde, vgl. EGMR, Urt. v. 08.07.2003 (GrK) – 36022/97 (*Hatton a.o. / UK*). Vgl. dazu HOBE/GIESECKE, Zur Vereinbarkeit von nächtlichem Fluglärm mit Artikel 8 EMRK. Zugleich eine Besprechung der Entscheidung des Europäischen Gerichtshofs für Menschenrechte in der Rechtssache „Hatton and Others v. the United Kingdom" vom 8. Juli 2003, ZLW 2003, S. 501 ff.

1365 Vgl. die Formulierung des EGMR in der Ausgangsentscheidung *Hatton a.o. / UK* (Anm. 1363) in Tz. 122: „Environmental protection should be taken into consideration by Governments in acting within their margin of appreciation and by the Court in its review of that margin, but it would be inappropriate for the Court to adopt a special approach to environmental protection by referring to a special status of environmental human rights." In ihrem starken Sondervotum verweisen die Richter COSTA, TÜRMEN, RESS, ZUPANČIČ und STEINER trotz noch nicht bestehender Rechtsverbindlichkeit der Charta auf Art. 37 GRC und plädieren für eine gegenwartsorientierte, evolutive Auslegung der EMRK.

Die EMRK enthält sowohl in materiell-rechtlicher als auch in prozeduraler Hinsicht umweltschützende Teilgewährleistungen, deren abwehrrechtlicher Charakter bereits stark entwickelt ist und deren positiv schützende Elemente durchaus existent, jedoch noch entwicklungsfähig sind[1366]. Es stellt sich in diesem Zusammenhang die Frage, ob die – ausgehend von einem dynamischen und multidimensionalen Grundrechtsverständnis – von der Straßburger Rechtsprechung entwickelte dogmatische Figur der positiven Verpflichtungen[1367] auch zugunsten des Umweltschutzes für die Interpretation des Art. 37 GRC fruchtbar gemacht werden kann. Positive Verpflichtungen können sich als formelle Rechte auf Normerlass und als organisations- und verfahrensrechtliche Garantien sowie als Sorgfaltspflichten – insbesondere Verhaltens- und Präventionspflichten – gestalten. Primär auf der Grundlage des Art. 8 EMRK erkannte der Gerichtshof die Existenz von positiven Verpflichtungen zum Schutz vor Umweltbeeinträchtigungen an. Diese Verpflichtungen begründen jedoch weder Leistungsrechte auf eine saubere Umwelt, noch Rechte auf eine Unterlassung des – staatlichen oder nichtstaatlichen – umweltbeeinträchtigenden Verhaltens[1368]. Inhalt der aus der EMRK hergeleiteten umweltrelevanten Schutzpflichten ist vielmehr die Bereitstellung einer Möglichkeit, den Umweltbeeinträchtigungen durch den Staat oder durch Dritte zu entgehen[1369]. Die positive Schutzpflicht (Handlungspflicht) bezieht sich damit unmittelbar nur auf den Schutz des Menschen und kann auch – sofern eine Ausweichmöglichkeit für den von Umweltbelastungen Betroffenen nicht geschaffen werden kann – durch die Verpflichtung zur Ergreifung von Schutzmaßnahmen zugunsten der Umwelt als eigenständigem Schutzgut wirken. Im Bereich der Umweltbelastungen bleibt festzuhalten, dass der EGMR bislang keine staatliche Pflicht zum Einschreiten dergestalt anerkannt hat, dass eine belastende Tätigkeit seitens des Staates zu untersagen ist[1370]. Hervorzuheben ist indes, dass – auch wenn von einer allgemeinen Anerkennung eines Menschenrechts auf Umweltschutz im Sinne eines Anspruchs auf Garantie einer sauberen Umwelt in der Rechtsprechung des EGMR bislang (noch) nicht gesprochen werden kann – die Herleitung eines solchen Rechts aus

---

1366 Vgl. auch SCHMIDT-RADEFELDT, Ökologische Menschenrechte, S. 197.

1367 Der Begriff der positiven Verpflichtungen bezeichnet staatliche Handlungspflichten zur Gewährleistung einer effektiven Grundrechtsausübung. Dazu umfassend DRÖGE, Positive Verpflichtungen der Staaten in der EMRK.

1368 Vgl. DRÖGE, ebd., S. 19.

1369 Siehe DRÖGE, ebd., S. 19 ff. (mit entsprechenden Rechtsprechungsnachweisen) sowie S. 135 f.

1370 Anerkannt wurde in der Rechtsprechung nur eine Pflicht, die Betroffenen zu unterstützen, um der umweltbelastenden Situation zu entgehen, vgl. DRÖGE, Positive Verpflichtungen der Staaten in der EMRK, S. 21.

Art. 8 EMRK in Sondervoten einzelner Richter des EGMR gerade auch in der jüngsten Judikatur vertreten wird[1371].

Neben einer „umweltfreundlichen" Interpretation der in der EMRK verankerten Menschenrechte äußerte sich der EGMR auch in einer Vielzahl von Entscheidungen zu den ökologischen Schranken der in der Konvention garantierten Freiheiten[1372]. Auch wenn nicht explizit als Schrankenregelung in den Konventionsgarantien verankert, ist nach der Rechtsprechung des EGMR der Eigentumsschutz angesichts der Generalklausel des Allgemeininteresses in Art. 1 Abs. 2 des 1. Zusatzprotokolls insoweit „ökologiepflichtig", als dem Staat bei Umweltschutzregelungen, die zu einer Nutzungsbeschränkung des Eigentums führen, ein weiter Ermessensspielraum zukommt[1373].

Die umweltbezogene Judikatur des EGMR ist insgesamt als umweltschutzfreundlich, konsequent und entwicklungsoffen zu bewerten[1374]. Insbesondere ihre vorbildliche und progressive grund- bzw. menschenrechtliche Abstützung des Immissionsschutzes durch Art. 8 EMRK wird bei der Interpretation des Art. 37 GRC im Hinblick auf die Anerkennung einer (auch) subjektivrechtlichen Schutzrichtung der Norm zu beachten sein.

bb) Analyse der umweltrechtlichen Judikatur des EuGH

Angesichts einer Vielzahl wegweisender umweltrechtlicher Entscheidungen wurde der EuGH im Schrifttum bereits als „environmental tribunal" bezeichnet[1375]. Eine umfassende Analyse der bisher ergangenen umweltrelevanten Rechtsprechung des EuGH[1376] kann an dieser Stelle nicht geleistet werden, insofern wird auf die bereits existente diesbezügliche Literatur verwiesen[1377]. Da die

---

1371 Vgl. Tz. 4 des Sondervotums der Richter COSTA, TÜRMEN, RESS, ZUPANČIČ und STEINER in der Rechtssache *Hatton a.o. / United Kingdom* (Anm. 1363).

1372 Vgl. dazu SCHMIDT-RADEFELDT, Ökologische Menschenrechte, S. 181 ff.

1373 Vgl. BEYERLIN, Umweltvölkerrecht, § 22, Rdn. 590.

1374 So auch SCHMIDT-RADEFELDT, Ökologische Menschenrechte, S. 195 ff.; dazu ebenfalls REST, NuR 1997, S. 209 ff.

1375 Vgl. KAHL, Der EuGH als Motor des Europäischen Umweltschutzes?, ThürVBl. 1994, S. 225 m.w.N.

1376 Eine Zusammenstellung der „leading cases" ist im Internet abrufbar unter http://www.europa.eu.int/comm/environment/law/leading_cases_en.pdf.

1377 Umfassend HENKE, EuGH und Umweltschutz; KRÄMER, Europäisches Umweltrecht in der Rechtsprechung des EuGH – dargestellt an 50 Urteilen; EPINEY, Umweltrecht in der Europäischen Union, S. 40 ff.; LENZ, Die Rechtsprechung des Europäischen Gerichtshofs auf dem Gebiet des Umweltschutzes, in: RENGELING, Umweltschutz und andere Politiken der

dogmatischen Grundlinien und maßgeblichen Bewertungsmaßstäbe bereits im Rahmen der Justiziabilität der Artt. 2, 6, 174 EG als primärrechtliche Bezugsnormen des Art. 37 GRC analysiert wurden[1378], beschränken sich die folgenden Ausführungen auf eine konzise Darstellung der – für die rechtsdogmatische Einordnung und inhaltsbezogene Auslegung des Art. 37 GRC relevanten – Kernaussagen des EuGH zum europäischen Umweltverfassungsrecht unter besonderer Berücksichtigung des Individualrechtsschutzes.

Eigenständige Bedeutung gewinnt der Umweltschutz in der Judikatur des EuGH[1379] bislang in erster Linie als Auslegungs-, Abwägungs- und Rechtmäßigkeitsmaßstab.

Der EuGH hat die in Art. 174 Abs. 2 EG verankerten Handlungsgrundsätze – die Verpflichtung auf ein hohes Schutzniveau, die Grundsätze der Vorsorge und Vorbeugung, das Ursprungs- sowie das Verursacherprinzip – in seiner Rechtsprechung herangezogen und damit als Rechtsgrundsätze des Gemeinschaftsrechts anerkannt[1380], gleichzeitig seinerseits jedoch nur einen auf eine Evidenzkontrolle beschränkten Prüfungsumfang angenommen[1381]. Für den EuGH erlangen die grundlegenden gemeinschaftsrechtlichen Umweltschutzprinzipien primär bei der Eingriffsrechtfertigung und bei der umweltfreundliche Auslegung umweltbezogenen Sekundärrechts Bedeutung[1382].

Die Handhabung der umweltverfassungsrechtlichen Handlungsgrundsätze durch den EuGH bestätigt den bisherigen Befund, dass sich diese in erster Linie

---

Gemeinschaft/ Bd. I, S. 15 ff. Kürzere aktuelle Darstellungen finden sich bei KAHL, ThürVBl. 1994, S. 225 ff.; KRÄMER, Die Rechtsprechung des Gerichtshofs der Europäischen Gemeinschaften zum Umweltrecht 1992 bis 1994, EuGRZ 1995, S. 45 ff.; DERS., Die Rechtsprechung der EG-Gerichte zum Umweltrecht 1998 und 1999, EuGRZ 2000, S. 265 ff.; DERS., Die Rechtsprechung der EG-Gerichte zum Umweltrecht 2000 und 2001, EuGRZ 2002, S. 483 ff. sowie zuletzt EPINEY, Die Rechtsprechung des EuGH in den Bereichen institutionelles Recht, allgemeines Verwaltungsrecht, Grundfreiheiten, Umwelt- und Gleichstellungsrecht, NVwZ 2004, S. 555 ff., 1067 ff.

1378 Siehe oben 2. Kapitel, B.II.2.b)-d) sowie 3.

1379 Siehe dazu VERSCHUUREN, Principles of Environmental Law, S. 104 ff.

1380 Dazu SCHEUING, Europäisches Umweltverfassungsrecht im Spiegel der Rechtsprechung des EuGH, in: DOLDE, Umweltrecht im Wandel, S. 129 (133 ff.).

1381 In der Rechtssache *Safety Hi-Tech* (Rs. C-284/95, Slg. 1998, I-4301 (4344, Tz. 37) formulierte der EuGH seinen Kontrollanspruch im Hinblick auf die angegriffene Ozonschutzverordnung wie folgt: „Da bestimmte in Art. 130 r genannte Ziele und Grundsätze gegeneinander abgewogen werden müssen und die Anwendung der Kriterien komplex ist, muss sich die gerichtliche Nachprüfung zwangsläufig auf die Frage bechränken, ob der Rat beim Erlass der Verordnung *die Anwendungsvoraussetzungen des Art. 130 r EG-Vertrag offensichtlich falsch beurteilt* hat.“ (Hervorhebung durch die Verfasserin).

1382 Vgl. SCHEUING, in: DOLDE, Umweltrecht im Wandel, S. 129 (136).

als Handlungs- und Orientierungsdirektive an die rechtsetzenden Organe der Gemeinschaft richten und dem EuGH insofern eine eher „handlungsbegleitende Rolle“ zukommt[1383]. Ohne vorheriges Tätigwerden des Gemeinschaftsgesetzgebers ist eine Verwirklichung der Handlungsgrundsätze durch den EuGH daher nur in äußerst begrenztem Umfang möglich.

Die Querschnittsklausel des Art. 6 EG führt zu einer umweltschutzfreundlichen Auslegung von Tatbestandsvoraussetzungen des gesamten primären Gemeinschaftsrechts[1384], gleichzeitig entfaltet sie – im Sinne des Postulats einer verfassungskonformen Auslegung – Ausstrahlungswirkung auf das nicht umweltspezifische sekundäre Gemeinschaftsrecht[1385]. Der EuGH wandte die Querschnittsklausel des Art. 6 EG bisher zudem bei der Rechtfertigung von Eilmaßnahmen an[1386] und bekräftigte jedenfalls auf der Ebene der nachträglichen Legitimierung von Gemeinschaftsmaßnahmen zugunsten des Umweltschutzes den Transfer umweltverfassungsrechtlicher Grundsätze in andere Handlungsbereiche des Gemeinschaftsrechts[1387].

Grundlegende Bedeutung gewinnt das Schutzgut „Umwelt“, dessen hoher Rang bzw. relativer Vorrang im Gemeinschaftsrecht anerkannt ist[1388], in der

---

1383 So auch DERS., ebd., S. 129 (165).

1384 Deutlich wurde dies beispielsweise in der Entscheidung *Vereinigtes Königreich / Kommission*, als der EuGH agrarpolitische Dringlichkeitsmaßnahmen der Kommission zum Schutz vor BSE für rechtmäßig angesehen hat, da auch im Bereich der Artt. 32 ff. EG aufgrund von Art. 6 EG die umweltverfassungsrechtlichen Handlungsgrundsätze (hohes Schutzniveau, Vorsorge und Vorbeugung) einzubeziehen seien (Rs. C-180/96, Slg. 1998, I-2265, Tz. 100).

1385 Vgl. KAHL, in: STREINZ, EGV/EUV, Art. 6 EG, Rdn. 25.

1386 Als bekanntes Beispiel sind die seitens der Kommission trotz ungewisser Verursachungszusammenhänge ergriffenen agrarpolitischen Maßnahmen zum Schutz gegen BSE zu nennen. Der EuGH sah diese Maßnahmen u.a. deshalb als rechtmäßig an, da auch beim Schutz der menschlichen Gesundheit vor umweltbedingten Gefährdungen im Agrarbereich kraft der Querschnittsklausel die umweltverfassungsrechtlichen Handlungsgrundsätze einzubeziehen seien (EuGH, Rs. C-180/96, *Vereinigtes Königreich / Kommission (BSE)*, Slg. 1998, I-2265 (2298, Tz. 100).

1387 So zog der EuGH in der Rechtssache *PreussenElektra AG / Schleswag AG* zur Rechtfertigung eines diskriminierenden mitgliedstaatlichen Alleingangs aus Gründen des Umweltschutzes heran. Das deutsche Stromeinspeisungsgesetz hatte die deutschen Elektrizitätsversorgungsunternehmen dazu verpflichtet, im Inland verkauften Ökostrom zu Mindestpreisen anzukaufen. Dazu judizierte der EuGH, die Förderung von Ökostrom trage zur Verminderung von Treibhausgasemissionen bei und diene somit dem Umweltschutz (EuGH, Rs. C-379/98, Slg. 2001, I-2099, Tz. 73 ff.). Siehe auch die Urteilsanmerkung von KÜHNE, JZ 2001, S. 759 ff.

1388 Vgl. insbesondere die Entscheidung des EuGH in der Rechtssache *PreussenElektra AG / Schleswag AG* (Anm. 1387). Siehe dazu NOWAK, Die Grundfreiheiten des EG-Vertrags

Spruchpraxis des EuGH im Rahmen umweltrelevanter Abwägungsentscheidungen[1389]. Als Element des gemeinschaftlichen Allgemeininteresses bzw. als „zwingendes Erfordernis" im Sinne der CASSIS DE DIJON-Formel ist der Umweltschutz als Schranke zur Rechtfertigung von Beschränkungen von Grundrechten und -freiheiten justiziabel[1390]. Hervorzuheben ist, dass der EuGH dem Umweltschutz eine stärkere Schrankenwirkung als anderen Vertragswerten zuerkannt hat, indem er diesem Rechtfertigungsgrund – abweichend von seinem schrankensystematischen Grundkonzept – eine besondere, sich sowohl auf diskriminierungsfreie als auch auf diskriminierende Grundfreiheitseingriffe erstreckende Durchschlagskraft verliehen hat[1391]. Aufgrund der gemeinschaftsverfassungsrechtlichen Gleichrangigkeit von Umweltschutz, Wettbewerbs- und Marktfreiheit ist der Umweltschutz im Rahmen der grundfreiheitlichen Schrankensystematik dergestalt zu berücksichtigen, dass ein schonender Ausgleich der widerstreitenden Interessen im Sinne der Herstellung praktischer Konkordanz herbeigeführt wird[1392]. Nicht übersehen werden darf indes, dass die primärrechtlichen Umweltschutzregelungen – insbesondere die Querschnittsklausel des Art. 6 EG – einen gesetzgeberischen Ermessensspielraum einräumen, welcher die gerichtliche Kontrolle von vornherein begrenzt[1393]. Wie hinsichtlich der umweltverfassungsrechtlichen Handlungsgrundsätze beschränkt der EuGH auch hinsichtlich des in Art. 6 EG verankerten Integrationsprinzips den Prüfungsumfang seiner rechtlichen Kontrolle bislang auf Evidenzverstöße[1394].

---

und der Umweltschutz. Grundfreiheitliche Schrankensystematik im Lichte der EG-Umweltverfassung, VerwArch 2002, S. 368 ff. sowie ausführlich zum Rang des Umweltschutzes im Gemeinschaftsrecht 2. Kapitel, B.II.3.

[1389] Vgl. KAHL, ebd., Rdn. 28.

[1390] Dies erkannte der EuGH explizit in seinem Urteil *Dänische Pfandflaschen* (EuGH, Rs. 302/86, Slg. 1988, 4607) an. Vgl. dazu auch KAHL, Umweltprinzip und Gemeinschaftsrecht, S. 39 f.

[1391] Siehe EuGH, *PreussenElektra AG / Schleswag AG* (Anm. 1387). Dazu insgesamt eingehend NOWAK, VerwArch 93 (2002), S. 368 (375 ff.).

[1392] Vgl. NOWAK, VerwArch 93 (2002), S. 368 (384).

[1393] Anknüpfungspunkt für die gerichtliche Kontrolle ist die in Art. 253 EG angeordnete Begründungspflicht.

[1394] EuGH, Rs. C-284/95, *Safety Hi-Tech*, Slg. 1998, I-4301 (9. Leitsatz). Der Europäische Gerichtshof kann die Adressaten des Art. 6 wegen völliger Nichtbeachtung der in der Norm enthaltenden Prinzipien in sehr engen Grenzen im Rahmen einer Untätigkeitsklage (Art. 232 EG) bzw. im Rahmen eines Vertragsverletzungsverfahrens verurteilen. Bei einer offensichtlichen Fehleinschätzung der Bedeutung des Art. 6 EG kommt weiterhin eine Nichtigkeitsklage (Art. 230 EG) in Betracht. Vgl. dazu KAHL, in: STREINZ, EUV/EGV, Art. 6 EG, Rdn. 12, 46 ff.

Unmittelbarer umweltrechtlicher Individualschutz wird dem Einzelnen nach geltendem Gemeinschaftsrecht nur durch eine sehr begrenzte Anzahl von Klagemöglichkeiten gewährt. Primärrechtlich vorgesehen sind insofern die Nichtigkeitsklage gemäß Art. 230 Abs. 4 EG, die Untätigkeitsklage gemäß Art. 232 EG, die Schadensersatzklage gemäß Art. 235 EG sowie das Vorabentscheidungsverfahren gemäß Art. 234 EG. Die praktische Bedeutung dieser Rechtsbehelfe für die Sicherung des Umweltschutzes ist jedoch als gering zu bewerten[1395]. Die unter Umweltschutzgesichtspunkten geringe Relevanz der bestehenden Klagemöglichkeiten liegt maßgeblich darin begründet, dass Umweltbelange auf der Ebene des Gemeinschaftsrechts vorrangig durch das Instrument der Richtlinie regelmentiert werden, welche nicht (unmittelbar) an den Einzelnen adressiert ist und gegen welche für den Einzelnen in der Regel keine direkte Rechtsschutzmöglichkeit eröffnet ist[1396].

Aus der Perspektive des umweltrechtlichen Individualschutzes äußerst interessant ist daher die Spruchpraxis des EuGH zur Herleitung subjektiver Rechte aus Umweltrichtlinien. Seit dem Grundsatzurteil *van Gend & Loos* aus dem Jahre 1963 leitet der Gerichtshof Rechte Einzelner nicht nur aus Bestimmungen ab, die explizit Rechte an Privatpersonen verleihen[1397]. Nach ständiger Rechtsprechung vermitteln Normen des Gemeinschaftsrechts dann subjektive Rechte, wenn der Gemeinschaft oder den Mitgliedstaaten klare und uneingeschränkte Verpflichtungen auferlegt sind, die keinem zeitlichen Aufschub unterliegen, nicht oder nicht mehr von einer Bedingung abhängen und keine weitere Rechtsetzung auf der Ebene des Gemeinschaft oder der Mitgliedstaaten erfordern, um günstige Rechtsfolgen für den Einzelnen deutlich festzulegen[1398]. Nach der Judikatur des EuGH erstrecken sich die Voraussetzungen, unter denen subjektive Rechte entstehen, auch auf Richtlinien[1399]. In verschiedenen Entscheidun-

---

[1395] Vgl. HENKE, EuGH und Umweltschutz, S. 9; KRÄMER, EuGRZ 1988, S. 285 (293).

[1396] Eine Klagemöglichkeit des Individuums gemäß Art. 230 Abs. 4 EG gegen eine Regelung einer Richtlinie besteht ausnahmsweise dann, wenn dieses durch die fragliche Regelung unmittelbar und individuell betroffen ist. Siehe hierzu – insbesondere auch zu neueren Rechtsprechungstendenzen hinsichtlich dieser Tatbestandsvoraussetzungen CREMER, in: CALLIESS/ RUFFERT, EUV/EGV, Art. 230 EG, Rdn. 44 ff. (50 ff.).

[1397] EuGH, Rs. 26/62, *van Gend & Loos*, Slg. 1963, I-1 (24-27).

[1398] Vgl. ZULEEG, Umweltschutz in der Rechtsprechung des Europäischen Gerichtshofs, NJW 1993, S. 31 (37) m.w.N.

[1399] Vgl. bereits EuGH, Rs. 9/70, *Grad / Finanzamt Traunstein*, Slg. 1970, 825 (840,); Rs. 33/70, *SACE / Finanzministerium*, Slg. 1970, 2113 (2124); Rs. 41/74, *von Duyn*, Slg. 1974, 1337 (1348).). Zur Begründung von Individualansprüchen bei der nationalen Umsetzung von EG-Richtlinien siehe ausführlich MASING, Die Mobilisierung des Bürgers für die Durchsetzung des Rechts, S. 35 ff.

gen zu umweltschützenden Richtlinien betonte der EuGH, dass die geforderte Klarheit und Genauigkeit bei der Umsetzung einer Richtlinie insbesondere dazu diene, die Begünstigten in die Lage zu versetzen, von ihren Rechten umfassende Kenntnis zu erlangen und diese gegebenfalls vor den nationalen Gerichten geltend zu machen, sofern die Richtlinie Ansprüche Einzelner begründen soll[1400]. Hierfür ist nach Auffassung des EuGH ausreichend, wenn ein wesentliches Schutzgut einer Richtlinie dem Individuum zugute kommen soll und die Richtlinie deutliche Vorgaben für die Art des Schutzes enthält[1401]. Anliegen dieser Rechtsprechung ist die effektive Umsetzung und Vollzugsverbesserung des Gemeinschaftsrechts durch eine Mobilisierung des Überwachungs- und Durchsetzungspotentials der Gemeinschaftsbürger[1402]. Die erkennbare Tendenz in der Rechtsprechung des EuGH zum Ausbau der Rechtsstellung des Einzelnen dient sowohl der Effektuierung des Gemeinschaftsrechts als auch den Interessen und dem Schutz des Individuums[1403]. Seine individualschutzfreundliche Auslegung von Richtlinien bestätigte der EuGH auch in einem aktuellen naturschutzrechtlichen Urteil[1404], wo er – ungeachtet der differenzierenden, erkennbar an der deutschen Schutznormtheorie orientierten Schlussanträgen der General-

---

1400 So formulierte der EuGH in seinem Urteil zum Schutz des Grundwassers (Rs. 131/88, *Kommission / Bundesrepublik Deutschland*, Slg. I-1991, 825 (867, Tz. 7)): „Die in Rede stehende Richtlinie soll einen wirksamen Schutz des Grundwassers sicherstellen, indem sie die Mitgliedstaaten durch genaue und detaillierte Vorschriften verpflichtet, eine zusammenhängende Regelung von Verboten, Genehmigungen und Überwachungsverfahren zu erlassen, um Ableitungen bestimmter Stoffe zu verhindern oder zu begrenzen. *Die Vorschriften der Richtlinie sollen also Rechte und Pflichten des Einzelnen begründen.*“ (Hervorhebung durch die Verfasserin). Vgl. weiterhin die Entscheidung zu der Richtlinie über das zulässige Maß der Luftverschmutzung (EuGH, *Kommission / Bundesrepublik Deutschland*, NVwZ 1991, S. 868 (Tz. 23) und S. 866 (Tz. 15 f.)) sowie das Urteil zum Schutz des Oberflächentrinkwassers für die Trinkwassergewinnung (EuGH, *Kommission / Bundesrepublik Deutschland*, EuZW 1991, S. 761 (762, Tz. 13, 14)).

1401 Vgl. ZULEEG, Umweltschutz in der Rechtsprechung des Europäischen Gerichtshofs, NJW 1993, S. 31 (37).

1402 Vgl. HANSMANN, Schwierigkeiten bei der Umsetzung und Durchführung des europäischen Umweltrechts, NVwZ 1995, S. 320 (321); ebenfalls MASING, Die Mobilisierung des Bürgers für die Durchsetzung des Rechts, S. 36; ferner CALLIESS, in DERS./RUFFERT, EUV/EGV, Art. 175, Rdn. 32 m.w.N.

1403 Siehe HANSMANN, NVwZ 1995, S. 320 (321) m.w.N.

1404 EuGH, Urt. v. 07.09.2004, Rs. C-127/02, *Landelijke Vereniging tot Behoud van des Waddenzees u.a.* – im Internet abrufbar unter: http://www.curia.eu.int). Siehe auch die Urteilsanmerkung von GELLERMANN, Herzmuschelfischerei im Liche des Art. 6 FFH-Richtlinie, NuR 2004, S. 769 ff.

anwältin KOKOTT[1405] – betonte, dass die Begründung von Individualrechten bzw. klagefähigen Positionen durch Richtlinien unabhängig von den Gegebenheiten des jeweiligen mitgliedstaatlichen Rechts und der auf nationaler Ebene bestehenden Möglichkeit einer gerichtlichen Geltendmachung möglich sei[1406]. Durch diese individualschutzorientierte Spruchpraxis des EuGH zur Auslegung umweltschützender Richtlinien und die damit verbundene Instrumentalisierung der Unionsbürger zur Umsetzung des europäischen Umwelt- und Naturschutzrechts erfährt dieses eine nachhaltige Unterstützung[1407].

Der umweltrechtlichen Judikatur des EuGH können bislang keine Anhaltspunkte für ein allgemeines Umweltgrundrecht entnommen werden[1408]. Die bisher ergangenen Ausführungen des Gerichtshofs über Rechte Einzelner beziehen sich auf konkrete Rechtsakte des Sekundärrechts[1409], jedoch konnten sich diese medienspezifischen subjektiven Rechtspositionen in der Rechtsprechung des EuGH noch nicht zur Anerkennung eines entsprechenden *Grundrechts* auf Gemeinschaftsebene verdichten. Bestimmte prozedurale Aspekte eines Umweltgrundrechts können indes durch das Sekundärrecht und die entsprechende Spruchpraxis des EuGH als verwirklicht angesehen werden[1410]. Weiterhin lassen sich auf der Ebene des Gemeinschaftsrechts Belange des Umweltschutzes durch umweltschützende Teilgewährleistungen klassischer Grundrechte gerichtlich einfordern[1411].

Das Anliegen des europäischen Umweltrechts, den Bürger zu dessen Durchsetzung zu aktivieren und den Umweltschutz durch einen verbesserten Zugang

---

[1405] Schlussanträge der GA KOKOTT v. 29.01.2004 – Rs. C-127/02 (*Landelijke Vereniging tot Behoud van des Waddenzees u.a.*), abgedruckt in: NuR 2004, S. 587 (594).

[1406] Siehe Anm. 1404 (Tz. 66).

[1407] Siehe dazu aus aktuellem Anlass GELLERMANN, NuR 2004, S. 769 (773) m.w.N.; ebenfalls bereits ZULEEG, NJW 1993, S. 31 (38).

[1408] Zur Verneinung eines Umweltgrundrechts auf der Grundlage des primären Gemeinschaftsrecht siehe auch die Schlussanträge des GA COSMAS in der Rs. C-321/95 P, *Stichting Greenpeace Council (Greenpeace International) u.a. / Kommission*, Slg. 1998, I-1651 (1653, Tz. 53).

[1409] Zum Rechtsschutz gegen Umweltbeeinträchtigungen aufgrund sekundären Gemeinschaftsrechts umfassend RUFFERT, Subjektive Rechte im Umweltrecht der Europäischen Gemeinschaft, S. 71 ff. Vgl. ebenfalls ZULEEG, NJW 1993, S. 31 (36 ff.).

[1410] Siehe dazu auch oben 1. Kapitel, A.II.2.c).

[1411] Vgl. RENGELING/SZCZEKALLA, Grundrechte in der Europäischen Union. Charta der Grundrechte und allgemeine Rechtsgrundsätze, § 32 Umweltschutz (Art. 37 GRC), Rdn. 1053.

zu Gericht zu effektuieren, ist insgesamt deutlich erkennbar[1412]. Die vorgenannten Ziele und Tendenzen in der Rechtsprechung des EuGH können somit gerade im Hinblick auf eine dynamische – insbesondere auch individualschützende – Interpretation des Art. 37 GRC als wichtige Auslegungsdirektive dienen.

III. Teleologische Auslegung

Ziel und Zweck eines völkerrechtlichen Vertrages sind nach dem objektiven Ansatz aus dem operativen Vertragstext, aus der Präambel sowie aus eventuellen Anhängen zu ermitteln[1413]. Die teleologische Interpretation des Art. 37 GRC orientiert sich demnach an den in den Artt. 2 und 3 EG[1414] normierten – Vertragszielen, welche ursprünglich von ausschließlich von ökonomischen Motiven bestimmt waren, mittlerweile jedoch – wie in der Schaffung einer *Verfassung für Europa* und einer *Charta der Grundrechte der Europäischen Union* zum Ausdruck kommt – auch das Ziel einer europäischen Wertegemeinschaft implizieren. Des Weiteren kann insbesondere die Präambel der Grundrechtecharta, in der Ziele formuliert sind, auch zur teleologischen Auslegung herangezogen werden[1415].

Der teleologischen Auslegung, bei der der Gerichtshof Gemeinschaftsrechtsakte nach dem Prinzip des *effet utile* im Hinblick auf die effektivste Realisierung und Sicherung der Vertragsziele interpretiert, kommt in der Hierachie der Auslegungsansätze meist eine hervorgehobene Stellung und damit ein besonderes Gewicht zu[1416]. Aufgrund der engen inhaltlichen Verknüpfung von systema-

---

1412 Vgl. dazu MASING, Die Mobilisierung des Bürgers für die Durchsetzung des Rechts, S. 50 ff. sowie die Rechtsprechungsnachweise des EuGH bei V. DANWITZ, NVwZ 2004, S. 273 (Fn. 8).

1413 Vgl. V. HEINEGG, in: Ipsen, Völkerrecht, § 11, Rdn. 15.

1414 Die Entsprechung zu Art. 2 EG stellt Art. I-3 VerfVertrag dar.

1415 Vgl. STREINZ, in: ders., EUV/EGV, GR-Charta Präambel, Rdn. 5; vgl. auch MEYER, in: DERS., GRC-Kommentar, Präambel GR-Charta, Rdn. 6 m.w.N.

1416 Im Grundsatzurteil *van Gend & Loos* (EuGH, Rs. 26/62, *van Gend & Loos,* Slg. 1963, 1 (27)) offenbarte der EuGH, dass er sich bei der Auslegung des Gemeinschaftsrechts „vom Geist der Vorschriften, von ihrer Systematik und von ihrem Wortlaut" leiten lässt. Aufmerksamkeit verdient hierbei der Umstand, dass in dieser Formulierung die traditionelle Hierarchie der Auslegungsmethoden umgekehrt wird, indem der Gerichtshof die teleologische Auslegungsmethode an den Anfang, die grammatikalische Auslegung an das Ende setzt. Die vom EuGH gewählte Formulierung kann dabei nicht als formale Vorgabe einer Prüfungsreihenfolge, sondern als Vorgabe einer Rangfolge im Hinblick auf die Gewichtung der Interpretationsmethoden angesehen werden, vgl. SCHROEDER, JuS 2004, S. 180 (183), der den

tischer und teleologischer Auslegungsmethodik[1417] und der bereits umfassenden Interpretation des Umweltschutzartikels unter systematischen Gesichtspunkten werden vorliegend – um Wiederholungen zu vermeiden – nur neue bzw. grundlegende Erwägungen zum Telos des Art. 37 GRC angestellt.

Zu untersuchen ist zunächst, inwieweit dem operativen Teil des Gesamtvertragswerks einer *Verfassung für Europa* Anhaltspunkte für eine teleologische Interpretation des Art. 37 GRC entnommen werden können. Sowohl nach geltendem Primärrecht als auch nach dem Verfassungsvertrag ist der Umweltschutz, dessen herausragende Stellung sich in dem Integrationsprinzip manifestiert, als Gemeinschaftsziel anerkannt[1418]. Durch welche Interpretation kann also der in Art. 37 GRC verankerten Gewährleistung des Umweltschutzes zu größtmöglicher Effektivität verholfen werden? Das Effektivitätsgebot ist jedenfalls als gewichtiges Argument für die Annahme der *Rechtsverbindlichkeit* der Norm anzusehen; die Deutung als unverbindlicher Programmsatz erscheint hingegen mit dem Prinzip des *effet utile* unvereinbar. Insofern wird das bisherige Auslegungsergebnis auch durch die teleologische Auslegung gestützt. Weiterhin ist angesichts des Ziels der größtmöglichen Effektivität der Vorschrift der primärrechtlich anerkannte hohe Rang bzw. relative Vorrang des Umweltschutzes[1419] auch für Art. 37 GRC künftig im Abwägungsprozess aufrechtzuerhalten.

Die Präambel der Charta betont die „unteilbaren und universellen Werte der Würde des Menschen, der Freiheit, der Gleichheit und der Solidarität“, auf denen die Union beruht und zu deren „Erhaltung und Entwicklung“ sie beiträgt. Die Verwendung des Begriffs „Erhaltung“ lässt sich hierbei nicht nur abwehrrechtlich, sondern auch im Sinne von „Bewahrung“ und „Schutz“[1420] verstehen und erweist sich damit jedenfalls als offen für eine schutzorientierte Interpretation der in der Charta niedergelegten Rechte[1421]. Darüber hinaus stellt die Präambel ausdrücklich den Mensch in den Mittelpunkt des Handelns der Union, die einen „Raum der Freiheit, der Sicherheit und des Rechts“ begründen soll. Diese Formulierung indiziert eine *aktive* Gewährleistung der Rechte des Einzel-

---

teleologischen Ansatz als die „entscheidende Auslegungsmethode für das EU-Recht“ bezeichnet.

1417 Zur Verschränkung von systematischer und teleologischer Auslegungsmethodik vgl. ANWEILER, Die Auslegungsmethoden des Gerichtshofs der Europäischen Gemeinschaften, S. 200 ff.

1418 Siehe Anm. 464; ferner auch HOFFERT, Europarecht und nationale Umweltpolitik, S. 82.

1419 Siehe dazu 2. Kapitel, B.II.3.

1420 Vgl. auch die entsprechenden Formulierungen in der englischen bzw. französischen Fassung: „preservation“ und „préservation“.

1421 Siehe auch JAECKEL, Schutzpflichten, S. 206 f.

nen, die über ein rein passives Unterlassen hoheitlicher Eingriffe hinauszugehen scheint[1422]. Speziell für den Umweltschutz von Bedeutung sind ferner die in der Charta-Präambel positivierten Zielvorgaben der Solidarität und der Förderung einer nachhaltigen Entwicklung. Hervorgehoben werden hierdurch die Aspekte der gemeinsamen Verantwortung und der zeitlichen – zukunftsorientierten – Dimension des Umweltschutzes.

In Anbetracht des noch nicht eindeutig ausgeformten Integrationsziels einer europäischen Grundrechtsgemeinschaft[1423] erscheint eine grundrechtliche Interpretation der objektiv-rechtlichen formulierten Umweltschutznorm unter Berufung auf den *effet utile* jedoch noch nicht geboten[1424]. Ob eine grundrechtliche Interpretation trotz des objektiv-rechtlichen Wortlauts vorstellbar und zulässig ist und der Wortlaut insofern nicht als zwingende Grenze der Auslegung angesehen werden muss, wird im Rahmen einer Prognose zur rechtlichen Bedeutung des Art. 37 GRC zu untersuchen sein[1425].

IV. Historische Auslegung

Nach Art. 32 WVK ist im Fall der Deutungsoffenheit einer Vertragsbestimmung als ergänzendes Auslegungsmittel auf die vorbereitenden Arbeiten und die Umstände des Vertragsabschlusses abzustellen. Entstehungsgeschichtlich bedeutungsvoll für die Grundrechtecharta sind insbesondere das Mandat des Europäischen Rates von Köln aus dem Jahre 1999 sowie die den Normierungsprozess begleitende Diskussion im *Herzog*-Konvent als unmittelbare *travaux préparatoires*.

Anders als nach der traditionellen völkerrechtlichen Auslegungsmethodik, nach der die Subsidiarität der historischen Auslegung anordnenden Regelung des Art. 32 WVK und auch nach der eingeschränkten Relevanz der historischen Auslegung im Gemeinschaftsrecht[1426] könnte indes der Genese der Grundrechtecharta ein vergleichsweise hoher Rang beizumessen sein. Gestützt wird diese Überlegung maßgeblich durch die Transparenz des Entstehungsprozesses der Charta[1427]. Die im primären Gemeinschaftsrecht sonst oft fehlende Zugänglich-

---

[1422] Vgl. JAECKEL, Schutzpflichten, S. 207 (Hervorhebung im Original).

[1423] Siehe dazu 2. Kapitel, A.III.3.

[1424] Insofern ist eine Relativierung der Bedeutung der teleologischen Auslegungsmethode gegenüber der systematischen Interpretation der Gewährleistungen der Grundrechtecharta anzunehmen. In diesem Sinne ebenfalls DORF, JZ 2005, S. 126 (131).

[1425] Dazu unten 4. Kapitel, B.II.2.

[1426] Dazu eingehend MÜLLER/CHRISTENSEN, Juristische Methodik II, S. 256 ff.

[1427] Siehe 2. Kapitel, A.II. bzw. B.III.

Anders als nach der traditionellen völkerrechtlichen Auslegungsmethodik, nach der die Subsidiarität der historischen Auslegung anordnenden Regelung des Art. 32 WVK und auch nach der eingeschränkten Relevanz der historischen Auslegung im Gemeinschaftsrecht[1426] könnte indes der Genese der Grundrechtecharta ein vergleichsweise hoher Rang beizumessen sein. Gestützt wird diese Überlegung maßgeblich durch die Transparenz des Entstehungsprozesses der Charta[1427]. Die im primären Gemeinschaftsrecht sonst oft fehlende Zugänglichkeit der *travaux préparatoires* für später beitretende Staaten wird als maßgeblicher Grund für die Vorsicht und Zurückhaltung bei der Berücksichtigung der subjektiv-historischen Auslegung angesehen[1428]. Da die Grundrechtecharta jedoch mit einer auf der Ebene des Gemeinschaftsrechts bis dato unerreichten medialen Transparenz und Öffentlichkeitsbeteiligung geschaffen wurde, rechtfertigen diese Erwägungen eine rein hilfsweise Betrachtung des Entstehungsprozesses der Charta nicht.

Der Auftrag des Europäischen Rates von Köln zur „Sichtbarmachung" der europäischen Grundrechte kann im Hinblick auf die sozialen (Grund)Rechte nur eingeschränkt als Grundlage der Interpretation herangezogen werden. Zwar differenzierte der Europäische Rat von Köln in seinen Schlussfolgerungen zwischen fünf Gruppen von Grundrechten, die in die Charta aufgenommen werden sollten: Freiheitsrechte, Gleichheitsrechte, Verfahrensgrundrechte, Unionsbürgerrechte sowie wirtschaftliche und soziale Rechte – letztgenannte jedoch nur, „soweit sie nicht nur Ziele für das Handeln der Union begründen". Mit der in Bezug auf die sozialen Rechte gewählten Lösung setzte sich der Konvent jedoch über das eng gefasste Mandat der ausschließlichen Positivierung „echter" Grundrechte hinweg[1429], so dass die Rechtsnatur der Charta-Gewährleistungen wiederum interpretationsoffen war.

Hinsichtlich der der endgültigen Fassung des Art. 37 GRC vorangehenden Diskussion im Konvent sei – angesichts der bereits oben erfolgten ausführlichen Darstellung[1430] – an dieser Stelle nur zusammengefasst, dass die Verankerung eines expliziten Individualrechts – trotz lebhafter Debatte und beachtenswerter Vorschläge für eine grundrechtliche Ausgestaltung – (noch) nicht konsentiert war.

1426 Dazu eingehend MÜLLER/CHRISTENSEN, Juristische Methodik II, S. 256 ff.

1427 Siehe 2. Kapitel, A.II. bzw. B.III.

1428 Vgl. JAECKEL, Schutzpflichten, S. 109.

1429 So die allgemeine Auffassung, vgl. HIRSCH, in: BLANK, Soziale Rechte in der Europäischen Grundrechtscharta, S. 11 (16); weiterhin SCHMITZ, JZ 2001, S. 833 (840 f.), der im Hinblick auf das „Gesundheits-, Umwelt- und Verbraucherschutzprinzip" von „Unionszielbestimmungen im Grundrechtsgewand" spricht.

1430 Vgl. 2. Kapitel unter B.III.1. und 2.

Wie alle unter dem Titel „Solidarität" verankerten Gewährleistungen unterschiedlichen normativen Gehalts geht die rechtliche Bedeutung des Umweltschutzartikels damit weit über eine rein programmatische Zielvorgabe hinaus.

Sowohl aus grammatikalischen als auch aus systematischen, insbesondere rechtsvergleichenden, und auch aus historischen Erwägungen vermag eine grundrechtliche Interpretation[1432] des Art. 37 GRC mangels der für den Grundrechtscharakter konstitutiven Vermittlung eines subjektiven Rechts[1433] zum gegenwärtigen Zeitpunkt nicht zu überzeugen[1434]. Ein Grundrecht auf Umweltschutz, auf welches sich das Individuum im Sinne eines Abwehr- oder Teilhabeanspruchs unmittelbar berufen könnte, wurde durch die unmissverständlich objektiv-rechtlich formulierte Gewährleistung trotz ihrer systematischen Verortung in der *Charta der Grundrechte der Europäischen Union* nicht geschaffen.

Nichtsdestotrotz zeigt die systematische Auslegung – nicht zuletzt angesichts der subjektiv-rechtlichen Ausgestaltung des Umweltschutzes in einer Vielzahl mitgliedstaatlicher Verfassungsordnungen und der zunehmenden subjektivrechtlichen Flankierung des Umweltschutzes im internationalen Umweltrecht –, dass die objektiv-rechtlich gefasste Norm eine große Nähe zu der Normenkategorie der Grundrechte aufweist. Ob sich diese individualschützenden – zumeist prozeduralen – Teilrechtsgewährleistungen mitgliedstaatlicher Grundrechte sowie internationaler Umweltschutzabkommen in der Zukunft zu einem umfassenden Grundrecht verdichten können, wird abzuwarten sein.

Art. 37 GRC enthält in erster Linie einen Gesetzgebungsauftrag zur Verwirklichung des angestrebten hohen Umweltschutzniveaus und der Verbesserung der Umweltqualität sowie die umfassende Verpflichtung zur Integration des Umweltschutzprinzips in die Unionspolitik. Korrespondierend zu den primärrechtlichen Vorgaben der Artt. 2, 6 und 174 EG und einer Vielzahl mitgliedstaatlicher Verfassungsordnungen enthält Art. 37 GRC auch ein Optimierungsgebot.

---

tät", Rdn. 31 ff.; HIRSCH, in: SCHWARZE, Der Verfassungsentwurf des Europäischen Konvents, S. 111 (124).

1432 So v. BOGDANDY, der in Art. 37 GRC eine grundrechtliche Gewährleistung des Umweltschutzes sieht, vgl. DERS., JZ 2001, S. 157 (165).

1433 Siehe zu den unverzichtbaren Wesensmerkmalen eines europäischen Grundrechts in diesem Kapitel unter A.I.2.c).

1434 SCHRÖDER spricht insofern ausdrücklich von einer „Gewährleistung ohne grundrechtliche Qualität" (DERS., JZ 2002, S. 849 (853)). Siehe ebenfalls LUCARELLI, in: BIFULCO/CARTABIA/CELOTTO, L'Europa dei Diritti. Commento alla Carta dei Diritti Fondamentali dell'Unione Europea, Art. 37, S. 258 (259); ERMACORA, The Incorporation of Human/Fundamental Rights in the Environmental Policy of the EU. Is there or should there be a "right" to a clean environment?, Internet-Publikation der Avosetta Group (October 2002), S. 1.

Hierbei bezieht sich das Postulat eines hohen Schutzniveaus auf jede einzelne umweltpolitische Maßnahme der Gemeinschaft. Des Weiteren könnte die Norm maßgebliche Bedeutung als Auslegungs- und Abwägungsmaßstab zugunsten des Umweltschutzes für die Judikative und die Exekutive der Europäischen Union und der Mitgliedstaaten[1435] gewinnen[1436].

Der objektiv-rechtlichen Grundgewährleistung des Art. 37 GRC ist ein umfassender Schutzauftrag zugunsten der Umwelt zu entnehmen[1437]. Materiell-rechtlich impliziert dieser Schutzauftrag und Gewährleistungsinhalt des Art. 37 GRC sowohl positive als auch negative Verpflichtungen: Zunächst statuiert die Norm eine Pflicht zur Unterlassung umweltschädigender Maßnahmen sowie ein prinzipielles Verbot umweltbeeinträchtigender Politiken. Folgerichtig erscheint im Hinblick auf die Evaluierung und das Ergebnis des Verfassungsvergleichs auch, Art. 37 GRC ein relatives normatives Verschlechterungsverbot zuzuerkennen, wonach eine Absenkung des auf Gemeinschaftsebene erreichten umweltrechtlichen Schutzniveaus demnach nur in zwingenden Ausnahmefällen zulässig ist. Als positive, d.h. aktive Verpflichtung besteht eine Achtungs- und Schutzpflicht, die sich insbesondere in der Schaffung eines legislativen und administrativen Rahmens zur Schadensprävention sowie zur Überwachung, Verfolgung und Sanktionierung von Umweltverschmutzungen konkretisieren soll. Darüber hinaus begründet die Zielsetzung der *Verbesserung* der Umweltqualität eine Förderungspflicht durch konkrete umweltschützende Maßnahmen[1438].

Der verfahrensrechtliche Gewährleistungsinhalt des Art. 37 GRC kann in negativer Hinsicht zunächst darin gesehen werden, dass Hindernisse im Hinblick auf die Verwirklichung der nach der Århus-Konvention anerkannten Elemente eines prozeduralen Umweltgrundrechts – insbesondere des Rechts des Bürgers auf umweltbezogene Information – auszuräumen sind. Darüber hinaus ist eine

---

[1435] Für die Mitgliedstaaten ist Art. 37 GRC gemäß Art. 51 Abs. 1 GRC nur bei der „Durchführung des Rechts der Union" verbindlich. Siehe hierzu auch in diesem Kapitel unter C.I.1.

[1436] Nicht nachvollziehbar erscheint die in Art. 52 Abs. 5 S. 2 GRC getroffene Einschränkung, dass diese Funktion der Charta-Grundsätze nur im Hinblick auf konkrete Umsetzungsakte beschränkt sein soll. Warum sollte nicht das gesamte Gemeinschaftsrecht auf der Grundlage der Charta-Grundsätze beurteilt werden dürfen? Angesichts der großen textlichen Überinstimmung zwischen dem Umweltschutz-Grundsatz und den existenten primärrechtlichen Umweltschutznormen wie auch den korrespondierenden Bestimmungen des Verfassungsvertrages wird dieses Monitum in praktischer Hinsicht deutlich relativiert.

[1437] Vgl. HIRSCH, in: BLANK, Soziale Grundrechte in der Europäischen Grundrechtscharta, S. 11 (17). Siehe auch V. BOGDANDY, JZ 2001, S. 157 (158), der die dogmatische Figur der Schutzpflichten im Kontext der sozialen Gewährleistungen der Charta – insbesondere der Artt. 1, 8, 24-38 GRC – heranzieht.

[1438] In diesem Sinne auch LEINEN/SCHÖNLAU, Integration 2001, S. 26 (31).

positive Verpflichtung anzunehmen, die Öffentlichkeitsbeteiligung bei umweltrelevanten Entscheidungen der Verwaltung, die Zugänglichkeit und die Verbreitung von Umweltinformationen sowie den Zugang zu Gericht in Umweltstreitigkeiten durch rechtliche und organisatorische Maßnahmen zu unterstützen und auszubauen.

Wie auch bisher wird der – durch seine Konstitutionalisierung in der Grundrechtecharta symbolisch und rechtlich aufgewertete – Umweltschutz auf der Rechtfertigungsebene bei Grundrechtseingriffen eine legitimierende Wirkung entfalten[1439].

Aus der Perspektive nationalen Verfassungsrechts liegt der Vergleich der unionalen Zielbestimmung des Art. 37 GRC mit der verfassungsrechtlichen Normenkategorie der Staatszielbestimmung nahe[1440], die jeweils strukturell und funktionell wesentliche Parallelen aufweisen. In Anbetracht des Umfangs der im Zuge des Integrationsprozesses auf die Europäische Union übertragenen Hoheitsrechte steht einem solchen Vergleich auch nicht die fehlende Staatlichkeit der Europäischen Union entgegen. Die angesichts der Anzahl von 25 mitgliedstaatlichen Verfassungsordnungen überraschende Homogenität der Lösungswege, wonach die konstitutionelle Garantie des Umweltschutzes – trotz oft grundrechtlicher Formulierung – in der Verfassungssystematik bzw. Verfassungswirklichkeit als eine das staatliche Handeln rechtsverbindich leitende Norm wirkt, legt vielmehr nahe, bei der Weiterentwicklung der europäischen Grundrechtsdogmatik auch „Anleihen" aus dem mitgliedstaatlichen Verfassungsrecht zu nehmen.

Ebenfalls besteht eine große Nähe – jedoch keine rechtsqualitative Identität – zu den geltenden Zielbestimmungen des primären Gemeinschaftsrechts, welche weiterhin als maßgebliche Interpretationsdirektiven des Charta-Grundsatzes anzusehen sind. Art. 37 GRC unterscheidet sich jedoch von seinen primärrechtlichen Bezugsnormen unter systematischen Gesichtspunkten durch eine engere Verbindung zum umweltbezogenen Individualschutz. Diese prinzipielle Offenheit für eine stärkere Subjektivierung des Umweltschutzes kann aus der Verortung der Norm in einem Grundrechtskatalog, aus der grundrechtlichen Konzeption des Umweltschutzes in einer Vielzahl der mitgliedstaatlichen Verfassungs-

---

[1439] Siehe auch KINGREEN, EuGRZ 2004, S. 570 (571); WEBER, DVBl. 2003, S. 220 (223).

[1440] PECHSTEIN sieht in den in der Charta verankerten Gewährleistungen Gesundheits-, Umwelt- und Verbraucherschutz staatszielähnliche Grundsätze, auf die sich der Bürger jedenfalls nicht im Sinne eines subjektiven Rechts berufen könne, vgl. DERS., in: STREINZ, EUV/EGV, Art. 6, Rdn. 22. Den Begriff der Staatszielbestimmung zieht auch KÜHLING heran, vgl. DERS., in: V. BOGDANDY, Europäisches Verfassungsrecht, S. 583 (596).

ordnungen sowie aus der internationalen Anerkennung prozeduraler Individualrechtspositionen zur Effektuierung des Umweltschutzes[1441] hergeleitet werden.

Auch wenn die eingangs vorgenommene Einordnung des Art. 37 GRC als unionale Zielbestimmung nicht zuletzt angesichts der aufgezeigten strukturellen und funktionalen Parallelen zu den etablierten Normenkategorien der Staats- und Gemeinschaftszielbestimmungen konsequent und begrifflich stimmig ist, ist zu berücksichtigen, dass die Termini Gemeinschafts- bzw. Unionszielbestimmungen im geltenden Primärrecht bereits „besetzt" sind und daher eine Verwechslungsgefahr besteht. Gerade aufgrund der ebenfalls aufgezeigten Unterschiede des rechtsqualitativ neuen Charta-Grundsatzes Umweltschutz gegenüber diesen Normenkategorien erscheint daher eine neue Begriffsbildung von Vorteil.

Vorgeschlagen wird eine begriffliche Einordnung des Art. 37 GRC als *Grundgewährleistung*, wodurch einerseits die fundamentale Bedeutung des Schutzgutes und die Grundrechtsnähe der Norm, andererseits – in deutlicher Abrenzung zu den Grundrechten – das Nichtvorliegen einer individuellen Berechtigung zum Ausdruck kommt.

1441 Von überragender Bedeutung ist insofern die Århus-Konvention, siehe dazu in diesem Kapitel, D.II.2.b).

4. Kapitel

Justiziabilität und rechtliches Potential des Art. 37 GRC

A. Durchsetzbarkeit der in der Charta enthaltenen Gewährleistungen

Damit die Grundrechtecharta über ihre symbolisch-politische Bedeutung hinaus volle rechtliche Wirksamkeit entfalten kann, müssen ihre Gewährleistungsinhalte durch geeignete Verfahrensinstrumente gesichert und durchsetzbar sein[1442]. Auch wenn die Grundrechtecharta die gesamte öffentliche Gewalt der Europäischen Union verpflichtet, soweit diese im Anwendungsbereich des Unionsrechts handelt, wird die – in der Verantwortung des EuGH stehende – Effektivität des gerichtlichen Schutzes der Charta-Gewährleistungen für die Wahrung eines einheitlichen Grundrechtsschutzes in der Europäischen Union maßgeblich sein[1443].

I. Fehlen eines chartaspezifischen Rechtsbehelfs

Weder in der Grundrechtecharta selbst noch im Gesamtvertrag einer *Verfassung für Europa* ist ein spezifischer Rechtsbehelf zur Durchsetzung der in der Charta positivierten (Grund)Rechte verankert. Diese fehlende prozessuale Absicherung der Charta-Gewährleistungen wird als „offene Flanke" im Grundrechtsschutzkonzept des Verfassungsvertrages angesehen[1444]. Das justizielle Recht aus Art. 47 GRC[1445] gewährt lediglich das Jedermannsrecht, einen wirk-

---

[1442] Allgemein zur Durchsetzbarkeit STERN, Idee und Elemente eines Systems der Grundrechte, in: ISENSEE/KIRCHHOF, HbStR V, § 109, Rdn. 71 ff.

[1443] Vgl. MAGIERA, DÖV 2000, S. 1017 (1024).

[1444] RUFFERT, EuR 2004, S. 165 (175 f.). Kritisch zum gegenwärtigen prozeduralen Schutz der Grundrechte auf Gemeinschaftsebene auch MAYER, La Charte européenne des droits fondamentaux et la Constitution européenne, RTDE 39 (2003), S. 175 (193).

[1445] Art. 47 GRC (Recht auf einen wirksamen Rechtsbehelf und ein unparteiisches Gericht): (1) „Jeder Mensch, dessen durch das Recht der Union garantierten Rechte oder Freiheiten verletzt worden sind, hat das Recht, nach Maßgabe der in diesem Artikel vorgesehenen Bedingungen bei einem Gericht einen wirksamen Rechtsbehelf einzulegen."

samen Rechtsbehelf bei einem Gericht im Falle der Verletzung der durch das Unionsrecht garantierten Rechte und Freiheiten einlegen zu können. Im grundrechtlichen Bereich ist diese Gewährleistung jedoch nur bedingt geeignet, die Beachtung der Grundrechte zu sichern[1446].

Angesichts der unterbliebenen Verankerung eines chartaspezifischen Rechtsbehelfs wird demnach zunächst das bisherige System des Grundrechtsschutzes jedenfalls zum Schutz der klassischen Charta-Grundrechte fortzuführen sein. Auch unter Beibehaltung der bestehenden Verfahrensarten der europäischen Gerichtsbarkeit erscheint es indes durchaus vorstellbar, dass die Existenz der Charta die Intensität der Grundrechtsprüfung des EuGH verstärken und zu einer Verdichtung der grundrechtlichen Rechtsprechung führen wird[1447].

Unbeantwortet bleibt jedoch die Frage nach der verfahrensmäßigen Absicherung der in der Charta konstitutionalisierten sozialen Rechte und Grundsätze.

Jedenfalls in gewissem Umfang wird durch die in Art. 43 GRC geregelte Institution des Europäischen Bürgerbeauftragten[1448], der sowohl auf eigene Initiative[1449] als auch als Übermittler von Beschwerden aus der Bevölkerung die Kommission zur Überprüfung rechtlicher Missstände auffordern kann, eine Kontrolle zur Einhaltung der Grundrechte und auch des objektiven Gemeinschaftsrechts veranlasst werden können.

II. Erfordernis einer Europäischen Verfassungsbeschwerde?

Nach geltendem Primärrecht besteht jedenfalls in formeller Hinsicht ein umfassendes System zur Kontrolle der Einhaltung der Grundrechte nach Art. 6 Abs. 2 EU, das natürlichen und juristischen Personen gegenüber Handlungen der

---

1446 Vgl. auch SCHRÖDER, JZ 2002, S. 849 (853).

1447 Vgl. dazu BARRIGA, Die Entstehung der Charta der Grundrechte der Europäischen Union, S. 60 ff.

1448 Vgl. Art. 43 GRC (=Art. II-103 VerfVertrag): „Die Unionsbürgerinnen und Unionsbürger sowie jede natürliche oder juristische Person mit Wohnsitz oder satzungsmäßigem Sitz in einem Mitgliedstaat haben das Recht, den Europäischen Bürgerbeauftragten im Falle von Missständen bei der Tätigkeit der Organe, Einrichtungen und sonstigen Stellen der Union, mit Ausnahme des Europäischen Gerichtshofs und des Gericht in Ausübung ihrer Rechtsprechungsbefugnisse, zu befassen."

1449 Trotz dieses eigenen Initiativrechts beschränkte der Europäische Bürgerbeauftragte, der aufgrund des Vertrags von Maastricht im Jahre 1995 seine Arbeit aufnahm, seine Kritik bislang jedoch auf die Handhabung von Beschwerden. Vgl. zu dieser Institution auch SACH/SIMM, Kontrolle der Durchführung und der Beachtung von Gemeinschaftsrecht, in: RENGELING, EUDUR/ Bd. I, § 44, S. 1607 (1645).

Gemeinschaftsorgane sowie der Mitgliedstaaten[1450] individuellen Rechtsschutz einräumt[1451]. Zur Verwirklichung des Grundrechtschutzes gegen Handlungen der Organe der Europäischen Gemeinschaft stehen gemäß Art. 46 lit. d) EU die traditionellen Verfahren offen. So ist im Wege der Nichtigkeitsklage gemäß Art. 230 Abs. 4 EG[1452] der Zugang natürlicher und juristischer Personen als nicht privilegiert Klagebefugte[1453] zum EuGH und zum EuG 1. Instanz für Klagen gegenüber Handlungen und Unterlassungen von Unionsorganen gewährleistet, soweit die einzelnen unmittelbar und individuell betroffen sind[1454]. Ergänzt wird der durch die Nichtigkeitsklage gewährte Individualrechtsschutz durch die Untätigkeitsklage, mittels derer der Einzelne gemäß Art. 232 Abs. 3 EG Beschwerde gegenüber den Gemeinschaftsorganen erheben kann, dass diese es unterlassen hätten, an ihn einen anderen Akt als eine Empfehlung oder Stellungnahme zu richten[1455]. Individualrechtliche Nichtigkeitsklagen, die sich gegen Entscheidungen mit normativem Charakter wenden, scheitern jedoch in der Praxis häufig an der seitens des EuGH restriktiv ausgelegten Klagebefugnis im Sinne des Art. 230 Abs. 4 EG[1456]. Der Zugang zum EuGH ist weiterhin durch das Vorabentscheidungsverfahren gemäß Art. 234 EG eröffnet, wenn mitgliedstaatliche Gerichte auf Klagen Einzelner über Handlungen und Unterlassungen

---

1450 Zum Umfang der Bindung der Mitgliedstaaten an die Gemeinschaftsgrundrechte vgl. Anm. 720.

1451 Zwar sieht auch das geltende Gemeinschaftsrecht keine Verfassungs- bzw. Grundrechtsbeschwerde vor, doch gebietet der Grundsatz effektiven Rechtsschutzes, dass die Grundrechte im Wege des Individualrechtsschutzes durch den Einzelnen geltend gemacht werden können. Zudem gilt der Grundsatz der rechtsschutzfreundlichen Auslegung auf Gemeinschaftsrechtsebene als anerkannt, vgl. SCHWARZE, DVBl. 2002, S. 1297 (1299).

1452 Dieser zentralen Norm des Individualrechtsschutzes gegen Gemeinschaftsrechtsakte korrespondiert nun die leicht modifizierte Fassung des Art. 365 Abs. 4 VerfVertrag (ex-Art. 270 Abs. 4 VerfVertrag): „Jede natürlich Person kann unter den gleichen Voraussetzungen gegen die an sie ergangenen oder sie unmittelbar und individuell betreffenden Handlungen sowie gegen Rechtsakte mit Verordnungscharakter, die sie unmittelbar betreffen und keine Durchführungsmaßnahmen nach sich ziehen, Klage erheben." Vgl. zu dieser Neufassung ausführlich CREMER, Der Rechtsschutz des Einzelnen gegen Sekundärrechtsakte der Union gemäß Art. III-270 Abs. 4 Konventsentwurf des Vertrages über eine Verfassung für Europa, EuGRZ 2004, S. 577 ff.

1453 Vgl. STREINZ, Europarecht, Rdn. 515.

1454 Vgl. hierzu ausführlich SCHWARZE, Der Rechtsschutz Privater vor dem Europäischen Gerichtshof: Grundlagen, Entwicklungen und Perspektiven des Individualrechtsschutzes im Gemeinschaftsrecht, DVBl. 2002, S. 1297 (1299 ff.).

1455 Natürliche und juristische Personen können sich demnach als nicht privilegiert Klagebefugte nicht allgemein über die Untätigkeit der Gemeinschaftsorgane beschweren.

1456 Ausführlich CREMER, in: CALLIESS/RUFFERT, EUV/EGV, Art. 230 EG, Rdn. 44 ff.

mitgliedstaatlicher Organe im Anwendungsbereich des Unionsrechts zu entscheiden haben und sich hierbei Fragen zur Auslegung und zur Gültigkeit des Unionsrechts stellen[1457]. Eine Vorlage nach Art. 234 EG zur Prüfung der Grundrechtskonformität eines Gemeinschaftsrechtsakts können die Parteien des Ausgangsverfahrens nach geltendem Primärrecht nicht erzwingen, vielmehr sind sie in hohem Maße auf die Vorlagefreudigkeit des jeweiligen nationalen Gerichts angewiesen[1458]. Insoweit könnte eine individualrechtliche Ergänzung des Vorabentscheidungsverfahrens in Betracht zu ziehen sein, etwa im Sinne einer Nichtvorlagebeschwerde wegen unzureichender Beachtung des in der Charta gewährleisteten Grundrechtsschutzes[1459]. Zu erwähnen ist schließlich das Vertragsverletzungsverfahren der Kommission gegen säumige Mitgliedstaaten gemäß Art. 226 EG, welches häufig aufgrund von Bürgerbeschwerden eingeleitet wird, diesen jedoch ebenfalls kein Recht auf Klageerzwingung bzw. Verfahrensbeteiligung gewährt. Vor diesem Hintergrund eines verfahrensrechtlich lückenhaften Grundrechtsschutzes[1460] wird vielfach die Forderung nach einem verbesserten Individualbeschwerdeverfahren im Sinne einer Europäischen Grundrechts- bzw. Verfassungsbeschwerde gegen grundrechtsverletzende Gemeinschaftsnormen vor dem EuGH erhoben[1461].

Der vorgelagerten Überlegung, ob eine Effektuierung des Grundrechtsschutzes auch de lege lata durch eine besonders rechtsschutzfreundliche und grundrechtskonforme Auslegung des Art. 230 Abs. 4 EG möglich wäre, stehen nicht unerhebliche Bedenken entgegen. So kann insbesondere eine extensive Ausle-

---

1457 Im Hinblick auf das Vorabentscheidungsverfahren sei jedoch daran erinnert, dass ein solches bei Fehlen eines mitgliedstaatlichen Vollzugsaktes grundsätzlich ausscheidet.

1458 Dem Vorabentscheidungsverfahren fehlt damit eine subjektiv-verfahrensrechtliche Rechtsgewähr. Gegen innerstaatliche Gerichtsentscheidungen, die die Gemeinschaftsrechtswidrigkeit eines Rechtsakts nicht aufgreifen, ist demnach auf der Ebene des Gemeinschaftsrechts kein Rechtsbehelf gegeben, vgl. BARRIGA, Die Entstehung der Charta der Grundrechte der Europäischen Union, S. 58 m.w.N. Siehe ebenfalls RENGELING, FS Everling/ Bd. II, S. 1187 (1195).

1459 Siehe dazu auch PFEIFFER, Keine Beschwerde gegen EuGH-Vorlagen?, NJW 1994, S. 1996 ff.

1460 Auch der EuGH wies im Hinblick auf die gewünschte Effektuierung des Grundrechtsschutzes auf Gemeinschaftsebene in einer Entscheidung aus dem Jahre 1995 auf die Lücken des bestehenden Rechtsschutzsystems hin, vgl. DASHWOOD/DUTHEIL DE LA ROCHÈRE, Editorial Comments: The ICG 1996 and the Court of Justice, CMLR 1995, S. 883 (885).

1461 Vgl. dazu CALLIESS, EuZW 2001, S. 261 (268); MAGIERA, DÖV 2000, S. 1017 (1024); PERNICE, DVBl. 2000, S. 847 (858); REICH, Zur Notwendigkeit einer Europäischen Grundrechtsbeschwerde, ZRP 2000, S. 375 ff.; RENGELING, Brauchen wir eine Verfassungsbeschwerde auf Gemeinschaftsebene?, FS Everling/ Bd. II, S. 1187 (1200 ff.); TAPPERT, Eine Charta der Grundrechte für die EU, DRiZ 2000, S. 204 ff.

gung der Voraussetzung der unmittelbaren und individuellen Betroffenheit im Ergebnis nicht den Wortlaut der Norm dahingehend verändern, dass auf diesem Wege eine gerenelle direkte Klagemöglichkeit gegen Rechtsnormen eingeführt wird[1462].

Zur Diskussion über die Einführung einer Europäischen Verfassungs- bzw. Grundrechtsbeschwerde und Möglichkeiten ihrer konkreten Ausgestaltung können an dieser Stelle in Anbetracht der Komplexität des Themas nur einige kursorische Bemerkungen erfolgen[1463]. Konzeptionell vorstellbar erscheint eine Europäische Grundrechtsbeschwerde als eigenständiger, jedoch subsidiärer Rechtsbehelf vor dem EuGH, mittels dessen gemäß Art. 46 lit. d) EU Rechtsschutz gegen die „Handlungen der Organe" der Gemeinschaft erreicht werden könnte[1464]. Zentrales Anliegen dieses neuen Rechtsbehelfs sollte einerseits die Gewähr von Rechtsschutz gegen normative Rechtsakte der Gemeinschaft sowie andererseits die Gewähr von Rechtsschutz für den Fall, dass ein mitgliedstaatliches Gericht eine entscheidungserhebliche Frage des Gemeinschaftsrechts nicht dem EuGH vorlegt[1465]. Einklagbar sein sollten neben klassischen Grundrechten auch Kollektivrechte (z.B. Mitwirkungsrechte von Verbraucher- und Umweltschutzorganisationen), wodurch gleichzeitig eine Heranfürung der „Zivilgesellschaft" an die Gemeinschaft erreicht werden könnte[1466]. Zur Eingrenzung des Kreises der Beschwerdeführer wäre eine unmittelbare – wenn auch keine individuelle – Betroffenheit vorauszusetzen[1467]. Unmittelbar betroffen sein könnten demnach

---

1462 Dazu und zu weiteren Argumenten SCHWARZE, DVBl. 2002, S. 1297 (1299 ff.).

1463 Zu einer umfassenden Analyse einschließlich eines historischen Überblicks über entsprechende rechtspolitische Bemühungen um eine prozedurale Effektuierung des Grundrechtsschutzes auf europäischer Ebene siehe RENGELING, FS Everling/ Bd. II, S. 1187 ff.

1464 Dazu – insbesondere zur Voraussetzung der Subsidiarität – REICH, ZRP 2000, S. 375 (377 f.); ebenfalls RENGELING, FS Everling/ Bd. II, S. 1187 (1197).

1465 Zur Einführung einer Grundrechtsbeschwerde für den Fall der Nichtvorlage durch ein nationales Gericht im Hinblick auf die Problematik einer dann zu befürchtenden Hierarchisierung von europäischem und nationalem Grundrechtsschutz differenzierend SCHWARZE, DVBl. 2002, S. 1279 (1314).

1466 In diesem Sinne REICH, ZRP 2000, S. 375 (377 f.).

1467 Nach der Rechtsprechung des EuGH setzt das Kriterium der Unmittelbarkeit voraus, dass der angegriffene Rechtsakt selbst die Beeinträchtigung hervorruft, ohne dass hierfür noch ein weiterer Vollzugsakt erforderlich wäre (vgl. EuGH, Rs. C-386/96, *Dreyfus/Kommission*, Slg. 1998, I-2309, Tz. 43 f. m.w.N.). In der Berufungsentscheidung *Greenpeace* konkretisierte der EuGH das Merkmal der unmittelbaren Betroffenheit insofern, als dass diese nicht gegeben war, wenn das beanstandete Fehlen einer Umweltverträglichkeitsprüfung dem Mitgliedstaat und nicht der Kommission im Rahmen ihrer Entscheidung über die Zuteilung von Mitteln des Regionalfonds zuzurechnen war EuGH, Rs. C-321/95, *Stichting Greenpeace Council (Greenpeace International) u.a. / Kommission*, Slg. 1998, I-1651, Tz. 31.

auch Vereinigungen, sofern ihnen primärrechtlich eine entsprechende Rechtsposition gewährt wird[1468]. Schließlich sollte eine europäische Grundrechtsbeschwerde nur subsidiär, d.h. nach Ausschöpfung der bestehenden Rechtsbehelfe, gewährt werden[1469]. So sollte die Europäische Grundrechtsbeschwerde erst bei Verwerfen des Ersuchens um Vorabentscheidung durch ein dazu verpflichtetes Gericht gegeben sein. Die Europäische Grundrechtsbeschwerde würde sich dabei nicht gegen die Entscheidung des nationalen Gerichts richten, sondern – unter Wahrung des Subsidiaritätsgrundsatzes – gegen das Gemeinschaftsorgan, das den angeblich grundrechtswidrigen und den Beschwerdeführer unmittelbar in seinen Rechten betreffenden Akt erlassen hat[1470].

Die Einführung einer selbständigen Grundrechtsbeschwerde auf europäischer Ebene ist insbesondere unter dem Blickwinkel des effektiven Rechtsschutzes als wünschenswert anzusehen, da es sich bei Grundrechtseingriffen um die intensivste Form von Eingriffen in private Rechtsgüter handelt und ihre Verletzung demnach einer besonderen Rechtfertigung bedarf. Insofern erscheint es problematisch, den Bürger im Bereich des Grundrechtsschutzes grundsätzlich auf indirekten und sekundären Rechtsschutz zu verweisen[1471].

B. Justiziabilität und dynamische Interpretation des Art. 37 GRC

Bereits aufgrund der großen textlichen Übereinstimmung der primärrechtlich geltenden Umweltschutzregelungen mit der Fassung des Art. 37 GRC ist die bisher erreichte und anerkannte Justiziablität des primärrechtlich positivierten Gemeinschaftsziels Umweltschutz auch der neuen Charta-Gewährleistung zuzuerkennen. Insofern kann hier auf die obige Analyse der Bedeutung und Funktio-

---

1468 Vgl. REICH, ZRP 2000, S. 375 (378).

1469 Siehe SCHWARZE, DVBl. 2002, S. 1279 (1314). Vgl. auch den entsprechenden Formulierungsvorschlag zur Ergänzung des Art. 230 EG um einen sechsten Absatz: „Behauptet eine natürliche oder juristische Person einen Verstoß eines Gemeinschaftsrechtsaktes gegen Art. 6 EU oder gegen eine sonstige in den Verträgen zugunsten dieser Person gewährte Rechte durch Handlungen eines Organs der Gemeinschaft, so kann sie gegen diesen Akt Beschwerde beim EuGH (Europäische Grundrechtsbeschwerde) einlegen, sofern sie hiervon unmittelbar betroffen ist und andere Verfahren nicht oder nicht mehr zur Verfügung stehen." (REICH, ZRP 2000, S. 375 (378).

1470 Vgl. REICH, ZRP 2000, S. 375 (378)

1471 In diesem Sinne auch SCHWARZE, DVBl. 2002, S. 1279 (1313 f.). Insbesondere dürfte es unzumutbar sein, generell vor Klagerhebung einen Normausführungsakt abwarten zu müssen, auch wenn dieser möglicherweise zu einer irreversiblen Grundrechtsbeeinträchtigung führt (DERS., ebd.).

nalisierung des Umweltschutzprinzips in der Rechtsprechung des EuGH verwiesen werden[1472].

Angesichts der neuen Rechtsqualität des Art. 37 GRC – und seiner Positionierung in einer Charta der *Grundrechte* – stellt sich nunmehr die Frage, welche Bedeutung dem neuen Umweltschutzartikel künftig in der europäischen Judikatur zukommen kann[1473]. Im Hinblick auf potentiell individualschützende Elemente der Norm ist die rechtsschutzfreundliche Auslegung des Gemeinschaftsrechts – insbesondere auch im Bereich des Umweltrechts – seitens des EuGH von grundlegender Bedeutung. Im Gemeinschaftsrecht ist daher ergänzend zu einer dynamischen und teleologischen Interpretation auch stets eine rechtsschutzfreundliche Auslegung geboten[1474].

I. Teilsubjektivierung des Art. 37 GRC in Kombination mit einer individualschützenden Norm

Wenn auch Art. 37 GRC gegenwärtig selbst kein umweltschützendes subjektives Recht vermitteln kann, erscheint jedenfalls eine Teilsubjektivierung der Umweltschutzgewährleistung über anerkannte Grundrechte vorstellbar. Nach dem Modell nationaler Staatszielbestimmungen[1475] – insbesondere auch nach dem Vorbild der sozialen Grundsätze und -rechte der französischen und der spanischen Verfassung[1476] – könnten Rechte bzw. Rechtsverletzungen damit unter Berufung auf das entsprechende Grundrecht in Verbindung mit Art. 37 GRC geltend gemacht werden[1477]. Als hierfür geeignetes Grundrecht kommt –

1472 Siehe 3. Kapitel, D.II.2.c)bb).

1473 Die folgenden Ausführungen beschränken sich auf eine Prognose der Funktion(en), die Art. 37 GRC künftig bei der Rechtskontrolle von Gemeinschaftsrechtsakten in der Rechtsprechung des EuG bzw. des EuGH übernehmen könnte.

1474 SCHWARZE, DVBl. 2002, S. 1297 (1299).

1475 Vgl. die Evaluation des Verfassungsvergleichs sowie für die entsprechende Funktion des Art. 20 a GG im deutschen Verfassungsrecht MURSWIEK, in: SACHS, GG, Art. 20 a, Rdn. 74.

1476 Siehe dazu 3. Kapitel, D.II.2.a.bb)(2) und (3).

1477 Bei diesen Überlegungen wird nicht verkannt, dass die Charta-Grundsätze nach dem Wortlaut des Art. 52 Abs. 5 S. 2 GRC vor Gericht „nur“ bei der Auslegung der sie umsetzenden Rechtsakte und bei Entscheidungen über deren Rechtmäßigkeit herangezogen werden dürfen. Sichtbar wird in dieser Formulierung das Bestreben, die Rechtswirkungen der Charta-Grundsätze jedenfalls dahingehend zu limitieren, dass diese keiner unmittelbar grundrechtlichen Interpretation zugänglich sind (vgl. dazu 3. Kapitel, C.II.3). Nicht eindeutig ist jedoch, ob mit diesem – nachträglich eingefügten – Absatz eine so weitreichende Regelung getroffen

wie auf der Ebene des nationalen Verfassungsrechts – insbesondere der allgemeine Gleichheitssatz in Betracht[1478]. Sachnah erscheint weiterhin eine Verknüpfung mit dem Recht auf Leben und körperliche Unversehrtheit (Artt. 2 und 3 GRC) sowie mit der an der Spitze der Grundrechtecharta positionierten Würde des Menschen[1479]. In Anlehnung an die immissionsschutzrechtliche Spruchpraxis des EGMR erscheint auch eine Kombination der Umweltschutz-Gewährleistung mit dem Recht auf Achtung des Privat- und Familienlebens[1480] denkbar. Bestehende Klagebefugnisse könnten auf diese Weise über Art. 37 GRC um eine umweltschützende Dimension erweitert werden.

II. Potential und Dynamik der Norm

Da die Garantie eines einklagbaren Individualrechts auf eine gesunde Umwelt vielerseits als „Endziel"[1481] angesehen wird, seien hier einige Überlegungen hinsichtlich des Potentials des Art. 37 GRC zu weitergehendem – individualrechtlichem – Schutz angestellt. Eine zukunftsorientierte Untersuchung des rechtlichen Potentials des Umweltschutzartikels erscheint gerade im Hinblick auf seine Rechtsqualität als Verfassungsnorm interessant, da Elemente einer einmal existenten Verfassungsordnung auch nach längerer Zeit oft unerwartete normative Kraft entfalten können[1482].

Ausgangspunkt dieser Überlegungen ist, dass aufgrund der dynamischen Querschnittsklausel des Art. 53 GRC eine zukunftsoffene Auslegungsmöglichkeit aller in der Charta enthaltenen Gewährleistungen gesichert ist. Eine solche dynamische Interpretation der Charta-Gewährleistungen ist angesichts des ebenfalls keineswegs starren Grundrechtsverständnisses in den mitgliedstaatlichen Verfassungsordnungen und in der EMRK von essentieller Bedeutung.

---

werden sollte, dass eine bereichsspezifische Verstärkung anerkannter Grundrechte durch eine entsprechende Normenkombination ausgeschlossen sein sollte.

1478 Vgl. Art. 20 GRC (Gleichheit vor dem Gesetz): „Alle Menschen sind vor dem Gesetz gleich."

1479 Siehe auch 3. Kapitel, D.II.1.b).

1480 Vgl. Art. 7 GRC (Achtung des Privat- und Familienlebens): „Jeder Mensch hat das Recht auf Achtung seines Privat- und Familienlebens, seiner Wohnung sowie seiner Kommunikation."

1481 Die umweltpolitische und -rechtliche Aktualität dieses Themas zeigte sich deutlich in der Konvents-Debatte zur Formulierung des Umweltschutzartikels. Vgl. aus dem Schrifttum LEINEN/SCHÖNLAU, Integration 2001, S. 26 (31).

1482 So unter Hinweis auf die Sozialstaatsklausel des Art. 20 GG HÄBERLE, Europäische Verfassungslehre, S. 528.

1. Umweltschützende Teilgewährleistungen klassischer Grundrechte

Auch wenn Art. 37 GRC sowohl nach der Charta-Systematik als auch nach den Erläuterungen des Verfassungskonvents- und des Grundrechte-Konventspräsidiums verhältnismäßig eindeutig als „Grundsatz“ zu qualifizieren ist, darf in diesem Kontext keinesfalls das Potential anderer „echter“ Einzelgrundrechte für eine menschenrechtliche Fundierung des Umweltschutzes in Vergessenheit geraten[1483]. Von großer Bedeutung für den Gewährleistungsinhalt des Art. 37 GRC wird die Judikatur sowohl der mitgliedstaatlichen Verfassungsgerichte auch der europäischen Gerichtshöfe im Hinblick auf eine Fruchtbarmachung umweltschützender Teilgewährleistungen aus den klassischen Grundrechten zugunsten des umweltrechtlichen Individualschutzes sein. Auch solche Tendenzen könnten zukünftig eine dynamische Interpretation des Art. 37 GRC im Hinblick auf individualschützende Gehalte fördern.

2. Möglichkeit einer subjektiv-rechtlichen Interpretation?

Vor dem Hintergrund der eingangs dargestellten, grundlegenden Kontroverse über die subjektiv- oder objektiv-rechtliche Ausgestaltung des Umweltschutzes[1484] wird im Folgenden untersucht, ob Art. 37 GRC trotz seiner grammatikalisch eindeutig objektiv-rechtlichen Fassung grundrechtlich interpretiert werden kann. Wäre eine subjektiv-rechtliche Interpretation des Art. 37 GRC – unter der Voraussetzung eines entstehenden mitgliedstaatlichen Konsenses zu einer individualrechtlichen Ausgestaltung des Umweltschutzes – demnach zulässig oder wäre hierfür eine Textänderung der Norm zwingend erforderlich?

Grundvoraussetzung wäre zunächst ein Wandel der rechts- und verfassungspolitischen Überzeugung und Praxis von der bislang favorisierten objektiv-rechlichen Konzeption hin zu einem Konsens eines Umweltgrundrechts auf nationaler und europäischer Ebene. Gerade die systematische und die historische Interpretation des Art. 37 GRC haben gezeigt, dass die Frage nach der effizientesten rechtlichen Konzeption des Umweltschutzes weiterhin Aktualität besitzt und durch die für die Grundrechtecharta konsentierte Formulierung keinesfalls letztverbindlich gelöst worden ist. Wie bereits oben ausgeführt, ist von nicht zu unterschätzender Bedeutung, dass Art. 37 GRC auch gegenwärtig bereits von den aus den nationalen Verfassungsordnungen, aus der EMRK und aus den nun

---

1483 In diesem Sinne RENGELING/SZCZEKALLA, Grundrechte in der Europäischen Union, § 32 „Umweltschutz“ (Art. 37 der Charta), Rdn. 1053.

1484 Siehe oben 1. Kapitel unter A.I.

in der Charta positivierten Gemeinschaftsgrundrechten hergeleiteten, ökologischen grundrechtlichen Schutzpflichten flankiert wird.

Es stellt sich jedoch die Frage, ob eine daran anknüpfende dynamische – subjektiv-rechtliche – Interpretation als zulässig anzusehen wäre oder ob einer solchen das Textgebot als Grenze der Auslegung entgegenstehen würde.

Theoretisch vorstellbar erscheint eine Erweiterung der Schutzrichtung der Norm um eine subjektiv-rechtliche Komponente im Wege der richterlichen Rechtsfortbildung durch den EuGH[1485], welche teilweise auch den Gesetzeswortlaut überschreiten kann[1486]. Während die deutsche Dogmatik zwischen Auslegung und Fortbildung des Rechts danach unterscheidet, ob die Grenze des „möglichen Wortsinns" überschritten wird[1487], werden nach der französischen Methodenlehre sämtliche Vorgänge unter den Begriff der „interprétation" subsumiert[1488]. Diese Gleichsetzung von schlichter Gesetzesauslegung und Rechtsfortbildung hat sich auch der EuGH zu eigen gemacht, indem er echte Rechtsfortbildung im Sinne einer Lückenfüllung und auch die Schöpfung neuer Rechtsinstitute als Auslegung der Verträge deklariert[1489]. Der Umstand, dass der Umweltschutz bereits eine umfassende primärrechtliche Regelung erfahren hat und demnach von einer realen Regelungslücke – wie sie in Fällen klassischer Rechtsfortbildung vorausgesetzt wird – nicht ausgegangen werden kann, steht den hier angestellten Überlegungen nicht entgegen. Vielmehr gilt auch eine *gesetzesübersteigende* Rechtsfortbildung durch Rechtsprechung und Lehre, die auch über den Plan des Gesetzs hinausgehen kann, als anerkannt[1490].

1485 Hierbei handelt es sich der Form nach um Rechtsprechung, dem Inhalt nach jedoch um Rechtssetzung. Umfassend zur richterlichen Rechtsfortbildung durch den EuGH – auch differenzierend zwischen dem „rechtlichen Dürfen" und dem „rechtlichen Können" MITTMANN, Die Rechtsfortbildung durch den Gerichtshof der Europäischen Gemeinschaften und die Rechtsstellung der Mitgliedstaaten, S. 183 ff., 271 ff.

1486 Siehe DÄNZER-VANOTTI, Der Europäische Gerichtshof zwischen Rechtsprechung und Rechtssetzung, FS Everling/ Bd. I, S. 205.

1487 Vgl. SCHROEDER, Das Gemeinschaftsrechtssystem. Eine Untersuchung zu den rechtsdogmatischen, rechtstheoretischen und verfassungsrechtlichen Grundlagen des Systemdenkens im Europäischen Gemeinschaftsrecht, S. 63, unter Bezugnahme auf die LARENZ'sche Methodenlehre. Siehe dazu ebenfalls ANWEILER, Auslegungsmethoden des Gerichtshofs der Europäischen Gemeinschaften, S. 28 ff.

1488 Siehe dazu ANWEILER, Auslegungsmethoden des Gerichtshofs der Europäischen Gemeinschaften, S. 33 m.w.N.

1489 Siehe dazu die Analyse am Beispiel des Staatshaftungsrechts von MÜLLER/ CHRISTENSEN, Juristische Methodik II, S. 104 ff.

1490 Vgl. MÜLLER/CHRISTENSEN, Juristische Methodik II, S. 146 f. m.w.N. (Hervorhebung im Original). Siehe ebenfalls ANWEILER, Auslegungsmethoden des Gerichtshofs der Europäischen Gemeinschaften, S. 29 f. m.w.N.

Insbesondere ist die seitens des EuGH praktizierte „interprétation" im Sinne einer Rechtsfortbildung im Gemeinschaftsrecht keinesfalls als „Ausnahmevorgang" wie auf nationalstaatlicher Ebene anzusehen, da sich das Gemeinschaftsrecht im Vergleich zu den historisch gewachsenen Rechtsordnungen der Mitgliedstaaten noch immer als lückenhaftes Rechtssystem darstellt[1491].

Sollte sich die Anerkennung subjektiver Rechtspositionen im Umweltsekundärrecht weiterhin verdichten und zudem eine entsprechende Tendenz zu einer individualrechtlichen Ausgestaltung des Umweltschutzes im Verfassungsrecht der Mitgliedstaaten entstehen, erscheint jedoch – insbesondere auch aus Gründen der Rechtssicherheit – eine textliche Anpassung der Norm geboten. Generell erscheint aus den gleichen Erwägungen die Beachtung des Wortlauts als Grenze der Auslegung vorzugswürdig. Sollte auf der Ebene des Gemeinschaftsrechts in der Zukunft ein Konsens zur Anerkennung eines Grundrechts auf Umweltschutz entstehen, wäre damit eine Änderung der Formulierung des Art. 37 GRC zu befürworten.

C. Ausblick

Angesichts der rechtsdogmatischen Einordnung des Art. 37 GRC als unionale Zielbestimmung bzw. objektiv-rechtliche *Grundgewährleistung* stellt sich in rechtspolitischer Hinsicht die Frage, ob durch die Konstitutionalisierung des Umweltschutzes in einer Charta europäischer Grundrechte ein Fortschritt für das Umweltgemeinschaftsrecht erreicht worden ist. Ist in Art. 37 GRC demnach (nur) die Kodifikation der bisherigen Rechtslage und damit die Aufrechterhaltung des bestehenden gemeinschaftsrechtlichen Umweltschutzniveaus zu sehen oder kann die Gewährleistung des Umweltschutzes in der Grundrechtecharta als ein „Mehr" gegenüber dem gegenwärtigen umweltrechtlichen Schutz auf Gemeinschaftsebene bewertet werden?

Weite Teile des europa- und umweltrechtlichen Schrifttums stehen der Formulierung des Art. 37 GRC äußerst kritisch gegenüber. So wird in der schließlich konsentierten Fassung eine reine – und damit überflüssige – Wiederholung der existenten Regelung in Art. 174 i.V.m. Art. 6 EG gesehen[1492]. Der weitgehend textidentischen Übertragung der primärrechtlichen Verankerung des

---

[1491] Auch wenn gerade im Bereich des Grundrechtsschutzes durch die Schaffung der Grundrechtecharta ein wichtiges Fundament für einen „Lückenschluss" gelegt wurde, wird – wie bereits oben dargelegt – angesichts der Auslegungsbedürftigkeit der Charta deren „interprétation" durch den EuGH ein großes Gewicht zukommen.

[1492] Vgl. CALLIESS, in: EHLERS, Europäische Grundrechte und Grundfreiheiten, § 19 II 1, Rdn. 13; DERS., EuZW 2001, S. 261 (264). Ebenfalls BEYER, JEEPL 2004, S. 143 (147).

Umweltschutzes in die Charta wird nur ein geringer zusätzlicher Wert zuerkannt[1493], insbesondere seien keine neuen Antworten auf aktuelle Herausforderungen im Bereich des Menschenrechtsschutzes gegeben worden[1494]. Darüber hinausgehend wird moniert, die Formulierung des Art. 37 GRC gebe den aktuellen umweltrechtlichen Standard auf Gemeinschaftsebene nur unzureichend wieder[1495] und stelle daher einen nicht zu rechtfertigenden „Rückschritt" dar[1496]. Gegenstand der Kritik war ferner, dass die Interdependenz zwischen Umweltschutz und Menschenrechten nicht deutlich genug hervorgehoben wurde[1497]. Insbesondere wurde die Chance der Konstitutionalisierung eines Grundrechts auf Umweltschutz[1498], jedenfalls aber eines korrespondierenden prozeduralen Grundrechts verpasst, welches dem Bürger ein Recht auf Beteiligung bei umweltrelevanten Entscheidungen, auf angemesseneren Zugang zu Gericht und auf umweltbezogene Informationen hätte einräumen können[1499].

1493 BRAIBANT, La Charte des droits fondamentaux de l'Union Européenne. Témoignage et commentaires de Guy Braibant, Art. 37, S. 203.

1494 Vgl. BARRIGA, Die Entstehung der Charta der Grundrechte der Europäischen Union, S. 133. Ebenfalls kritisch zur Übernahme bloßer Zielbestimmungen in die Charta CALLIESS, EuZW 2001, S. 264 ff.

1495 So SMETS, Une Charte des Droits Fondamentaux sans Droit à l'Environnement, REDE 2001, S. 383, 386.

1496 Vgl. die Stellungnahme des CEDE (Conseil Européen de Droit de l'Environnement) zur Normierung des Art. 37 GRC: „(...) constitue une régression injustifiable par rapport aux engagements pris par les Etats de l'Union aux plans national et international", abgedruckt in: EPL 30 (2000), S. 265.

1497 Vgl. GRASSI, Seminar of the European Group of Environmental Law, Internet-Publikation der Avosetta Group/2001, S. 1 (6 f.).

1498 Deutliche Kritik äußert insofern KISS, Does the European Charter of Fundamental Rights and Freedoms guarantee a Right to Environment?, in: ICEF, The Role of the Judiciary in the Implementation and Enforcement of Environment Law, S. 207.

1499 Formulierungsvorschlag des Art. 37 der Charta in Übereinstimmung mit der geltenden Rechtslage: „Jeder Mensch hat das Recht auf eine saubere und gesunde Umwelt sowie deren Erhaltung und Schutz. Dieses wird durch Rechte auf Information, Beteiligung im Verwaltungsverfahren und effektiven Zugang zu Gericht gewährleistet", vgl. CALLIESS, in: EHLERS, Europäische Grundrechte und Grundfreiheiten, § 19 II 3 Rdn. 22. Ebenfalls DERS., ZUR 2000, S. 246 ff. (257); DERS., EuZW 2001, S. 261 (266). Ein prozedurales Umweltgrundrecht befürworten ebenfalls COFFEY, The EU Charter on Fundamental Rights – The Place of the Environment, in: Feus, The EU Charter of Fundamental Rights, S. 129 (144) und BEYER, JEEPL 2004, S. 143 (147). Interessant erscheint insofern der Formulierungsvorschlag der Avosetta Group (Resolution of the Avosetta Conference/ October 11/12, 2002, Amsterdam): "Everyone has the right to a clean natural environment. This right is subject to reasons of overriding public interests. It includes the right to participation in decision making, the right to access to courts and the right to information in environmental matters. A high level of

Die geäußerte Kritik ist nachvollziehbar und in weiten Teilen auch als berechtigt anzusehen – jedoch kann dem Resumée, die Normierung des Art. 37 GRC sei mangels innovativer Inhalte als „überflüssig" anzusehen, nicht zugestimmt werden. Zwar kann in Anbetracht der zurückhaltend formulierten Norm keinesfalls von einer richtungsweisenden Effektuierung des europäischen Umweltrechts gesprochen werden, da im Hinblick auf die Umsetzungsvorgaben der Århus-Konvention zumindest die Verankerung eines prozeduralen Umweltgrundrechts äußerst wünschenswert und auch geboten gewesen wäre[1500]. Dass auf eine Subjektivierung des Umweltschutzes in der Charta gänzlich verzichtet wurde, ist maßgeblich darauf zurückzuführen, dass die Konventsverhandlungen insgesamt von sehr großer Angst vor zu weitreichenden Zugeständnissen und Kompetenzverlusten an die Gemeinschaft geprägt waren, so dass gerade im Bereich des Umweltschutzes nur eine Gewährleistung mit ausgeprägter textlicher Akzessorietät zum bestehenden Primärrecht konsensfähig war[1501].

Vor dem Hintergrund des Interpretationsergebnisses zum Gewährleistungsinhalt der Norm und im Hinblick auf ihr Entwicklungspotential ist die Konstitutionalisierung der Grundgewährleistung „Umweltschutz" in Art. 37 GRC in symbolischer, rechtspolitischer und auch rechtlicher Hinsicht als positiver Impuls für die Umweltpolitik und das Umweltrecht der Europäischen Union zu bewerten[1502]. Wie bei allen anderen in der Charta verankerten Rechten wird auch

---

environmental protection and the improvement of the quality of the environment must be integrated into the policies of the Union and ensured in accordance with the principle of sustainable development."

1500 In diesem Sinne statt vieler SMETS, REDE 2001, S. 383 (413), der zudem folgende Änderung des Art. 37 GRC vorschlägt: „L'Union contribue à protéger l'environnement et à en améliorer la qualité en vue de garantir à chacun des conditions de vie saines dans un environnement dont l'équilibre et la diversité sont respectés. Toute personne a le droit d'accès à l'information environnementale, le droit de participer aux décisions relatives à l'environnement et le droit d'accès à des voies de recours dans les conditions prévues par le droit communautaire et les législateurs nationales".

1501 Auch wenn die Wertigkeit des Umweltschutzes auf Gemeinschaftsebene auch ohne dessen Konstitutionalisierung außer Frage stand und steht, war nichtsdestotrotz zumindest ein objektiv-rechtlicher Artikel nötig, um insofern kein „schiefes Bild" zu erzeugen, vgl. SZCZEKALLA, Grundrechte, in: RENGELING, EUDUR/ Bd. I, § 12, Rdn. 82.

1502 Nach der Evaluation „The EU's new Constitution: Assessing the Environmental Perspective" der sog. „Green Nine" (BIRDLIFE INTERNATIONAL, CLIMATE ACTION NETWORK EUROPE, EUROPEAN ENVIRONMENTAL BUREAU (EEB), EUROPEAN FEDERATION OF TRANSPORT AND ENVIRONMENT (T&E), EUROPEAN PUBLIC HEALTH ALLIANCE ENVIRONMENTAL NETWORK, FRIENDS OF NATURE INTERNATIONAL, FRIENDS OF THE EARTH EUROPE, GREENPEACE, WWF) ist die Normierung des Art. 37 GRC als "neutral" bzw. tendenziell "positiv" zu bewerten.

die Effizienz der Umweltschutz-Norm maßgeblich von ihrer weiteren Konkretisierung im Wege der Rechtsetzung abhängen[1503].

Da die umweltschützende Querschnittsklausel des Art. 6 EG durch den europäischen Gesetzgeber bislang nur schwach umgesetzt worden ist[1504], besteht hinsichtlich der praktischen Wirksamkeit des Art. 37 GRC durchaus auch Anlass zur Skepsis. Die Umsetzung des Integrations- und Nachhaltigkeitsgrundsatzes erfolgt einerseits im Wege strategischer Umweltpolitikplanung[1505] („soft law"), andererseits werden die in Art. 6 EG konstituierten Umweltschutz-Prinzipien durch den Erlass entsprechenden Sekundärrechts[1506] („hard law") konkretisiert[1507]. Die letztgenannte Umsetzungsmodalität steht im Vergleich zu der intensiven programmatisch-strategischen Befassung indes noch weitgehend am Anfang, so dass insofern eine unübersehbare Diskrepanz zwischen programmatisch-strategischem Anspruch und normativ-instrumenteller Realität zu verzeichnen ist[1508]. Wenn in Europa ein angemessener Umweltschutz sichergestellt und die Ziele der sektoriellen Integration und der nachhaltigen Entwicklung erfüllt werden sollen, muss die Umsetzung des umweltrechtlichen und -politischen Integrationsprinzips effizienter gestaltet und beschleunigt werden[1509].

Die sowohl der Querschnittsklausel des Art. 6 EG als auch Art. 37 GRC immanente materielle Unbestimmtheit und Generalität und die daraus resultie-

---

1503 In diesem Sinne auch SZCZEKALLA, Grundrechte, in: RENGELING, EUDUR/ Bd. I, § 12, Rdn. 82.

1504 Nach Auffassung von KAHL hat Art. 6 EG insgesamt zu keinen signifikanten positiven Ergebnissen geführt, welche den Zustand der Umwelt nachhaltig verbessert hätten, vgl. DERS. in: STREINZ, EUV/EGV, Art. 6 EG, Rdn. 33 ff., 43 ff. Vgl. ebenfalls SCHEUING, der sogar eine „weitgehende praktische Irrelevanz" der Querschnittsklausel konstatiert, DERS., in: DOLDE, Umweltrecht im Wandel, S. 129 (140, 166).

1505 Hervorzuheben sind hier internationale und supranationale Umweltpolitikpläne wie die Agenda 21, die Umweltaktionsprogramme der Europäischen Gemeinschaft sowie die Strategien des Europäischen Rates von Cardiff und Göteborg. Siehe auch den Überblick zu der Umsetzung des Art. 6 EG durch strategische Umweltpolitikplanung von KAHL, in: STREINZ, EUV/EGV, Art. 6 EG, Rdn. 33 ff.

1506 Eingehend zur legislativen Operationalisierung des Integrationsprinzips siehe KAHL, in: STREINZ, EUV/EGV, Art. 6 EG, Rdn. 41 f.

1507 Konkret zur Umsetzung des Art. 6 EG KRAACK/PEHLE/ZIMMERMANN-STEINHART, Umweltintegration in der Europäischen Union, S. 218 ff.

1508 Vgl. KAHL, in: STREINZ, EUV/EGV, Art. 6 EG, Rdn. 43.

1509 Siehe EUROPÄISCHE UMWELTAGENTUR, Die Umwelt in Europa: Der dritte Lagebericht (2003).

renden Umsetzungsdefizite[1510] dokumentieren jedoch auch die Schwäche eines ausschließlich objektiv-rechtlich konzipierten Umweltschutzes. Im Hinblick auf das vielzitierte Vollzugsdefizit im europäischen Umweltrecht erscheint eine verstärkte Verknüpfung von subjektivem Rechtsschutzinteresse des Bürgers mit dem objektiven Allgemeininteresse an einer effektiven Durchsetzung des Umweltgemeinschaftsrechts sinnvoll und angebracht[1511]. Auch zur Entlastung der Europäischen Kommission als Hüterin der Verträge sollte das Überwachungs- und Durchsetzungspotential der Bürger der Europäischen Union mobilisiert werden[1512].

Die einprägsamen Worte RUDOLF VON IHERINGS: „Wer sein Recht verteidigt, verteidigt zugleich das Recht."[1513] könnten demnach gerade als Appell für eine stärkere Subjektivierung des europäischen Umwelt(verfassungs)rechts in der Zukunft besondere Aktualität gewinnen.

[1510] In Bezug auf die umweltrechtliche Querschnittsklausel des Art. 6 EG kritisch und mit Verbesserungsvorschlägen im Hinblick auf eine kompetenzielle Stärkung von Umweltschutz-Institutionen CALLIESS, in: DERS./RUFFERT, EUV/EGV, Art. 6 EG, Rdn. 16.

[1511] So auch SCHRÖDER, Postulate und Konzepte zur Durchsetzbarkeit und Durchsetzung der EG-Umweltpolitik, NVwZ 2006, S. 389 (390 ff.).

[1512] Vorgeschlagen wurde aus diesem Grunde die Verleihung eines „status activus processualis", aufgrund dessen der Bürger die Beachtung von Gemeinschaftsrecht einklagen kann und mit Hilfe der nationalen Gerichte durchsetzen kann. Zur Begriffsprägung siehe PERNICE, NVwZ 1990, S. 414 (424). Siehe insgesamt HANSMANN, NVwZ 1995, S. 320 (321).

[1513] IHERING, Der Kampf ums Recht, S. 49 f.

Kölner Schriften zu Recht und Staat

Herausgegeben von
Hartmut Schiedermair und Bernhard Kempen

Band 1 Bernhard Kempen: Die deutsch-polnische Grenze nach der Friedensregelung des Zwei-plus-Vier-Vertrages. 1997.

Band 2 Hans-Georg Maaßen: Die Rechtsstellung des Asylbewerbers im Völkerrecht. Überlegungen zu den völkerrechtlichen Rahmenbedingungen einer europäischen Asylrechtsharmonisierung. 1997.

Band 3 Udo Fink: Kollektive Friedenssicherung. Kapitel VII UN-Charta in der Praxis des Sicherheitsrats der Vereinten Nationen. 1999.

Band 4 Stephan Grigolli: Sprachliche Minderheiten in Italien, insbesondere Südtirol, und in Europa. Der Gebrauch der Sprache vor Behörden und Gerichten und die Vergabe öffentlicher Stellen. 1997.

Band 5 Uta Stoy-Schnell: Das Bundesverfassungsgericht und die Corte costituzionale. Ein Vergleich der Verfassungsgerichtsbarkeiten in Deutschland und Italien. 1998.

Band 6 Christian Hillgruber: Die Aufnahme neuer Staaten in die Völkerrechtsgemeinschaft. Das völkerrechtliche Institut der Anerkennung von Neustaaten in der Praxis des 19. und 20. Jahrhunderts. 1998.

Band 7 Jochen Seitz: Planungshoheit und Grundeigentum. Die verfassungsrechtlichen Schranken der städtebaulichen Entwicklungsmaßnahmen. 1999.

Band 8 Jochen Herbst: Rechtskontrolle des UN-Sicherheitsrates. 1999.

Band 9 Kristin Möller: Die Beschaffung naturschutzrechtlicher Ausgleichsflächen im Baurecht. 1999.

Band 10 Klaus Löffelbein: Genehmigungsfreies Bauen und Nachbarrechtsschutz. Die baurechtlichen Anzeige- und Freistellungsverfahren der Länder aus nachbarlicher Sicht. 2000.

Band 11 Patrick Mittmann: Die Rechtsfortbildung durch den Gerichtshof der Europäischen Gemeinschaften und die Rechtsstellung der Mitgliedstaaten der Europäischen Union. 2000.

Band 12 Martin R. Albus: Zur Notwendigkeit eines Internationalen Umweltgerichtshofs. Zugleich eine Analyse der Staatenpraxis zum Internationalen Umwelthaftungsrecht und der Rechtsschutzmöglichkeiten bei grenzüberschreitenden Umweltbeeinträchtigungen. 2000.

Band 13 Irene Baur: Die Haftung der Europäischen Zentralbank. 2001.

Band 14 Tobias R. Ehlen: Zentralisierungsmöglichkeiten der deutschen Börsenaufsicht. 2003.

Band 15 Ulrich Steiner: Wertsicherungsklauseln. Zur Europarechtskonformität des neuen § 2 PaPkG. 2003.

Band 16 Stephanie Vogel: Der Prüfungsumfang des Bundesverfassungsgerichts bei Verfassungsbeschwerden am Beispiel der Kunstfreiheitsrechtsprechung. 2004.

Band 17 Thomas Schmidt: Deutsche Hochschulräte. Begriff, Darstellung und rechtliche Analyse. 2004.

Band 18 Kirsten Schmalenbach: Die Haftung Internationaler Organisationen im Rahmen von Militäreinsätzen und Territorialverwaltungen. 2004.

Band 19 Gunter Warg: Von Verteidigung zu kollektiver Sicherheit. Der Nato-Vertrag *auf Rädern*. 2004.

Band 20 Bernhard Kempen / Yvonne Dorf: Bodenreform 1945–1949. Eine verfassungsrechtliche Neubewertung. 2004.

Band 21 Jeanette Nolte: Die völkerrechtliche Vertragspraxis der EG und die Haftung der Mitgliedstaaten am Beispiel der Fischereipolitik. 2004.

Band 22 Rüdiger Schmid-Kühnhöfer: Die Staatlichkeit von Beihilfen. Mittel- und Transferzurechnung nach Art. 87 Abs. 1 EG-Vertrag. 2004.

Band 23 Florian Schöler: Die Reform des Europäischen Kartellverfahrensrechts durch die Verordnung (EG) Nr. 1/2003. 2004.

Band 24 Christina Maria Pelzer: Die Kompetenzen der EG im Bereich Forschung. Eine Analyse ihrer Reichweite und Grenzen vor dem Hintergrund des Art. 5 Abs. 3 GG. Dargestellt am Beispiel der Gentechnologie. 2004.

Band 25 Nikolaus Vieten: Die verfassungsrechtliche Zulässigkeit der Wiedereinführung einer Vermögensteuer. Zugleich eine Untersuchung des Halbteilungsbeschlusses des Bundesverfassungsgerichts. 2005.

Band 26 Bernhard Kempen (Hrsg.): Die rechtsstaatliche Bewältigung der demokratischen Bodenreform. 2005.

Band 27 Erik Hansalek: Die parlamentarische Kontrolle der Bundesregierung im Bereich der Nachrichtendienste. 2006.

Band 28 Thomas Günther: Zur Zulässigkeit der Errichtung privater Volksschulen als Bekenntnisschulen religiös-ethnischer Minderheiten nach Art. 7 Abs. 5 GG. Am Beispiel einer islamischen Grundschule. 2006.

Band 29 Christian Hoppe: Staatshaftung und Rechtsschutz bei Verletzung grundfreiheitlicher Schutzpflichten. 2006.

Band 30 Julia Schäfer: Die Entscheidung des ECOFIN-Rats über das Vorliegen eines übermäßigen Defizits. Eine Entscheidung zwischen Politik und Recht. 2006.

Band 31 Erika Elisabeth Orth: Ein Grundrecht auf Umweltschutz in Europa? Eine rechtsdogmatische Einordnung des Art. 37 GRC. 2007.

www.peterlang.de

Printed by
CPI books GmbH, Leck

FSC
www.fsc.org
MIX
Papier | Fördert gute Waldnutzung
FSC® C083411

Kolibri 360 GmbH
Ferdinand-Jühlke-Straße 7
99095 Erfurt, Deutschland
produktsicherheit@kolibri360.de